高等院校医疗器械系列"十三五"规划教材

# 有源医疗器械检测与评价

主编　张东衡

同济大学出版社
TONGJI UNIVERSITY PRESS
·上海·

## 内 容 提 要

本书着眼于医疗器械的质量与安全,以典型的有源医疗器械产品为载体,通过介绍其基本原理、结构组成、医疗器械有关的国家标准与行业标准、产品安全参数与性能指标的检测方法和判定依据,阐述有源医疗器械在产品注册申请中的资料性要求和技术审评要点。

本书适用于高等学校生物医学工程类、医疗器械工程类专业的教学用书,也可作为医疗器械研发、检测、注册、监管人员的参考用书。

**图书在版编目(CIP)数据**

有源医疗器械检测与评价/张东衡主编.--上海:同济大学出版社,2016.9(2023.7重印)
高等院校医疗器械系列"十三五"规划教材
ISBN 978-7-5608-6429-7

Ⅰ.①有… Ⅱ.①张… Ⅲ.①医疗器械-检测-高等学校-教材 ②医疗器械-评价-高等学校-教材 Ⅳ.①TH77

中国版本图书馆 CIP 数据核字(2016)第 146069 号

**有源医疗器械检测与评价**

主编 张东衡

**责任编辑** 张 睿  **责任校对** 徐春莲  **封面设计** 陈益平

| | | |
|---|---|---|
| 出版发行 | 同济大学出版社 | www.tongjipress.com.cn |
| | (地址:上海市四平路 1239 号 邮编:200092 电话:021-65985622) | |
| 经 销 | 全国各地新华书店 | |
| 印 刷 | 常熟市大宏印刷有限公司 | |
| 开 本 | 787mm×1092mm 1/16 | |
| 印 张 | 21 | |
| 字 数 | 524 000 | |
| 版 次 | 2016 年 9 月第 1 版 | |
| 印 次 | 2023 年 7 月第 3 次印刷 | |
| 书 号 | ISBN 978-7-5608-6429-7 | |

定 价 49.00 元

# 前　　言

医疗器械用于维护人体健康和生命安全、改善生活质量,是人类科技成果的重要应用,也是发展最为迅速的朝阳行业之一。随着科学技术的发展,大量的新技术,诸如核技术、超声技术、微波技术、激光技术、高电压技术等广泛应用于医疗器械产品。大批新型医疗器械产品开始从体外使用转为进入人体内使用,或插入人体,或植入人体,直接触及人体血液和组织细胞。正因为如此,人们在生产或使用医疗器械时,生产过程或器械本身的缺陷、器械使用不当所造成的人身危害和对人类生存环境带来危害的可能性就增加了。

为了弄清楚医疗器械有哪些危害和危害的程度,以便采取措施降低风险到可以接受的水平,使医疗器械符合相关的标准要求,保证医疗器械安全有效,这就需要进行医疗器械的评价。检测是评价的前提,是执行风险管理过程的基础。

本书着眼于医疗器械的质量与安全,以典型的有源医疗器械产品为载体,通过介绍其基本原理、结构组成,产品有关的国家标准与行业标准,产品安全参数与性能指标的检测方法和判定依据,阐述有源医疗器械在产品注册申请中的资料性要求和技术审评关注点,适用于医疗器械研发、检测、注册和监管人员。

全书共分十一章:第一章概要性介绍有源医疗器械注册管理过程中有关标准、检测和注册的基础知识;第二章以 IEC60601-1:2005《医用电气设备基本安全和基本性能通用要求》为基础,介绍医用电气设备常见的一些共性检测项目;第三章到第十一章分别介绍呼吸机、麻醉机、植入式心脏起搏器、心脏除颤器、心电图机、多参数监护仪、超声诊断设备、高频手术设备和血液透析设备的组成原理、检测方法、检测仪器及评价要求。

本书由上海健康医学院张东衡负责内容组织与定稿,并编写了第一、五、九、十章;第三、四章由上海医疗器械检测所傅国庆编写;第六、七、八章由上海理工大学郭旭东编写;上海健康医学院彭安民编写了第二、十一章。

本书框架结构和内容审定得到严红剑高级工程师的指导与支持,还得到张培茗副教授的大力支持,在此表示诚挚的谢意。本书编写过程中参考了许多医疗器械相关标准、技术审查原则,一并表示感谢。

医疗器械的标准与法规一直处于变化和发展中,加之我们水平有限,书中难免存在不足、疏漏和错误之处,敬请读者批评指正。

编者

2016 年 6 月

# 目　　录

# 第1章
# 有源医疗器械的注册管理

随着现代科学和医疗卫生技术的迅速发展,医疗器械作为近代科学技术产品主要标志之一,已被广泛应用于疾病的诊疗、保健和康复等各个方面。医疗器械是直接或间接用于人体的,旨在疾病的诊断、预防、监护、治疗或者缓解;损伤或残疾的诊断、监护、治疗、缓解或者补偿;生理结构或者生理过程的检验、替代、调节或者支持;生命的支持或者维持;妊娠控制和通过对来自人体的样本进行检查,为医疗或者诊断目的提供信息等的工业产品群,包括仪器、设备、器具、体外诊断试剂及校准物、材料以及其他类似或者相关的物品,包括运行中所需的软件;其效用主要通过物理等方式获得,不是通过药理学、免疫学或者代谢的方式获得,或者虽然有这些方式参与但是只起辅助作用。医疗器械比一般工业产品更为直接、更为明显地影响人体生命安全或身体健康。

医疗器械从结构特征上可分为有源医疗器械和无源医疗器械两大类。有源医疗器械是指任何依靠电能或其他能源而不直接由人体或重力产生的能源来发挥其功能的医疗器械。根据是否接触人体,有源医疗器械分为有源接触人体器械和有源非接触人体器械,前者包括能量治疗器械、诊断监护器械、液体输送器械、电离辐射器械、植入器械、其他有源接触人体器械,后者包括临床检验仪器设备、独立软件、医疗器械消毒灭菌设备、其他有源非接触人体器械。

医疗器械产品质量的优劣与人的生命和健康息息相关,为了保障广大人民群众的身体健康和生命安全,医疗器械产品重在"安全、有效",我国对医疗器械上市实行注册备案管理制度。产品样品研发出来后,企业编写相应产品技术要求,交由具有相应资质的检测机构对样品进行安全性和数据的准确性检测,检测机构出具预评估意见。预评估合格后需进行临床评价,即通过临床文献资料、临床经验数据、临床试验等信息对拟申请注册的产品满足使用要求或者预期用途进行举证。企业准备注册资料报送国家审评机构进行技术审评,审查申报资料、检测数据、临床资料、生产质量管理体系等,在取得产品生产许可后方可产品生产,上市流通。

## 1.1 医疗器械标准

### 1.1.1 标准及标准化

根据《中华人民共和国标准法》,标准(含标准样品)指农业、工业、服务业以及社会事业等领域需要统一的技术要求。标准是对重复性事物和概念所做的统一规定,它以科学、技术和实践经验的综合为基础,经过有关方面协商一致,由主管机构批准,以特定的形式发布,作为共同遵守的准则和依据。标准为在一定的范围内获得最佳秩序,对实际的或潜在的问题制定共同的和重复使用的规则的活动。制定、发布及贯彻实施标准的活动过程称为标准化,标准化的工作任务就是制定标准、组织实施标准以及对标准的实施进行监督。

按照标准化层级和标准作用的有效范围,可以将标准划分为不同层次和级别的标准,如国际标准、区域标准、国家标准、行业标准、地方标准和企业标准。国家标准是指需要在全国范围内统一技术要求,由国务院标准化行政部门组织制定的标准。行业标准是指没有国家标准而又需要在全国某个行业范围内统一技术要求,由国务院有关行政主管部门组织制定的标准。企业标准是由企业批准发布,在企业范围统一实施的标准。

对需要在全国范围内统一的技术要求,应当制定国家标准。对没有国家标准而又需要在全国某个行业范围内统一的技术要求,可以制定行业标准。对没有国家标准和行业标准而又需要在省、自治区、直辖市范围内统一的工业产品的安全、卫生要求,可以制定地方标准。企业生产的产品没有国家标准、行业标准和地方标准的,应当制定相应的企业标准。对已有国家标准、行业标准或地方标准的,鼓励企业制定严于国家标准、行业标准或地方标准要求的企业标准。

按约束力不同,可分为强制性标准和推荐性标准。具有法律属性,在一定范围内通过法律、行政法规等手段强制执行的标准是强制性标准。推荐性标准是指国家鼓励自愿采用的具有指导作用而又不宜强制执行的标准,允许使用单位结合自己的实际情况,灵活加以选用。推荐性标准一经接受并采用,或各方商定同意纳入经济合同中,就成为各方必须共同遵守的技术依据,具有法律上的约束性。

自标准实施之日起,至标准复审重新确认、修订或废止的时间,称为标准的有效期,又称为标龄。国家标准的复审周期一般不超过五年。医疗器械产品标准使用年限一般与医疗器械注册证的年限一致。

### 1.1.2 医用电气设备安全标准

医疗器械标准既是医疗器械生产企业开发、生产全过程的主要依据,又是政府部门监督医疗器械产品质量的依据。通过执行有关的医疗器械标准,用符合医疗器械标准来证明上市产品符合基本要求,保证所生产的医疗器械产品达到安全有效的要求。因此,对医疗器械基本要求所涉及的相关内容应尽可能用标准形式具体体现。当然,医疗器械标准不可能体现产品的全部风险,有些风险可能通过质量管理体系予以控制。必要时,也可以通过产品说明书将剩余风险告知用户。目前,我国医疗器械国家标准和行业标准包括基础标准、管理标准、安全标准、方法标准、技术性能标准等。其中,医用电气设备安全要求系列标准、医疗器械生物学评价系列标准、医疗器械灭菌过程的确认和控制系列标准、医疗器械质量管理体系标准和医疗器械风险分析标准基本覆盖了医疗器械主要安全要求,构成了我国医疗器械标准体系的基本框架。

医用电气设备是主要的有源医疗器械。我国的医用电气设备安全标准主要是对 IEC 60601 系列标准转化而来。IEC 60601 系列标准是国际电工委员会(International Electrotechnical Commission,IEC)发布的关于医用电气设备安全的标准族,由安全通用要求、并列标准和安全专用要求三者构成,是保证医用电气设备类医疗器械安全的最基本的技术法规。

IEC 是世界上成立最早的国际性电工标准化机构,负责有关电气工程和电子工程领域国际标准化工作,和国际标准化组织(ISO)、国际电信同盟(ITU)并称为国际三大标准化机构。IEC 出版包括国际标准在内的各种出版物,并希望各成员在本国条件情况下,在本国的标准化工作中使用这些标准。

目前,IEC 的工作领域已由单纯研究电气设备、电机的名词术语和功率等问题扩展到电子、电力、微电子及其应用、通信、视听、机器人、信息技术、新型医疗器械和核仪表等电工技术的各个方面。我国 1957 年参加 IEC,1988 年起以国家技术监督局的名义参加 IEC 工作,现在以中国国家标准化管理委员会(SAC)的名义参加 IEC 的工作,2011 年 10 月 28 日,我国成为 IEC 常任理事国。

医用电气设备或医用电气系统的基本安全和基本性能系列标准由两部分构成:

——第 1 部分:基本安全和基本性能通用要求;

——第 2 部分:基本安全和基本性能专用要求。

我国的医用电气设备安全通用要求标准是依据国际电工委员(IEC)或国际标准化组织(ISO)发布的国际通用标准进行转化的,现行的 GB 9706.1-2007《医用电气设备——第 1 部分:安全通用要求》,等同采用 IEC 60601-1:1988《医用电气设备——第 1 部分:安全通用要求》(英文版)及其修改件 1:1991 和修改件 2:1995。IEC 60601-1 是 IEC 60601 安全标准家族的父标准,是制定通用要求的并列标准和专用标准的依据和基础。IEC 60601 家族的并列标准的编号是 IEC 60601-1-XX,IEC 60601-1 家族的专用标准由 IEC 委员会来开发的编号是 IEC 60601-2-XX,专用标准由 ISO 或 IEC 联合计划的编号是 IEC 80601-2-XX 或 ISO 80601-2-XX,取决于哪个委员会执行该计划。

通用要求规定了医用电气设备最普遍的共性要求,适用于所有的医用电气设备,标准编号为 IEC 60601-1,对应我国的 GB 9706.1。并列标准(IEC 60601-1-XX)规定了医用电气设备或某一类医用电气设备具有共性的某一专题领域的要求,适用于涉及这一专题领域的所有医用电气设备。专用要求(IEC 60601-2-XX)规定了某一类型医用电气设备特殊的安全和性能要求,只适用于特定的医用电气设备。

安全通用要求适用于各种医用电气设备,主要涉及医用电气设备的安全问题及一些与安全有关的可靠性运行要求。对于某些类型的设备,可通过专用安全标准提出专门的要求。通用要求不得单独使用于有专用安全标准的设备,而应配合使用。对于没有专用安全标准的设备,在引用标准时应根据产品特点谨慎采用。

安全通用标准的制定目的是规定对医用电气设备的安全通用要求,并作为制定医用电气设备专用安全要求的基础。专用安全标准优于通用要求和并列标准(如适用),也就是说,专用安全标准(或产品标准)对通用要求可以:

1. 不加修改地采用通用要求的某些条款;

2. 不采用通用要求的某些章条或它们中的一部分(在不适用时);

3. 以专用安全标准的某章或某条代替通用要求的相应某章或某条(或它们中的一部分);

4. 任何补充的章条。

同时专用安全要求相对通用要求还可以包括:

1. 提高安全程度的要求；
2. 比通用要求的要求降低的要求（在确保安全性的条件下）；
3. 关于性能、可靠性、相互关系等要求；
4. 工作数据的准确度以及环境条件的扩展和限制。

### 1.1.3　有源医疗器械产品技术要求

企业在申报产品注册时，应向医疗器械监督管理部门提供医疗器械注册用的产品标准。该标准可以是国家标准、行业标准和企业标准，其中选用的国家标准、行业标准应当是能覆盖申报注册产品安全有效性的产品标准。通常某一类产品的国家标准、行业标准是针对这类产品必须具有的最基本的安全和性能要求作出规定，而不会详细阐述产品的型号、规格、材料、组成等某一产品的特征性内容。一般来说，有源医疗器械在工作原理、组成结构和作用机理方面比较复杂，建议另行编写相应的企业标准——产品技术要求。

企业标准应由制造商制定，能保证产品安全有效，并在产品申请注册时，经医疗器械监督管理部门依据国家标准和行业标准相关要求审核确认。产品技术要求规定的技术条款应符合或优于国家标准和行业标准的规定；医疗器械生产企业获得注册批准以后，应根据经审查批准的企业标准组织生产；国家根据国家标准、行业标准、企业标准对其产品质量实施监督管理。根据2014年3月颁布的《医疗器械监督管理条例》，医疗器械注册申请人或备案人在申请注册或备案医疗器械时应提交与产品相适应的产品技术要求。产品技术要求与医疗器械标准一样，是医疗器械注册检验、产品生产及流通后监管的依据。

#### 一、产品技术要求的编写要求

产品技术要求的编写是一项技术性很强同时又具有一定行政协调性的工作，负责编写产品技术要求的人员至少应该熟悉产品，具有一定的语言组织、表达能力和组织协调能力。在着手编写产品标准前，要针对产品进行调查研究，收集国内外有关标准和资料，了解同类产品新的科研成果和技术发展趋势；产品技术要求完成初稿后，应组织企业内部的相关技术人员和相关的部门（如技术科、工艺科和质量检验科等）进行讨论并组织必要的试验和验证；产品标准经注册确认后，应及时组织企业内部相关人员学习、理解和执行经确认的产品标准。

产品技术要求应符合相关的国家标准、行业标准和专业安全标准等要求，引用的相关国家标准、行业标准应在有效期内，并且其中的"要求"和相应的"试验方法"应一并执行；标准的编写规范应符合规定；产品技术要求中的安全、有效指标应体现产品的预期目的和风险分析；制定产品技术要求时，主要指标、安全指标应通过验证。

在制定产品技术要求时，应考虑不低于已批准上市国内同类产品水平；对涉及安全性的技术性能指标，应从风险分析角度看问题，凡能用标准控制的应优先考虑，并作为市场准入的最基本要求。

在制定产品技术要求时，有相关的推荐性标准的，由企业选择为强制要求，但作为上市产品实际风险控制的要求考虑，只要是适用的原则上应执行，除非说明不适用的理由成立。

医疗器械产品技术要求的编制应符合国家相关法律法规。医疗器械产品技术要求中应采用规范、通用的术语。如涉及特殊的术语，需提供明确定义，并写到"术语"部分。医疗器械产品技术要求中的检验方法各项内容的编号原则上应和性能指标各项内容的编号相对应。医疗器械产品技术要求中的文字、数字、公式、单位、符号、图表等应符合标准化要求。如医疗器械产品技术要求中的内容引用国家标准、行业标准或中国药典,应保证其有效性,并注明相应标准的编号和年号以及中国药典的版本号。

具体要求可参见国家食品药品监督管理总局发布的《医疗器械产品技术要求编写指导原则》。

### 二、产品技术要求的主要内容

医疗器械产品技术要求编号为相应的注册证号(备案号)。拟注册(备案)的产品技术要求编号可留空。技术要求一般应包括下列基本内容:

**1. 产品名称**

产品技术要求中的产品名称应使用中文,并与申请注册(备案)的中文产品名称相一致。

**2. 产品型号/规格及其划分说明**

产品技术要求中应明确产品型号和/或规格,以及其划分的说明。对同一注册单元中存在多种型号和/或规格的产品,应明确各型号及各规格之间的所有区别(必要时可附相应图表进行说明)。对于型号/规格的表述文本较大的可以附录形式提供。

**3. 性能指标**

(1) 产品技术要求中的性能指标是指可进行客观判定的成品的功能性、安全性指标以及质量控制相关的其他指标。产品设计开发中的评价性内容(例如生物相容性评价)原则上不在产品技术要求中制定。

(2) 产品技术要求中性能指标的制定应参考相关国家标准/行业标准并结合具体产品的设计特性、预期用途和质量控制水平且不应低于产品适用的强制性国家标准/行业标准。

(3) 产品技术要求中的性能指标应明确具体要求,不应以"见随附资料""按供货合同"等形式提供。

**4. 检验方法**

检验方法的制定应与相应的性能指标相适应。应优先考虑采用公认的或已颁布的标准检验方法。检验方法的制定需保证具有可重现性和可操作性,需要时明确样品的制备方法,必要时可附相应图示进行说明,文本较大的可以附录形式提供。

## 1.2　有源医疗器械的检测

### 1.2.1　有源医疗器械检测的重要性

随着科学技术的发展,大量的新技术,诸如核技术、超声技术、微波技术、激光技术、高电压技术等广泛应用于医疗器械产品。大批新型医疗器械产品开始从体外使用转为进入人体内使用,或插入人体、或植入人体,直接触及人体血液和组织细胞;和人体直接接触或进入人体内的材料从简单的金属材料或无机化学材料发展到多种天然材料或人工合成材料,包括各种合金、天然生物材料和人工合成有机化学材料。正因为如此,人们在生产或使用医疗器械时,生产过程或器械本身的缺陷、器械使用不当所造成的人身危害、对人类生存环境所带来危害的可能性就增加了。

医疗器械产品的生产和使用,对人体的主要潜在危害有三种:第一种是能量性危害,包括电能、热能、辐射能、机械力、超声、微波、磁场等物理量所可能造成的人体危害;第二种是生物学危害,包括生物污染、生物不相容性、毒性、过敏、致畸致癌、交叉感染、致热等对人体造成的生物或化学性危害;第三种是环境危害,包括生产过程中和使用过程中的废气或废液的排放、固体废物对土地的污染、放射性污染、资源的不合理使用和浪费等危及人身安全和人类可持续发展的危害。

医用电气设备不同于其他电气设备,它是对人体疾病进行诊断和治疗的特殊产品,与患者、操作者及周围其他人之间存在着特殊关系:

1. 患者或操作者不能察觉的某些潜在危险(如电离辐射或高频辐射),患者不能正常地反应(如生病、失去知觉、麻醉、固定在床上等);

2. 因穿刺或治疗致使皮肤电阻值降低,因而对电流的防护能力降低;

3. 生命机能的维持或替代可能取决于设备的可靠性;

4. 患者同时与多台设备相连接;

5. 大功率的设备和灵敏的小信号设备经常需要配合使用;

6. 通过与皮肤接触和(或)向人体内部器官插入探头,将电路直接应用于人体;

7. 环境条件,特别是在手术室里,可能同时存在着湿气、水分、或空气、一氧化氮与麻醉或清洁剂组合混合气,会引起火灾或爆炸危险。

由于特殊关系的存在,医用电气设备在医疗单位的使用中,可能会有意或无意地对患者、使用者或设备所在的周围环境造成许多潜在的危险,这些潜在的危险主要表现在以下方面:

1. 设备在正常使用和发生故障时,会传递到患者或使用者身上能量,这些能量可以是电能(包括电磁辐射和加速的原子粒子)、机械能、热能或化学能等;

2. 维持生命的设备(例如抢救用的呼吸机、心内直视手术用的体外循环人工心肺机)在运行中的失灵;

3. 在进行不重复的检查或治疗时设备失灵,使检查或治疗中断;

4. 由于使用者的水平问题,在操作设备时可能存在人为差错(一般来说,设备的操作人员都具有医疗应用技能,但他们不一定是工程技术人员)。

为了弄清楚医疗器械有哪些危害和危害的程度,以便采取措施降低风险到可以接受的水平,使医疗器械符合相关的标准要求,保证医疗器械安全有效,这就需要进行医疗器械的评价。检测是评价的前提。检测包括试验和检验,是执行风险管理过程的基础。《医疗器械注册管理办法》规定第二类、第三类医疗器械由国家食品药品监督管理总局会同国家质量监督检验检疫总局认可的医疗器械检测机构进行注册检测,经检测符合适用的产品标准后,方可用于临床试验或者申请注册。因此,医疗器械的注册检测符合适用的产品标准是医疗器械用于临床试验或者申请注册的前提。医疗器械只有被予以注册,取得医疗器械注册证书后才能上市销售、使用。

## 1.2.2 有源医疗器械检测的类型

医疗器械检验是根据国家相关的法律、规章、标准和规范性文件,选用合适的检测方法和检测工具,对医疗器械的安全性、数据的准确性以及产品预期性能进行检测验证的过程。检测是产品设计验证的主要手段,也是降低医疗器械不良事件发生率的主要手段。

医疗器械生命周期中的检验包括注册检验、出厂检测和定期检测等。

注册检验属于型式试验。所谓型式试验,为验证医用电气设备的绝缘、元器件和结构以及整机安全指标是否符合通用要求全部要求所进行的试验,通常所讲的安全认证试验。

设计验证的结果仅限于表明被检产品性能的符合性,并不保证所生产的产品能够持续符合技术要求,因为除了设计的定型以外,材料的使用、工艺及生产过程的因素都影响产品的性能,样品的符合性不代表产品能持续和稳定地符合要求,这就是需要制造商建立有效的风险管理体系和过程来保证产品的安全有效。维护风险管理过程或质量管理体系就需要检测,检测是管理活动的一部分,检测的数据或结果也是开展其他管理活动的依据。在制造商内部常见的有质量控制过程检测,出厂检测。产品出厂检验应对每一台设备的必要安全要求及性能指标进行测试。

对医疗器械的使用方来说,检测也是很重要的,检测是降低医疗器械不良事件发生率的主要手段。定期检测是有计划的预防性维护检查,重要的例行检测活动有按照制造商的使用说明书进行在线校准和维修前后对照制造商所给技术指标进行性能检测等。

### 1.2.3　有源医疗器械检测的领域

现代检测系统的范围涉及非常广泛,遍及科技、生产、商贸、医药卫生和生活等各个领域,已经突破了传统的物理量测量的范畴,逐步扩展到化学量和工程量,直至生理量和心理量的测量,比较成熟和当前已经普遍开展的检测系统通常分为十大类。

1. 几何量　包括长度、线纹、角度、表面粗糙度、齿轮、螺纹、面积、体积及有关形状等,还包括位置的参数,如圆度、平面度、垂直度、同轴度、平行度及对称度等。

2. 热学　包括温度、热量、热导率、热容及热扩散率等。

3. 力学　包括质量、力值、压力、真空度、容量、流量、密度、硬度、振动、冲击、扭矩、速度、加速度及转速等。

4. 电磁学　包括直流电压和交流电压、电流、电能、电阻、电容、电感、磁通、磁矩及磁感应强度等。

5. 无线电电子学　包括超低频、低频、高频、微波、毫米波的整个无线电频段的各项参数,如功率、电压、衰减、相位、阻抗、噪声、场强、脉冲、调制度、失真、频谱、网络参数及电磁兼容性等。

6. 时间频率计量　包括时间、频率、相位噪声等。

7. 光学计量　包括红外、可见光到紫外的整个光谱波段的各项参数,如发光强度、照度、亮度、辐射度、色度、感光度、激光特性、光纤特性、光学材料特性等。

8. 化学计量　包括浓度、酸度、湿度、黏度、电导率及物质的物理化学成分等。

9. 声学计量　包括超声、水声、空气声的各项参数,如声压、声强、声阻、声能、声功率、传声损失、听力等。

10. 电离辐射计量　包括放射性活度、反应能、粒子的注量、照射量、剂量当量、吸收剂量等。

上述检测系统划分是相对的。在医学检测领域中,则根据医疗设备的分类及科室分布情况分为医用热学、生物力学、医用电磁学、医用超声学、医用光学、医用生物化学、医用激光学、医用声学、医用放射学等。

# 1.3 有源医疗器械的注册

根据《医疗器械注册管理办法》，在中华人民共和国境内销售、使用的医疗器械均应按照规定申请注册或办理备案，未获准注册的医疗器械，不得销售、使用。医疗器械注册是食品药品监督管理部门根据医疗器械注册申请人的申请，依照法定程序，对其拟上市医疗器械的安全性、有效性研究及其结果进行系统评价，以决定是否同意其申请的过程。医疗器械备案是医疗器械备案人向食品药品监督管理部门提交备案资料，食品药品监督管理部门对提交的备案资料存档备查。

医疗器械分类的原则是根据医疗器械对人体潜在危险的大小、对其安全性和有效性控制的严格程度，影响分类的因素、与身体接触时间、接触部位、侵入人体程度和失控后造成的损伤程度，把医疗器械分为三大类：第一类，通过常规管理足以保证其安全性、有效性的医疗器械；第二类，对其安全性、有效性应当加以控制的医疗器械；第三类，植入人体；用于支持、维持生命；对人体具有潜在危险，对其安全性、有效性必须严格控制的医疗器械。

第一类医疗器械实行备案管理。第二类、第三类医疗器械实行注册管理。境内第一类医疗器械备案，备案人向设区的市级食品药品监督管理部门提交备案资料。境内第二类医疗器械由省、自治区、直辖市食品药品监督管理部门审查，批准后发给医疗器械注册证。境内第三类医疗器械由国家食品药品监督管理总局审查，批准后发给医疗器械注册证。进口医疗器械备案，备案人向国家食品药品监督管理总局提交备案资料。进口医疗器械由国家食品药品监督管理总局注册或备案。香港特区、澳门特区、台湾地区医疗器械的注册、备案，参照进口医疗器械办理。

## 1.3.1 医疗器械注册单元

同一注册单元是指在同一批件中获准上市的所有型号规格均不超越已判定的风险和不低于规定的安全有效性要求的一组医疗器械。在同一注册单元中的所有产品应是同一制造商在同一质量体系下采用相同的设计和工艺过程生产的产品，且具有相同的预期用途、技术结构和性能指标的不同规格型号，它们之间的不同点仅可能是产品的外形、尺寸、颜色。

在同一个批准上市产品单元中的所有规格型号应不超越已判定的风险和不低于规定的安全有效性要求，这是注册单元划分的支点。按《医疗器械注册管理办法》规定，注册单元原则上以预期用途、技术结构、性能指标为划分的依据，其中，预期用途相同是划分注册单元的首要条件。同一注册单元中的产品结构、技术性能指标有主要和次要之分，支撑产品预期用途的为主要结构或主要技术性能指标，否则为次要的。因此，同一注册单元内各型号规格在相同的预期用途条件下，支撑产品预期用途的技术结构和性能指标应基本相同。以下情况存在可作为同一注册单元的可能性。

1. 同一注册单元内所有不同型号规格，为实现产品预期用途的主要结构和主要技术性能指标相同或具有覆盖关系,但次要结构和次要技术性能指标可不覆盖,这种不覆盖按现有的科学技术认知水平判定既不改变产品预期用途,也不改变产品的安全有效性。如电动吸引器主要结构真空泵、管路及其控制系统是完全相同的,主要技术性能指标极限真空度和负压速率也具有覆盖关系,而次要结构台式或移动式是不同的,次要技术性能指标也不相同。

2. 容量、装量、功率等物理量变化,这种变化不会引起产品预期用途和安全性能的变化,仅是更好地满足不同层次的临床需求。如功率不等的空气净化器、生化培养箱等、体外诊断试剂等。

3. 重复性结构。如由5孔与9孔组成的手术无影灯,其中5孔与9孔在机械和电气结构上都是完全独立的。那么,可考虑5孔与5孔组成的手术无影灯和5孔与9孔组成的手术无影灯为同一注册单元。

4. 整机中的某些部件接口条件完全相同,仅是配置规格不同。如连体式牙科治疗设备中手机采用进口还是国产的部件,显示器采用14″(英寸)还是17″(英寸)。

5. 产品的预期用途、结构包括主要原材料和技术性能指标都相同,仅是外观尺寸不同。如医用橡胶手套、敷料等。

因为同一注册单元的前提条件是产品的预期用途相同。在很多情况下,能否作同一注册单元处理,关键在于主张的预期用途是否恰当。预期用途降低了,产品的主要风险也就可能释放了。

按《医疗器械注册管理办法》的规定,凡是同一注册单元内所检测的产品应当能够代表本注册单元内其他产品安全性和有效性的典型产品。在一般情况下,凡是同一注册单元的都应能选择其中一种最不利条件下能够反映单元中所有规格型号安全有效性的产品作为替代检测产品。如不能满足时,则应对产品中未覆盖安全有效性的相关部分加测相关项目。

在医疗器械注册申请中应明确提出本次申报注册单元中所有的型号规格。

作为一个注册单元申报只能一个产品名称和一个预期用途。

作为一个注册单元申报的所有规格一般应在一份产品标准中体现。

在注册单元中新增规格或原规格发生改变,应关注新增规格或变化部分是否超越原来的安全设计和风险控制要求,产品技术要求中预期用途、主要技术性能指标是否改变。总之,原产品标准是否仍然控制新增产品规格的安全有效性。如射频消融器在首次注册时仅有一个应用部分,但在重新注册时增加了应用部分,新增的应用部分是用于人体不同部位。显然,重新注册产品扩大了原来认定的预期用途。

《医疗器械注册管理办法》规定了注册单元划分的原则,但对不同的医疗器械,注册单元划分还是有不同的,没有统一的划分模式可行。实践证明,医疗器械的注册单元划分应针对具体的医疗器械品种进行讨论才是有意义的。

### 1.3.2  注册审批流程

注册工作的全过程实际是对产品风险的考量,当监管部门认为风险可接受时,即可批准产品上市。医疗器械技术审评是医疗器械注册的重点工作,技术审评的基本要求是对上市医疗器械的安全性和有效性(功效)、质量要求(医疗器械国家标准或行业标准)、合理使用(说明书)、产品质量(生产质量体系)进行全面审评。主要包括以下环节:对技术报告的审评;对风险分析报告的审评;对注册产品标准的审评;对检测报告的审评;对临床试验的审评;专家评审;使用(技术)说明书的审评;体系考核报告(体系认证)和进口产品的上市证明。

国家对医疗器械实行分类管理,产品注册申请从受理到审批,需要一定的程序和时间。受理注册申请的食品药品监督管理部门应当自受理之日起3个工作日内将申报资料转交技术审评机构。技术审评机构应当在60个工作日内完成第二类医疗器械注册的技术审评工作,在90个工作日内完成第三类医疗器械注册的技术审评工作。需要外聘专家审评、药械组合产品需与药品审评机构联合审评的,所需时间不计算在内,技术审评机构应当将所需时间书面告知申请人。

### 1.3.3　医疗器械注册申报资料要求

技术审评是基于资料的评价,对产品申报资料有要求。注册分为首次注册、延续注册和注册变更。首次注册申报材料主要包括申请表、证明性文件、医疗器械安全有效基本要求清单、综述资料、研究资料、生产制造信息、临床评价资料、产品风险分析资料、产品技术要求、产品注册检验报告、说明书和标签样稿和符合性声明等资料。延续注册申报资料包括申请表、证明性文件、关于产品没有变化的声明、原医疗器械注册证及其附件的复印件与历次医疗器械注册变更文件复印件、注册证有效期内产品分析报告、产品检验报告、符合性声明和其他材料等资料。在递交注册申报资料的同时还需提交申请表、产品技术要求、综述资料、研究资料的电子文档。各项文件除证明性文件外,均应当以中文形式提供,如证明性文件为外文形式,还应当提供中文译本并由代理人签章。根据外文资料翻译的申报资料,应当同时提供原文。

#### 一、申请表

主要是注册产品相关信息,包括申报产品名称、型号规格、产品结构及组成、预期用途、主要技术性能指标等描述。

#### 二、证明性文件

境内申请人应当提交企业营业执照副本复印件和组织机构代码证复印件。按照《创新医疗器械特别审批程序审批》,境内医疗器械申请注册时,应当提交创新医疗器械特别审批申请审查通知单,样品委托其他企业生产的,应当提供受托企业生产许可证和委托协议。生产许可证生产范围应涵盖申报产品类别。

境外申请人应当提交境外申请人注册地或生产地址所在国家(地区)医疗器械主管部门出具的允许产品上市销售的证明文件、企业资格证明文件。境外申请人注册地或者生产地址所在国家(地区)未将该产品作为医疗器械管理的,申请人需要提供相关证明文件,包括注册地或者生产地址所在国家(地区)准许该产品上市销售的证明文件。境外申请人在中国境内指定代理人的委托书、代理人承诺书及营业执照副本复印件或者机构登记证明复印件。

#### 三、医疗器械安全有效基本要求清单

说明产品符合《医疗器械安全有效基本要求清单》各项适用要求所采用的方法,以及证

明其符合性的文件。对于《医疗器械安全有效基本要求清单》中不适用的各项要求,应当说明其理由。

对于包含在产品注册申报资料中的文件,应当说明其在申报资料中的具体位置;对于未包含在产品注册申报资料中的文件,应当注明该证据文件名称及其在质量管理体系文件中的编号备查。

### 四、综述资料

**1. 概述**

描述申报产品的管理类别、分类编码及名称的确定依据。

**2. 产品描述**

描述产品工作原理、作用机理(如适用)、结构组成(含配合使用的附件)、主要功能及其组成部件(关键组件和软件)的功能,以及区别于其他同类产品的特征等内容;必要时提供图示说明。

**3. 型号规格**

对于存在多种型号规格的产品,应当明确各型号规格的区别。应当采用对比表及带有说明性文字的图片、图表,对于各种型号规格的结构组成(或配置)、功能、产品特征和运行模式、性能指标等方面加以描述。

**4. 包装说明**

有关产品包装的信息,以及与该产品一起销售的配件包装情况;对于无菌医疗器械,应当说明与灭菌方法相适应的最初包装的信息。

**5. 适用范围和禁忌症**

(1) 适用范围:应当明确产品所提供的治疗、诊断等符合《医疗器械监督管理条例》第七十六条定义的目的,并可描述其适用的医疗阶段(如治疗后的监测、康复等);明确目标用户及其操作该产品应当具备的技能/知识/培训;说明产品是一次性使用还是重复使用;说明预期与其组合使用的器械。

(2) 预期使用环境:该产品预期使用的地点如医疗机构、实验室、救护车、家庭等,以及可能会影响其安全性和有效性的环境条件(如温度、湿度、功率、压力、移动等)。

(3) 适用人群:目标患者人群的信息(如成人、儿童或新生儿),患者选择标准的信息,以及使用过程中需要监测的参数、考虑的因素。

(4) 禁忌症:应当明确说明该器械不适宜应用的某些疾病、情况或特定的人群(如儿童、老年人、孕妇及哺乳期妇女、肝肾功能不全者)。

**6. 参考的同类产品或前代产品**

应当提供同类产品(国内外已上市)或前代产品(如有)的信息,阐述申请注册产品的研发背景和目的。对于同类产品,应当说明选择其作为研发参考的原因。

同时列表比较说明产品与参考产品(同类产品或前代产品)在工作原理、结构组成、制造材料、性能指标、作用方式(如植入、介入),以及适用范围等方面的异同。

**7. 其他需说明的内容**

对于已获得批准的部件或配合使用的附件,应当提供批准文号和批准文件复印件;预期与其他医疗器械或通用产品组合使用的应当提供说明;应当说明系统各组合医疗器械间存在的物理、电气等连接方式。

### 五、研究资料

根据所申报的产品,提供适用的研究资料。

#### 1. 产品性能研究资料

应当提供产品性能研究资料以及产品技术要求的研究和编制说明,包括功能性、安全性指标(如电气安全与电磁兼容、辐射安全)以及与质量控制相关的其他指标的确定依据,所采用的标准或方法、采用的原因及理论基础。

#### 2. 生物相容性评价研究资料

应对成品中与患者和使用者直接或间接接触的材料的生物相容性进行评价。

生物相容性评价研究资料应当包括生物相容性评价的依据和方法、产品所用材料的描述及与人体接触的性质、实施或豁免生物学试验的理由和论证、对于现有数据或试验结果的评价。

#### 3. 生物安全性研究资料

对于含有同种异体材料、动物源性材料或生物活性物质等具有生物安全风险类产品,应当提供相关材料及生物活性物质的生物安全性研究资料。包括说明组织、细胞和材料的获取、加工、保存、测试和处理过程;阐述来源(包括捐献者筛选细节),并描述生产过程中对病毒、其他病原体及免疫源性物质去除或灭活方法的验证试验;工艺验证的简要总结。

#### 4. 灭菌/消毒工艺研究资料

(1)生产企业灭菌:应明确灭菌工艺(方法和参数)和无菌保证水平(SAL),并提供灭菌确认报告。

(2)终端用户灭菌:应当明确推荐的灭菌工艺(方法和参数)及所推荐的灭菌方法确定的依据;对可耐受两次或多次灭菌的产品,应当提供产品相关推荐的灭菌方法耐受性的研究资料。

(3)残留毒性:如灭菌使用的方法容易出现残留,应当明确残留物信息及采取的处理方法,并提供研究资料。

(4)终端用户消毒:应当明确推荐的消毒工艺(方法和参数)以及所推荐消毒方法确定的依据。

#### 5. 产品有效期和包装研究资料

(1)有效期的确定:如适用,应当提供产品有效期的验证报告。

(2)对于有限次重复使用的医疗器械,应当提供使用次数验证资料。

(3)包装及包装完整性:在宣称的有效期内以及运输储存条件下,保持包装完整性的依据。

#### 6. 临床前动物试验资料

应当包括动物试验研究的目的、结果及记录。

#### 7. 软件研究资料

含有软件的产品,应当提供一份单独的医疗器械软件描述文档,内容包括基本信息、实现过程和核心算法,详尽程度取决于软件的安全性级别和复杂程度。同时,应当出具关于软件版本命名规则的声明,明确软件版本的全部字段及字段含义,确定软件的完整版本和发行所用的标识版本。

**8．其他资料**

证明产品安全性、有效性的其他研究资料。

### 六、生产制造信息

应当明确产品生产工艺过程，可采用流程图的形式，并说明其过程控制点。有多个研制、生产场地，应当概述每个研制、生产场地的实际情况。

### 七、临床评价资料

按照相应规定提交临床评价资料。进口医疗器械应提供境外政府医疗器械主管部门批准该产品上市时的临床评价资料。

### 八、产品风险分析资料

产品风险分析资料是对产品的风险管理过程及其评审的结果予以记录所形成的资料。应当提供对于每项已判定危害的下列各个过程的可追溯性：

1．风险分析：包括医疗器械适用范围和与安全性有关特征的判定、危害的判定、估计每个危害处境的风险。

2．风险评价：对于每个已判定的危害处境，评价和决定是否需要降低风险。

3．风险控制措施的实施和验证结果，必要时应当引用检测和评价性报告，如医用电气安全、生物学评价等。

4．任何一个或多个剩余风险的可接受性评定。

### 九、产品技术要求

医疗器械产品技术要求应当按照《医疗器械产品技术要求编写指导原则》的规定编制。产品技术要求一式两份，并提交两份与产品技术要求文本完全一致的声明。

### 十、产品注册检验报告

提供具有医疗器械检验资质的医疗器械检验机构出具的注册检验报告和预评价意见。

### 十一、产品说明书和最小销售单元的标签样稿

应当符合相关法规要求。

### 十二、符合性声明

1．申请人声明本产品符合《医疗器械注册管理办法》和相关法规的要求；声明本产品符合《医疗器械分类规则》有关分类的要求；声明本产品符合现行国家标准、行业标准，并提供符合标准的清单。

2．所提交资料真实性的自我保证声明（境内产品由申请人出具，进口产品由申请人和代理人分别出具）。

**思考题**

1. 解释医用电气设备标准中通用要求、并列要求和专用要求的含义及其相互关系。
2. 简述有源医疗器械注册的流程及注意事项。

# 第2章
## 医用电气设备基本安全和基本性能通用要求

## 2.1 概　述

医用电气设备(简称 ME 设备)是指与某一专门供电网有不多于一个的连接,对在医疗监视下的患者进行诊断、治疗或监护,与患者有身体的或电气的接触,和(或)向患者传送或从患者取得能量,和(或)检测这些所传送或取得的能量的电气设备。医用电气系统(简称 ME 系统)是指在制造商的规定下由功能连接或使用多孔插座相互连接的若干设备构成的组合,组合中至少有一个是 ME 设备。ME 设备和/或 ME 系统是有源医疗器械的主要分支。

鉴于 ME 设备或 ME 系统与患者、操作者及周围环境之间存在着特殊关系。因此,在应用 ME 设备或 ME 系统时给患者或者操作者等人带来的风险不同于其他电气设备,对 ME 设备或 ME 系统的要求也不同于其他电气设备。各个国家或地区或相应国际组织已经出版发布了与 ME 设备有关的通用标准、并列标准和专用标准等标准及相应的规程、规范等文件。这一类的标准较多,从 20 世纪 70 年代以来,有关 ME 设备的安全的国际标准一直在制定、修订中。读者在应用时应查询相应的国家标准和国际标准的最新目录,以确定哪些标准的最新版本适用。

1976 年,IEC 的 TC62A 分委员会发布了 IEC/TR 60513,*Basic aspects of the safety philosophy for electrical equipment used in medical practice* 第一版,IEC/TR 60513 第一版为下列标准发展提供了基础:

IEC 60601-1 的第一版;

IEC 60601-1-XX 系列 ME 设备的并列标准;

IEC 60601-2-XX 系列特定类型 ME 设备的专用标准;

IEC 60601-3-XX 系列特定类型 ME 设备的性能标准。

1977 年,经大多数国家委员会投票赞成,IEC 发布 IEC 60601-1 的第一版。

在 IEC 60601-1 的第一版发布后,经过不断地应用,发现 IEC 60601-1 有改进的空间,历经多年持续不断的、细致的修订工作后,于 1988 年终于发布 IEC 60601-1 的第二版,这个版本合并了在当时可能是合理预期的所有改进。更进一步的改进一直在不断地研究,1991 年对第二版作了修正,1995 年再次对第二版作了修正。

由于认识到 IEC 60601-1 第一版和第二版里的安全理念的"安全"仅指基本安全而不包括基本性能安全,而在解决医用电气设备的设计不足所造成的危害上,分离基本的安全和性能有些不恰当。出于对 IEC 60601-1 第三版的期待,IEC/TC62A 分委员会在 1994 年修订发布了 IEC/TR 60513 第二版,这预期为发展 IEC 60601-1 第三版和为进一步发展 IEC 60601-1-XX 和 IEC 60601-2-XX 系列提供指南。IEC/TR 60513 第二版包含两个新的主要原则:第一个原则就是"安全"的概念已经从 IEC 60601-1 第一版和第二版仅考虑基本安全扩大到包括基本性能安全。第二个原则就是在指定最低安全要求上,当评估设计过程的恰当性是评估诸如可编程电子系统这样的某种技术的安全性的唯一可行方法时,对评估设计过程的恰当性做出规定。这个原则的应用是导致引入执行风险管理过程通用要求的因素之一。从 1995 年 IEC 60601-1 第二版第二次修正以来经过十年的应用和技术的发展,IEC 在 2005 年 12 月发布了 IEC 60601-1 第三版,这一版作了重大调整,内容上的一个主要调整是使电气部分的要求和被 IEC 60950-1 所覆盖的信息技术设备要求更加一致了,另一个主要调整就是包含了制造商要有风险管理过程的要求。

自 IEC 60601-1:2005 标准发布后,2012 年 7 月 13 日 IEC 对其进行第一次修订,出版了 Amendment 1(简称 A1),A1 部分主要是针对 IEC 60601-1:2005 中一些不清晰的测试进行修订,之前标准许多测试都可以通过检查风险分析管理报告满足安全的要求,主要修订如下:

1. 引用标准的修改,例如 ISO 14971 之前是 2001 版,A1 中修订为 2007 版;

2. 重新定义了基本性能及预期寿命,目的是让人能清楚地理解两者的差异;

3. 4.2 几乎重新写过,根据 ISO 14971 更详细地描述了风险管理程序;

4. A1 中减少了"检查风险管理报告"字样,更多的明确了测试或者技术文件的要求,例如强制增加制造商联系信息、制造日期、序列号等信息;

5. 对许多电气和机械测试进行重新定义,以明确通过或者失败,而不是通过风险分析来保证安全性。

与国际标准的发展相比,我国的医用电气设备通用要求的发展较为滞后:

1980 年成立了全国医用电气设备标准化技术委员会。

1982 年 6 月编辑出版《医用电器设备的安全通用要求》。

1983 年转化为部颁标准 WS2-295,正式出版执行。

1988 年发布 GB 9706.1—1988,以 IEC 60601-1:1977 为基础,1989 年 3 月 1 日起正式执行。

1995 年底出版 GB 9706.1—1995,GB 9706.1—1995 等同采用(IDT)IEC 60601-1:1988《医用电气设备——第 1 部分:安全通用要求》(英文版)及其修改件 1:1991,1996 年 12 月 1 日起实施。

2007 年发布 GB 9706.1—2007,GB 9706.1—2007 等同采用(IDT)IEC 60601-1:1988《医用电气设备——第 1 部分:安全通用要求》(英文版)及其修改件 1:1991 和修改件 2:1995,2008 年 7 月 1 日起实施。

目前正在讨论 GB 9706.1 第四版,等同于(IDT)IEC 60601-1:2012(Ed. 3. 1),GB 9706.1 第四版还没有正式发布,相信不久会正式发布实施。考虑这个预期,本章主要介绍 IEC 60601-1。

## 2.2 ME 设备基本安全和基本性能通用要求

无论是制造,还是使用 ME 设备或 ME 系统,确保 ME 设备或 ME 系统的安全和有效是应用 ME 设备或 ME 系统的两个主要目标。ME 设备或 ME 系统的制造商、操作者应采取措施使 ME 设备或 ME 系统符合相应标准的要求以降低风险、提高安全有效性。

IEC 60601-1:2005＋A1:2012 已被主要的发达国家采用,我国的 ME 设备或 ME 系统制造商的产品如果出口到这些国家,那么就必须要符合 IEC 60601-1:2005＋A1:2012(以下简称通用标准)的相关要求。通用标准适用于 ME 设备和 ME 系统的基本安全和基本性能。

IEC 60601 系列标准不适用于:

——不满足 ME 设备定义的体外诊断设备由 IEC 61010 系列标准覆盖;

——由 ISO 14708-1 标准覆盖的有源植入医用装置的植入部分;或

——由 ISO 7396-1 标准覆盖的医用气体管道系统。

通用标准的目的是规定通用要求和作为专用标准的基础。

在 IEC60601 系列中,并列标准规定基本安全和基本性能的通用要求适用于:

——一组 ME 设备(例如:放射设备);

——在通用标准中未充分陈述的,所有 ME 设备的某一特定的特性。

适用的并列标准在发布时成为规范并应和通用标准一起使用。

若 ME 设备适用并列标准的同时也有专用标准存在,那么专用标准优于并列标准。

在 IEC60601 系列中,对于所考虑的专用 ME 设备,专用标准可能修改,替代或删除通用标准中的适用要求,并可能增加其他基本安全和基本性能的要求。专用标准的要求优于通用标准。

### 2.2.1 ME 设备基本安全和基本性能通用要求主要内容

通用标准第三版与第二版相比较,在结构上从过去的篇章结构调整为条款结构,从而使标准内容易于扩充和修改。在内容上,第一个重要的变化是 4.2 条款要求制造商要有符合 ISO 14971 规定的风险管理过程;第二个重要的变化是把重要性能引入了安全范围;第三个重要的变化就是适用的并列标准在发布时成为通用标准的规范性引用文件并应和通用标准一起使用。

通用标准的要求涉及面较广,标准正文共分 17 条(章),以下是各条(章)的标题:

1. 范围、目的和相关标准

2. 规范性引用文件

3. 术语和定义

4. 通用要求

5. ME 设备试验通用要求

6. ME 设备和 ME 系统的分类

7. ME 设备标识,标记和文件

8. ME 设备对电击危险的防护

9. ME 设备和 ME 系统对机械危险的防护

10. 对不需要的或过量的辐射危险的防护

11. 对超温和其他危险的防护

12. 控制器和仪表的准确性和危险输出的防止

13. ME 设备危险状况和故障状态

14. 可编程医用电气系统(PEMS)

15. ME 设备的结构

16. ME 系统

17. ME 设备和 ME 系统的电磁兼容性

不同于以前版本,通用标准的第三版把规范性引用文件列入正文,并作为第 2 条(章),资料性文件作为附录 A—附录 M,资料性文件的标题分别为:附录 A　总导则和编制说明;附录 B　测试顺序;附录 C　ME 设备和 ME 系统标记和标注的指导要求;附录 D　标记符号;附录 E　患者漏电流和患者辅助电流测量时测量装置(MD)的连接示例;附录 F　合适的测量供电电路;附录 G　易燃麻醉混合物着火危险防护;附录 H　可编程医用电气系统(PEMS)结构、可编程医用电气系统(PEMS)开发生存周期和文档;附录 I　ME 系统方面;附录 J　绝缘路径考察;附录 K　简化的患者漏电流图解;附录 L　使用无衬垫绝缘的绝缘绕组线;附录 M　污染等级的降低。资料性附录对理解和实施通用标准很有帮助。由于制造商需要执行风险管理过程以控制风险,与电磁兼容性相关的风险要求列为第 17 条(章),并要求参见 IEC 60601-1-2。

## 2.2.2　ME 设备基本安全和通用性能通用要求的术语和定义

任何一门科学技术都有适合的术语和定义,以便交流和应用。通用标准的第 3 条(章)对用来支持其他被定义的术语和在标准中出现不止一次的术语进行定义。这些术语中的大部分来源于第二版,一些术语由于开发新要求或修订原有要求而被添加,甚至在必要的地方,其他标准中的定义会被复制或采纳。目前通用标准收录术语和定义共 144 条,这些术语和定义是理解通用标准所必需的,尤其是下列一些重要术语具有独特含义,是准确理解和执行通用标准的基础。下面给出部分重要术语和定义。

**一、医用电气设备(ME 设备)**

与某一指定供电网有不多于一个的连接,且其制造商旨在将它用于对患者的诊断、治疗或监护,消除或减轻疾病、伤害或残疾,具有应用部分或向患者传送或取得能量或检测这些所传送或取得能量的电气设备。该定义规定了医用电气设备的界定范围:

1. 设备正常使用时,与供电网只能有一个或没有(如内部电源等)连接。否则,设备构成一个医用电气系统,适用于 IEC 60601-1-1 医用电气设备系统的安全要求。

2. 设备处于医疗监视下,用于对患者进行诊断、治疗或监护。医用电气设备不同于一般家用的保健电气设备,更与非诊断、治疗或监护用途的其他设备相区别。

3. 设备与患者有身体的或电气的接触,和(或)在医疗监视下向患者传递或从患者取得能量,和(或)检测这些所传递或取得的能量。也就是说,设备与患者间必须有身体或电气的接触,或者从患者传递或取得能量(所谓能量一般是指声能、光能、热能、电能等)或者检测这些传递的能量。这三者可以是其中之一,也可以任意组合。

4. 设备包含正常使用所必须的附件,不包含如设备维修、保养、调试等设备非正常使用制造商配备的其他附件。

并非所有在医疗实践中使用的电气设备都符合本定义(例如,某些体外诊断设备)。有源植入医用装置的植入部分能符合本定义,但依据通用标准第 1 章的相应说明它们不在通用标准适用的范围内。通用标准使用术语"电气设备"来指 ME 设备或其他电气设备。

### 二、可触及部分

可通过标准试验指触及的除应用部分外的电气设备的部分。这种接触可以是使用功能上需要的接触,也可以是无意的偶然接触。

### 三、应用部分

ME 设备为了实现其功能需要与患者有身体接触的部分或可能会接触到患者的部分或需要由患者触及的部分,它属于正常使用的设备的一部分。

设备中用来同被检查或被治疗的患者相接触的全部部件,包括连接患者用的导线在内。应用部分的主要特征是与患者接触,但应用部分不仅仅是与患者相接触的部件,还应包括连接患者用的导线在内(如,心电图机的导联线、高频手术设备的中性及双极电极的输出电路、微波治疗设备的发热电极的连接电缆、波导管以及接插件等)。对那些操作者在操作设备时必须同时触及患者和某一部件时,该部件可以考虑作为应用部分。ME 设备在使用过程中极易与患者接触的部件虽然不是应用部分也应视作为应用部分。对于某些设备,专用(或产品)标准可把与操作者相接触的部件作为应用部分考虑。

患者连接是应用部分中的独立部分,在正常状态和单一故障状态下,电流能通过它在患者与 ME 设备之间流动。

由于医用电气设备使用在不同的场合,故对设备的电气防护程度的要求也不同。这是因为人体各部位对电流的承受能力不同的缘故。医用电气设备同患者有着各种各样的接触,有与体表接触和与体内接触,甚至也有直接与心脏接触。例如各种理疗设备大多同患者的体表接触;各种手术设备(电刀、妇科灼伤器)要同患者体内接触;而心脏起搏器、心导管插入装置则要直接与心脏接触,这样就把医用电气设备的应用部分分成各种型式,按其使用场合的不同,规定不同的电击防护程度,在标准中划分为 B 型、BF 型、CF 型。

**1. B 型应用部分**

符合通用标准对于电击防护程度规定的要求,尤其是关于患者漏电流和患者辅助电流容许要求的应用部分。

一般没有应用部分的设备,或虽有应用部分,但应用部分与患者无电气连接(如,超声诊断设备、血压监护设备等)的设备,或虽有电气连接,但不直接应用于心脏的设备均可设计为 B 型。B 型应用部分不适合直接用于心脏。

**2. BF 型应用部分**

符合通用标准对于电击防护程度高于 B 型应用部分规定的要求的 F 型应用部分。

BF 型应用部分是具有 F 型隔离（浮动）的 B 型应用部分，它对漏电流容许值的要求并不高于 B 型。对于低频电子脉冲治疗设备，行业标准规定必须为 BF 型应用部分。BF 型应用部分适宜应用于患者体外或体内，不包括直接用于心脏。

### 3. CF 型应用部分

符合通用标准对于电击防护程度高于 BF 型应用部分规定的要求的 F 型应用部分。

直接用于心脏的应用部分需要 CF 型应用部分。

打算直接应用于心脏的设备或设备部件必须设计为 CF 型。CF 型设备对电击危险的防护程度要求高于 BF 型设备，特别是其漏电流容许值应低于 BF 型设备。目前，大部分心电图机、心电监护设备均设计为 CF 型。

此外，直接用于心脏的具有一个或几个 CF 型应用部分的设备，可以另有一个或几个能同时应用的附加的 B 型或 BF 型应用部分（如手术中应用的多参数病人监护设备，其心电部分设计为 CF 型，血压、呼吸监护部分设计为 B 型，肌肉松弛程度的监护部分设计为 BF 型）。

### 四、网电源部分

预期与供电网相连的电气设备的电路部分。

网电源部分包括所有与供电网未达到至少一重防护措施隔离的导体部件。

一般是指电源变压器的一次绕组（包括一次绕组）之前的部分，包括保险丝，电源开关及有关的连接导线，有时还包括抗干扰元件和通电指示元件等或延伸至隔离之前，而保护接地导线不是网电源部分的一个部分。

要注意的是，在进行网电源部分与设备机身（或其他部分）之间的电介质强度试验时，如果在与网电源隔离之前的电路中装有继电器，在试验时，这些继电器都应处在通电时的吸合状态。

### 五、信号输入/输出部分(SIP/SOP)

ME 设备的一个部分，但不是应用部分，用来与其他电气设备传送或接收信号，例如：显示、记录或数据处理之用。

信号输入部分的特征是用来接收从其他设备来的信号电压和电流；信号输出部分的特征是用来向其他设备输出信号电压和电流。信号输入部分和信号输出部分都是与其他设备有关而不是与患者有关。

### 六、基本绝缘、双重绝缘、加强绝缘和辅助绝缘

#### 1. 基本绝缘
对于电击提供基本防护的绝缘。基本绝缘提供一重保护措施。

#### 2. 双重绝缘
由基本绝缘和辅助绝缘组成的绝缘。双重绝缘提供两重保护措施。

#### 3. 加强绝缘
提供两重保护措施的单绝缘系统。它对电击的防护程度相当于双重绝缘。

#### 4. 辅助绝缘

附加于基本绝缘的独立绝缘,当基本绝缘失效时由它来提供对电击的防护。辅助绝缘提供一重防护措施。

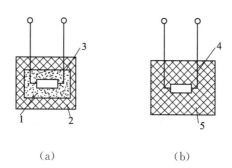

（a）　　　　　　　　（b）

1—基本绝缘；2—辅助绝缘；3—不可触及金属部分；4—可触及金属部分；5—加强绝缘

图 2-1　四种绝缘示意图

通用标准讲述了四种绝缘,为了便于理解作一些简要说明:

1. 基本绝缘是对于电击提供基本防护的绝缘,如Ⅱ类设备的不可触及的带电部件就可以采用基本绝缘,在一般情况下能起到防电击的作用。

2. 辅助绝缘是附加在基本绝缘上的独立绝缘,以便在基本绝缘万一失效时对带电部件进行防电击,这里特别要注意"独立"二字,即它与基本绝缘之间是相互独立的,可以分开使用,单独进行电介质强度试验,一般情况下,辅助绝缘的电介质强度要比基本绝缘高些。

3. 双重绝缘和加强绝缘的区别是:前者是由基本绝缘和辅助绝缘两个独立的绝缘构成,而后者是个单独的绝缘系统。尽管它们的电介质强度相当,但应用场合不一定相同,双重绝缘一般用于需要双重保护的带电部件,加强绝缘就不宜用作需要双重保护的带电部件。

### 七、Ⅰ类设备和Ⅱ类设备

#### 1. Ⅰ类设备

Ⅰ类设备所指的电气设备,其对电击防护不仅依靠基本绝缘,还提供了对金属可触及部分或内部金属部分保护接地的附加安全预防措施。

具有接地保护线是Ⅰ类设备的基本条件。但在为实现设备功能必须接触电路导电部件的情况下,Ⅰ类设备可以有双重绝缘或加强绝缘的部件,或有安全特低电压运行的部件,或者有保护阻抗来防护的可触及部件,如果只用基本绝缘实现对网电源部分与规定用外接直流电源(用于救护车上)的设备的可触及金属部分之间的隔离,则必须提供独立的保护接地导线。

#### 2. Ⅱ类设备

Ⅱ类设备所指的电气设备,其对电击防护不仅依靠基本绝缘,还提供如双重绝缘或加强绝缘的附加安全预防措施,但没有保护接地措施也不依赖于安装条件。但是Ⅱ类设备可以提供功能接地端子或功能接地导线。

Ⅱ类设备一般采用全部绝缘的外壳,也可以采用有金属的外壳。采用全部绝缘外壳的设备,是有一个耐用、实际上无孔隙(连接无间断的)、并把所有导电部件包围起来的绝缘外壳,但一些小部件如铭牌、螺钉及铆钉除外,这些小部件至少用相当于加强绝缘的绝缘与带电部件隔离。

带有金属外壳的设备是有一个金属制成的实际上无孔隙的封闭外壳,其内部全部采用双重绝缘和加强绝缘,或整个网电源部分采用双重绝缘(除因采用双重绝缘显然行不通而采用加强绝缘外)。

Ⅱ类设备也可因功能的需要备有功能接地端子或功能接地导线,以供患者电路或屏蔽系统接地用,但功能接地端子不得用作保护接地,且要有明显的标识,以区别保护接地端子,在随机文件中也必须加以说明。功能接地导线只能作内部屏蔽的功能接地,且必须是绿/黄色的。

若设备因功能需要,在设备上加入一个装置,使它从Ⅰ类防护变成Ⅱ类防护,则需满足下列要求:

(1) 所加装置要明确所选用的防护类别,以便于选用;

(2) 必须用工具才能进行这种装置的变换,以防随意变动;

(3) 设备在任何时候都需满足所选用的防护类别的全部要求,以确保防护类别改变后的安全性能;

(4) 变为Ⅱ类防护的装置要切断其保护接地导线与设备之间的连接,因该装置既然已变为Ⅱ类防护,则不具有Ⅰ类防护的附加防护措施——安装接地保护装置,其保护接地导线就不具备其防护作用,而当设备一旦出现单一故障状态时,若接在该装置的接地导线不切断,则将引起电击危险。

在此要作说明的是,Ⅰ、Ⅱ类设备不表示设备本身安全质量的不同,而只是防电击绝缘措施、方法的不同,它们对用户来说都是安全可靠的设备。

如果电源线没有恰当的保护措施防止应力及磨损,则用于防护措施的绝缘极有可能被破坏,对于Ⅰ类医用电气设备,保护接地导线也极易中断。

### 八、内部电源 ME 设备

内部电源是设备的一部分,它将其他形式的能量转化成电流,提供设备运转所必需的电源。例如把化学能、机械能、太阳能或核能等其他形式的能量转化成电流。内部电源可以是设备内部的一个重要组成部分,延伸到外部或包含在一个独立的外壳内。

除Ⅰ类 ME 设备或Ⅱ类 ME 设备外的其他 ME 设备是内部电源 ME 设备。需要说明的是,与供电网有连接措施的内部电源 ME 设备,当连接时应符合Ⅰ类 ME 设备或Ⅱ类 ME 设备的要求,不连接时要符合内部电源 ME 设备的要求。

### 九、电气间隙和爬电距离

**1. 电气间隙**

在两个导体部件之间的最短空气路径。

**2. 爬电距离**

沿两个导体部件之间绝缘材料表面的最短距离。

符合通用标准要求的间距(电气间隙和爬电距离)和绝缘是电击防护措施。确定电气间隙的基本因素是:瞬时过电压、电场条件(电极形状)、污染、海拔高度。还有下述可能影响电气间隙的因素:电击防护、机械状况、隔离距离、电路中绝缘故障的后果、工作的连续性。爬电距离是由考虑中的距离的微观环境决定的,影响爬电距离的基本因素是电压、污染、绝缘材料、爬电距离的位置和方向、绝缘表面的形状、静电沉积、承受电压的时间等。因此,医用电气设备的设计者应根据具体情况,充分考虑这些影响电气间隙和爬电距离的基本因素及其他可能的影响因素。

图 2-2 所示为爬电距离和电气间隙示意图。

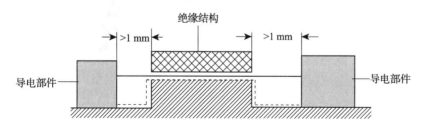

注:图中的虚线表示爬电距离,实线表示空气间隙

图 2-2　爬电距离和电气间隙示意图

### 十、漏电流和患者辅助电流

漏电流是非功能性电流。漏电流包括对地漏电流、接触电流和患者漏电流。

**1. 对地漏电流**

由网电源部分通过或跨过绝缘流入保护接地导线或符合以下所述要求的功能接地连接的电流。

如果带有隔离的内部屏蔽的Ⅱ类医用电气设备,采用三根导线的电源软电线供电,则第三根导线(与网电源插头的保护接地连接点相连)应只能用作内部屏蔽的功能接地,且应是绿/黄色的。

内部屏蔽以及与其连接的内部布线与可触及部分之间的绝缘应提供两重防护措施。在此情况下,应在随机文件中加以解释。

**2. 接触电流**

从除患者连接以外的在正常使用时患者或操作者可触及的外壳或部件,经外部路径而非保护接地导线流入地或流到外壳的另一部分的漏电流。

"接触电流"与 IEC 60601-1 标准第一版和第二版中的"外壳漏电流"相同。该术语的改变是为了和 GB 4943 (IEC 60950-1)保持一致,也为了反映现在的测量同样涉及了正常保护接地的部分。

人若处于接触电流回路中就有电击危险,如果流经人体的电流过大就会发生电击事故,所以要对接触电流值加以限制。接触电流是通过人体接触可触及的外壳或部件而产生的。如果人体一点接触带电可触及的外壳或部件,同时另一点接触地(或通过导体接触地)那么这个电流经人体流入地,如图 2-3 所示。如果人体一点接触带电可触及的外壳或部件,同时另一点接触带电可触及的外壳或部件另一点,那么接触电流不流入地而是流入带电可触及的外壳或部件另一点。"患者或操作者可触及的外壳或部件"表明在设计或使用 ME 设备时要有防护措施限制可触及的外壳或部件上出现的电压或电流。

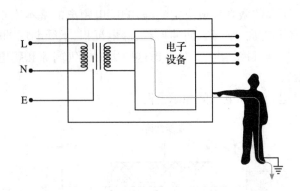

图 2-3　经人体流入地的接触电流

### 3. 患者漏电流

患者漏电流是

——从患者连接经过患者流入地的电流,或

——在患者身上出现一个来自外部电源的非预期电压而从患者通过患者连接中 F 型应用部分流入地的电流。

F 型应用部分是 F 型隔离(浮动)应用部分的简称,其患者连接与 ME 设备其他部分相隔离的应用部分,其绝缘程度达到当来自外部的非预期电压与患者相连,并因此施加于患者连接与地之间时,流过其间的电流不超过患者漏电流的容许值。F 型应用部分不是 BF 型应用部分就是 CF 型应用部分。

图 2-4 所示是从患者连接经过患者流入地的患者漏电流。

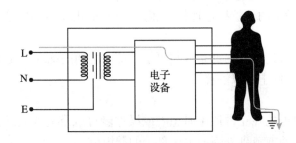

图 2-4　从患者连接经过患者流入地的患者漏电流

### 4. 患者辅助电流

在正常使用时,流经患者的任一患者连接和其他所有患者连接之间预期不产生生理效应的电流。

这里是指设备有多个部件的应用部分,当这些部件同时接在一个患者身上,若部件与部件之间存在着电位差,则有电流流过患者。而这个电流又不是设备生理治疗功能上需要的电流,这就是患者辅助电流。例如心电图机各导联电极之间的流过患者身上的电流;阻抗容积描记器各电极之间流经患者的电流均属患者辅助电流,如图 2-5 所示。

患者辅助电流不是漏电流,也不同于因治疗或检查需要对神经和肌肉刺激、心脏起搏、除颤、高频外科手术而产生的生理效应电流。

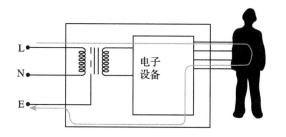

图 2-5　患者辅助电流

### 十一、功能接地端子和保护接地端子

#### 1. 功能接地端子

功能接地端子是直接与电路或为功能的目的而接地的屏蔽部分相连的端子。

在 ME 系统中,功能接地可以通过操作者可触及的功能接地端子来实现。同时,允许 Ⅱ 类 ME 设备通过电源软电线中的黄绿导线进行功能接地。在这种情况下,黄绿导线连接的部分不能是可触及部分,并且应与可触及部分绝缘。

ME 设备的功能接地端子不应用来提供保护接地连接。

#### 2. 保护接地端子

保护接地端子是为安全目的与 Ⅰ 类设备导电部分相连接的端子。该端子预期通过保护接地导线与外部保护接地系统相连接。

"保护接地端子"与"功能接地端子"的目的不同。功能接地端子是为了安全以外的目的,而直接与测量供电线路或控制电路某一点(往往是电路的公共端)相连接,或直接与某屏蔽部分相连接,而屏蔽是为功能性目的的接地。

### 十二、单一故障状态和单一故障安全

#### 1. 单一故障状态

单一故障状态是指只有一个降低风险的措施失效,或只出现一种异常情况的 ME 设备的状态。当一个单一故障状态引发另外一个单一故障状态,那么两个故障被认为是一个单一故障状态。在单一故障状态下的任何试验期间,同一时间应只有一个故障适用。

下列情况被认为是正常状态:

——在任何信号输入/输出部分出现的任何电压或电流,它们是从通用标准中规定的随机文件所允许连接的其他电气设备传导来的,如果随机文件对这些其他电气设备没有限制,出现的就是通用标准规定的最大网电源电压;

——对预期通过网电源插头与供电网连接的 ME 设备,供电连接换相;

——不符合通用标准关于绝缘要求的任何或所有绝缘的短路;

——不符合通用标准关于爬电距离和电气间隙要求的任何或所有爬电距离或电气间隙的短路;

——不符合通用标准关于医用电气设备的保护接地、功能接地和电位均衡要求的任何或所有接地连接的开路,其中包括任何功能接地连接。

通用标准描述了 12 类单一故障状态,应按最不利组合应用单一故障状态:

(1) 电气的单一故障状态

(2) ME 设备变压器的过载

(3) 恒温器的故障

(4) 温度限制装置的故障

(5) 液体泄漏

(6) 可能导致危险状态的冷却条件变差

(7) 运动部件卡住

(8) 断开和短路电动机的电容

(9) 电动机驱动的 ME 设备的附加试验电机绕组超温

(10) 在富氧环境下使用的 ME 设备元器件的故障

(11) 可能导致机械危险的部件故障

(12) ME 设备过载

由于本章着重电气安全的阐述,因而详细列出电气单一故障状态,电气单一故障状态包括:

——任何一处符合通用标准中绝缘规定的一重防护措施要求的绝缘的短路,包括符合通用标准中绝缘要求的双重绝缘的每一组成部分的短路;

——任何一处符合通用标准中的爬电距离和电气间隙规定的一重防护措施的爬电距离或电气间隙的短路;

——除高完善性元器件外,任何与绝缘、爬电距离或电气间隙并联的元器件的短路和开路,除非能表明短路不是该元器件的失效模式;

——任何一根符合通用标准中的 ME 设备的保护接地、功能接地和电位均衡要求的保护接地导线或内部保护接地连接的开路,但这不适用于永久性安装的 ME 设备的保护接地导线,其被认为是不太可能断开的;

——除多相 ME 设备或永久性安装的 ME 设备的中性导线外,任何一根供电导线的中断;

——具有分立外壳的 ME 设备各部件之间的任何一根电源导线中断,如果该状态可能会导致允许的限值被超过;

——元器件的非预期移动;

——在自由脱落后可能会导致危险状况的地方,导线和连接器的意外脱落。

应使用风险分析的结果来确定哪些故障应被试验。在同一时间任意一个元器件的可能导致危险状况的故障,应被实际或理论上模拟。评价元器件的模拟故障应以该元器件在 ME 设备的预期使用寿命期间的故障与相关的风险为准。该评价应通过应用风险管理的原则,还应考虑到可靠性、拉伸安全系数和元器件的等级之类的问题。另外,在模拟单一故障状态期间,极有可能的或不易察觉的元器件故障应被模拟。

这些要求和相关试验应不适用双重绝缘或加强绝缘的故障或高完善性元器件的故障。通过适用规定的要求和在通用标准中定义的单一故障状态相关的试验,和从评价风险分析结果确定的故障的试验来确定是否符合。如果一次引入通用标准所述任一单一故障状态而不会直接导致喷射、外壳变形或超过最大温度、超过漏电流或电压限值、规定的机械危险等危险状况,或任何其他不可接受风险的结果,则认为是符合要求的。

### 2. 单一故障安全

在预期使用寿命内,ME 设备或其部件在单一故障状态下不发生不可接受的风险的特性。单一故障安全作为 ME 设备的特性之一确保了预期使用寿命期间的基本安全。

由于单一故障会触发保护设备的启动(如,保险丝、过电流释放、安全捕获等),阻止危险的发生,故两个单一故障同时发生的概率小到可以忽略不计。

单一故障是由一个明显且可被操作者清晰辨识的信号暴露的。单一故障是在使用手册中指明的定期检查和维护中暴露或修复的。第二个单一故障在下一个检查和维护周期前发生的概率是很小的。制造商应该需要明确考虑将与第二个故障发生相关的监测时间作为风险分析的一部分。

ME 设备应被设计和制造成保持单一故障安全,或通过 ME 设备或 ME 系统的风险管理过程的应用来确定风险仍然可接受。

若采用一个故障可以忽略不计的单一措施来降低风险(如,加强绝缘、采用 8 倍拉伸安全系数且没有机械保护装置的悬挂物、高完善性元器件),或一个单一故障发生,但最初的故障在 ME 设备预期使用寿命期间和降低风险的第二重措施失效前将被发现(如,有机械防护装置的悬挂件),而 ME 设备预期使用寿命内降低风险的第二重措施不可能失效。则 ME 设备被认为是单一故障安全的。

确保设备在单一故障状态下的安全性,必须在设计中采取的措施。医用电气设备从设计方案开始就应考虑到各种单一故障状态下的安全性,否则到产品定型后,再纠正这些缺陷将会付出更大的代价。除制造外,使用 ME 设备也要相应的防护措施来保证 ME 设备单一故障安全。

## 十三、与风险管理有关的术语及其定义

### 1. 风险
伤害的发生概率与伤害严重程度的结合。

### 2. 风险分析
风险分析是指系统地运用可用的资料来判定危险并估计风险。

### 3. 风险评价
风险评价是指将估计的风险和给定的风险准则进行比较,以决定风险可以接受性的过程。

### 4. 风险评定
包括风险分析和风险评价的全部过程。

### 5. 风险控制
风险控制是指作出决策并实施保护措施,以便降低风险或把风险维持在规定水平的过程。

### 6. 剩余风险
采取风险控制措施后余下的风险。

### 7. 风险管理
用于分析、评价和控制风险的管理方针、程序及其实践的系统运用。通用标准所指的风

险管理不包括生产计划或监控生产,以及生产后的信息,然而这些要符合 ISO 14971 的要求。

**8. 风险管理文档**

由风险管理产生的一组记录和其他文件。包括制造商计算、检测数据等在内的所有安全相关的资料都被认为是风险管理文档的一个部分。

### 十四、基本安全和基本性能

**1. 基本安全**

当 ME 设备在正常状态和单一故障状态下使用时,不产生由于生理危险而直接导致的不可接受的风险。

基本安全与设备运行时不对患者造成危害相关。基本安全通常是被动方式的保护(例如辐射屏蔽或电气接地)。

对于 ME 设备来说,单一故障状态下同样需保障基本安全。

**2. 基本性能**

与基本安全不相关的临床功能的性能,其丧失或降低到超过制造商规定的限值会导致不可接受的风险。

在正常状态和单一故障状态,从完整的功能到丧失全部确定的性能后制造商应规定性能限值。制造商要评估确定的性能丧失或降低超过制造商规定限值后导致的风险。如果导致的风险是不可接受的,那么此性能即可确定为 ME 设备或 ME 系统的基本性能。制造商应实施风险控制措施以减少因基本性能丧失或降低而导致的风险,使其达到可接受水平。

风险控制措施的性能可能成为 ME 设备或 ME 系统基本性能的一个方面。例如:如果无人看管时,供电网的中断可能导致不可接受的风险,产生报警信号来指示供电网中断可以作为"基本"。

遵循风险管理原则,制造商需要验证每个风险控制措施的效力。这可能涉及证明在基本性能丧失或降低的条件下风险控制措施仍生效。例如:当由于供电网中断而使基本性能丧失,用于提示操作者供电网中断用的报警系统需要有备用电源,使产生报警信号不依赖于供电网。又例如:如果元器件故障导致基本性能丧失,ME 设备或 ME 系统宜设计成在元器件故障时,不危及那些用以降低因基本性能丧失所导致的风险的任何风险控制措施(如上例中的报警系统需的备用电源)的有效性。

基本性能与 ME 设备或 ME 系统运行不产生危险相关。基本性能的失效可以是性能缺失(例如生命支持性能)或性能故障(例如给患者传输送不正确的剂量)。

通常,基本安全并非与设备独有的产品特性相关,基本性能与一个种类的产品相关(例如能够产生正确电击的除颤仪)。虽然基本安全和基本性能通常相互补,某些危险可能与基本安全和基本性能都相关。

### 2.2.3 ME 设备安全防护的设计

**一、ME 设备生命周期中的危险来源**

产品安全的宗旨就是避免由于使用产品而给人、动物或环境带来危害,特别是避免对人体造成伤害甚至死亡,并将产品的潜在危险降低到可以接受的程度。因此,产品安全的首要工作就是确认危险的来源(以下简称危险源),并采取有效措施对其进行防护,避免施加于人、动物或环境而造成危害。危险成因贯穿设备的论证、设计、评估、生产和使用各环节,所以,医用电气设备需要靠每一个环节都实现安全才能实现有效的安全防护。影响医用电气设备安全的因素有许多,主要可以概括为:

1. 医用电气设备在设计时未能进行充分论证,以及未采取积极的防范措施来避免危险的发生,以致达不到基本安全防护的要求。

2. 在开始进行医用电气设备生产之前。未对包括硬件和软件在内设计的有效性进行充分评估。

3. 在医用电气设备生产过程中,未能保障良好的加工工艺有效实施。

4. 操作者对医用电气设备原理及其使用方法的了解程度不足,操作者的了解可能取决于培训、设备标识和制造商提供的随机文件。

5. 未能充分考虑医用电气设备附件的兼容性。

6. 医用电气设备电源的连接情况出现意外,例如:I 类设备使用了德国标准的电源插头,使设备不能与保护接地系统连接。

7. 医用电气设备预防性维修未能有效实施,例如不按计划进行周期性检查等。

8. 医用电气设备在维修过程中使用了规定之外的零部件等情况。

因此,制造商执行风险管理过程应当识别适当的风险控制措施,依次使用以下一种或多种方法:

1. 用设计方法取得固有安全性。

2. 在设备本身或制造过程中加保护措施或附加保护措施,例如使用屏蔽或者防护罩。

3. 提供安全信息,例如使用说明书里关于运输、安装或布置、连接、投入运行、操作和与在使用期间的 ME 设备有关的操作者及其助手的位置。

方法 1—3 以通常公认的降低风险有效性的递减顺序列出。设计者/工程师在决定采用上述的哪种组合的方法措施之前,还应考虑其他因素。

### 二、ME 设备安全设计原则

ME 设备的设计是最有效的降低风险的方法,设计应使设备即使在单一故障状态下也能保证 ME 设备和 ME 系统的安全和基本性能,以下设计原则可以帮助设计者设计的产品符合相关标准的要求:

原则 1:避免使用任何可能产生危险的设计、结构、材料或元件等,即避免危险源的出现。

原则 2:如果危险源的出现是不可避免的,则应当采取有效的隔离预防措施,避免人体接触危险源或者暴露在危险源的作用下。

原则 3:如果接触危险源是不可避免的,则应当在接触到危险源之前切断危险源的能量来源,最大程度地降低危险源的危害,避免造成伤害事故。

原则 4:如果无法在接触危险源的时候切断危险源的能量来源,那么,应当限制接触危险源或暴露在危险源作用下时危险源所传递能量的强度和时间,即控制危险源所传递的总能量。

原则5：对于极端危险的危险源（会立即造成永久性伤害甚至死亡的危险），应采取多重防护措施（通常是双重防护措施），确保有足够的后备防护措施来避免危险的产生。

原则6：在专业维修人员维护产品的特殊情况下，或者产品出现异常的情形下（产品内部出现短路等故障，或者某些可预见的非正常使用，例如产品使用时过载等），相关的要求允许适当放宽，但即使放宽要求，同样不可出现会造成永久性伤害或致命的危险。

原则7：对于由于技术上或经济上的原因无法根除的剩余风险，应当提供适当的警告，包括警告标志和在说明书中仔细说明。

以上7个原则是在进行产品安全设计时，在充分考虑当前的技术水平和经济水平的基础上综合考虑得到的结果，也是前述的识别风险控制措施的固有安全方法、附加安全方法和信息安全方法的体现。根据以上7个原则采取的技术措施都应当在设计上可行、结构上可靠，并且能通过适当的实验来验证其防护效果。

常见的安全性设计措施如下：

1. 设计时留有足够的宽裕度，或采用双重保护，以防止单一故障的发生。

2. 可采用熔断器、过电流释放器、安全制动装置等。当一个单一故障发生时，这些装置即会动作，以防止发生安全方面的危险。

3. 单一故障发生时，可触发一个报警信号，提示设备处于故障状态，这个信号必须能很快被操作者发现，以便其采取相应的措施。

4. 单一故障可以通过使用说明书规定的检查和维护保养发现。

## 2.3　ME 设备试验通用要求

通用标准的原则是按制造商的说明，当运输、贮存、安装、正常使用和保养设备时，正常状态和单一故障状态下，医用电气设备应不引起可以合理预见到的危险，也不会引起同预期应用目的不相关的安全方面的危险。医用电气设备不但应保证正常状态下的安全，还要保证单一故障状态下安全。

通用标准中每一具体条款的要求、试验、结构等都是从这一安全原则出发而确定的。在医用电气设备设计、制造、试验、产品标准制定等各环节中，都要符合这一原则。

本节介绍 ME 设备试验通用要求，通用标准的第5条（章）从型式试验，样品数量，环境温度、湿度、大气压力，其他条件，供电电压、电流类型，供电形式、频率，修理和改进，潮湿预处理，试验顺序，应用部分和可触及部分的判定等几个方面规定了试验通用要求，下面介绍其中的主要内容。

### 2.3.1　选择安全试验项目的原则

标准要求仅对那些在正常状态或单一故障状态下一旦损坏就会引起安全方面危险的绝缘元器件和结构特性进行试验。有些绝缘、元器件和结构细节发生故障，可能影响设备的正常使用，但未对患者和有关人员产生安全方面的危险，则这些试验就不必进行。

通用标准中描述的试验都是型式试验，型式试验是对设备中有代表性的样品所进行的试验，其目的是为了确定所设计和制造的设备是否能满足通用标准的要求。考虑通用标准

第 4 条通用要求,尤其是 4.2 条 ME 设备或 ME 系统的风险管理过程的要求确定要执行的试验。如果经分析,显示试验条件在其他试验或方法中已得到充分评价,则不需要进行该试验。

同时发生的各独立故障组合可能导致危险情况的应记录在风险管理文档中。当需要试验来证明,同时的独立故障下仍能保持基本安全和基本性能,相关的试验可能被限制在最恶劣情况下。

为了确保医用电气设备在贮存、运输、正常使用和按制造厂规定进行保养、维修时,在正常状态和单一故障状态下的安全性,试验应在设备处于通用要求和产品使用说明书规定的最不利情况下进行,被称为试验的最不利原则,这是在选用试验条件时的一个总准则。

### 2.3.2 试验通用要求

**一、样品数量**

型式试验用一个能代表被测物的样品来进行试验。但是,若不显著影响结果的有效性,多个样品可被使用。

**二、环境温度、湿度,大气压力**

1. 当被测 ME 设备按照正常使用准备好之后(依据通用标准中的潮湿预处理规定,在进行漏电流和患者辅助电流测量和电介质强度试验之前,所有 ME 设备或其部件应进行潮湿预处理),按技术说明书中指出的环境条件范围进行试验。

2. ME 设备要避免其他可能影响试验的有效性的干扰(例如气流干扰)。

3. 在环境温度不能被保持的情况下,试验条件要随之改变,试验结果要相应地修正。

**三、供电电压、电流类型,供电形式,频率**

1. 由于供电网的特性偏离其额定值而影响到试验结果时,要考虑这种偏离的影响。试验时按通用标准中关于电源的要求值或按标记在 ME 设备上的值,取其中最不利的。

2. 具有预期与交流供电网相连的网电源部分的 ME 设备,仅在当其额定频率小于等于 100 Hz 时,用其额定频率(若标记)±1 Hz 的交流试验,在 100 Hz 以上时,用额定频率 ±1% 额定频率的交流试验。标记额定频率范围的 ME 设备,在该范围的最不利的频率进行试验。

3. 设计有一个以上额定电压或交、直流两用的或外部电源和内部电源两用的 ME 设备,在最不利的电压和供电形式条件下进行试验,例如,考虑相数(单相供电除外)和电流类型的最不利情形。可能需要进行多次试验来确定哪种供电配置是最不利的。

4. 具有预期与直流供电网相连的网电源部分的 ME 设备,仅在直流下进行试验。在进行试验的时候,依据使用说明书,要考虑极性对 ME 设备运行可能产生的影响。

如果规定 ME 设备连接到外部直流电源,极性接错不应导致喷射,外壳变形或超过最大温度、超过漏电流或电压限值、规定的机械危险等危险状况。随后将极性接正确时,ME 设备不应超过允许的限值。这里的外部直流电源可以是供电网或另外一台电气设备,对于后面这种情况,其组合被认为 ME 系统。

ME 设备应设计成在中断和恢复供电时除中断其预期功能外不应导致不可接受的风险。任何人不用工具即可复位的保护装置可用来使 ME 设备在复位后能恢复到正常状态。

通过检查来检验是否符合要求，若有必要，通过功能测试予以验证。

5. 随机文件中规定可以替换附件或元器件的 ME 设备，要在那些最不利条件的附件或元器件下进行试验。

6. 若使用说明书规定 ME 设备预期从分立的电源获取电能，那它就要连接到这样的电源。如果规定使用特定的分立电源，那么就将 ME 设备连接到该电源进行相关试验。如果规定使用通用的分立电源，则要检查随机文件中的规格。

如果 ME 设备预期接收来自 ME 系统中其他电气设备的电能，且符合通用标准要求依赖于那个其他设备的，该规定的其他设备应提供型式标记和制造商的名称或商标。例如：在相邻的相关连接点处标记型式标记和制造商的名称或商标；在相邻的相关连接点处放置 ISO 7010-M002 安全标志（标志名称"按照使用说明书"，标志符号为 📖），并在使用说明书中列出详细要求；使用通常市场上不能购得的特殊规格连接器，并在使用说明书中列出详细要求。

在 IEC 60601-1 的第一版和第二版中所称的"特定电源"，现在被认为同一 ME 设备的另一部分或 ME 系统中的另一个设备。

**四、其他条件**

1. 除非通用标准另有规定，ME 设备在最不利工作条件下进行试验。工作条件由随机文件规定，当其适用时，每项试验的最不利工作条件应被文件化。

2. 运行值可由维护人员以外的任何人进行调整或控制的 ME 设备，应将运行值调整到对相关试验而言最不利的数值，但仍需符合使用说明书的规定。

3. 如试验结果会受冷却液进水口的压力和流量或化学成分的影响时，试验应按技术说明书规定的条件进行。

4. 需要用冷却水的地方，使用饮用水。

**五、修理和改进**

在试验过程中由于发生了故障或为了防止以后可能发生故障而应进行修理和改进时，检测单位和 ME 设备供应者可以商定，提供一个新样品重新进行全部试验、或作全部必要的修理和改进后，仅对有关项目重新进行试验。

### 2.3.3 潮湿预处理

在进行漏电流和患者辅助电流试验和电介质强度试验之前，所有 ME 设备或其部件应进行潮湿预处理。

ME 设备或其部件应完整地装好（或必要时分成部件），运输和贮存时用的罩盖要拆除。

这一处理仅对那些在受该试验所模拟的气候条件影响的 ME 设备部件适用。

不用工具即可拆卸的部件应拆下，但要与主件一同处理。

不用工具即可打开或拆卸的调节孔盖要打开和拆下。

潮湿预处理要在空气相对湿度为 93％±3％的潮湿箱中进行。箱内能放置 ME 设备的所有空间里的空气温度,要保持在 20 ℃～32 ℃ 这一范围内任何适当的温度值 $T±2$ ℃之内。ME 设备在放入潮湿箱之前,应置于温度 $T$～$T+4$ ℃ 之间的环境里,并至少保持此温度 4 h,方可进行潮湿预处理。

当外壳的分类是 IPX0(对进液无保护,关于 IP 分类等级可参考本书 2.4 节),保持 ME 设备和其部件在潮湿箱里 48 h。

当外壳设计提供较高的进液防护,保持 ME 设备和其部件在潮湿箱里 168 h。

为了防止放置在潮湿箱的 ME 设备上冷凝,潮湿箱的温度要等于或略低于 ME 设备放入时的温度。为了避免使用温度稳定系统来控制箱外空气的温度,预处理作业中箱内的空气温度要在 20 ℃～32 ℃度之间,并与箱外温度相适应,并随后稳定到初始值。

温度 $T$ 的选定:

1. 标准规定在潮湿预处理时,潮湿箱内的湿度为 90％～96％;温度范围应为 20 ℃～32 ℃,允差 $T±2$ ℃,因此,其下限 $T_{min}-2$ ℃ $=20$ ℃,即 $T_{min}=22$ ℃,其上限 $T_{max}+2$ ℃ $=32$ ℃,即 $T_{max}=30$ ℃,故潮湿箱温度 $T$ 可在 22 ℃～30 ℃ 之间选定(如潮湿箱的控温精度为 $±1$ ℃,$T$ 可在 21 ℃～31 ℃ 之间选择)。

2. $T$ 的选定还应考虑经济因素。为防止设备在放入潮湿箱时出现冷凝,规定设备必须在 $T$～$T+4$ ℃ 的环境中放置 4 h 以上,方可放入潮湿箱进行试验。如果不考虑经济因素,可以在 22 ℃～30 ℃ 任选 $T$。例如,选 $T=25$ ℃,若此时试验室温度为 23 ℃,那么就要开启试验室的空调系统,将室温升到 25 ℃～29 ℃,让受试设备在室内放置 4 h,然后再放入温度为 25 ℃±2 ℃、相对湿度为 90％～96％的潮湿箱内进行试验。这样就对潮湿箱外的环境条件提出了较高的要求。

箱内温度虽然会影响设备对湿度的吸收程度,但尚不足以对要进行的电介质强度试验和漏电流试验的结果产生实质性影响。当试验室温度在 20 ℃～32 ℃时,潮湿箱的试验温度 $T$ 可直接选为室温。这样,可将设备直接放入潮湿箱中试验,既降低了费用,也满足了通用标准的要求。

如需要,处理后的 ME 设备可重新组装起来。

如果不允许任何水分进入(全封闭的外壳),则不进行潮湿预处理。

通常使用在受控环境下,对基本安全和基本性能没有影响且对湿度敏感的组件,如硬盘、磁带驱动器和基于计算机的系统的高密度存储设备,不需要进行此项测试。

### 2.3.4　试验顺序

任何试验的结果不能影响后续试验。为避免可能造成重复试验、增加试验成本、得出不真实试验结果等缺陷,有效的测试应该根据通用标准附录 B 给出的顺序进行操作,除非有专用标准另外声明。

有一些测试可以不按照通用标准附录 B 给出的测试顺序而独立进行,比如通用标准第 10 章的放射危险测试、11.7 的生物适应性测试、12.2 的可用性测试、12.3 的报警系统测试、第 14 章的 PEMS 测试和第 17 章的电磁兼容性测试。通用标准第 16 章中指定的医疗系统的测试应该采用与医疗设备相同的测试顺序进行。

### 2.3.5　应用部分和可触及部分的判定

#### 一、应用部分

应用部分通过检查和参考随机文件来确定。

风险管理过程应包括对那些可接触患者但不属于应用部分定义的部分,是否应符合应用部分的要求进行评估。除非评估确定需要适用 BF 型应用部分或 CF 型应用部分的要求,有关部分应适用 B 型应用部分的要求。

若风险管理过程确定那些部分需符合应用部分的要求,那么,除了通用标准 ME 设备或 ME 设备部件的外部标记对应用部分的要求不适用于那些部分,通用标准以及相关并列和专用标准的相关要求和试验应适用。

通过检查风险管理文档来检验是否符合要求。

#### 二、可触及部分

**1. 试验指**

作为可触及部分的 ME 设备的部分通过检查和必要的试验来确定。在有疑问的情况下,用标准试验指来确定是否可触及,适用于弯曲或笔直的位置:

——正常使用时,ME 设备的所有位置;

——不使用工具或按使用说明书,打开调节孔盖和移除部件,包括灯、熔断器和熔断器座后。

除了落地使用且在任意工作状态下其质量都超过 40 kg 的 ME 设备不翘起检查外,将标准试验指轻轻插入各个可能的位置。按照技术说明书预期安装在箱内的 ME 设备,按其最终安装位置做试验。对于用标准试验指插不进的孔的,采用一个相同尺寸的无关节的直试验指,以 30 N 的力进行机械试验。如果直试验指能插入,采用标准试验指重新试验,如有必要,把试验指推入孔内。

**2. 试验钩**

如果试验钩能够插入 ME 设备的孔,采用试验钩进行机械试验。

将试验钩插入所有各有关孔中,接着以 20 N 的力在大致垂直于孔表面的方向拉 10 s。任何变成可触及的其他部分用标准试验指来确定并通过检查。

**3. 操作机构**

取下手柄、旋钮、控制杆等之后,就能触及控制器操作机构的导体部件作为可触及部分。若移除手柄、旋钮等需要使用工具,操作机构的导体部分不被认为是可触及部分。

通过按通用标准试验指试验和 ME 设备控制器的操作部件固定与防止失调的试验来检查是否符合要求。

## 2.4　医疗器械的分类

根据不同的分类目的,可以对医疗器械进行不同的分类,下面列出几种分类,读者可以依据具体的 ME 设备在不同的分类里找到所属的类别。

### 2.4.1 按照风险程度管理分类

国家对医疗器械按照风险程度实行分类管理:第一类医疗器械,第二类医疗器械和第三类医疗器械。

#### 一、第一类医疗器械

风险程度低,通过常规管理足以保证其安全、有效性的医疗器械。例如:医用剪刀、镊子、普通病床、轮椅、纱布绷带等。

#### 二、第二类医疗器械

具有中度风险,需要严格控制管理以保证其安全有效的医疗器械。例如:电子血压计、防打鼾器、电磁波治疗仪、电子穴位治疗仪等。

#### 三、第三类医疗器械

具有较高风险,需要采取特别措施严格控制管理以保证其安全、有效的医疗器械。例如:植入性器材;用于支持、维持生命的呼吸机;对人体具有潜在危险的注射器、输液器等。

### 2.4.2 在分类规则指导下的目录分类制分类

我国实行的医疗器械分类方法是分类规则指导下的目录分类制,分类规则和分类目录并存。一旦分类目录已实施,应执行分类目录。《医疗器械分类规则》用于指导《医疗器械分类目录》的制定和确定新的产品注册类别。执行分类规则指导下的目录分类制,参照国际通行的分类,从严掌握。使用风险是制定产品分类目录的基础,分类目录尽可能适应管理的需要,有利于理顺监督管理,做到科学合理。

《医疗器械分类规则》分别从医疗器械结构特征、医疗器械使用形式和医疗器械使用状态三个方面对分类提出了依据。

#### 一、医疗器械结构特征

医疗器械的结构特征分为:有源医疗器械和无源医疗器械。

#### 二、医疗器械使用形式

根据不同的预期目的,将医疗器械归入一定的使用形式。其中:

1. 无源器械的使用形式:药液输送保存器械;改变血液、体液器械;医用敷料;外科器械;重复使用外科器械;一次性无菌器械;植入器械;避孕和计划生育器械;消毒清洁器械;护理器械、体外诊断试剂、其他无源接触或无源辅助器械等。

2. 有源器械的使用形式:能量治疗器械;诊断监护器械;输送体液器械;电离辐射器械;实验室仪器设备、医疗消毒设备;其他有源器械或有源辅助设备等。

### 三、医疗器械使用状态

根据使用中对人体产生损伤的可能性、对医疗效果的影响,医疗器械使用状况可分为接触或进入人体器械和非接触人体器械,具体可分为:

**1. 接触或进入人体器械**

(1)使用时限分为:暂时使用;短期使用;长期使用。

(2)接触人体的部位分为:皮肤或腔道;创伤或体内组织;血液循环系统或中枢神经系统。

(3)有源器械失控后造成的损伤程度分为:轻微损伤;损伤;严重损伤。

**2. 非接触人体器械**

对医疗效果的影响,其程度分为:基本不影响;有间接影响;有重要影响。

## 2.4.3 ME 设备和 ME 系统在通用标准里的分类

IEC 60601-1第三版规定 ME 设备或其部件包括应用部分,应符合下述分类。

### 一、按对电击防护分类

按防电击类型的结构分类如下:

由外部电源供电的 ME 设备应分类为Ⅰ类 ME 设备或Ⅱ类 ME 设备,其他 ME 设备应分类为内部电源 ME 设备。

与供电网有连接措施的内部电源 ME 设备,当连接时即为由外部电源供电的 ME 设备应符合Ⅰ类 ME 设备或Ⅱ类 ME 设备的要求,不连接时归属内部电源 ME 设备要符合内部电源 ME 设备的要求。

ME 设备的应用部分是正常使用时与患者接触的部分,因而有较严格的要求,例如,在温度限值和漏电流上有较严格的要求。按照防电击程度应定义为 B 型应用部分、BF 型应用部分、CF 型应用部分。应用部分可定义为防除颤应用部分,即防除颤 B 型应用部分、防除颤 BF 型应用部分、防除颤 CF 型应用部分。

特别说明的是,除应用部分之外,其他可触及部分可能出现危险。与一个无意识的、受麻醉的或残疾的病人无意相接触的部件会出现和应用部分与患者相接触产生相同的风险。另一方面,一个活跃的病人可触及或摸到的部件,对患者自身而言,将会出现和操作者相同的风险。通用标准要求运用风险管理过程来明确除应用部分以外的部件,需要满足与应用部分相同的要求。其中包括了在 ME 系统中的非 ME 设备部件。因此,必须区分应用部分和仅当作外壳考虑的部分。

通用标准要求用风险管理过程来明确除应用部分以外的部件,需要满足与应用部分相同的要求。例如在一个含有心电监视、患者电缆、患者导联和心电电极的心电监护仪中:

——应用部分包括电极和在正常使用时需要和患者身体接触的那部分患者导联或患者电缆。

——风险管理的应用应确认需被视作应用部分的其他患者导联或患者电缆,因为其与患者存在接触的可能性。

——患者连接包括心电电极,它是应用部分同一功能的所有部分。

图 2-6 给出了一个心电监护仪中的 ME 设备的应用部分和必须视作应用部分的部件示例。

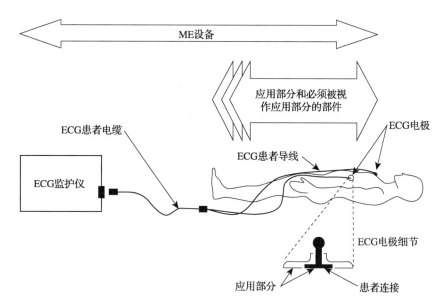

图 2-6　心电监护仪中的 ME 设备,应用部分和患者连接识别图

图 2-6 中典型意义上的应用部分包括电极和在正常使用时需要和患者身体接触的那部分患者导线或患者电缆。另外,风险管理的应用应确认需被视作应用部分的其他患者导线或患者电缆,因为其与患者存在接触的可能性。

B 型应用部分用符号 ♱(IEC 60417-5840)来标记,如果是防除颤 B 型应用部分,就用符号 ♱(IEC 60417-5841)来标记。

BF 型应用部分提供的患者防护等级是通过患者连接与 ME 设备的接地部分和其他可触及部分间进行隔离实现的,从而限制在外部电源和患者相连接产生意外电压的情况下流经患者的电流强度,借此应用于患者连接和接地之间。

BF 型应用部分用符号 ♱(IEC 60417-5333)来标记,如果是防除颤 BF 型应用部分,就用符号 ♱(IEC 60417-5334)来标记。

CF 型应用部分用符号 ♥(IEC 60417-5335)来标记;如果是防除颤 CF 型应用部分,就用符号 ♥(IEC 60417-5336)来标记。

CF 型应用部分提供了最高等级的患者保护。它是通过提高患者连接与 ME 设备的接地部件和其他可触及部分的隔离来实现,进而限制可能流经患者的电流强度。仅考虑患者漏电流,CF 型应用部分适用直接用于心脏,但在某些方面可能是不适用的,如灭菌或生物相容性。

**二、按对有害液体或微粒进入的防护分类**

ME 设备和 ME 系统中设计成给定防护程度以防止有害的水或颗粒物质浸入的外壳,

应提供按 GB 4208(IEC 60529)分类的防护。将 ME 设备放置在正常使用时最不利的位置，通过 GB 4208(IEC 60529)中的测试和观察来验证是否符合要求。

外壳应按照 IEC 60529 描述的对有害进液和特殊物质的防护分类，分类为 IPN1N2，如表 2-1 所示，其中：

——N1 是用来表示对有害微粒进入的防护的整数或字母"X"；

——N2 是用来表示对有害进液防护的整数或字母"X"。

**表 2-1　IP 分类符号及含义**

| 符号 | 引用标准 | 含义 |
|---|---|---|
| IPN1N2 | IEC 60529 | N1=0　无防护<br>　　　1　防止直径为 50 mm 及以上的固体异物进入<br>　　　2　防止直径为 12.5 mm 及以上的固体异物进入<br>　　　3　防止直径为 2.5 mm 及以上的固体异物进入<br>　　　4　防止直径为 1.0 mm 及以上的固体异物进入<br>　　　5　防尘<br>　　　6　尘密<br>N2=0　无防护<br>　　　1　防止垂直落下的水滴进入<br>　　　2　当外壳倾斜至 15°时防止水垂直落下的水滴进入<br>　　　3　防止喷雾<br>　　　4　防止泼洒<br>　　　5　防止喷射水<br>　　　6　防止强力喷射水<br>　　　7　防止暂时浸水<br>　　　8　防止持续浸水<br>注：如果特征数字不是必需指定的，可以由字母"X"替代（"XX"如果都是数字可以忽略） |

### 三、按灭菌的方法分类

需要灭菌的 ME 设备或其部件，应按使用说明书描述的灭菌方法进行分类。例如可以分为用环氧乙烷气体灭菌、用诸如伽马射线辐照灭菌、用诸如高压灭菌器湿热灭菌和用制造商描述和验证的其他方法灭菌的设备或其部件。

### 四、按适合富氧环境下使用分类

预期在富氧环境下使用的 ME 设备和 ME 系统应按此使用进行分类，可以分类为 AP 型或 APG 型。ME 设备是否需要分类为 AP 型或 APG 型，应由制造商根据预期使用决定。AP 型或 APG 型的相关要求见 IEC 60601-1 第三版附录 G。

当需要考虑 ME 设备使用易燃药剂(如某些消毒剂)或者 ME 设备在通常需要使用易燃药剂的环境中使用，并且制造商没有给出特定的操作说明或预防措施的情况下，此类药剂的种类，其挥发性以及其他决定性因素使得不可能给出特定的说明。这些情况唯一合理的解决方法就是确保制造商要评估和处理相关的风险。易燃消毒剂或洗涤剂与空气的混合气体依照国家或地方法规可以认为是一种与空气混合的易燃麻醉气。

### 五、按运行模式分类

ME 设备应按连续运行和非连续运行进行分类。如果没有标记,可认为 ME 设备适合连续运行。对于预期非连续运行的 ME 设备,应标明持续率,并用适当的标记给出最长激励(开)时间和最短非激励(关)时间。

持续率是激励(开)时间占工作周期(激励(开)时间和非激励(关)时间之和)的百分比,它被用来决定运行时间的可接受水平,以保证电动机或者执行器元件不过热。低效导致系统温度升高,当温度达到或超过临界点温度时元件就会失效。对于设计成非连续运行的 ME 设备来说,让其在一个工作周期中休息空闲一段时间以便让元件冷却是必需的,这是非连续运行的 ME 设备继续工作的前提。

连续运行和非连续运行涵盖了实际上所有设备的运行方式。如果 ME 设备一直插在供电网上,但其运行是间歇性的,应被视为非连续运行设备。

## 2.5  ME 设备标识、标记和文件

### 2.5.1  概述

通用标准对 ME 设备标识、标记和随机文件做了相应的要求,以降低 ME 设备的风险。

#### 一、标识、标记和文件的可用性

制造商应在可用性工程过程中处理与 ME 设备的标识、标记和文件有关的粗劣可用性风险。为使 ME 设备达到好的效果,设备的标记和随机文件必须清楚、一致,并帮助减少潜在的使用错误。按 IEC 60601-1-6《ME 设备——第 1-6 部分:基本安全和基本性能通用要求-并列标准:可用性》的规定来检验是否符合要求。

#### 二、标记易认性

通用标准中要求的标记应在下述情况下清晰易认:

——对于 ME 设备外部的警告性说明,指导性说明,安全性标志和图表:从预期执行相关功能的人员位置观察;

——对于固定 ME 设备:当设备安装在正常使用位置时;

——对于可移动式 ME 设备和未固定的非移动式 ME 设备:在正常使用时,或在 ME 设备从它所靠的墙壁移开后,或当 ME 设备从它的正常使用位置转向后,以及从机架上拆下可拆单元后;

——对于 ME 设备或 ME 设备部件的内部标记:当从预期执行相关功能的人员位置观察时。

通过下述试验来检查清晰易认是否符合要求:

ME 设备或其部件放置在适当位置,以便于使观察点在操作者预期位置,若没有规定操作者预期位置或位置不明显,观察点是在与标记距离 1 m 的显示平面的中心的垂直方向或

水平面方向成 30°角的圆锥中的任意位置。周围环境照度在 1 00lx 至 1 500lx 范围内的最不利条件下。

必要的话需要纠正视力,检查员的视觉灵敏度是:

——为 0 在最小可分辨尺度是(log MAR)或为 6/6(20/20),且

——能读出耶格测试卡的 N6,

在正常房间灯光条件(约 500lx)。

从观察点检查员正确读出标记。

上述试验中的耶格测试卡用来检测近视,N6 相当于距人脸在 0.87 m 进行阅读。500lx 的周围环境光照等级推荐进行视敏度测试。

最小分辨视角(MAR)是一种视敏度测试方法,是对长期使用的斯耐仑标准的一个改进。它的数值以最小分辨视角的对数进行表达。最小分辨视角的对数能从斯耐仑标准计算得出,例如正常视力 log MAR=log(6/6)=0。

ME 设备上的标识对于操作者在通常 ME 设备的操作地点,正常照明水平情况下是清晰易认的。

若在预期使用情况下,操作者对于标识难以辨认,将会成为一个不可接受的风险。

**三、标识的耐久性**

通用标准中要求的标记应仅用工具和明显的力才能被移除,并应有足够的耐久性,在 ME 设备的预期使用寿命期间仍能清晰易认。在考虑标记耐久性时,应考虑正常使用的影响。

通过检查和下述试验来检验是否符合要求:

1. 通用标准所有的试验执行后:

——标记按标记易认性的要求试验;

——粘贴的标记不能松动或卷角。

2. 通用标准中要求的标记需要执行附加的耐久性试验。摩擦测试需要使用蒸馏水、96%的乙醇和异丙醇。用手工不施过大压力摩擦标记:先用蒸馏水浸过的布擦 15 s,再用 96%乙醇浸过的布在室温下擦 15 s,最后用异丙醇浸过的布擦 15 s。

96%的乙醇作为欧洲药典的一种试剂,其术语为 $C_2H_6O$ (MW 46.07)。异丙醇作为欧洲药典的一种试剂,其术语为 $C_3H_8O$ (MW 60.1)。

## 2.5.2 ME 设备或 ME 设备部件的外部标记

**一、ME 设备和可更换部件上标记的最低要求**

ME 设备、ME 设备部件或附件的尺寸或外壳特征不容许将通用标准所规定的标记全部标上时,至少应标上以下二小节、五小节、六小节(永久性安装 ME 设备除外)、十小节和十三小节(如适用)所规定的标记,而其余的标记应在随机文件中完整地记载。无法做标记的 ME 设备,这些标记可以贴在独立的包装上。

预期一次性使用的任何材料、元器件、附件或 ME 设备,在其或其包装上应标记"仅一次性使用"、"不能重复使用"或用 ISO 7000-1051(DB:2004-01)的符号⊗。

### 二、标识

ME 设备应标记：

——制造商的名称或商标以及邮政地址；

——型式标记；

——序列号或批号或批次标识；

——制造年份或使用日期。

参见 ISO 15223-1《医疗设备——符号用于医疗器械标签、标记和被提供的信息——第 1 部分:通用要求》中制造商、序列号、批号或批次、制造年份和使用日期的符号。

序列号、批号或批次标识以及制造日期可以提供代码或通过自动识别技术例如条形码或射频识别(RFID)。

ME 设备可拆卸的元器件应标记：

——制造商的名称或商标；

——型式标记；

除非误识别不会导致不可接受的风险。

软件作为可编程医用电气系统(PEMS)的一部分应确定唯一的标示符,诸如:修订级别或发布日期/版本,该识别应能被指定人员获取,例如维护人员。该识别不需要标记在 ME 设备外部。

### 三、查阅随机文件

在适当的时候,ISO 7000-1641(DB:2004-01)的符号可用作提醒操作者查阅随机文件。当查阅随机文件是强制动作时,IEC 60878 序号为安全 01 的安全标志 ⚠ 应替代 ISO 7000-1641 符号被使用。

### 四、附件

附件应标记制造商或供应商的名称或商标,并有型式标记。无法做标记的附件,这些标记可以贴在独立的包装上。

### 五、预期接收其他设备电能的 ME 设备

如果 ME 设备预期接收来自 ME 系统中其他电气设备的电能,且符合通用标准要求依赖于那个其他设备的,该规定的其他设备应提供型式标记和制造商的名称或商标。

示例 1:在相邻的相关连接点处标记型式标记和制造商的名称或商标。

示例 2:在相邻的相关连接点处放置 ISO 7010-M002 的安全标志,并在使用说明书中列出详细要求。

示例 3:使用通常市场上不能购得的特殊规格连接器,并在使用说明书中列出详细要求。

### 六、与供电网的连接

ME 设备应标记以下信息:

——可能连接的额定供电电压或额定电压范围。额定供电电压范围应用连字符(-)连

接最小和最大电压。当有多个额定供电电压或额定供电电压范围给出时,他们应用斜线分隔符(/)来分隔。

示例 1:额定供电电压范围 100-240 V。这意味着 ME 设备设计成与名义电压在 100 V 至 240 V 的供电网连接。

示例 2:多个额定供电电压 120/220/240 V。这意味着 ME 设备设计成允许与名义电压 120 V 或 220 V 或 240 V 的供电网选择连接。

额定供电电压的标记来自 IEC 61293 电气设备电源额定值的标记——安全要求。

——电源类别,例如相数(单相供电除外)和电流类型。IEC 60417-5032,5032-1,5032-2,5031 和 5033(所有都是 DB:2009-02)的符号可用于这一目的,即符号～是交流电的标记,符号3～是三相交流电的标记,符号3N～是带中性线的三相交流电的标记,符号===是直流电的标记,符号～是交直流电的标记。

对于交流,用赫兹表示的额定频率足以识别电流类型。

——额定供电频率或用赫兹表示的额定频率范围。

示例 3:额定供电频率范围:50-60 Hz。这意味着 ME 设备设计成与名义频率在 50 Hz 至 60 Hz 的供电网连接。

——对于 II 类 ME 设备,用 IEC 60417-5172(DB:2009-02)符号回标记。

除了永久性安装的 ME 设备,这些标记应出现在包括供电网连接的部件外部,且最好靠近连接点。对于永久性安装的 ME 设备,其连接的名义供电电压或电压范围可以标记在 ME 设备内部或外部,且最好靠近供电连接的端子。

### 七、来自供电网的电气输入功率

供电网的额定输入应标记在 ME 设备上,额定输入应以下述方式给出:

——安培或伏安,或

——功率因素大于 0.9 时,用瓦。

当 ME 设备有一个或几个额定电压范围,若这(些)范围超出给定范围平均值±10% 时,应标明这(些)范围额定输入的上、下限。

若电压范围的极限未超出其平均值±10%,则只需标明平均值输入功率。

若 ME 设备标称值同时包括了长期的和瞬时的电流或伏安值,标记应同时包括长期和瞬时伏安标称值,并在随机文件中清楚地分别予以表明。

若 ME 设备配有供其他设备的电源连接装置,则设备所标的输入功率应包括对这些设备的额定(并标记)输出在内。

### 八、输出连接器

#### 1. 网电源输出

与 ME 设备集成的多孔插座的标识标记要求如下。

多孔插座:

——应标记在正常使用时可见的 ISO 7010-W001 的安全标志⚠,并且:

应用安培或伏安,单独或组合标记最大容许连续输出,或

应标记指出哪些设备或设备部件可安全连接。

——可以是 ME 设备或非 ME 设备的独立部件或整体的一部分。

每个插口不需要都标记。

**2. 其他电源**

除了多孔插座或仅连接规定的设备、设备部件或附件的连接器外,预期传送电能的 ME 设备的输出连接器应标记下述信息:

——额定输出电压;

——额定电流或功率(若适用);

——输出频率(若适用)。

## 九、IP 分类

依据按对有害液体或微粒进入的防护分类,ME 设备或其部件应标记字母 IP 后接上 IEC 60529 中命名描述的符号,如表 2-1 所示。

分类是 IPX0 或 IP0X 的 ME 设备不需要上述标记。

## 十、应用部分

按防电击程度分类的所有应用部分应标记相应符号,即 B 型应用部分用 IEC 60417-5840 的符号、BF 型应用部分用 IEC 60417-5333 的符号或 CF 型应用部分用 IEC 60417-5335 的符号。若适用,对于防除颤应用部分,分别用 IEC 60417-5841,IEC 60417-5334 或 IEC 60417-5336 的符号。

相关符号应标记在应用部分的连接器上或邻近处,除非:

——没有连接器,这种情况的标记应在应用部分上,或

——有一个以上应用部分的连接器和有不同分类的不同应用部分,这种情况每一个应用部分应标记相关的符号。

为了清楚区别 IEC 60417-5333 的符号,不应采用将 IEC 60417-5840 的符号标识在框内的做法。

如果患者电缆具有对心脏除颤器放电效应的防护,则应在靠近相关输出端标记 ISO 7010-W001 的安全标志。使用说明书应有 ME 设备对心脏除颤器放电效应的防护取决于使用适当电缆的说明。

## 十一、运行模式

如果没有标记,可认为 ME 设备适合连续运行。对于预期非连续运行的 ME 设备,应标明持续率,并用适当的标记给出最长激励(开)时间和最短非激励(关)时间。

## 十二、熔断器

当熔断器座是可触及部分,在熔断器座的邻近处应标记熔断器的型号和所有标称值(电压、电流、动作速度和熔断能力)。

## 十三、生理效应(安全标志和警告说明)

ME 设备产生的生理效应对操作者是不明显的,且对患者或操作者造成伤害的,应具有

适合的安全标志。安全标志应出现在显著位置,ME设备正确安装后的正常使用时能清晰易认。

使用说明书应描述出危险的性质以及避免或是降低相关风险的预防措施。

### 十四、高电压端子装置

ME设备外部的高电压端子装置,其是可触及部件或不能满足双重防护措施的爬电距离或电气间隙的要求,应标记ISO 7010-W012的"警告:有电危险"安全标志⚠。

### 十五、冷却条件

有冷却规定要求的ME设备(例如,供水或供气),应做标记。

### 十六、机械稳定性

对具有有限的机械稳定性的ME设备的要求,应提供一个永久贴牢、清楚易认的标志,以警告此风险,如使用ISO 7010-P017中的"禁止推"安全标识🚫,此标识在正常使用时应清晰可见,不能贴在推拉动作能够影响到的表面上(例如带有把手的表面)。又如适当使用ISO 7010-P018中的"禁止坐"安全标识🚫或ISO 7010-P019中的"禁止踩踏"🚫安全标识。

### 十七、保护性包装

若在运输或贮存中要采取特别措施,在包装上应作出相应的标记,详见2.5.9小节中的技术说明书。

运输或贮存容许的环境条件应标记在外包装上。

如果过早地拆开ME设备或其部件的包装会导致不可接受的风险,则在包装上应标记适合的安全标志。

示例1:易受潮的ME设备。

示例2:ME设备含有有害物质和材料。

ME设备或附件的无菌包装应标记无菌并指出灭菌的方法。

### 十八、外部压力源

来自外部的额定最大供压,应标记在ME设备相邻的每一个输入连接器处。

### 十九、功能接地端子

功能接地端子应标记IEC 60417-5017(DB:2009-02)的符号⏚。

### 二十、可拆卸的保护装置

如果ME设备具有需拆掉保护装置才能使用某一特殊功能的选择性应用,应在该保护装置上标明当该特殊功能不应用时应将它还原的标记。若有联锁装置时则不需要标记。

### 二十一、移动式 ME 设备的质量

ME 设备应标记包括其安全工作载荷在内的质量,以千克表示。标记应做到显而易见,当加载其安全工作载荷时适用于整个移动式 ME 设备,且独立的区别于容器、货架或抽屉相关的最大载荷要求的任何标记。

### 二十二、符合性检验

通过试验和应用标识的易认性和标识的耐久性的准则来检验是否符合上述 ME 设备或 ME 设备部件的外部标记的要求。

## 2.5.3　ME 设备或 ME 设备部件的内部标记

### 一、电热元件或灯座

电热元件或设计使用加热灯的灯座的最大负载功率,应标记在发热器附近或发热器上。

仅由维护人员使用工具才能更换的电热元件或设计使用加热灯的灯座,应用一个在随机文件资料说明中提到的标识来标记。

### 二、高电压部件

存在高电压部件时,应标记 IEC 60417-5036(DB:2009-02)的符号 ⚡ 或安全标志 ⚠ 来表示危险电压。

### 三、电池

应标记电池的型号及其装入方法(若适用)。

预期仅由维护人员使用工具才能更换的电池,用一个在随机文件资料说明中提到的识别标记就可以了。

当锂电池或燃料电池被装入,并当不正确替换会导致不可接受的风险,应用在随机文件资料说明中提到的附加识别标记来警示未经充分培训的人员替换电池会导致危险(诸如超温、着火或爆炸)。

### 四、熔断器,热断路器和过流释放器

仅使用工具才能触及的熔断器和可更换的热断路器和过流释放器,应在元器件的邻近处确定类型和所有标称值(电压、电流、动作速度和熔断能力),或通过参考标记在随机文件中给出资料。

### 五、保护接地端子

除非保护接地端子在符合 IEC 60320-1《家用和类似一般用途的电器耦合器——第 1 部分:一般要求》的设备电源输入插口中,保护接地端子应标记 IEC 60417-5019(DB:2009-02)的符号 ⏚。

这个符号应被标记在保护接地端子上或相邻处,不应贴在连接时需要拆除的部件上。

在连接后其应仍然可见。

### 六、功能接地端子

功能接地端子应标记 IEC 60417-5017(DB：2009-02)的符号 ⏚。

### 七、供电端子

除非可以证明互换连接不会导致不可接受的风险,供电导线的端子应在端子的相邻处做标记。

若 ME 设备太小,无法在端子处贴标记,则应在随机文件中说明。

在永久性安装 ME 设备中,专门用来连接电源中性线的端子,应标记 IEC 60445 中相应的代码 N。

若连接到三相电源的标记是必要的,应按 IEC 60455《人机界面、标志和标识的基本原则和安全原则——设备端子、导线线端和导线的标识》的要求。

标记在电气连接点上或相邻处,不应贴在连接时需要拆除的部件上。在连接后它们应仍然可见。

### 八、供电端子的温度

对永久性连接的 ME 设备,如果电源接线箱或供电端子盒内任一接点上(包括导线本身),在技术说明书指出的最大运行环境温度下,正常使用和正常状态时温度达 75 ℃以上,ME 设备应标记以下的或与之等效的说明:

"采用至少能适应 X ℃的布线材料供电源连接用。"

其中的 X 要大于在正常使用和正常状态下接线箱或供电端子盒上测得的最大温度。该声明应标记在将进行电源导线连接点处或其附近。应在完成接线后仍清晰易认。

### 九、符合性检验

通过试验和应用标识的易认性和标识的耐久性的准则来检验是否符合上述 ME 设备或 ME 设备部件的内部标记的要求。

## 2.5.4 控制器和仪表的标记

### 一、电源开关

ME 设备或其部件用于控制电源的开关,包括网电源开关,应有其"通"、"断"的位置。

——标记 IEC 60417-5007(DB：2009-02)接通(总电源)符号 | 和 IEC 60417-5008(DB：2009-02)断开(总电源)○ 的符号;或

——用相邻的指示灯指示;或

——用其他明显的方法指示。

若使用双稳态的按钮:

——其应标记 IEC 60417-5010(DB：2009-02)的接通/断开(按-按)符号①；且

——应用相邻的指示灯指示所处的状态；或

——用其他明显的方法指示所处的状态。

若使用瞬态的按钮：

——其应标记 IEC 60417-5011(DB：2009-02)的接通/断开(推按钮)符号⊖(按钮仅在被按下时接通)；且

——应用相邻的指示灯指示所处的状态；或

——用其他明显的方法指示所处的状态。

## 二、控制装置

ME 设备上控制装置和开关的各档位置，应以数字、文字或其他直观方法表明，例如用 IEC 60417-5264(DB：2009-02)接通符号⊙(用于设备的一部分)和 IEC 60417-5265(DB：2009-02)断开符号○(用于设备的一部分)。

在正常使用时，如控制器设定值的改变会对患者造成不可接受的风险，这些控制器应配备：

——相应的指示装置，例如仪表或标尺，或

——功能量值变化方向的指示。

控制装置或开关使 ME 设备进入"待机"状态，可使用 IEC 60417-5009(DB：2009-02)的待机符号⏻指示。

## 三、测量单位

ME 设备上参数的数值指示，应采用符合 ISO 80000-1 的国际单位制，表 2-2 中列出的非国际单位制的基础量单位除外。

对于国际单位制，单位的倍数和某些其他单位，ISO 80000-1 适用。

表 2-2　ME 设备上可以使用的非国际单位制的单位

| 基础量 | 单位 | |
|---|---|---|
| | 名称 | 符号 |
| 平面角 | 转 | r |
| | 冈 | g |
| | 度 | ° |
| | 角度的分 | ' |
| | 角度的秒 | " |
| 时间 | 分钟 | min |
| | 小时 | h |
| | 天 | d |

续表

| 能量 | 电子伏 | eV |
|---|---|---|
| 容量 | 升 | l[a] |
| 呼吸气体,血液和其他体液的压力 | 毫米汞柱 | mmHg |
| | 厘米水柱 | $cmH_2O$ |
| 气体压力 | 巴 | bar |
| | 毫巴 | mbar |

[a] 虽然 ISO 80000-1 也用符号"L",为了一致性,在国际标准中仅使用符号"l"表示升

### 四、符合性检验

通过试验和应用标记易认性和标识的耐久性的准则来检验是否符合控制器和仪表的标记的要求。

### 2.5.5 安全标志

为了达到本章的目的,那些用以表达警告、禁止或强制动作以降低对操作者不是显而易见的风险的标记,应选用 ISO 7010 中的安全标志。

在这里,警告的意思是"这里有一定危险";禁止的意思是"你必须不……";强制动作的意思是"你必须……"。

安全标志不可能表达特殊期望的意思,可通过下述方法来表达意思:

1. 按 ISO 3864-1:2002 创建一个安全标志,按照相应的安全标志模板,如警告符号的创建模板▲、通用禁止符号和禁止符号创建模版🚫、强制行为符号创建模版●等来创建一个安全标志。

2. 使用 ISO 7010:2003-W001 的通用警告标志⚠与附加符号或文本放在一起。与通用警告标志相关的文本应是肯定的陈述(即,一个安全须知)描述可以预见的主要风险(例如:"引起灼伤","爆炸风险"等)。

3. 使用 ISO 7010:2003-P001 的通用禁止标志🚫与附加符号或文本放在一起。与通用禁止标志相关的文本应是肯定的陈述(即,一个安全须知)描述什么要禁止(例如:"不要打开","不要跌落"等)。

使用 ISO 7010:2003-M001 的通用强制动作标志❗与附加符号或文本放在一起。与通用强制动作标志相关的文本应是命令(即,一个安全须知)描述要求的动作(例如:"带防护手套","进入前冲洗"等)。

如果没有足够的空间将肯定的陈述与安全标志一起放在 ME 设备上,陈述可以放在使用说明书中。

安全标志的颜色在 ISO 3864-1《图形符号——安全色和安全标志——第1部分:安全标志和安全标记的设计原则》中规定了,且使用规定的颜色非常重要。

安全须知宜包含适当的预防措施或包含怎样降低风险的指示（例如："不要用于……"，"远离……"等）。

安全标志，包括任何附加符号或文本，应在使用说明书中解释。

当附加文本与安全标志放置在一起，附加文本应使用预期的操作者可接受的语言。某些国家，需要一种以上的语言。

通过检查来检验是否符合要求。

## 2.5.6  符号

### 一、符号的解释

用于标记的符号的意思应在使用说明书中解释。

### 二、通用标准附录 D 的符号

通用标准要求的符号应与引用的 IEC 或 ISO 出版物的要求相一致。通用标准附录 D 提供了这些符号的符号图形和描述作为快速参考。

### 三、控制器和性能的符号

用于控制器和性能的符号应与 IEC 或 ISO 出版物的要求中定义的符号相一致，如适用。IEC 60878 提供了在医用实践中使用的电气设备符号的标题、描述和图形表示的全面评述。

### 四、符合性检验

通过检查来检验是否符合通用标准中符号的要求。

## 2.5.7  导线绝缘的颜色

### 一、保护接地导线

保护接地导线的整个长度都应以绿/黄色的绝缘为识别标志。

### 二、保护接地连接

ME 设备内部与保护接地连接相连的所有导线的绝缘至少在导线的终端用绿/黄色来识别。但保护接地连接的电阻超过容许值的并行连接的多芯导线，仅使用绿/黄色的导线。

### 三、绿/黄色绝缘

用绿/黄色绝缘作识别仅适用于：
——保护接地导线；
——保护接地连接规定的导线；
——电位均衡导线；
——功能接地导线。

## 四、中性线

电源软电线中预期与供电系统中性线相连的导线绝缘,应按 IEC 60227-1 或 IEC 60245-1 中的规定。

## 五、电源软电线中导线

电源软电线中导线的颜色应符合 IEC 60227-1 或 IEC 60245-1 的规定。

## 六、符合性检验

通过检查来检验是否符合通用标准对导线绝缘的颜色的要求。

### 2.5.8 指示灯和控制器

## 一、指示灯颜色

指示灯颜色及其含义应符合表 2-3 的要求。

IEC 60601-1-8 包含了报警指示灯颜色、闪烁频率和持续率的特殊要求。

点阵和其他字母数字式显示不作指示灯考虑。

表 2-3 ME 设备指示灯颜色及其含义

| 颜色 | 含义 |
| --- | --- |
| 红 | 警告——需要操作者立即响应 |
| 黄 | 注意——需要操作者迅速响应 |
| 绿 | 准备使用 |
| 任何其他颜色 | 除红、黄或绿的其他含义 |

## 二、控制器颜色

红色应只用于紧急时中断功能的控制器。

## 三、符合性检验

通过检查来检验是否符合以上关于指示灯和控制器的要求。

### 2.5.9 随机文件

## 一、概述

ME 设备应附有至少包括使用说明书和技术说明书的文件。随机文件被视为 ME 设备的一部分。

随机文件的目的是在预期使用寿命期间有助于提高 ME 设备的安全使用。

若适用,随机文件应包括下述信息,识别 ME 设备:

——制造商的名称或商标和涉及的责任方地址；

——型式标记。

随机文件可以电子方式提供，例如：CD-ROM 上的电子文件格式。若随机文件以电子方式提供，以下资料应仍然要提供打印稿或标记在 ME 设备上，除非用电子版提供部分或所有的这些资料不会导致不可接受的风险。

——安装说明（除非安装是由授权的维护人员进行）；

——任何紧急运行的说明；

——任何警告和安全须知；

——基本安全和基本性能必须的维护和保养资料，但仅是 ME 设备为了使用所需操作的这些资料。

随机文件应规定预期的操作者或责任方需要的任何专业技能、培训和知识，以及 ME 设备可以使用的任何地方或环境的限制。

随机文件应写明预期的人员的教育、培训和特殊需求在一致的水平。

通过检查来检验是否符合要求。

## 二、使用说明书

### 1. 概述

使用说明书应记载：

——制造商定义的 ME 设备的预期用途；

——常用的功能；

——任何已知的 ME 设备的禁忌症；

——当带着患者使用时，ME 设备的哪些部件不应被维护或保养。

当患者预期是操作者，使用说明书应指出：

——患者预期是操作者；

——当 ME 设备使用时，对维护和保养的警告；

——哪些功能患者可安全使用，若适用，哪些功能患者不能安全使用；

——哪些保养患者可以进行（例如：电池充电）。

注 1：ME 设备，当预期用途包括了患者能部分或完全操作 ME 设备，患者成为了操作者。

注 2：ME 设备，当允许患者进行有限的保养，患者成为了维护人员。

使用说明书应指出：

——制造商的名称或商标和地址；

——型式标记。

使用说明书应包括所有适用分类、所有标记以及安全标志和符号的解释（标记在 ME 设备上的）。

使用说明书是预期给操作者和责任方使用的，宜仅包含对操作者或责任方最可能有用的资料。在技术说明书中可包含更多细节。

编写使用说明书的指导可在 IEC 62079 中查到，编写 ME 设备的教育材料的指导可在 IEC/TR 61258 中查到。

使用说明书应使用预期的操作者可接受的语言。在某些国家，需要一种以上的语言。

**2. 警告和安全须知**

使用说明书应包含所有警告和安全须知。

通用警告和安全须知宜放在使用说明书的特殊规定章节中。仅适用于特殊的说明书或动作的警告或安全须知宜放在适用的说明书的前面。

对于Ⅰ类 ME 设备,使用说明书应包括一个警告性声明:"警告:为了避免电击的风险,本设备必须仅连接到有保护接地的供电网。"

使用说明书应向操作者或责任方提供设备在特殊诊断或治疗期间由于相互干扰产生任何重大风险的警告。

使用说明书应提供有关存在于该 ME 设备与其他装置之间的潜在的电磁干扰或其他干扰的资料,以及有关避免或降低这些干扰的建议。

如果 ME 设备提供一个集成的多孔插座,使用说明应提供警告声明,电气设备与多孔插座(MSO)的连接可有效地创建 ME 系统并可能导致安全等级降低,本要求适用于任何 ME 系统,责任方应提及通用标准。

**3. 规定与隔离电源连接的 ME 设备**

若 ME 设备预期与隔离电源连接,电源应被规定为 ME 设备的一部分或应被规定为 ME 系统的组成。使用说明书应声明此规定。

**4. 电源**

对带有附加电源的网电源运行设备,若其附加电源不能自动地保持在完全可用的状态,使用说明书应包括对该附加电源进行定期检查或更换的警告声明。

如果电池的泄漏会导致不可接受的风险,使用说明书应包括若在一段时间内不可能使用 ME 设备时要取出电池的警告。

如果内部电源是可更换的,使用说明书应声明更换的规范。

如果丧失电源会导致不可接受的风险,使用说明书应包含 ME 设备必须连接适合的电源的警告。

示例:内部或外部电池,不间断电源(UPS)或机构的备用发电机。

**5. ME 设备的说明**

使用说明书应包括:

——ME 设备的简要说明;

——ME 设备的功能;

——ME 设备主要的物理和性能特性。

若适用,说明应包括在正常使用时操作者、患者和其他人员在 ME 设备附近的预期位置。

使用说明书应包括可能构成不可接受风险的接触患者和操作者的材料或成分的资料。

使用说明书应规定,除了组成 ME 系统部分可以连接的信号输入/输出部分外,任何其他设备或网络/数据耦合的连接限制。

使用说明书应指明任何的应用部分。

**6. 安装**

如果 ME 设备或其部件是需要安装的,使用说明书应包含:

——可以找到安装说明的索引(例如:技术说明书),或

——由制造商指定实施安装的合格人员的联系信息。

**7. 与供电网的分断**

若设备连接装置,网电源插头或独立插头为满足医用电气设备应有能使所有各极同时与供电网在电气上分断的措施要求而作为分断措施使用的,使用说明书应包含 ME 设备不要放在难以操作断开装置的地方的说明。

**8. 启动程序**

使用说明书应包含操作者运行 ME 设备所必须的资料,包括诸如任何最初的控制设置、连接或定位患者等。

使用说明书应详细说明在 ME 设备、其部件或附件可被使用前,治疗或处理的需求。例如有使用前核查表可供使用。

**9. 运行说明**

使用说明书应提供能使 ME 设备按其规定运行的全部资料。它应包括各控制器、显示器和信号的功能说明、操作顺序、可拆卸部件及附件的装卸方法及使用过程中消耗材料的更换的说明。

ME 设备上的图形、符号、警告性声明、缩写及指示灯,应在使用说明书中说明。

**10. 信息**

除非这些信息是不言而喻的,使用说明书应列出产生的所有系统信息、错误信息和故障信息。

这些信息清单可以用组来确定。

清单应包括信息的解释,包括重要的原因及操作者可能采取的行动,若有的话,必须能够通过该信息指示来解决这个情况。

由报警系统产生信息的要求和指南见 IEC 60601-1-8。

**11. 关闭程序**

使用说明书应包含操作者安全终止 ME 设备运行的必要资料。

**12. 清洗、消毒和灭菌**

在正常使用时,通过接触患者或体液或呼出气体可能被污染的 ME 设备部件或附件,使用说明书应包含:

——可使用的清洗、消毒或灭菌方法的细节;

——列出这些 ME 设备部件或附件可承受的适用的参数,诸如:温度、压力、湿度和时间的限值及循环次数。

除非制造商规定材料、元器件、附件或 ME 设备在使用前要清洗、消毒或灭菌,本要求不适用于标记预期一次性使用的任何材料、元器件、附件或 ME 设备。

**13. 保养**

使用说明书应告知操作者或责任方需要执行的关于预防性检查、保养和校准的详细细节,包括保养的频率。

使用说明书应提供安全地执行需要确保 ME 设备能持续安全使用的常规保养的资料。

此外,使用说明书还应提出哪些部件应由维护人员进行预防性检查和保养,以及适用的周期,但不必包括执行这种保养的具体细节。

预期由维护人员外的任何其他人保养的 ME 设备中的可充电电池,使用说明书应包含确保有足够保养的说明。

### 14. 附件、附加设备、使用的材料

使用说明书应包括制造商确定的旨在与 ME 设备一起使用的附件、可拆卸部件和材料的清单。

如果 ME 设备预期接收来自 ME 系统中其他设备的电能,使用说明书应明确规定那个其他设备应确定符合通用标准的要求(例如:部件号,额定电压,最大或最小功率,防护分类,间歇或连续工作)。

在 IEC 60601-1 的第一版和第二版中称为"特定电源",现在被认为同一 ME 设备的另一部分或 ME 系统中的另一个设备。同样,电池充电器被认为同一 ME 设备的一部分或 ME 系统中的另一个设备。

### 15. 环境保护

使用说明书应提供废弃物、残渣等以及 ME 设备和附件在其预期使用寿命结束时正确的处理。

### 16. 参考技术说明书

使用说明书应包含技术说明书规定的资料或提及哪里可以找到技术说明书规定的材料(例如:在维修手册中)。

### 17. ME 设备发射辐射

为了医用目的发射辐射的 ME 设备,使用说明书应指出辐射的性质、类型、强度和分布。

### 18. 提供无菌的 ME 设备和附件

提供无菌的 ME 设备或附件的使用说明书应指明其无菌,并指明灭菌的方法。

使用说明书应指明灭菌包装损坏的后果,若适用,给出重新灭菌的大致方法的说明。

### 19. 唯一的版本识别

使用说明书应包含唯一的版本识别,诸如发布日期。

### 20. 符合性检验

通过对操作者所使用语言的使用说明书的检查来检验是否符合通用标准对使用说明书的要求。

## 三、技术说明书

### 1. 概述

技术说明书应提供 ME 设备安全运行、运输和贮存、安装所需要的措施和条件,以及准备使用的所有基本数据。这应包括:

——通用标准中对 ME 设备或 ME 系统部件的外部标记要求的资料;

——包括运输和贮存条件,容许使用的环境条件;

——ME 设备所有的特性参数,包括显示值或能够看到的指示的范围,准确度和精确度;

——任何特殊的安装要求,诸如:供电网的最大容许近似阻抗。

注1:供电网近似阻抗是配电网络阻抗与电源阻抗之和。

——如果使用液体冷却,进口压力和流量值的容许范围,以及冷却液的化学成分;

——ME 设备与供电网隔离措施的说明,若该措施与 ME 设备不是一体的;

——若适用,部分用油密封的 ME 设备或其部件检查油位措施的说明;

——警告性声明中要提出未经授权的改装 ME 设备可能导致危险,例如:有效的声明:

·"警告:不允许改装本设备。"

·"警告:未经制造商授权不要改装本设备。"

·"警告:如果改装本设备,必须进行适当的检查和试验以确保设备能持续安全使用。"

如果技术说明书与使用说明书是分开的,应包含:

——关于在发生与安全相关的故障时,功能特性或功能衰减的资料。

注 2:资料直接来源于制造商确定的基本性能。

——通用标准中对 ME 设备或 ME 系统部件的外部标记要求的资料;

——通用标准中对 ME 设备和 ME 系统的所有使用分类,任何警告和安全标志和安全符号的解释(标记在 ME 设备上的);

——ME 设备的简单描述,ME 设备有怎样的功能以及显著的物理和性能特性;

——唯一的版本识别,诸如发布日期。

注 3:技术说明书的目的是为责任方和维护人员。

制造商可指定维护人员的最低资格。如指定,这些要求应在使用说明书中记载。

注 4:一些有管辖限制的管理机构对维护人员有附加的要求。

**2. 熔断器、电源软电线和其他部件的更换**

若适用,技术说明书应包含下述要求:

——如不能根据 ME 设备的额定电流和运行模式来决定熔断器型号和标称值时,在永久性安装 ME 设备外部供电网中使用的熔断器型号和全部标称值的要求;

——具有不可拆卸电源软电线的 ME 设备,声明是否由维护人员更换电源软电线,如果是,说明正确的连接和固定以确保通用标准对电源软电线的要求持续满足;

——制造商规定可由维护人员更换的可互换或可拆卸部件的正确更换说明;和

——元器件的更换可能导致不可接受的风险,适当的警告说明危险的性质,如果制造商规定由维护人员更换元器件,要有安全更换元器件的所有必须的资料。

**3. 电路图、元器件清单等**

技术说明书应声明制造商可按要求提供电路图、元器件清单、图注、校准细则,或其他有助于维护人员修理、由制造商指定的维护人员可修理的 ME 设备部件所必需的资料。

**4. 网电源分断**

技术说明书应清晰指明,使用任何措施以达到符合通用标准对与供电网的分断的要求。

**5. 符合性检验**

通过检查技术说明书来检验是否符合通用标准对技术说明书的要求。

## 2.6 ME 设备电气安全检测

### 2.6.1 概述

对 ME 设备或 ME 系统进行电气安全检测是防电击危险的重要环节,通过检测来判定

ME 设备或 ME 系统的相关安全或性能参数是否符合相关标准的要求,从而采取防范措施以降低风险到可以接受的水平。通用标准里规定的型式试验需要对被试验设备涉及的试验项目按合适的顺序逐一试验,限于篇幅,本节仅介绍通用标准里有关 ME 设备对电击危险的主要防护要求及相应的电气参数检测方法。通用标准的第8条(章)是关于 ME 设备对电击危险的防护的要求,内容为:电击防护的基本规则,与电源相关的要求,应用部分的分类,电压、电流或能量的限制,部件的隔离,ME 设备的保护接地、功能接地和电位均衡,漏电流和患者辅助电流,绝缘,爬电距离和电气间隙,元器件和电线,网电源部分、元器件和布线等。

### 2.6.2　电击防护的基本要求

在正常状态或单一故障状态下,可触及部分和应用部分不能超过通用标准电压、电流或能量的限制中规定的限值。单一故障状态下的其他危险状况如:喷射、外壳变形或超过最大温度、超过漏电流或包括应用部分在内的可触及部分的电压限值、规定的机械危险等不应出现。

**一、正常状态**

同时包括下列所有情况:

——在任何信号输入/输出部分出现的任何电压或电流,它们是从通用标准中规定的随机文件所允许连接的其他电气设备传导来的,如果随机文件对这些其他电气设备没有限制,出现的就是通用标准规定的最大网电源电压;

——对预期通过网电源插头与供电网连接的 ME 设备,供电连接换位;

——不符合通用标准关于绝缘要求的任何或所有绝缘的短路;

——不符合通用标准关于爬电距离和电气间隙要求的任何或所有爬电距离或电气间隙的短路;

——不符合通用标准关于医用电气设备的保护接地、功能接地和电位均衡要求的任何或所有接地连接的开路,其中包括任何功能接地连接。

**二、单一故障状态**

包括:

——任何一处符合通用标准关于绝缘规定的一重防护措施要求的绝缘的短路。

注:这也包括符合通用标准关于绝缘要求的双重绝缘的每一组成部分的短路。

——任何一处符合通用标准关于爬电距离和电气间隙规定的一重防护措施的爬电距离或电气间隙的短路;

——除高完善性元器件外,任何与绝缘、爬电距离或电气间隙并联的元器件的短路和开路,除非能表明短路不是该元器件的失效模式;

——任何一根符合通用标准关于医用电气设备的保护接地、功能接地和电位均衡要求的保护接地导线或内部保护接地连接的开路,但这不适用于永久性安装的 ME 设备的保护接地导线,因为它被认为是不太可能断开的;

——除多相 ME 设备或永久性安装的 ME 设备的中性导线外,任何一根供电导线的中断;

——具有分立外壳的 ME 设备各部件之间的任何一根电源导线中断,如果该状态可能会导致允许的限值被超过;

——元器件的非预期移动;

——在自由脱落后可能会导致危险状况的地方,导线和连接器的意外脱落。

通过适用规定的要求和单一故障状态相关的试验,和从评价风险分析结果确定的故障的试验来确定是否符合。如果一次引入任一单一故障状态而不会直接导致危险状况,或任何其他不可接受风险的结果,则认为是符合要求的。

### 2.6.3 保护接地

#### 一、接地

接地是一种重要的用电安全防护措施,接地不良容易引起触电事故或者 ME 设备工作不良。接地有保护接地、功能接地和电位均衡三种类型。保护接地的目的是防电击保护,功能接地的目的是屏蔽干扰、稳定信号,电位均衡的目的是形成等电位。

保护接地是为了实现防电击目的而把可触及的导体部件与配电接地系统或大地相导通的一种防护措施。当电气设备绝缘损坏或产生漏电流时,保护接地能引起所配置的过流保护装置切断发生故障部分的供电,使人接触到外露的可导电部件时能免受电击危险。保护接地可分为防电击接地、防雷接地、防静电接地和防电蚀接地等几种类型。为了防止电气设备绝缘损坏或产生漏电流时,使平时不带电的外露导电部分带电而导致电击,将设备的外露导电部分接地,称为防电击接地。这种接地还可以限制线路涌流或低压线路及设备由于高压窜入而引起的高电压;当产生电器故障时,有利于过电流保护装置动作而切断电源。这种接地也是狭义的"保护接地"。

功能性接地可分为工作接地、逻辑接地、屏蔽接地、信号接地等几种类型。在 ME 系统中,功能接地可以通过操作者可触及的功能接地端子来实现,功能接地端子是直接与电路或为功能的目的而接地的屏蔽部分相连的端子。电位均衡是用电位均衡导线把电气设备与电气装置电位均衡汇流排直接连接以保证组成一个 ME 系统的几个电气设备有一个共同的参考地,等电位连接中不承担电流(包括泄漏电流),只是为了平衡局部系统中的设备的电位差。

对 ME 设备来说,保护接地在万一绝缘失效引起易触及金属部件带电时,可使易触及的金属部件和电器上的接地端子和供电线路中的接地回路连成一体,产生较大的回路电流,并通过供电线路中过流保护装置动作切断电器供电电源,使人触及这类电器的金属部件时不产生电击的危险。接地保护是否有效取决于以下三方面因素:

1. 易触及金属部件和电器的保护接地端子之间的电阻要低。

2. 电器的保护接地端子和供电系统所形成的回路电阻要低。

3. 电器供电系统中要有过流保护装置,这种过流保护装置的动作时间要符合通用标准的规定。

#### 二、接地的可靠性

对于 I 类 ME 设备,在绝缘防护失效时,它将依靠保护接地来防止电击事故的发生,因此,确保保护接地的可靠性直接关系到产品的电气安全特性。保护接地的可靠性主要从结构、材料和电气特性三个方面进行评估。

## 1. 结构

结构上主要是保证保护接地端子的可靠性。为了在各种情形下都能保证接地的长期可靠,除了要求保护接地措施满足电气连接的基本要求,结构上还必需采取一些特别的措施。

首先,固定的电源导线或电源软电线的保护接地端子的紧固件应固定得使在夹紧和松开接线时,内部布线不会受到应力,也不会使爬电距离和电气间隙降低到通用标准所规定的值以下。不借助工具应不可能将紧固件松动。接地端子应当是金属面之间的可靠接触,并且这种接触应当有适当的压力传递。接地端子固定导线的夹紧装置应充分牢固,能够防止意外松动,既能很好地夹紧接地导线,又不会损坏接地导线。在许多时候,保护接地端子都是用螺栓或螺杆来固定接地电线,常用的接线端子排通常认为符合上述的要求。为了确保螺钉或螺栓在长期使用中不会松动,一般应当使用垫圈,但要注意垫圈的材料不会引起电腐蚀。

如果使用铆钉作为连接端子,应当注意铆钉是直接固定在金属上,并且铆钉的材料和其他接地的金属不会出现电解反应,接触的面积足以通过故障电流,铆钉在正常使用中不会转动,或者转动不会影响接地的可靠性。由于铆钉固定方式在实践中存在许多问题,某些产品安全标准可能不允许使用铆钉来提供接地连续性,这一点在设计时必须注意。

其次,接地端子除了用于固定接地导线外,一般不应当用于其他机械固定的目的。不应用来固定其他的内部元器件。例如,将接地导线固定在变压器固定螺杆的下面是不可取的。

为了防止接地端子被意外松动而影响接地的连续性,接地端子应当有适当的标示,并且固定在不易触发的位置,或者采用特殊的螺钉来防止被意外松动。连接外部接地线的接地端子(包括连接外部电网电源的接地端子,但是不包括电源软线中的接地导线)不应当用来提供产品内部不同部件之间的接地连续性,以防在安装过程中意外地破坏了保护接地的连续性。

再次,为了确保保护接地的可靠性,要求结构上能够保证对于有接地连接装置的产品,在使用连接器、耦合器和插头等连接电源的时候,接地连接应在载流连接之前完成;在断开连接的时候,接地连接应在载流连接断开之后才断开。典型的例子就是电源插头线,它的接地插销通常都比载流(例如相线)的插销长。

对于使用电源软线连接电源的产品,还应当使得如果软线的长度设计能够确保当软线从软线固定装置中滑落松动时,载流导线比接地导线先绷紧和脱落。需要注意的,这个要求并不是简单地要求接地导线必须比载流导线长。通常,如果软线连接到同一个接线端子排上,那么,只要接地导线比载流导线稍长就可以满足上述的要求。但是如果接地导线和载流导线不是连接在同一个接线端子排上,情况会比较复杂,即使接地导线比载流导线稍长也未必能够保证在软线固定装置松开时载流导线比接地导线先绷紧和脱落。而某些情况下接地导线比载流导线短也能够满足要求。因此,在这种情况下通过松开软线固定装置来考察电源软线的脱落情况是最直接的办法。

连接到接地端子上的导线通常应当采取适当的制备方式(例如使用线耳的方式),特别是多股软线,除非接地端子使用接线端子可以可靠地将未经处理的多股软线固定。在处理导线时,不允许使用焊锡焊接的处理方式,以免经过一段时间后在焊接的交接处断裂。

接地导线还应当在接地端子附近的地方采取额外措施进行固定,避免接地端子铆的连接处受到机械拉力,从而提高接地端于的可靠性。

此外,为了确保保护接地的可靠性,必须确保保护接地的连续性。在起保护作用的接地回路中不可以有开关、保险丝、绕组等元件。

**2. 材料**

提供接地和接地连续性的金属材料要求具备一定的防腐蚀能力,以免由于金属表面腐蚀而增大接地电阻,甚至导致接地回路断开,破坏接地连续性。

除了要考虑金属件本身的防腐蚀能力外,还需要考虑由于金属与金属之间的电化学作用而产生的腐蚀现象。例如,如果接地的主体是铝或铝合金制造的框架(或外壳),这时需要采取预防措施(例如电镀)来避免由于铜与铝或铝合金接触而引起的电化学腐蚀。

**3. 电气特性**

保护接地的接地电阻必须尽可能小,并且能够有足够的载流能力来通过故障电流。

首先,为了确保保护接地的可靠性,不管是产品内部保证接地连续性的接地导线还是电源线的接地导线,都必须有足够的电流承载能力。接地导线的标称截面积一定要适合于通过足够大的电流,在出现大故障电流的情况下也能保证起保护作用的熔断器和断路开关能先行断开电路,因此,保护接地导线的线径应至少和电源导线的线径相同。

其次,要求接地电阻足够小。ME 设备本身易触及金属部件和设备保护接地端子之间的电阻与 ME 设备工作坏境中供电系统本身的接地电阻要足够低。

### 三、阻抗及载流能力

保护接地连接应能可靠承载故障电流,且不会产生过大的压降。一般来说医用电气设备的接地电阻包括三种情况:

1. 对于永久性安装的 ME 设备,保护接地端子与已保护接地的所有部件之间的阻抗,不应超过 100 mΩ;

2. 带有设备电源输入插口的 ME 设备,在插口中的保护接地脚与任何已保护接地的部件之间的阻抗,不应超过 100 mΩ;

3. 带有不可拆卸电源软电线的 ME 设备,网电源插头中的保护接地脚与任何已保护接地的部件之间的阻抗不应超过 200 mΩ。

另外,制造商提供或规定的任何可拆卸电源软电线连接到 ME 设备上时,其网电源插头中的保护接地脚与任何已保护接地的部分之间的阻抗,不应超过 200 mΩ。

用频率为 50 Hz 或 60 Hz、空载电压不超过 6 V 的电流源,产生 25 A 或 1.5 倍于相关电路最高额定电流,两者取较大的一个(±10%),在 5 s 至 10 s 的时间里,在保护接地端子或设备电源输入插口的保护接地点或网电源插头的保护接地脚和每一个已保护接地的部件之间流通。测量上述部件之间的电压降,根据电流和电压降确定阻抗。

当上述试验电流与总阻抗(也就是被测阻抗加上测试导线阻抗和接触阻抗)的乘积超过 6 V 时,则首先在空载电压不超过 6 V 的电源上进行阻抗测量。如果测量到的阻抗在允许限值内,则用一个空载电压足够大能在总阻抗中注入规定电流的电流源重复阻抗测量,或是通过检查相关保护接地导线和保护接地连接的截面积至少等于相关载流导体的截面积,来确定它们的载流能力。

在相关绝缘短路的情况下,如果相关电路具有限制电流的能力,使得单一故障状态下的接触电流和患者漏电流不超过容许值,则保护接地连接的阻抗允许超过上述规定值。

通过检查和必要时测量相关单一故障状态下的漏电流来检验是否符合要求。忽略短路之后 50 ms 内产生的瞬态电流。

### 四、表面涂层

具有弱导电性涂层如油漆的 ME 设备的导电部件,且对于保护接地连接它们之间的电气接触是重要的,则应在接触点处除去涂层。除非对连接结构和制造过程的检查表明在不除去表面涂层的情况下对阻抗和载流能力的要求可以得到保证。

标准中还对电位均衡导线连接装置、功能接地装置提出了具体的要求。

## 2.6.4 防除颤应用部分

### 一、除颤防护

防除颤应用部分这一分类应对完整的一个应用部分适用。这条要求不适用于同一个应用部分的各单独功能,但是操作者从这些部分受到电击的可能性宜在风险管理过程中被考虑。

对防除颤应用部分爬电距离和电气间隙的要求见通用标准关于防除颤应用部分的爬电距离和电气间隙数值要求。

用于将防除颤应用部分的患者连接与 ME 设备其他部分隔离的布置应设计成:

1. 在对与防除颤应用部分连接的患者进行心脏除颤放电期间,能使图 2-7 和图 2-8 中 $Y_1$ 与 $Y_2$ 两点间测得的峰值电压超过 1V 的危险电能不得出现在:

——外壳,包括与 ME 设备连接时,患者导联上的连接器和电缆;

当防除颤应用部分的连接导联与 ME 设备断开时,该连接导联和它的连接器不适用本条要求。

——任何信号输入/输出部分;

——试验用金属箔,ME 设备置于其上,其面积至少等于 ME 设备底部的面积;

——任何其他应用部分的患者连接(无论是否被分类为防除颤应用部分);或

——任何未使用的或断开的被测应用部分连接,或同一应用部分的任何功能。完全戴在身上的 ME 设备(例如动态心电记录器监护仪)免除本要求。

2. 施加除颤电压后,再经过随机文件中规定的任何必要的恢复时间,ME 设备应符合通用标准的相关要求并应继续提供基本安全和基本性能。

对每个防除颤应用部分轮流用以下试验来检验来是否符合要求:

共模试验:

ME 设备接至如图 2-7 所示的试验电路。试验电压施加在所有连接在一起的防除颤应用部分的患者连接,已保护接地或功能接地的患者连接除外。如果一个应用部分有多个功能,试验电压每次施加在一个功能的所有患者连接上,其他功能被断开。

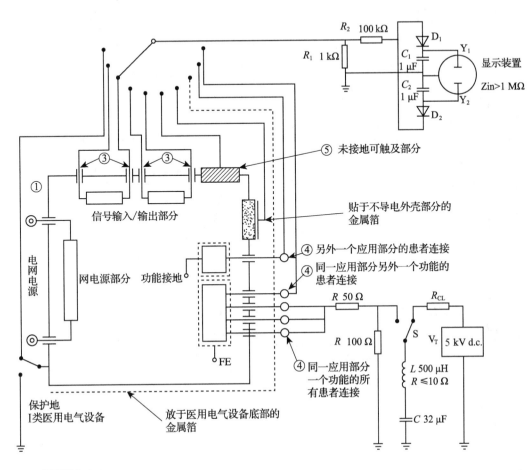

(1) 图例见表 2-4

(2) 元器件：

　　$V_T$　试验电压

　　S　施加试验电压的开关

　　$R_1$, $R_2$　误差±2%,不低于 2 kV

　　$R_{CL}$　限流电阻

　　$D_1$, $D_2$　小信号硅二极管

　　其他元器件误差　±5%

图 2-7　试验电压施加于短路的防除颤应用部分的患者连接

61

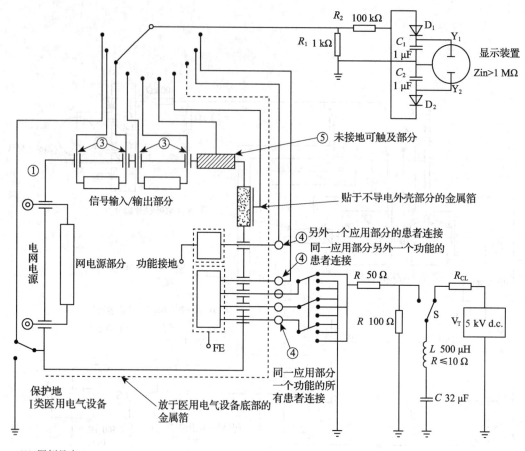

（1）图例见表 2-4

（2）元器件：

　　$V_T$　　试验电压

　　S　　施加试验电压的开关

　　$R_1$，$R_2$　　误差±2%，不低于 2 kV

　　$R_{CL}$　　限流电阻

　　$D_1$，$D_2$　　小信号硅二极管

　　其他元器件误差　±5%

图 2-8　试验电压施加于防除颤应用部分的单个患者连接

差模试验：

　　ME 设备接至如图 2-8 所示的试验电路。试验电压轮流施加于防除颤应用部分的每一个患者连接，该应用部分的所有其他患者连接接地。

　　当应用部分只有一个患者连接时，不采用差模试验。

　　在上述试验期间：

　　——除永久性安装的 ME 设备外，在连接保护接地导线和断开保护接地导线两种情况下分别对 ME 设备进行测试（也就是两个独立的试验）；

　　——应用部分的绝缘表面用金属箔覆盖，或如果适合，浸在 0.9% 的盐溶液中；

　　——断开任何与功能接地端子的外部连接；

——未保护接地的上述除颤防护 1 中规定的部分轮流接至显示装置;

——ME 设备连接到供电网且按使用说明书操作。

在开关 S 动作后,测量 $Y_1$ 和 $Y_2$ 两点之间的峰值电压。改变 $V_T$ 极性,重复进行每项试验。经过随机文件规定的任何恢复时间后,确定 ME 设备能继续提供基本安全和基本性能。

为了便于使用和理解本章插图,现把图例集中列于表 2-4。

表 2-4　本章插图的符号图例

| ① | 医用电气设备外壳 |
|---|---|
| ② | 医用电气系统中对医用电气设备供电的分立的电源单元或其他电气设备 |
| ③ | 短接了的或加上负载的信号输入/输出部分 |
| ④ | 患者连接 |
| ⑤ | 未保护接地的金属可触及部分在非导电外壳情况下测量患者漏电流,由一个最大为 20 cm×10 cm 且与外壳或者外壳相关部分紧密接触并连接到参考地的金属箔代替该连接 |
| ⑥ | 患者电路 |
| ⑦ | 置于非导电外壳下方的金属板,其尺寸至少与连接到参考地的外壳的平面投影相当 |
| $T_1$,$T_2$ | 具有足够额定功率标称和输出电压可调的单相或多相隔离变压器 |
| $V_{(1,2,3)}$ | 指示有效值的电压表,如可能,可用一只电压表及换相开关来代替 |
| $S_1$、$S_2$、$S_3$ | 模拟一根电源导线中断(单一故障状态)的单极开关 |
| $S_5$、$S_9$ | 改变网电源电压极性的换相开关 |
| $S_7$ | 模拟医用电气设备的一根保护接地导线中断(单一故障状态)的单极开关 |
| $S_8$ | 模拟医用电气系统中对医用电气设备供电的分立的电源单元或其他电气设备的一根保护接地导线中断(单一故障状态)的单极开关 |
| $S_{10}$ | 将功能接地端子与测量供电系统的接地点连接的开关 |
| $S_{12}$ | 将患者连接与测量供电电路的接地点连接的开关 |
| $S_{13}$ | 未保护接地的金属可触及部分的接地开关 |
| $S_{14}$ | 患者连接与地连接或断开的开关 |
| $S_{15}$ | 将置于非导电外壳下方的金属板接地的开关 |
| $P_1$ | 连接医用电气设备电源用的插头、插座或接线端子 |
| $P_2$ | 连接医用电气系统中对医用电气设备供电的分立的电源单元或其他电气设备用的插头、插座或接线端子 |
| MD | 测量装置 |
| FE | 功能接地端子 |
| PE | 保护接地端子 |
| $R$ | 保护电路和试验人员的阻抗,但要足够低以便能测得大于漏电流容许值的电流(可选的) |

续表

| ---- | 可选的连接 |
|---|---|
| ⏚ | 参考地(用于漏电流和患者辅助电流测量和防除颤应用部分的试验,不连接到供电网的保护接地) |
| ⊘ | 供电网电压源 |

## 二、能量减少试验

防除颤应用部分或其患者连接应具备一种措施,使释放到 100 Ω 负载上的除颤器能量至少是 ME 设备断开后释放到该负载上能量的 90%。

通过下列试验来检验是否符合要求:

试验电路如图 2-9 所示,对于这项测试,采用使用说明书中推荐的附件,如电缆、电极和换能器。试验电压轮流施加在每一个患者连接或应用部分,该应用部分的所有其他患者连接接地。

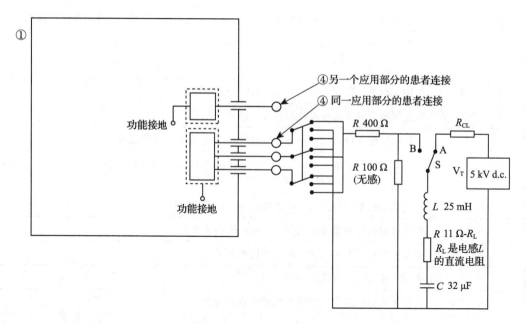

(1)图例见表 2-4
(2)元器件:
　　S　施加试验电压的开关
　　A,B　开关位置
　　$R_{CL}$　限流电阻
　　其他元器件误差　±5%

图 2-9　施加试验电压来测试释放的除颤器能量

程序如下:

1. 连接应用部分或患者连接到试验电路;

2. 开关 S 拨到位置 A 对电容 C 充电到直流 5 kV；

3. 开关 S 拨到位置 B 使电容 C 放电，并测量释放到 100 Ω 负载的能量 $E_1$；

4. 从试验电路中移走被测 ME 设备，重复上述步骤 2 和 3，测量释放到 100 Ω 负载上的能量 $E_2$；

5. 验证能量 $E_1$ 至少为 $E_2$ 的 90%。

6. 改变 $V_T$ 极性，重复试验。

### 2.6.5　漏电流和患者辅助电流

漏电流实际上就是电气线路或设备在没有故障和施加电压的作用下，流经绝缘部分的电流。连续漏电流和患者辅助电流是导致电击危险最直接的原因，是衡量设备绝缘性好坏的重要标志之一，也是产品防电击安全性能的核心指标。

#### 一、通用要求

漏电流和患者辅助电流的通用要求如下：

1. 起防电击作用的电气隔离应有良好的性能，以使流过它的电流被限制在容许值所规定的数值内。

2. 对地漏电流、接触电流、患者漏电流及患者辅助电流的规定值适用于下列条件的任意组合：

——在工作温度下和潮湿预处理之后。

——在正常状态下和单一故障状态下。

——ME 设备已通电在待机状态和完全工作状态，且网电源部分的任何开关处于任何位置。

——在最高额定供电频率下。

——供电为 110% 的最高额定网电源电压。

#### 二、单一故障状态下的漏电流和患者辅助电流容许值的适用范围

在本书 2.6.5 三容许值中规定的容许值适用于本书 2.6.2 三中规定的单一故障状态，但以下情况除外：

——当绝缘与保护接地连接配合使用时，应忽略绝缘短路之后 50 ms 内产生的瞬态电流。

——对地漏电流的唯一单一故障状态，就是每次有一根电源导线断开。

——在短接双重绝缘一个组成部分的单一故障状态下，不进行漏电流和患者辅助电流的测量。

在对应用部分和未保护接地的外壳部分施加最大网电源电压的特殊测试条件下，单一故障状态不应同时适用。

#### 三、容许值

1. 患者漏电流和患者辅助电流的容许值如表 2-5 和表 2-6 所示，交流容许值适用于频率不低于 0.1 Hz 的电流。

2. 接触电流的容许值在正常状态下是 100 μA，单一故障状态下是 500 μA。

3. 对地漏电流的容许值在正常状态下是 5 mA，在单一故障状态下是 10 mA。对于永

久性安装 ME 设备的供电电路仅为其自身供电的情况,容许有更高的对地漏电流值。

4. 流入非永久性安装的 ME 设备或医用电气系统的功能接地导线的漏电流的容许值,正常状态为 5 mA,单一故障状态为 10 mA。

5. 以上 1—4 中规定的容许值适用于流经图 2-10(a)网络(测量装置)和按该图所示(或通过测量图 2-10(b)所定义的电流频率特性的装置,即具有相同频率特性的类似电路作测量装置)进行测量的电流。这些容许值适用于直流、交流和复合波形。除非另有说明,其值可为直流或有效值。

6. 此外,在正常状态或单一故障状态下,无论何种波形和频率,用无频率加权的装置测量的漏电流不能超过 10 mA 有效值。

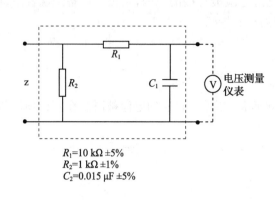

$R_1$=10 kΩ ±5%
$R_2$=1 kΩ ±1%
$C_2$=0.015 μF ±5%

(a) 测量装置

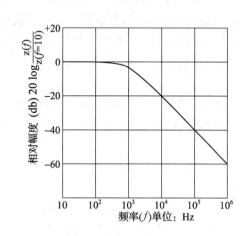

(b) 频率特性

(1) 无感元件
(2) 电阻值≥1 MΩ,电容值≤150 pF
(3) Z($f$)是该网络对于频率为 $f$ 的电流的传输阻抗,也就是 $V_{out}/I_{in}$

图 2-10  测量装置的图例及其频率特性

在后面的图中用 MD 来代替上述的网络和电压测量仪表。

表 2-5  在正常状态和单一故障状态下患者漏电流和患者辅助电流的容许值        单位:μA

| 电流 | 描述 | 参考小节 | 测量电路 | | B型应用部分 | | BF型应用部分 | | CF型应用部分 | |
|---|---|---|---|---|---|---|---|---|---|---|
| | | | | | NC | SFC | NC | SFC | NC | SFC |
| 患者辅助电流 | | 2.6.5 四 8 | 图 2-18 | d. c. | 10 | 50 | 10 | 50 | 10 | 50 |
| | | | | a. c. | 100 | 500 | 100 | 500 | 10 | 50 |
| 患者漏电流 | 从患者连接到地 | 2.6.5 四 7(1) | 图 2-13 | d. c. | 10 | 50 | 10 | 50 | 10 | 50 |
| | | | | a. c. | 100 | 500 | 100 | 500 | 10 | 50 |
| | 由信号输入/输出部分上的外来电压引起的 | 2.6.5 四 7(3) | 图 2-15 | d. c. | 10 | 50 | 10 | 50 | 10 | 50 |
| | | | | a. c. | 100 | 500 | 100 | 500 | 10 | 50 |

续表

| 电流 | 描述 | 参考小节 | 测量电路 | | B型应用部分 | | BF型应用部分 | | CF型应用部分 | |
|---|---|---|---|---|---|---|---|---|---|---|
| | | | | | NC | SFC | NC | SFC | NC | SFC |
| 总患者漏电流[a] | 同种类型的应用部分连接到一起 | 2.6.5 四 7(1)<br>2.6.5 四 7(8) | 图 2-13<br>图 2-17 | d. c. | 50 | 100 | 50 | 100 | 50 | 100 |
| | | | | a. c. | 500 | 1 000 | 500 | 1 000 | 50 | 100 |
| | 由信号输入/输出部分上的外来电压引起的 | 2.6.5 四 7(3)<br>2.6.5 四 7(8) | 图 2-15<br>图 2-17 | d. c. | 50 | 100 | 50 | 100 | 50 | 100 |
| | | | | a. c. | 500 | 1 000 | 500 | 1 000 | 50 | 100 |

说明：NC＝正常状态
　　　SFC＝单一故障状态
注：① 关于对地漏电流见 2.6.5 三 3
　　② 关于接触电流见 2.6.5 三 2

[a] 总患者漏电流容许值仅对有多个应用部分的设备适用，见 2.6.5 四 7(8)，单个应用部分应符合患者漏电流容许值

表 2-6　在 2.6.5 四 7 中规定的特殊测试条件下患者漏电流的容许值　　　　单位：μA

| 电流 | 描述[a] | 参考小节 | 测量电路 | B型应用部分 | BF型应用部分 | CF型应用部分 |
|---|---|---|---|---|---|---|
| 患者漏电流 | 由 F 型应用部分患者连接上的外来电压引起的 | 2.6.5 四 7(2) | 图 2-14 | 不适用 | 5 000 | 50 |
| | 由未保护接地的金属可触及部分上的外来电压引起的 | 2.6.5 四 7(4) | 图 2-16 | 500 | 500 | —[c] |
| 总患者漏电流[b] | 由 F 型应用部分患者连接上的外来电压引起的 | 2.6.5 四 7(2)<br>2.6.5 四 7(8) | 图 2-14<br>图 2-17 | 不适用 | 5 000 | 100 |
| | 由未保护接地的金属可触及部分上的外来电压引起的 | 2.6.5 四 7(2)<br>2.6.5 四 7(8) | 图 2-14<br>图 2-17 | 1 000 | 1 000 | —[c] |

[a] 这一条件在通用标准 IEC 第二版中被称为"应用部分加网电源电压"，并在第二版中被作为单一故障状态，而在第三版中被作为一种特殊测试条件。在未保护接地的可触及部分上加最大网电源电压试验也是一种特殊的测试条件，但容许值与单一故障状态下容许值相同

[b] 总患者漏电流容许值仅对有多个应用部分的设备适用。单个应用部分应符合患者漏电流容许值

[c] 对于 CF 型应用部分，应用部分加最大网电源电压试验覆盖了本条件下的试验，所以在本条件不再进行试验

## 四、测量

### 1. 概述

下文中的漏电流和患者辅助电流试验图(图2-11—图2-18)表明了适当的试验配置,这些试验图要与所规定的相应试验程序一起使用。其他试验图被认为也能得出准确结果。然而,如果试验结果接近容许值或对试验结果的有效性存在任何疑问时,适用的试验图将被用作决定性指标。

(1)对地漏电流、接触电流、患者漏电流及患者辅助电流的测量,要在ME设备达到热稳态所要求的工作温度之后进行,即要在满足下述要求后进行:

——对于非连续运行的ME设备:

在待机/静止模式下运行达到热稳态后,使ME设备在正常使用条件下运行多个连续周期直到再次达到热稳态,或运行7 h,取两者当中时间较短者。每个周期中的"通""断"时间为额定的"通""断"时间。

——对于连续运行的ME设备:

ME设备运行直到达到热稳态。

(2)对ME设备的电路排列,元器件布置和所用材料的检查表明无任何危险状况的可能时,试验次数可以减少。

### 2. 测量供电电路

规定与供电网连接的ME设备要连接到合适的电源。对于单相ME设备,电源极性是可转换的,而且要在两种极性下都进行试验。内部供电ME设备的测试无需连接到任何测量供电电路。

### 3. 与测量供电电路的连接

(1)配有电源软电线的ME设备用该软电线进行试验。

(2)具有设备电源输入插口的ME设备,用3 m长或长度和型号由使用说明书规定的可拆卸电源软电线连接到测量供电电路上进行试验。

(3)永久性安装的ME设备,用尽可能短的连线与测量供电电路相连来进行试验。

(4)测量布置:

① 应用部分及患者电缆(如有),应放置在一个介电常数大约为1(例如,泡沫聚苯乙烯)的绝缘体表面上,并在接地金属表面上方约200 mm处。

测量供电电路和测量电路放在尽可能远离无屏蔽电源供电线的地方,避免把ME设备放在大的接地金属面上或其附近。如果试验结果取决于应用部分如何被放置在绝缘体表面上,就有必要重复测试来确定可能的最不利的位置。

② 如果隔离变压器没有用于漏电流的测试(例如,当测量非常高输入功率的ME设备的漏电流时),测量电路的参考地要连接到供电网的保护地。

### 4. 测量装置(MD)

(1)对于直流、交流及频率小于或等于1 MHz的复合波形来说,测量装置给漏电流或患者辅助电流源加上约1 000 Ω的阻性阻抗。

(2)如果采用图2-10(a)或具有相同频率特性的类似电路作测量装置,就自动得到了按通用标准规定的电流或电流分量的评价。这就允许用单个仪器测量所有频率的总效应。

如果频率超过 1 kHz 的电流或电流分量可能超过规定的 10 mA 限值,就要采用其他适当的方式来测量,比如用一个 1 kΩ 无感电阻和适合的测量仪器。

(3)图 2-10(a)所示的电压测量仪器有至少 1 MΩ 的输入阻抗和不超过 150 pF 的输入电容。它指示了直流、交流或频率从 0.1 Hz 到小于等于 1 MHz 的复合波形电压的有效值,指示误差不超过指示值的 ±5%。其刻度能指示通过测量装置的电流,包括对 1 kHz 以上的频率分量的自动测定,以便能将读数直接与规定的限值比较。如能证实(例如,用示波器)在所测的电流中不会出现高于上限的频率,这些要求可限于其上限频率低于 1 MHz 的范围。

**5. 对地漏电流的测量**

(1)Ⅰ类 ME 设备按图 2-11 试验。

(2)如果 ME 设备有多于一根的保护接地导线(例如,一根连接到主外壳,一根连接到分立的电源单元),那么测量的电流是流入设施保护接地系统的总电流。

(3)对于可以通过建筑物结构与地连接的固定式 ME 设备,制造商规定对地漏电流测量的适当试验程序和配置。

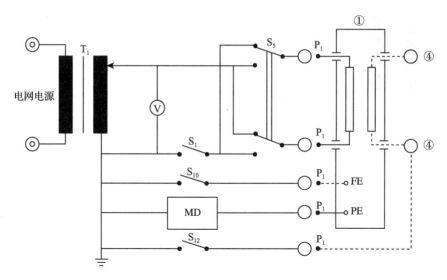

(1)图例见表 2-4

(2)测量时,将 $S_5$、$S_{10}$ 和 $S_{12}$ 的开、闭位置进行所有可能的组合:

$S_1$ 闭(正常状态)和 $S_1$ 开(单一故障状态)。

图 2-11 具有或没有应用部分的Ⅰ类 ME 设备对地漏电流的测量电路

**6. 接触电流的测量**

(1)ME 设备按图 2-12 用适当的测量供电电路试验。

用 MD 在地和未保护接地的外壳每一部分之间测量。

用 MD 在未保护接地外壳的各部分之间测量。

在中断任意一根保护接地导线的单一故障状态下(适用时),用 MD 在地和正常情况下已保护接地的外壳任意部分之间测量。无需对多个已保护接地部分分别进行测量。

对于内部供电 ME 设备,接触电流只是在外壳各部分之间进行检查,而不在外壳与地之间检查,除非适用下文第(3)条要求。

(2) 若 ME 设备外壳或外壳的一部分是用绝缘材料制成的,应将最大面积为 20 cm×10 cm 的金属箔紧贴在绝缘外壳或外壳的绝缘部分上。

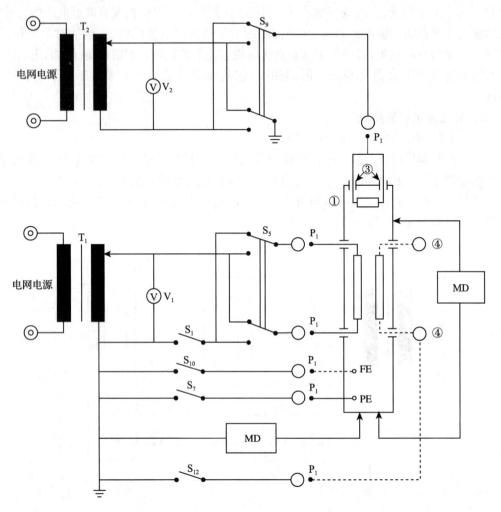

(1) 图例见表 2-4

(2) 测量时,将 $S_1$、$S_5$、$S_9$、$S_{10}$ 和 $S_{12}$ 的开、闭位置进行所有可能的组合(如果是 I 类设备,则闭合 $S_7$)。

$S_1$ 断开时是单一故障状态。

仅为 I 类设备时:

断开 $S_7$(单一故障状态)和 $S_1$ 闭合在 $S_5$、$S_9$、$S_{10}$ 和 $S_{12}$ 的开、闭位置进行所有可能的组合的情况下,进行测量。

对于 II 类设备,不使用保护接地连接和 $S_7$。

必要时使用变压器 $T_2$。

图 2-12  接触电流的测量电路

如有可能,移动金属箔以确定接触电流的最大值。金属箔不宜接触到可能已保护接地的外壳任何金属部件;然而,未保护接地的外壳金属部件,可以用金属箔部分地或全部地覆盖。

要测量中断一根保护接地导线的单一故障状态下的接触电流,金属箔要布置得与正常情况下已保护接地的外壳部分相接触。

当患者或操作者与外壳接触的表面大于 20 cm×10 cm 时,金属箔的尺寸要按接触面积相应增加。

(3) 在任何信号输入/输出部分出现的任何电压或电流,它们是从随机文件所允许连接的其他电气设备传导来的,如果随机文件对这些其他电气设备没有限制,出现的就是最大网电源电压,带信号输入/输出部分的 ME 设备要用变压器 $T_2$ 进行附加测试。

变压器 $T_2$ 设定的电压值要等于最大网电源电压的 110%。基于试验或电路分析确定最不利情形,以此来选定施加外部电压的引脚配置。

### 7. 患者漏电流的测量

(1) 有应用部分的 ME 设备按图 2-13 试验。

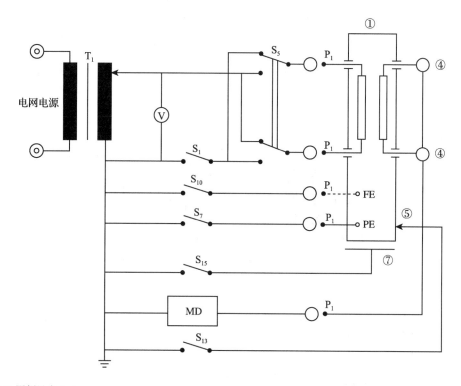

(1) 图例见表 2-4

(2) 在 $S_1$、$S_5$、$S_{10}$、$S_{13}$ 和 $S_{15}$ 的开、闭位置进行所有可能组合的情况下测量(如果是 Ⅰ 类 ME 设备则闭合 $S_7$)。

$S_1$ 断开时是单一故障状态。

仅为 Ⅰ 类设备时:

在 $S_5$、$S_{10}$、$S_{13}$ 和 $S_{15}$ 的开、闭位置进行所有可能组合的情况下闭合 $S_1$ 并断开 $S_7$(单一故障状态)进行测量。

对于 Ⅱ 类设备,不使用保护接地连接和 $S_7$。

图 2-13 从患者连接至地的患者漏电流测量电路

除应用部分外,将绝缘材料制成的外壳以正常使用中的任何位置放在尺寸至少等于该外壳平面投影的接地金属平面上。

（2）有 F 型应用部分的 ME 设备,还要按图 2-14 进行试验。

将 ME 设备中未永久接地的信号输入/输出部分接地。

图 2-14 中变压器 $T_2$ 所设定的电压值等于最大网电源电压的 110%。

进行此项测试时,包括其他应用部分的患者连接(如有)在内的未保护接地的金属可触及部分连接到地。

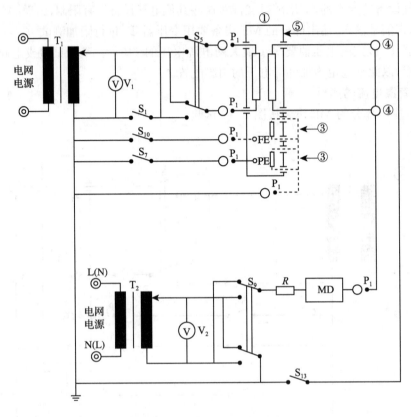

（1）图例见表 2-4

（2）在 $S_5$、$S_9$、$S_{10}$ 和 $S_{13}$ 的开、闭位置进行所有可能组合的情况下,闭合 $S_1$ 进行测量(如果是 Ⅰ 类 ME 设备,还要闭合 $S_7$)。

对于 Ⅱ 类 ME 设备,不使用保护地连接和 $S_7$。

图 2-14　由患者连接上的外来电压所引起的从一个 F 型应用部分的患者连接
至地的患者漏电流的测量电路

（3）有应用部分和信号输入/输出部分的 ME 设备,在任何信号输入/输出部分出现的任何电压或电流,它们是从随机文件所允许连接的其他电气设备传导来的,如果随机文件对这些其他电气设备没有限制,出现的就是最大网电源电压,针对此种情形还要按图 2-15 进行试验。

变压器 $T_2$ 所设定的电压值等于最大网电源电压的 110%。基于试验或电路分析确定最不利情形,以此来选定施加外部电压的引脚配置。

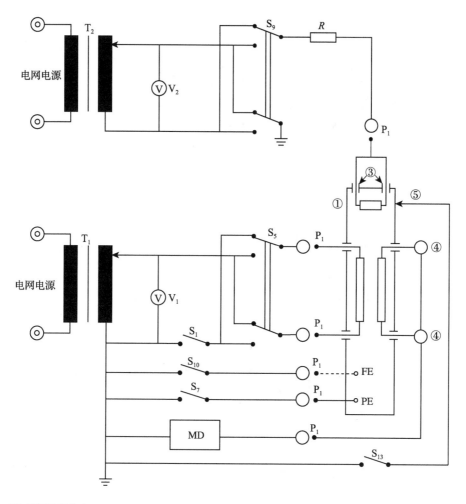

(1) 图例见表 2-4

(2) 在 $S_1$、$S_5$、$S_9$、$S_{10}$ 和 $S_{13}$ 的开、闭位置进行所有可能组合的情况下测量(如果是 I 类 ME 设备,还要闭合 $S_7$)($S_1$ 断开为单一故障状态)。

仅为 I 类 ME 设备时:

在 $S_5$、$S_9$、$S_{10}$ 和 $S_{13}$ 的开、闭位置进行所有可能组合的情况下断开 $S_7$(单一故障状态)和闭合 $S_1$ 进行测量。

对于 II 类 ME 设备,不使用保护地连接和 $S_7$。

图 2-15　信号输入/输出部分上的外来电压引起的从患者连接至地的患者漏电流的测量电路

(4) 有未保护接地 B 型应用部分的患者连接的或有 BF 型应用部分且存在未保护接地的金属可触及部分的 ME 设备,还要按图 2-16 进行试验。

变压器 $T_2$ 设定的电压值等于最大网电源电压的 110%。

如果能证明所涉及的部分有充分的隔离,则可以不进行试验。

(5) 应用部分的表面由绝缘材料构成时,用接触电流的测量中所述的金属箔进行试验。或将应用部分浸在 0.9% 的盐溶液中。

应用部分与患者接触的面积大于 20 cm×10 cm 的箔面积时,箔的尺寸增至相应的接触面积。

这种金属箔或盐溶液被认为是所涉及应用部分唯一的患者连接。

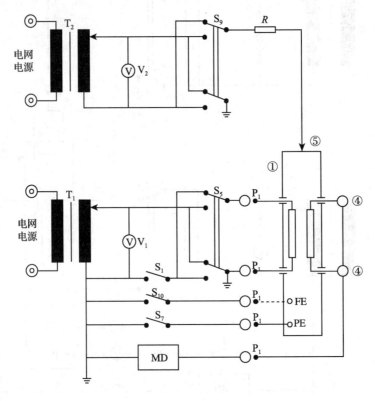

（1）图例见表2-4

（2）在 $S_5$、$S_9$ 和 $S_{10}$ 的开、闭位置进行所有可能组合的情况下，闭合 $S_1$ 进行测量（如果是 I 类 ME 设备，还要闭合 $S_7$）。对于 II 类 ME 设备，不使用保护接地连接和 $S_7$。

图 2-16　由未保护接地的金属可触及部分上的外来电压引起的从患者连接至地的患者漏电流的测量电路

（6）当患者连接由与患者接触的液体构成时，液体用 0.9％ 的盐溶液代替，将一个电极放置在盐溶液中，该电极被认为是所涉及应用部分的患者连接。

（7）测量患者漏电流：

——对于 B 型应用部分，从所有患者连接直接连在一起测量。

——对于 BF 型应用部分，从直接连接到一起的或按正常使用加载的单一功能的所有患者连接测量。

——在 CF 型应用部分中，轮流从每个患者连接测量。

如果使用说明书规定了应用部分可拆卸部件（例如，患者导联或患者电缆，以及电极）的备选件，使用最不利的可拆卸部件进行患者漏电流测量。

（8）从所有相同类型（B 型应用部分、BF 型应用部分或 CF 型应用部分）应用部分的所有连接在一起的患者连接测量总患者漏电流，见图 2-17。如有必要，在进行测试前可断开功能接地。

B 型应用部分总患者漏电流的测量仅在该应用部分有两个或两个以上属于不同功能且

没有直接在电气上连接到一起的患者连接时,才需要测量。

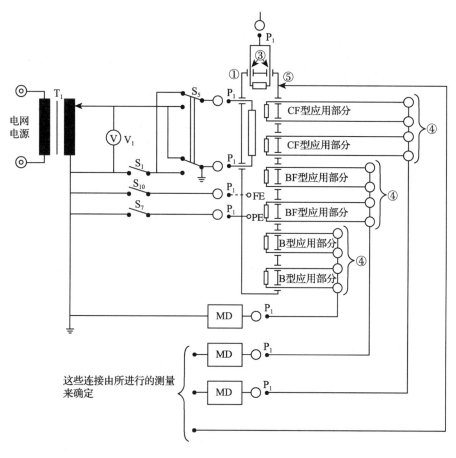

(1)图例见表 2-4

(2)$S_1$、$S_5$、$S_7$ 和 $S_{10}$的开、闭位置,见图 2-13、图 2-14、图 2-15 或图 2-16。

图 2-17　所有相同类型(B 型应用部分、BF 型应用部分或 CF 型应用部分)应用部分的
　　　　　所有患者连接连在一起的总患者漏电流测量电路

(9)如果应用部分的患者连接在正常使用时带负载,测量装置轮流连接到每个患者连接。

**8. 患者辅助电流的测量**

除非 ME 设备仅有一个患者连接,否则有应用部分的 ME 设备按图 2-18 进行试验,使用合适的测量供电电路。

患者辅助电流是在任一患者连接与其他所有直接连接到一起或按正常使用加载的患者连接之间测量的(也见通用标准附录 E)。

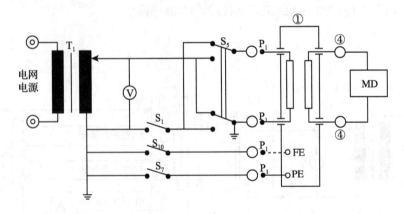

(1) 图例见表 2-4

(2) 在 $S_1$、$S_5$ 和 $S_{10}$ 的开、闭位置进行所有可能组合的情况下进行测量(如果是 I 类 ME 设备,要闭合 $S_7$)。

$S_1$ 断开时是单一故障状态。

仅为 I 类 ME 设备时:

在 $S_5$ 和 $S_{10}$ 的开、闭位置进行所有可能组合的情况下,闭合 $S_1$ 并断开 $S_7$ 进行测量(单一故障状态)。

对于 II 类 ME 设备,不使用保护接地连接和 $S_7$。

图 2-18　患者辅助电流测量电路

### 9. 有多个患者连接的 ME 设备

具有多个患者连接的 ME 设备应通过检验,以确保在正常状态下当一个或者多个患者连接处于以下状态时患者漏电流和患者辅助电流不超过容许值:

——不与患者连接;和

——不与患者连接并接地。

如果对 ME 设备电路的检查表明,在上述条件下患者漏电流或患者辅助电流能增加至过高的水平,应进行试验,实际测量宜限于几种有代表性的组合。

## 2.6.6　绝缘

### 一、概述

只有下列绝缘应做试验:

——作为防护措施的绝缘,包括加强绝缘;

——供电网中网电源熔断器或过流释放器的网电源侧相反极性之间的绝缘部分,它们作为一种防护措施;

构成绝缘的元器件,如果已经符合通用标准关于 ME 设备的元器件的要求,则可以免除试验。

用于对操作者的防护措施的绝缘,可以免于绝缘试验,前提是其符合 IEC 60950-1 中针对绝缘配合内容的要求和试验。

### 二、电解质强度

电介质强度是衡量医用电气设备的绝缘结构在电场作用下耐击穿的能力。由于电介质强度测试的试验电压较高,所以俗称耐压测试,是一种缩短测试周期的加速测试方法。

**1. 确定绝缘关系图和绝缘关系表**

对于没有应用部分的医用电气设备,通用标准给出了应该考虑进行电解质强度试验的9个试验部位,而对于具有应用部分的设备给出了有关应用部分的5个试验部位,并且针对每个具体的试验部位明确了应达到的绝缘程度。在进行测试前,先根据标准要求对被试品画出绝缘关系图。根据测试部位的绝缘等级、基准电压,得出测试电压值(见表2-7),建立绝缘关系测试表。它们是确定测试部位、施加测试电压等级的依据。

**2. 试验**

在下列条件下试验:

(1)在设备升温至工作温度后,立即断开电源后进行试验,或者对于电热元件升温至工作温度后按通用标准规定的电路保持工作状态进行试验;

(2)在潮湿预处理之后,让设备保持在潮湿环境内,立即断开电源后进行试验;

(3)在设备不通电及所有的消毒灭菌程序之后进行试验。

测试时,将确定的试验电压加到受试绝缘两端,历时1 min。加压开始时,不得超过试验电压值的一半以上,然后在10 s内将试验电压逐渐增加到试验电压值,保持此试验电压值1 min,1 min后应在10 s内将试验电压逐渐降至一半试验电压值以下。

试验电压应有的波形和频率:应使受试绝缘体上受到的电压应力至少等于在正常使用时以相同波形和频率的电压施加各部分上时所产生的应力。

**3. 试验结果判断**

试验过程中,不得发生击穿或闪络(试验过程中发生轻微的电晕放电,但当试验电压暂时降到高于基准电压(U)的较低值时,放电现象即停止,且这种放电现象不会引起试验电压的下降,则这种电晕放电可不予考虑)。

**4. 试验应注意的问题**

(1)在进行电介质强度试验时,不得使设备中的基本绝缘或辅助绝缘受到过分的应力,即试验电压在基本绝缘和辅助绝缘上的电压分布应合理(绝缘不限于低导电材料,使用元器件隔离也是常用手段)。

(2)使用金属箔进行试验时(对于低导电材料),应考虑放置金属箔的方法,避绝缘内衬边缘产生闪络。

(3)与受试绝缘并联的功率消耗和电压限制器件,应从电路的接地侧断开。

(4)在进行与网电源部分、信号输入部分信号输出部分和应用部分的接线端子有关的电解质强度试验时,应各自短接,避免造成被测设备的损坏。

(5)配有电容器且可能在电动机绕组和电容器连接点与对外接线的任一端子之间产生谐振电压 $U_c$ 的电动机,应在绕组和电容器连接点与外壳或仅使用基本绝缘隔离的导体部件之间加 $2U_c + 1\ 000$ V 的试验电压。试验中,上面没有提到的其他部件要断开,电容器要短接。

(6)电介质强度试验时,是否合格的依据只有击穿和闪络,试验泄露电流大小不是判定是否合格的直接依据。

表 2-7　构成防护措施的固态绝缘的试验电压

| 峰值工作电压(U)V峰值 | 峰值工作电压(U)V直流 | 交流试验电压(r. m. s)/V | | | | | | | |
|---|---|---|---|---|---|---|---|---|---|
| | | 对操作者的防护措施 | | | | 对患者的防护措施 | | | |
| | | 网电源部分防护 | | 次级电路防护 | | 网电源部分防护 | | 次级电路防护 | |
| | | 一重对操作者的防护措施 | 两重对操作者的防护措施 | 一重对操作者的防护措施 | 两重对操作者的防护措施 | 一重对患者者的防护措施 | 两重对患者者的防护措施 | 一重对患者者的防护措施 | 两重对患者者的防护措施 |
| U≤42.4 | U≤60 | 1 000 | 2 000 | 无需试验 | 无需试验 | 1 500 | 3 000 | 5 00 | 1 000 |
| 42.4<U≤71 | 60<U≤71 | 1 000 | 2 000 | 见表 2-8 | 见表 2-8 | 1 500 | 3 000 | 750 | 1 500 |
| 71<U≤184 | 71<U≤184 | 1 000 | 2 000 | 见表 2-8 | 见表 2-8 | 1 500 | 3 000 | 1 000 | 2 000 |
| 184<U≤212 | 184<U≤212 | 1 500 | 3 000 | 见表 2-8 | 见表 2-8 | 1 500 | 3 000 | 1 000 | 2 000 |
| 212<U≤354 | 212<U≤354 | 1 500 | 3 000 | 见表 2-8 | 见表 2-8 | 1 500 | 4 000 | 1 500 | 3 000 |
| 354<U≤848 | 354<U≤848 | 见表 2-8 | 3 000 | 见表 2-8 | 见表 2-8 | $\sqrt{2}U+1\,000$ | $2\times(\sqrt{2}U+1\,500)$ | $\sqrt{2}U+1\,000$ | $2\times(\sqrt{2}U+1\,500)$ |
| 848<U≤1414 | 848<U≤1414 | 见表 2-8 | 3 000 | 见表 2-8 | 见表 2-8 | $\sqrt{2}U+1\,000$ | $2\times(\sqrt{2}U+1\,500)$ | $\sqrt{2}U+1\,000$ | $2\times(\sqrt{2}U+1\,500)$ |
| 1 414<U≤10 000 | 1 414<U≤10 000 | 见表 2-8 | 见表 2-8 | 见表 2-8 | 见表 2-8 | $\sqrt{2}U+2\,000$ | $\sqrt{2}U+5\,000$ | $U/\sqrt{2}+2\,000$ | $\sqrt{2}U+5\,000$ |
| 10 000<U≤14 140 | 10 000<U≤14 140 | $1.06\times U/\sqrt{2}$ | $1.06\times U/\sqrt{2}$ | $1.06\times U/\sqrt{2}$ | $1.06\times U/\sqrt{2}$ | $U/\sqrt{2}+2\,000$ | $\sqrt{2}U+5\,000$ | $U/\sqrt{2}+2\,000$ | $\sqrt{2}U+5\,000$ |
| U>14 140 | U>14 140 | 如有必要,由专用标准规定 | | | | | | | |

注:① 对于隔档:
——符合图 2-19 的,使用对患者的防护措施一栏来自次级电路防护一栏——重对患者者的防护措施
——符合 F 型应用部分图 2-20 的,使用对患者部分防护措施一栏来自网电源部分的防护措施——重对患者者的防护措施
② 见 2.6.6 二电介质强度的原理性描述

**表 2-8 对操作者的防护措施的试验电压/V** (r. m. s)

| 峰值工作电压(U) peak 或 V d. c. | 一重对操作者的防护措施 | 两重对操作者的防护措施 | 峰值工作电压(U) peak 或 V d. c. | 一重对操作者的防护措施 | 两重对操作者的防护措施 | 峰值工作电压(U)防护措施 | 一重对操作者的防护措施 | 两重对操作者的防护措施 |
|---|---|---|---|---|---|---|---|---|
| 34 | 500 | 800 | 250 | 1 261 | 2 018 | 1 750 | 3 257 | 3 257 |
| 35 | 507 | 811 | 260 | 1 285 | 2 055 | 1 800 | 3 320 | 3 320 |
| 36 | 513 | 821 | 270 | 1 307 | 2 092 | 1 900 | 3 444 | 3 444 |
| 38 | 526 | 842 | 280 | 1 330 | 2 127 | 2 000 | 3 566 | 3 566 |
| 40 | 539 | 863 | 290 | 1 351 | 2 162 | 2 100 | 3 685 | 3 685 |
| 42 | 551 | 882 | 300 | 1 373 | 2 196 | 2 200 | 3 803 | 3 803 |
| 44 | 564 | 902 | 310 | 1 394 | 2 230 | 2 300 | 3 920 | 3 920 |
| 46 | 575 | 920 | 320 | 1 414 | 2 263 | 2 400 | 4 034 | 4 034 |
| 48 | 587 | 939 | 330 | 1 435 | 2 296 | 2 500 | 4 147 | 4 147 |
| 50 | 598 | 957 | 340 | 1 455 | 2 328 | 2 600 | 4 259 | 4 259 |
| 52 | 609 | 974 | 350 | 1 474 | 2 359 | 2 700 | 4 369 | 4 369 |
| 54 | 620 | 991 | 360 | 1 494 | 2 390 | 2 800 | 4 478 | 4 478 |
| 56 | 630 | 1 008 | 380 | 1 532 | 2 451 | 2 900 | 4 586 | 4 586 |
| 58 | 641 | 1 025 | 400 | 1 569 | 2 510 | 3 000 | 4 693 | 4 693 |
| 60 | 651 | 1 041 | 420 | 1 605 | 2 567 | 3 100 | 4 798 | 4 798 |
| 62 | 661 | 1 057 | 440 | 1 640 | 2 623 | 3 200 | 4 902 | 4 902 |
| 64 | 670 | 1 073 | 460 | 1 674 | 2 678 | 3 300 | 5 006 | 5 006 |
| 66 | 680 | 1 088 | 480 | 1 707 | 2 731 | 3 400 | 5 108 | 5 108 |
| 68 | 690 | 1 103 | 500 | 1 740 | 2 784 | 3 500 | 5 209 | 5 209 |
| 76 | 726 | 1 162 | 580 | 1 864 | 2 982 | 4 200 | 5 894 | 5 894 |
| 78 | 735 | 1 176 | 588 | 1 875 | 3 000 | 4 400 | 6 082 | 6 082 |
| 80 | 744 | 1 190 | 600 | 1 893 | 3 000 | 4 600 | 6 268 | 6 268 |
| 85 | 765 | 1 224 | 620 | 1 922 | 3 000 | 4 800 | 6 452 | 6 452 |
| 90 | 785 | 1 257 | 640 | 1 951 | 3 000 | 5 000 | 6 633 | 6 633 |
| 95 | 805 | 1 288 | 660 | 1 979 | 3 000 | 5 200 | 6 811 | 6 811 |
| 100 | 825 | 1 319 | 680 | 2 006 | 3 000 | 5 400 | 6 987 | 6 987 |
| 105 | 844 | 1 350 | 700 | 2 034 | 3 000 | 5 600 | 7 162 | 7 162 |
| 110 | 862 | 1 379 | 720 | 2 060 | 3 000 | 5 800 | 7 334 | 7 334 |
| 115 | 880 | 1 408 | 740 | 2 087 | 3 000 | 6 000 | 7 504 | 7 504 |
| 120 | 897 | 1 436 | 760 | 2 113 | 3 000 | 6 200 | 7 673 | 7 673 |
| 125 | 915 | 1 463 | 780 | 2 138 | 3 000 | 6 400 | 7 840 | 7 840 |

**续表**

| 峰值工作电压(U)peak 或 V d.c. | 一重对操作者的防护措施 | 两重对操作者的防护措施 | 峰值工作电压(U)peak 或 V d.c. | 一重对操作者的防护措施 | 两重对操作者的防护措施 | 峰值工作电压(U)防护措施 | 一重对操作者的防护措施 | 两重对操作者的防护措施 |
|---|---|---|---|---|---|---|---|---|
| 130 | 931 | 1 490 | 800 | 2 164 | 3 000 | 6 600 | 8 005 | 8 005 |
| 135 | 948 | 1 517 | 850 | 2 225 | 3 000 | 6 800 | 8 168 | 8 168 |
| 140 | 964 | 1 542 | 900 | 2 285 | 3 000 | 7 000 | 8 330 | 8 330 |
| 145 | 980 | 1 568 | 950 | 2 343 | 3 000 | 7 200 | 8 491 | 8 491 |
| 150 | 995 | 1 593 | 1 000 | 2 399 | 3 000 | 7 400 | 8 650 | 8 650 |
| 152 | 1 000 | 1 600 | 1 050 | 2 454 | 3 000 | 7 600 | 8 807 | 8 807 |
| 170 | 1 000 | 1 688 | 1 250 | 2 661 | 3 000 | 8 400 | 9 425 | 9 425 |
| 175 | 1 000 | 1 711 | 1 300 | 2 710 | 3 000 | 8 600 | 9 577 | 9 577 |
| 180 | 1 000 | 1 733 | 1 350 | 2 758 | 3 000 | 8 800 | 9 727 | 9 727 |
| 184 | 1 000 | 1 751 | 1 400 | 2 805 | 3 000 | 9 000 | 9 876 | 9 876 |
| 185 | 1 097 | 1 755 | 1 410 | 2 814 | 3 000 | 9 200 | 10 024 | 10 024 |
| 190 | 1 111 | 1 777 | 1 450 | 2 868 | 3 000 | 9 400 | 10 171 | 10 171 |
| 200 | 1 137 | 1 820 | 1 500 | 2 934 | 3 000 | 9 600 | 10 317 | 10 317 |
| 210 | 1 163 | 1 861 | 1 550 | 3 000 | 3 000 | 9 800 | 10 463 | 10 463 |
| 220 | 1 189 | 1 902 | 1 600 | 3 065 | 3 065 | 10 000 | 10 607 | 10 607 |
| 230 | 1 214 | 1 942 | 1 650 | 3 130 | 3 130 | | | |
| 240 | 1 238 | 1 980 | 1 700 | 3 194 | 3 194 | | | |

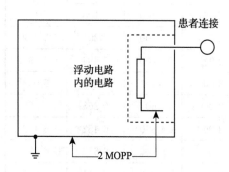

图 2-19　绝缘示例 1

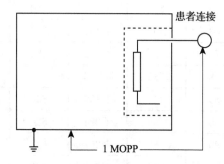

图 2-20　绝缘示例 2

### 三、非导线绝缘

非导线绝缘应符合通用标准中机械强度和耐热、环境耐受性要求。

#### 1. 机械强度和耐热

所有类型的绝缘包括绝缘隔档,在 ME 设备的预期生命维持周期中都应保持其耐热性。

通过检查 ME 设备及设计文档,必要时检查风险管理文档,结合下列试验,来检验是否符合要求:

——耐潮湿等;

——电介质强度;

——机械强度。

耐热性可通过下列试验确认,如果提供符合要求的满意证据,则无需进行本试验。

(1) 如果外壳部分和其他外部绝缘部件受损伤可导致无法接受的风险,则通过球压试验进行验证:

除了软电线的绝缘以及陶瓷材料部分外,由绝缘材料制成的外壳和其他外部部件使用图 2-21 所示的试验装置进行球压试验。将受试件表面置于水平位置,用一个直径为 5 mm 的钢球以 20 N 的力对受试表面加压。

试验在温度为 75 ℃±2 ℃的加热箱中进行,或者是使用技术说明书中列出的环境温度(见通用标准 7.9.3.1)±2 ℃加上通用标准 11.1 试验中测量所得的绝缘材料有关部分的温升,取二者中的较大值。

在 1 h 后退出钢球,并测量钢球压痕的直径。压痕直径不应大于 2 mm。

(2) 用于支撑未绝缘的网电源部分的绝缘材料部件,其老化将影响 ME 设备安全时,通过球压试验进行验证:

试验如上文(1)所述,但试验温度为 125 ℃±2 ℃,或者是使用技术说明书中列出的环境温度±2 ℃加上医用电气设备超温试验中测量所得的有关部分的温升,取二者中的较大值。

对陶瓷材料部件、换向器的绝缘部件、炭刷帽等类似部件以及不作为加强绝缘的线圈架和软线的绝缘,都不进行这一试验。

对热塑性材料的辅助绝缘和加强绝缘,见通用标准与喷射,外壳变形或超过最大温度有关要求。

**2. 环境耐受性**

任何一种防护措施的绝缘特征和机械强度,其设计或保护程度应做到,不太可能受到环境压力(包括 ME 设备内的污垢沉积和部件磨损所产生的灰尘)的损害,致使其爬电距离和电气间隙被减少至小于规定的值。

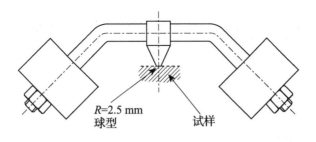

图 2-21　球压试验装置

烧结不紧密的陶瓷材料及类似的材料、以及仅仅使用绝缘珠均不应作辅助绝缘或加强绝缘使用。有电热导线嵌入其中的绝缘材料可被当作是一重防护措施,但不应被当作是两重防护措施。

通过检查和测量来检验是否符合要求。对于天然橡胶,通过下列试验来检验是否符合要求:

将天然胶乳橡胶部分放在加压氧气中进行老化处理。试样自由悬挂在氧气瓶中,气瓶的有效容积至少 10 倍于试样体积。将气瓶注满商用氧气,氧气纯度不低于 97%,压力为 2.1 MPa±70 kPa。

试样放在温度为 70 ℃±2 ℃的气瓶内达 96 h。接着立即把试样从气瓶中取出,置于室温下达 16 h。

试验后,对试样进行检查,如有肉眼可见的裂纹,则不符合要求。

## 2.6.7 ME 设备的网电源变压器和符合隔离要求的变压器

### 一、过热

#### 1. 变压器

ME 设备的变压器应对任何输出绕组短路或过载产生的过热进行保护。

通过检查在下列条件下进行短路试验和过载试验来检验是否符合要求。

按下列参数最不利值,对每个绕组依次进行试验:

——供电电压保持在额定电压的 90% 至 110% 之间;

——额定输入频率;

——其他绕组在空载和正常使用负载之间加载。

用来防止在短路和过载条件下变压器过热的元件如果符合以下条件,则这样的元件作为一部分包含在短路试验和过载试验中:

——元件具有高完善性;和

——变压器输出端到高完善性元件的导线之间提供双重对操作者防护措施。

试验中,不能有绕组断开,不能发生危险状况,绕组的最高温度不能超过表 2-9 中的限值。在短路和过载试验后,变压器的初级绕组和次级绕组之间,初级绕组和骨架之间,次级绕组和骨架之间均要通过电介质强度试验。试验在通用标准关于医用电气设备超温规定的条件下进行,无论在 ME 设备中还是在模拟条件下的试验台上。

表 2-9 环境温度 25 ℃(±5 ℃)时过载和短路条件下变压器绕组容许的最高温度

| 部件 | 最高温度/℃ |
|---|---|
| 绕组和与其接触的铁芯叠片如绕组绝缘为: | |
| A 级材料 | 150 |
| B 级材料 | 175 |
| E 级材料 | 165 |
| F 级材料 | 190 |
| H 级材料 | 210 |

**2. 短路试验**

被测输出绕组短路。试验应持续到保护装置动作或达到热稳定状态。对于未按下文的电介质强度进行 5 倍频率和 5 倍电压试验的变压器,直接短路各输出绕组。

**3. 过载试验**

具有多个保护装置的绕组,可能需要进行多个过载试验以充分评估正常使用时最坏情况下的加载和熔断。

如果完成短路试验后保护装置无动作(如限流电路),则不需进行过载试验。

若检查保护装置及其性能参数,不能判断其动作电流,进行试验 1;否则进行试验 2。

试验 1:

被测绕组加载正常工作负载,直至达到热稳定状态。然后以适当的步骤逐渐调整负载以接近保护装置动作的最小电流。每一次负载调整后,要经过一段足够的时间以达到热稳定状态,并记录负载电流和温度。

按照保护装置的操作,进行试验 2。

试验 2:

如果在试验 1 中工作的保护装置在变压器外部的,则将其短接。被测绕组的负载按以下保护装置类型加载:

——符合 GB 9364.1(IEC 60127-1)的熔断器:

按表 2-13 规定的适当试验电流加载 30 min。

——不同于 GB 9364.1(IEC 60127-1)的熔断器:

根据熔断器制造商提供的特性电流,特别是 30 min 熔断时间的电流,加载 30 min。如无法获得 30 min 熔断时间的电流数据,则使用表 2-10 中的测试电流直到达到热稳定。

——其他保护装置:

按试验 1 的方法,在略小于保护装置动作电流条件下,直到热稳定。

该部分过载试验在规定时间或者另一个保护装置动作时结束。

表 2-10 变压器试验电流

| 保护熔断丝额定电流标示值 $I/A$ | 试验电流与保护熔断丝额定电流之比 |
| --- | --- |
| $I \leqslant 4$ | 2.1 |
| $4 < I \leqslant 10$ | 1.9 |
| $10 < I \leqslant 25$ | 1.75 |
| $I > 25$ | 1.6 |

**二、电介质强度**

ME 设备的变压器绕组应有足够的绝缘以防止可能引起内部短路过热而导致的危险状况。

如变压器失效可能产生危险状况,则 ME 设备变压器初级和次级绕组的匝间和层间绝缘的电介质强度,应在潮湿预处理后,通过下列试验:

1. 额定电压小于或等于 500 V 或额定频率小于或等于 60 Hz 的变压器绕组,用其绕组额定电压的 5 倍或其绕组额定电压范围上限值的 5 倍、而频率不低于额定频率 5 倍的电压加在绕组的两端(额定频率为变压器输入电压的正常工作频率)试验。

2. 额定电压超过 500 V 或额定频率超过 60 Hz 的变压器绕组,用其绕组额定电压的 2 倍或其绕组额定电压范围上限的 2 倍、而频率不低于额定频率 2 倍的电压加在绕组的两端(额定频率为变压器输入电压的正常工作频率)试验。

然而在上面两种情况下,变压器的任一绕组的匝间和层间的绝缘应力是这样的应力,应使得有最高额定电压的绕组上出现的试验电压,不超过表 2-7 中对一重防护措施规定的试验电压,如果这样的绕组的额定电压被认为是工作电压。如此,初级绕组上的试验电压相应降低。试验频率可调整使得在铁芯中产生出与正常使用时近似强度的磁感应。如果变压器的铁芯与所有外部导电连接均隔离(如大多数环形变压器),下述与铁芯的连接可忽略:

——三相变压器可用三相试验装置试验,或用单相试验装置依次试验 3 次。

——关于铁芯以及初、次级绕组间的任何屏蔽的试验电压,应按有关变压器的规范选用。如果初级绕组有一个有标记的与电源中性线的连接点,除非铁芯(和屏蔽)规定接至电路的非接地部分,该点应与铁芯相连(有屏蔽时也与屏蔽相连)。将铁芯(和屏蔽)接到对标记连接点有相应电压和频率的电源上来进行模拟。

如果该连接点没有标记,除非铁芯(和屏蔽)规定接至电路的非接地部分,应轮流将初级绕组的每一端和铁芯相连(有屏蔽时也与屏蔽相连)。

应将铁芯(和屏蔽)轮流接至对初级绕组每一端有相应电压和频率的电源上来进行模拟。

——试验时,所有不打算与供电网相连的绕组应空载(开路),除非铁芯规定接至电路的非接地部分,打算在一点接地或让一点在近似地电位运行的绕组,应将该点与铁芯相连。将铁芯接到对这些绕组有相应电压和频率的电源上来进行模拟。

——开始应施加不超过一半规定的电压,然后应用 10 s 时间升至满值,并保持此值达 1 min,之后应逐渐降低电压并切断电路。

——不在谐振频率下进行试验。

以下列方式来检验是否符合要求:

——试验时,绝缘的任何部分不得发生闪络和击穿。试验后,不得有可觉察到的变压器损坏现象。

——当试验电压暂时降低到比工作电压高的较低值时,轻微电晕放电现象即停止,且放电不引起试验电压的下降,则此轻微电晕放电可不考虑。

### 三、符合部件的隔离要求的变压器的结构

作为符合部件的隔离要求的防护措施的 ME 设备的变压器应符合:

——应有防止端部线匝移动到绕组间绝缘之外的措施。

——若保护接地屏蔽只有一匝,它应有不小于 3 mm 长的绝缘重叠。屏蔽的宽度应至少等于初级绕组的轴向长度。

——环形铁芯变压器内部绕组的导线引出线,应有两层符合双重绝缘要求的,总厚度至少为 0.3 mm 的套管,并伸出绕组外至少 20 mm。

初级和次级绕组间的隔离应符合 2.6.6 二的要求。

除下述内容外,爬电距离和电气间隙应符合通用标准关于爬电距离和电气间隙的测量的要求:

——绕组线上的瓷漆或清漆被认为各对爬电距离和电气间隙的测量中对患者防护措施的爬电距离提供了 1 mm 的爬电距离。

——爬电距离是通过一绝缘隔档两部分之间的连接线来测量的,除了当:

——形成连接的两部分用热封接形成,或对重要的连接处用其他类似的封接方法形成;

——或在连接处的必要地方完全充满胶合剂,和用胶黏剂粘在绝缘隔档表面,以使潮气不致被吸入连接处。

——如果能证明模制变压器内没有气泡,且在涂瓷漆或涂清漆的初级绕组与次级绕组之间的绝缘,当基准电压 U 不超过 250 V 时,绝缘厚度至少为 1 mm,而且绝缘厚度随较高的基准电压成比例地增加时,则可认为模制变压器内部不存在爬电距离问题。

通过检查变压器结构和测量要求的距离来检验是否符合要求。


**思考题**

1. 名词解释:ME 设备、基本绝缘、应用部分、可触及部分、基本安全和基本性能。

2. IEC 60601-1 第三版较第二版有哪些重要改进?

3. IEC 60601-1 第三版对 ME 设备是如何分类的?

4. 简述单一故障状态和单一故障安全。

5. 接地有哪几种类型? 各为何目的?

6. ME 设备电气安全参数检测项目有哪些? 各自的要求是什么?

# 第 3 章
# 呼 吸 机

## 3.1 概　述

　　人体实现呼吸过程是通过呼吸中枢支配呼吸肌有节奏地收缩和舒张,从而引起肺内压力变化来完成的。当呼吸肌收缩时,胸廓、肺部容积扩大,使肺内压力低于外部大气压时,外部富含 $O_2$ 的气体通过呼吸道进入肺内,便形成一个吸气过程。当呼吸肌舒张时,胸廓、肺部恢复原先位置,使肺内压力大于外部大气压,肺内富含 $CO_2$ 气体通过呼吸道排出,便形成一个呼气过程;吸入的富含 $O_2$ 的气体与血液中的气体进行交换,结合氧气,排出二氧化碳,进而血液中被结合的氧气又与组织中气体进行交换,这就是一次完整的呼吸过程。

　　正常情况下,健康人通过呼吸活动,从空气中摄入的氧气已能满足各器官组织氧化代谢的需要。但是如果呼吸系统的生理功能遇到障碍,如各种原因引起的急慢性呼吸衰竭或呼吸功能不全等,均需采取输氧和人工呼吸进行抢救治疗。

　　人工呼吸机在临床抢救和治疗过程中,可以有效地提高患者的通气量,迅速解除缺氧和二氧化碳滞留问题,改善换气功能,延长患者生命,被普遍地应用于病人呼吸功能衰竭、急救复苏以及手术麻醉等领域。

　　呼吸机可完全脱离呼吸中枢的调节和控制,人为地产生呼吸动作,以满足人体呼吸功能的需要。早期的呼吸机多为负压呼吸机,如 1927 年 Drinker 发明的箱式体外负压呼吸机,也被称作铁肺。这种呼吸机尽管比较符合生理特点,但由于它体积大、笨重,又无人工气道,分泌物不易排除,易发生坠积性肺炎及肺不张等并发症,严重妨碍对病人的护理和治疗。负压呼吸机在呼吸机的发展史上发挥过作用,目前已不再用于临床。

　　目前,大多数现代呼吸机属于正压呼吸机。正压呼吸机是通过向呼吸道提供正压将空气送入肺内,在吸气时提高肺内压增加跨肺压而帮助气体交换,在呼气时停止向呼吸道提供正压,由于肺腔组织的弹性,将肺恢复到原来的形状,使经过交换的一部分空气呼出体外。

　　呼吸机的发展经历了从简单到复杂,从功能单一到多模式、多功能的过程,至今已经发展到一个比较成熟的阶段。特别是近几十年来,呼吸机的发展非常迅速。随着机电技术的发展、材料工艺的不断进步和计

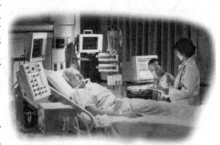

图 3-1　呼吸机的临床使用示意图

算机控制技术的提高,许多呼吸机带有参数自检及自校、数据通信、多参数监测及显示、通气气流及压力实时波形显示、多参数自动报警等功能。而且功能的改进,基本上只需要通过更新软件来完成。呼吸机的性能日臻完善,其适用范围也日益扩大和普及,并向多功能、智能化方向发展。图 3-1 为呼吸机的临床使用示意图。

# 3.2 呼吸机的基本工作原理

在通常情况下,正常人主要通过自己的呼吸摄取空气中的氧气来满足各器官组织的氧化代谢需要。如果呼吸系统受到损伤,如药物中毒、溺水、休克,或由于其他生理功能的紊乱引起呼吸衰竭,单靠病人不健全的呼吸功能已不能够或根本不能满足各器官对氧气的需求,这时就需要借助呼吸机对病人进行抢救治疗。利用呼吸机,可帮助病人提高肺通气量,以解除病人缺氧和二氧化碳在病人体内的滞留,改善病人的换气功能。

## 3.2.1 呼吸机的工作原理与作用

### 一、呼吸机工作原理

我们知道,正常人自主呼吸时在其吸气相,由于呼吸肌收缩而产生胸腔负压,使肺被动扩张出现肺泡和气道负压,从而构成了气道口与肺泡之间的压力差而完成吸气;在其呼气相,由于呼吸肌舒张而产生胸廓及肺弹性回缩产生肺泡与气道口被动性正压力差而呼气,以满足生理通气的需要。而人工呼吸机通气在吸气相时由体外机械驱动使患者气道口和肺泡产生正压力差完成吸气;而呼气是在撤去体外机械驱动压后由胸廓及肺弹性回缩产生肺泡与气道口被动性正压力差完成呼气,即呼吸周期均存在"被动性正压力差"来完成呼吸。所以说呼吸机的工作原理就是利用人体气道口与肺内气体的压力差实现对人体的机械通气。

### 二、呼吸机的作用

呼吸机其实是一个肺通气装置(Lung Ventilator),因为它只是起到把气体输送到肺内和排出肺外的作用,而并没有参与呼吸的全过程,它并不能代替肺的全部功能(图 3-2)。所以我们所讨论的呼吸机的功能实际上是指它的通气功能。其作用一般有:

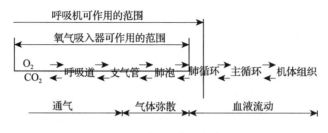

图 3-2　呼吸机作用示意图

### 1. 人为地产生呼吸动作

呼吸机能人为地、主动地产生呼吸动作。它可以不依赖病人的呼吸中枢,产生、控制和调节呼吸动作,也可以完全替代呼吸中枢,产生、控制和调节呼吸动作,还可以替代神经、肌肉等产生呼吸动作。

**2. 改善通气**

呼吸机的正压气流,不但可以使呼吸道通畅的病人得到足够的潮气量和分钟通气量,对有气道阻力增加和肺顺应性下降的病人,也能通过不同的方法和途径,在一定程度或一定范围内克服气道阻力增加和肺顺应性降低引起的潮气量和分钟通气量下降,故也能改善这类病人的通气。

**3. 改善换气功能**

呼吸机可以通过提高吸入氧浓度,增加氧的弥散;也可以利用特殊的通气模式或功能,如吸气末屏气、呼气延长、呼气末正压等改善肺内的气体分布,增加氧的弥散、促进 $CO_2$ 的排出、减少肺内分流,纠正通气/血流(VA/Q)比例失调,在一定程度上改善肺的换气功能。

**4. 降低呼吸作功**

呼吸机可以不依赖神经、肌肉而产生呼吸动作,故能减少呼吸肌负荷,减少呼吸作功,降低氧耗,有助于呼吸肌疲劳的恢复。

**5. 纠正病理性呼吸动作**

机械通气的气道内正压,能纠正病理性呼吸动作,如多发、多处肋骨骨折所引起的反常呼吸运动时,纠正由于反常呼吸运动引起的缺氧或二氧化碳的滞留。

呼吸机的临床应用分为两大类。一类以呼吸系统疾病为主,包括肺部感染,肺不张、哮喘、肺水肿等影响肺内气体交换功能。此时呼吸机的治疗主要改善肺内气体交换,提高血液中氧浓度和排除二氧化碳。而第二类以外科手术为主,有利于病人麻醉恢复,维持正常的呼吸功能,减少呼吸肌运动,降低氧耗量。

### 3.2.2 呼吸机的分类

**一、按照压力方式及作用分类**

**1. 胸廓外负压式呼吸机(又称铁肺)**

胸廓外负压式呼吸机是将患者的胸部或整个身体置于密闭的容器中,而患者的呼吸道与大气相通。当容器中的压力低于大气压时,胸部被牵引扩张,肺泡内压力低于大气压,空气通过呼吸道进入肺泡,为吸气期;而当容器压力转为正压时,胸廓受压迫缩小,肺泡内压力增高大于大气压,肺泡内气体通过呼吸道排出体外,为呼气期。

尽管这种呼吸机的使用比较符合生理特点,但由于其体型笨重,要大型电泵才能工作,工作原理上是在巨大的风箱内抽吸气体产生负压而导致病人胸廓运动,只能是简单地执行呼吸驱动工作,且给医疗护理带来了不便。因为需要用呼吸机的病人往往病情很重,需要时时监护,而使用胸廓外负压式呼吸机时对病人的观察护理只能通过把手伸进看不见的容器或把病人从容器中拉出来,这都会影响效果,同时,静脉输液也受阻碍、不能应用于外科手术麻醉中。除去种种不方便不说,呼吸机的功能也较局限,目前已极少使用。

**2. 直接作用于气道的正压呼吸机**

直接作用于气道的正压呼吸机是通过管道与患者呼吸道插管或面罩连接,在吸气相,呼吸机将空气、氧气或空气-氧气混合气压入气管、支气管和肺内,产生或辅助肺间歇性地膨胀;呼气时,既可以利用肺和胸廓的弹性回缩,使肺或肺泡自动地萎陷,由于肺的弹性回缩力使肺泡变小,肺内压大于大气压而被动地把吸气时吸入的气体呼出体外,产生呼气,也可在呼吸机的帮助下排出气体,产生呼气。

正压通气方法在外科和麻醉学科领域得到较为迅猛的发展。1940 年第一台间歇正压通气(IPPV)麻醉机被发明并应用于胸外科手术患者和战伤急性呼吸窘迫综合征(Acute Respiratory Distress Syndrome,ARDS)的抢救中,获得成功。1946 年,美国 Bennett 公司研制出第一台初具现代呼吸机基本结构的间歇正压呼吸机并应用于临床。至 20 世纪 60—70 年代,随着物理学的发展,电子技术被引进到呼吸机的设计中,气动能源实现了电子设备控制,由电位计所控制的容量压力监测系统和报警系统亦被开发出来,这些都大大方便了临床实践。自 20 世纪 80 年代以来,随着人们对呼吸生理的深入了解,新的设计思想(如流体控制原理)的采用,以及电子计算机技术的引进,设计者们研制出多种第三代新型呼吸机。它们的功能齐全,性能先进,可靠耐用,集定压定容于一体,兼容多种新的大有前途的通气模式,部分机型还具备智能化功能。使得正压呼吸机的应用领域又向前发展了一大步。

### 二、按照吸气向呼气的切换方式分类

#### 1. 压力切换型

当呼吸机在呼吸道产生正压,使气流进入气道和肺内,使肺泡扩张,气道压力不断升高,直到预定压力值,呼吸机便停止送气,即吸气期结束,转入呼气;呼气期,呼吸机打开呼气阀,靠胸廓及肺弹性回缩或由负压产生呼气;当气道内压力下降到另一预定值后,呼吸机再次产生正压,引起吸气,如此不断循环吸气和呼气,就形成所需的呼吸活动。

应用压力切换型呼吸机,若气流速度快,预定压力低,则吸气时间短,潮气量小;而气流速度慢,预定压力高,则吸气时间长。同样潮气量也要受到肺顺应性变化的影响,在相同的预定压力下,如果肺顺应性好,进入肺的潮气量就多,而肺的顺应性差,则进入肺的潮气量明显减少。因此在临床应用中,压力切换型呼吸机比较容易产生通气过度或通气不足。

#### 2. 容积切换型

当呼吸机送气时,不管患者肺内阻力大小,容积切换型呼吸机将设定的潮气量送入气道,完成吸气过程;呼气时,呼吸机打开呼气阀,靠胸廓及肺弹性回缩或由负压产生呼气,如此不断循环吸气和呼气,形成所需的呼吸活动。

容积切换型呼吸机不会受到患者肺内病变的影响,可以保证肺足够的通气量。但是气流速度、吸气时间气道压力不恒定,使用时还应该配有压力报警装置,当气道内压力超过设定的范围时,呼气阀门应打开,与大气压相通,将气体排出体外,防止气道压力过高,引起肺泡破裂,产生气胸等严重并发症。

#### 3. 时间切换型

时间切换型呼吸机是按预定的吸气、呼气时间进行供气或排气,但是,吸气期间的气道压力、气流速度和吸入潮气量都会因为肺顺应性和气道阻力等因素而发生变化。时间切换型呼吸机一般不单独应用,而是和其他切换型式组合使用。

#### 4. 流速切换型

流速切换型呼吸机是通过一个流速传感器,当吸气流速小于一预置值时,即停止吸气,完成吸-呼切换,转入呼气。在整个呼吸周期中,流速切换型呼吸机只能保证完成吸-呼切换

时的流速恒定,而肺内压、吸气时间和吸入量不能保证恒定,但对于气道阻力增加的患者使用该类呼吸机有一定的好处。

**5. 联合切换型**

主要是指在一台呼吸机上兼有压力切换、容量切换、时间切换和流速切换中的几种组合后共存的形式,当使用该类呼吸机时,吸气相、呼气相的切换方式与控制方式既可以由使用者自由选择,也可以由呼吸机本身根据实时监测参数和与设置的参数综合处理后自动调整。目前市场上使用的相当一部分多功能呼吸机都已经具备此类功能,改变了人们对呼吸机的传统看法,领导呼吸机发展的新潮流。

### 三、按照动力来源分类

**1. 气动-气控呼吸机**

通气源和控制系统均只以氧气为动力来源。多为便携式急救呼吸机。

**2. 电动-电控呼吸机**

通气源和控制系统均以电源为动力,内部有汽缸、活塞泵等,功能较简单的呼吸机。

**3. 气动-电控呼吸机**

通气源以氧气为动力,控制系统以电源为动力。多功能呼吸机的主流设计。

### 四、按通气频率的高低分类

**1. 常规频率呼吸机**

$f < 60$ 次/min;目前常用的呼吸机多为此种类型。

**2. 高频呼吸机**

$f > 60$ 次/min;分为高频正压(60 次/min～100 次/min)、高频喷射(100 次/min～200 次/min)、高频震荡(200 次/min～900 次/min)。

### 五、按应用对象分类

可分为成人呼吸机、小儿呼吸机、成人-小儿兼用呼吸机。

### 六、根据用途分类

可分为治疗呼吸机(包括成人、小儿和婴儿呼吸机)、急救呼吸机、麻醉呼吸机、家用呼吸机等。

呼吸机的种类可以千差万别,压力波形、流量波形可以各不相同,但对患者而言,其通气机理是完全相同的,都是以每分钟通气量和气道压力为主要控制目标的。

### 3.2.3 呼吸机的模式和功能

呼吸机模式是指呼吸机以什么样的方式向患者进行送气,来达到最好的通气治疗效果。常见的呼吸机模式和功能如下:

### 一、机械控制通气(CMV)

CMV 是临床出现最早,应用最普遍的通气模式,也是目前机械通气最基本的通气模式。CMV 是按照预定呼吸频率、潮气量、呼吸比、时间启动,容量限定、容量或时间切换。在吸气相时由呼吸机产生正压,将预设容量的气体送入肺内,使气道压力升高;在呼气相时肺内气体靠胸肺弹性回缩,排出体外,使气道压力回复至零。如此周而复始就形成了 CMV。在 CMV 工作时,若 PEEP=0,又称为间歇正压通气(IPPV)。若 PEEP>0,则称为持续正压通气(CPPV),呼吸压力波形见图 3-3。

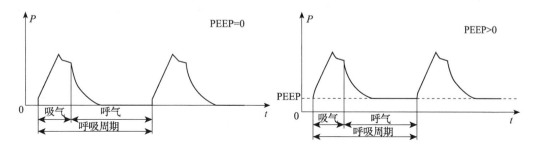

图 3-3　CMV 通气模式呼吸压力波形

该模式主要适用于有严重的呼吸抑制或伴有呼吸暂停等情况。优点是保证稳定的通气量,最大限度地减轻呼吸机负荷,但对有自主呼吸的病人易产生人机对抗。

## 二、辅助/控制呼吸(A/C)

这是一种常用的呼吸模式,是一种压力或流量启动、容量限定、容量切换的通气方式。此模式自 20 世纪 60 年代起即被用于各种呼吸机内,辅助/控制呼吸可自动转换,它的优点在于当患者的自主呼吸触发呼吸机时,呼吸机按设定的潮气量进行辅助呼吸;当患者无自主呼吸或自主呼吸负压较小,不能触发呼吸机时,呼吸机自动转换到预置的呼吸频率进行控制通气。当然,辅助模式会引起通气过度,这同样需要呼吸机治疗时加以重视。

图 3-4　A/C 模式呼吸压力波形

图 3-4 显示了辅助/控制通气时的呼吸压力波形,从中可见在辅助模式中,正压吸气的起始前有一微小的负压波(设置的触发灵敏度),而且各呼吸间隙略有不等。而控制模式中,吸气起始前无负压波,各次呼吸间隙时间相等。

## 三、压力控制通气(PCV)

PCV 呼吸模式是时间切换压力控制模式,它的特点是吸气开始后使气道压力迅速上升到预设峰压,而后接一个递减流量波形以维持气道压力于预设水平(呼吸压力波形见图 3-5,其中 VCA 为容积控制通气模式)。PCV 呼吸模式可以按通常吸呼比进行通气,也可行反比通气。PCV 呼吸模式运行时,若肺顺应性或气道阻力发生改变时,吸入潮气量即会改变。所以,使用该通气模式时应严密监测,并保持报警系统工作正常。

PCV 呼吸模式的优点是:①降低气道峰压,减少气道压伤发生的危险性;②使气道内气体分布更加均匀;③改善气体交换;④适用于儿童、不带套囊的气管导管及有瘘道的患者,因为通过增加流量可维持预设的压力。研究业已表明,对严重的 ARDS 病人,采用 PCV 方式和通常的吸呼比,可增加 $PaO_2$,改善组织氧合,增加心脏指数及肺顺应性。

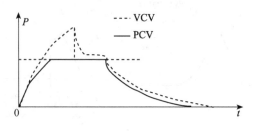

图 3-5　PCV 模式呼吸压力波形

### 四、同步间歇指令通气(SIMV)

SIMV 呼吸模式运行时呼吸机以设定频率给予患者正压通气,在两次机械通气之间允许患者自主呼吸。即在患者自主呼吸同时间断地给予正压通气(呼吸压力波形见图 3-6),自主呼吸的气流由呼吸机持续大流量恒流供给。

SIMV 实际上是自主呼吸和控制呼吸的结合,在自主呼吸的基础上,给患者有规律地和间歇地触发指令通气,并将气体强制送入肺内,提供患者所需要的那部分通气量,以保持血气分析值在正常范围,与 CMV 类似,潮气量由呼吸机自动产生,患者容易从机械通气过渡到自主呼吸,而最后撤离呼吸机。

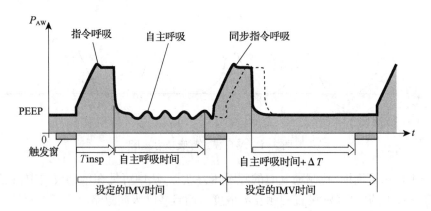

图 3-6　SIMV 呼吸模式呼吸压力波形

### 五、压力支持通气(PSV)

PSV 是一种流量切换压力控制模式。该模式特点是患者可自行调节吸气时间、呼吸频率,由呼吸机产生预定的正压,若自主呼吸的流速及幅度不变,潮气量则取决于吸气用力、预置的压力水平及呼吸回路的阻力和顺应性。压力支持从吸气开始,直至患者吸气流速降低到峰值的 25% 停止(图 3-7 呼吸压力波形)。PSV 的主要优点是减少膈肌的疲劳和呼吸作功。PSV 可与 SIMV 或 CPAP 模式联合应用,有利于撤离呼吸机。PSV 是一种辅助通气方式,预置压力水平较困难,可能发生通气不足或过度、呼吸运动或肺功能不稳定者不宜单独使用。

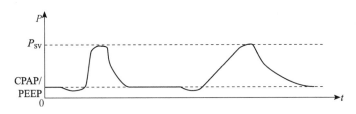

图 3-7　PSV 模式呼吸压力波形

### 六、持续气道正压(CPAP)

CPAP 是指在患者具有自主呼吸的情况下,在整个呼吸周期,由呼吸机向气道内输送一个恒定的正压气流,且该正压气流大于患者的吸气气流,使患者在吸气期吸气省力,感觉舒服,而呼气期由于气道内正压的缘故,起到 PEEP 的作用,其压力波形见图 3-8。

CPAP 只能用于呼吸中枢功能正常,有自主呼吸的患者。凡是用肺内分流量增加引起的低氧血症都可应用 CPAP。CPAP 可用于插管患者,也可经面罩或鼻塞使用。CPAP 可和 SIMV、PSV 等呼吸模式合用。在家用呼吸机中 CPAP 被广泛应用。

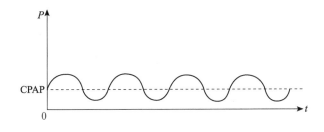

图 3-8　CPAP 模式呼吸压力波形

### 七、双水平气道正压(BIPAP)

在自主呼吸或机械通气时,呼吸机交替给予两种不同水平的气道正压,即气道压力周期性地在高压力和低压力之间转换,且每个压力水平均可独立调节。以两个压力水平之间转换引起的呼吸容量改变来达到机械通气辅助作用,故在保持呼气正压的同时也提供吸气时的辅助通气。

其优点:①所设定的吸气压($P_{HIGH}$)不会被超出,甚至不会被病人强力作出的呼气所超出;②在整个通气周期,均可进行不受限制的自主呼吸,不需要用极度的镇静和肌松来抑制自主呼吸;③吸气和呼气促发灵敏,压力上升时间和流量触发灵敏度可调,使得患者呼吸较舒适。其呼吸压力波形见图 3-9,在家用呼吸机中被广泛应用。

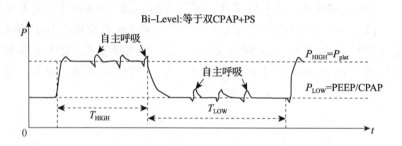

图 3-9　BIPAP 模式呼吸压力波形

### 八、呼气末正压(PEEP)

无论是自然呼吸还是普通机械通气,当呼气终了气流停止时,肺泡内压等于大气压。呼气末正压就是人为地在呼气末气道内及肺泡内施加一个高于大气压的压力,这样就可以防止肺泡陷闭的发生,增加功能残气容积。由于肺泡压力升高,在吸氧浓度不变的前提下,肺泡——动脉血氧分压差增高,有利于氧向血液弥散。同时由于肺泡充气的改善,可使肺的顺应性增加,减少呼吸功。也可认为,呼气末正压能促进肺泡表面活性物质的生成。但此功能的应用也可能对机体造成不良影响,主要为各种气压损伤以及因平均气道内压升高而致使胸内压上升,导致静脉回流障碍。也可能产生或加重机械通气的其他综合病,如颅内压升高、肾功能减退、肝瘀血等。

### 九、反比通气

反比通气(IRV)是延长吸气时间的一种通气方式。一般情况下吸气时间都少于呼气时间,常规通气 IPPV 的 I∶E 为 1∶1.5～1∶2,这与吸气为主动和呼气为被动有关。而反比通气 I∶E 一般在 1.1∶1～1.7∶1 之间,最高可达 4∶1,并可同时使用 EIP 或低水平PEEP/CPAP。反比通气的特点是吸气时间延长,气体在肺内停留时间长,产生类似 PEEP的作用,由于 FRC 增加可防止肺泡萎陷,减少肺血分流率($Q_s/Q_t$)肺顺应性增加和通气阻力降低,因而改变时间常数。常与限压型通气方式同时应用于治疗严重 ARDS 病人。

但反比通气也有缺点,可使平均气道压力升高,心排血量减少和肺气压伤机会增多,二氧化碳排出受到影响,使用时还需监测氧输送,一般只限于自主呼吸消失的病人。

### 十、叹息功能(Sigh)

许多呼吸机均设有叹息(Sigh)的功能,叹息即指深呼吸,不同的机器设置的叹息次数和量不尽相同。一般是每 50～100 次呼吸周期中有 1～3 次相当于 1.5～2 倍于潮气量的深吸气,它相当于人打哈欠。设置叹息的主要目的,是使那些易于陷闭肺底部的肺泡定时膨胀,改善这些部位的气体交换,防止肺不张,对于长期卧床和接受呼吸机治疗的患者,有一定的价值。此功能仅用于长时间间歇正压通气(IPPV)时,可使肺泡充分扩张,但容易造成气压伤,对有肺大泡的患者应慎用。

### 3.2.4 呼吸机的结构与组成

#### 一、呼吸机的结构

呼吸机的基本结构一般应包括：①动力源(压缩气体作动力源[气动]或电机作为动力源[电动])；②供气和驱动装置；③控制部分；④空氧混合器；⑤呼气部分；⑥监测报警系统；⑦呼吸回路；⑧湿化和雾化装置等。

呼吸机的类型和工作原理决定其结构。早期的医用呼吸机大部分是气动-气控型的，由压力调节装置、气动逻辑元件和管路组成，操作和维护都比较简单，它的特点是精度不够高，难以实现较复杂的功能。而电子技术被引进到呼吸机的设计中，电动-电控型和气动-电控型的呼吸机得到了发展，这种呼吸机控制精度高，稳定性好，一些新的机械通气观念和技术得以发展和应用，越来越多的呼吸机均采用此种方法。随着电子计算机技术的引进，目前，呼吸机已可以不改变硬件和呼吸机的结构件，而只需改变控制系统的软件部分，即可修改呼吸机的性能，发展呼吸机的功能。图 3-10 所示是某型号呼吸机的外型图。

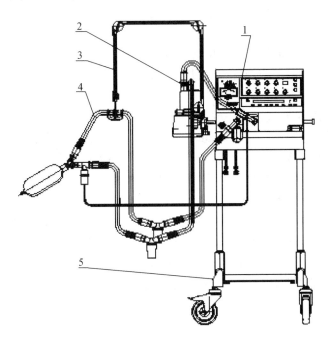

1—呼吸机主机；2—湿化器；3—机械手；4—呼吸管道；5—机架

图 3-10　某型号呼吸机外形

#### 二、呼吸机的组成

一台完整的呼吸机主要有主机、供气系统、湿化器、呼吸管路、机架和机械臂等部分组成。近年来随着计算机技术的飞速发展和普及，具有智能化、一体化的新型呼吸机结构更加精巧和美观，并增设了许多参数监测和报警功能，其主机大都带有显示屏幕，能够动态显示监测通气参数、波形和报警信息，使机械通气治疗更加直观和安全。

### 1. 呼吸机主机

呼吸机主机中主要包含控制部分、空-氧混合部分、呼气部分和监测报警系统。控制部分作为一个作战指挥室，它不断发布控制命令指挥呼吸机各部分协同工作，以实现预置的功能，同时，不断接受各部分反馈的监测信息加以分析后，再发出修正指令或报警信息。早期的气控型控制部分是由输入的气源经压力调节装置，通过气动逻辑元件不同的组合实施控制目的，其不足之处是控制精度不高，只能实现简单功能。而电控型控制部分比较复杂。采用电子或先进的计算机技术，以及高精度的流量、压力传感器和耐用的控制阀组成，控制精度高，稳定性好，并能实现较复杂的功能，应用较为广泛。

空-氧混合部分是将空气和氧气通过"混合器"按一定比例混合后进入"恒压缓冲装置"→以设定的通气模式和在一定范围内可调节的潮气量和(或)每分通气量、通气频率、吸气时间、屏气时间来控制呼吸机的"吸气阀"→将混合气体送入吸气回路→经过接入吸气回路中的"湿化器"加温加湿后→经"气管插管"将气体送到患者肺内(气体交换)→再通过控制"呼气阀"将废气排出来，这样完成一个送气周期并不断地重复，确保患者吸入气体的氧浓度。呼气阀的作用不仅仅负责呼气，还能实现一些功能，例如：PEEP功能。

监测报警系统的作用是通过放置在不同位置上的压力传感器、流量传感器及氧传感器等对整个呼吸过程进行全方位监测，然后，把监测到的信息通知给控制部分，由其对所获得的信息进行综合处置，同时通过显示屏显示分析后的信息或启动报警装置，告诉使用者呼吸机的现状，以采取必要的措施，确保呼吸机正常运行。

### 2. 湿化器

安装在呼吸机外部吸气回路中的湿化器，其功能是对输送给患者吸入的气体进行加温和加湿，在机械通气过程中不可或缺的一个重要部件装置(短时间通气和急救的情况可除外)。常用的湿化器有冷水型湿化器、加热型湿化器、超声雾化型湿化器和热湿交换湿化器(人工鼻)等，临床上使用加热型湿化器居多，且效果也最好。

(1) 冷水型湿化器

冷水型湿化是在不给水加热的情况下，将吸入气体直接通过装水的容器，在室温下达到湿化的目的。冷水型湿化器的相对湿度由于受到气—水接触面积和水温的限制，患者吸入后往往因绝对湿度较低感到不适，为了提高绝对湿度也有采用机械的方式将水雾化。冷水型湿化器的优点是简单易用、顺应性小，缺点是由于吸入温度过低，患者有不适感，且湿化效果不理想。

(2) 加热型湿化器

加热型湿化器的加热方式有直接加热和间接加热两种方式。

直接加热方式是在加热型湿化器的水容器中放置加热板或加热丝的办法来实现加热效果，当患者吸气气流经过水时带走水蒸气，以达到湿化的目的。加热型湿化器的优点是结构简单、实用，清洗、消毒方便，价格也相对便宜，大多数加热型湿化器都采用这种方法。

间接加热方式是采用将湿化罐放置在加热盘上，在湿化罐内垂直放置一个多层卷筒式蒸发腔，这样就在气体出入口之间形成一个温湿走廊，气体经过时带走水蒸气，达到湿化目的。

加热型湿化器是通过调节加热温度来改变绝对湿度，这种湿化方法的优点是患者吸入比较舒适，能保持体温，缺点是其罐的顺应性大且随液面变化而改变，尤其是采用在罐内直接加热的加热型湿化器。

目前加热湿化有两种伺服形式:单伺服式加热和双伺服式加热。前者只用一个加热元件在容器中加热,后者不但在容器中加热,而且在患者吸入管道中也放置加热丝加热,利用容器和管道间的温差来控制加热丝。双伺服式加热改进了单伺服式加热容易在管道中凝水的缺点,虽然不增加相对湿度,但因其减少凝水而使到达患者的绝对湿度提高了。

众所周知,热力学中饱和度是随温度升高而升高的。绝对湿度是指气体中含水蒸气的多少,温度越高,绝对湿度越大;而相对湿度是指水蒸气相对达到饱和的程度。换言之,当温度升高时,容器中蒸发的水蒸气增多,即绝对湿度就增加,但由于饱和度提高,相对湿度却不一定能增加到接近饱和的程度。所以,在使用双伺服湿化器时必须注意,不要将加热丝的温度设置得过高,以免降低相对湿度。Willians 等人研究表明,只有相对湿度而不是绝对湿度对患者起作用。假如出现管道温度比容器温度过高的情况,那么气体到达管道后再次被加热,绝对湿度不变,而相对湿度却由于饱和度升高而降低。为了达到饱和度,气体就会从患者的气道中吸取水分,如果长时间使用会严重影响机械通气的效果。通常加热型湿化器的温度应设置在 32 ℃～36 ℃之间,以便使吸入的气体接近于体温,相对湿度保持在 95％以上,绝对湿度≥30 mg/L,即患者吸入的每升气体应含有超过 30 mg 的水蒸气。

（3）雾化湿化

雾化湿化是用超声晶体振动产生很细的水雾,常用的加湿器就是这种原理,这种加湿器出来的水气温度接近室温,因而不能在呼吸机上长期使用,否则可能会降低患者的体温。这种型式的加湿器效果好,但价格比较贵。

（4）热湿交换器（HME）

热湿交换器亦称人工鼻,仿生骆驼鼻子制作而成,其内部有化学吸附剂,当患者呼出气体时能留住水分和热量,吸入时则可以对吸入气体进行湿化和温化。热湿交换器集中了以上几种湿化器的优点,能保持体温,顺应性小,使用方便简单,且为一次性用品,没有滋生细菌的危险和清洗消毒所带来的麻烦,但使用时存在一定的呼气阻力,使用时间短,需要定时更换。对于有传染倾向的患者使用更显现其优越性。

**3. 供气系统**

供气系统由气源、医用气体低压软管组件和主机内的空-氧混合装置组成,作用是将中心管道供气系统的气源或经减压后的贮气瓶气源通过医用气体低压软管组件与呼吸机连接起来,把气体输送给呼吸机,保证呼吸机能正常工作。例如:气动型呼吸机正常工作时需要外部提供一定压力的气源给呼吸机内的伺服系统和空气-氧气混合装置提供机械通气所需的气体,并精确控制所供气体的吸入氧浓度（$FiO_2$）。电动型呼吸机则也需要氧气用来控制输出的吸入氧浓度（$FiO_2$）。

**4. 呼吸管路、机架和机械臂**

呼吸管路是指在呼吸机和患者之间传送气体的软管系统,主要包括软管、集水杯、接头等。呼吸管路可分为吸气段、呼气段、连接两段的"Y"型接头。吸气段包括从呼吸机给患者送气的出口和"Y"型接头之间的患者回路的所有元部件,这些元部件是:软管（用与主动式湿化器相连）,连接至雾化器的软管（如果有此选配件）,雾化器,连接至集水杯的软管（如果使用主动式湿化器）,集水杯,连接至"Y"型接头的软管。呼气段包括从连接 Y 型接头至呼吸机的呼气阀接口。这些元部件是:连接至集水杯的软管,集水杯,连接至呼吸机的呼气阀接口的软管,呼气阀。

"Y"型接头是一个用来连接吸气段和呼气段以及连接患者的单独部件,它的患者接口端是一个 22 mm 外径,15 mm 内径的同轴锥形接口,可与面罩或气管插管相连接。也可连接二氧化碳传感器或近端流量传感器。

机架的主要作用是支撑呼吸机以及移动呼吸机,机械臂的主要作用是悬挂及固定呼吸管路的使用位置,避免使用中呼吸管路产生滑脱等意外事故发生。图 3-11 为呼吸管路连接示意图。

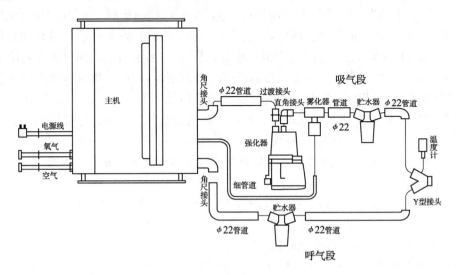

图 3-11  呼吸管路连接示意图

### 5. 其他

呼吸机使用过程中还需要其他一些设备的辅助。支持呼吸机临床应用的辅助设备有血气分析仪、心输出量测定仪、肺功能测试仪、电动吸引器或中心负压吸引系统等,其中血气分析仪和负压吸引是必不可少的医疗设备,也是机械通气治疗过程中必不可少的支持设备。

## 3.3  呼吸机的检测

随着医疗技术水平的不断发展,人们对呼吸机重要性认识的进一步提高,使得呼吸机的临床应用得到迅速发展,不仅仅在医疗机构中使用,有的已经进入普通家庭使用。所以加强呼吸机的应用管理和质量控制对提高其安全性和有效性,减少临床风险具有重要意义。呼吸机的检测一般分为安全项目检测和技术性能项目检测。按照 2017 版《医疗器械分类目录》规定,对用于支持、维持生命用的呼吸设备被划分为"08 呼吸、麻醉和急救器械"类,并作为Ⅲ类产品进行管理。非生命支持的家用呼吸支持设备与仅用于治疗阻塞性睡眠呼吸暂停综合症的产品,作为Ⅱ类医疗器械管理。

### 3.3.1  呼吸机安全要求

呼吸机的安全要求分为通用安全要求和专用安全要求,且专用安全要求优先于通用安全要求。

**一、呼吸机通用安全要求**

呼吸机应执行的通用安全标准主要有：

1. GB 9706.1—2007《医用电气设备 第1部分:安全通用要求》;

2. GB 9706.15—2008《医用电气设备 第1-1部分:安全通用要求 并列标准:医用电气系统安全要求》;

3. YY 0505—2012《医用电气设备 第1-2部分:安全通用要求 并列标准:电磁兼容要求和试验》;

4. YY 0709—2009《医用电气设备 第1-8部分:安全通用要求 并列标准:通用要求 医用电气设备和医用电气系统中报警系统的测试和指南》。

下面我们重点介绍专用安全要求。

**二、呼吸机专用安全要求**

目前,我国已经针对不同用途的呼吸机制定了相应的专用安全要求标准,大部分标准已经发布并实施。这样,就为提高呼吸机的安全性提供了必要的技术保障。各专用安全要求是基于 GB 9706.1《医用电气设备 第1部分:安全通用要求》的专用标准,与 GB 9706.1 配套一起使用,标准中的要求比 GB 9706.1 的相关要求更具效力。

**1. 应用于治疗类呼吸机的专用安全要求标准**

GB 9706.28—2006《医用电气设备 第2部分:呼吸机安全专用要求》。

该标准修改采用国际标准 IEC 60601-2-12:2001《医用电气设备 第2部分:呼吸机安全专用要求——治疗呼吸机》。制定目的是规定治疗呼吸机的安全专用要求。

该标准适用于治疗呼吸机的安全。不适用于持续气道正压(CPAP)设备、睡眠呼吸暂停治疗设备、加强呼吸机、麻醉呼吸机、急救呼吸机、高频喷射呼吸机和高频振荡呼吸机,也不包括医院中使用的仅用作增加患者通气量的设备。

该标准的主要安全技术要求在第四小节介绍。

**2. 应用于急救类呼吸机的专用安全要求标准**

(1) YY 0600.3—2007《医用呼吸机 基本安全和主要性能专用要求 第3部分:急救和转运用呼吸机》。该标准修改采用国际标准 ISO 10651-3:1997《医用呼吸机 第3部分:急救和转运用呼吸机的专用要求》。标准规定了在紧急情况下和运送患者时所用的便携式呼吸机的要求,其目的是为保证急救呼吸机的安全性提出特别要求。

急救和转运用便携式呼吸机常被安装在救护车或者其他救援车辆上,但也常用于车辆之外而必须由操作人员或其他人员随身携带的场合。这些设备经常被受过不同程度训练的人员在医院外或家庭使用,也适用于被固定安装在救护车或飞机上。但不适用于人工呼吸器(如人工复苏器)。

该标准的主要安全技术要求有:①设备或设备部件的外部标记;②使用说明书和技术说明书;③机械强度;④电磁兼容性;⑤防火、泄漏、进液、清洗、消毒和灭菌;⑥能源供应中断期间的自主呼吸;⑦监测数据的显示;⑧压力限制、高压报警;⑨传输氧气的浓度;⑩吸气和呼气阻力等。

（2）YY 0600.5—2011《医用呼吸机 基本安全和主要性能专用要求 第5部分：气动急救复苏器》。该标准等同采用国际标准 ISO 10651-5：2006《医用呼吸机 基本安全和主要性能专用要求 第5部分：气动急救复苏器》，规定了气动急救复苏器的基本安全和主要性能的要求。主要是为满足对那些处于呼吸衰竭，特别是心跳停止时生命垂危患者进行现场心肺复苏的救护，直至患者得到专业医疗救护，从而获得最有效的救护的目的。

标准规定了要达到安全所要求的标准指标。不适用电动气动复苏器。

该标准的主要安全技术要求有：①结构材料和物质滤出；②意外调节的防护；③呕吐物污染后的患者阀功能；④机械振动；⑤防溅、浸水、尺寸、质量；⑥输送氧浓度；⑦自主呼吸阻抗；⑧输送容量（$V_{del}$）、高压报警；⑨正常使用下的压力限制和单一故障条件下的压力限制；⑩按需阀等。

**3. 应用于家用类呼吸机的专用安全要求标准**

（1）YY 0600.1—2007《医用呼吸机 基本安全和主要性能专用要求 第1部分：家用呼吸支持设备》。该标准修改采用国际标准 ISO 10651-6：2004《医用呼吸机 基本安全和主要性能专用要求 第6部分：家用呼吸支持设备》，标准规定了家用呼吸支持设备的基本安全和主要性能的要求。

这类设备主要用在家庭护理，也可用在其他地方（如医疗保健部门）或其他场所，使用的患者不依赖或不完全依赖该呼吸机的支持，因此，此类呼吸机不认为是生命支持设备。

该标准的主要安全技术要求有：①设备或设备部件的外部标记；②使用说明书和技术说明书；③高压氧兼容性；④供电电源的中断；⑤危险输出的防止和连接；⑥储气囊和呼吸管道等。

（2）YY 0600.2—2007《医用呼吸机 基本安全和主要性能专用要求 第2部分：依赖呼吸机患者使用家用呼吸机》。该标准修改采用国际标准 ISO 10651-2：2004《医用呼吸机 基本安全和主要性能专用要求 第2部分：依赖呼吸机患者使用家用呼吸机》，标准规定了依赖呼吸机患者使用的家用呼吸机的要求。

这类设备主要用在家庭护理，也可用在其他地方（如医疗保健部门）或其他场所，使用的患者依赖该呼吸机的支持，因此，此类呼吸机被认为是生命支持设备。

该标准不适用于"铁甲"和"铁肺"通气机，也不适用于仅用来增加自主呼吸患者通气的呼吸机。

该标准的主要安全技术要求有：①设备或设备部件的外部标记；②使用说明书和技术说明书；③内部电源和附加外部备用电源；④机电源故障期间的自主呼吸；⑤可调呼吸机通气系统压力限制；⑥最大呼吸通气系统压力限制；⑦气道压力的测量；⑧高吸气压力报警状态、通气不足报警状态；⑨呼气监测；⑩氧气监护仪和报警条件等。

（3）YY 0671.1—2007《睡眠呼吸暂停治疗 第1部分：睡眠呼吸暂停治疗设备》。该标准修改采用国际标准 ISO 17510-1：2002《睡眠呼吸暂停治疗 第1部分：睡眠呼吸暂停治疗设备》，标准规定了适用于家庭和医疗保健部门的睡眠呼吸暂停治疗设备的专用要求。

该标准不适用 GB 9706.28 标准所涉及的各种设备，未考虑高频喷射呼吸机和高频振荡呼吸机。

该标准的主要安全技术要求有：①设备或设备部件的外部标记；②使用说明书和技术说明书；③防火、液体泼洒、清洗、消毒和灭菌；④最大压力限制；⑤物质滤除；⑥二氧化碳重复吸入保护；⑦工作数据的准确性；⑧危险输出的防止等。

**4. 应用于麻醉呼吸机的专用安全要求标准**

YY 0635.4—2009《吸入式麻醉系统 第 5 部分：麻醉呼吸机》。该标准修改采用国际标准 ISO 8835-5：2004《吸入式麻醉系统 第 5 部分：麻醉呼吸机》，标准规定了麻醉呼吸机基本性能的专用要求。该标准不适用于与易燃麻醉类设备一起使用的麻醉呼吸机。

该标准的主要安全技术要求有：①设备或设备部件的外部标记；②使用说明书和技术说明书；③供电电源的中断；④操作者可调压力限制；⑤操作者可调压力报警等。

**5. 应用于高频类呼吸机的专用安全要求标准**

YY 0042—2007《高频喷射呼吸机》。该标准规定了高频喷射呼吸机的必备功能和可选功能。标准适用于呼气和吸气均呈开放状态的医用高频喷射呼吸机，该设备适用于呼吸支持、呼吸治疗及急救复苏的患者，在医护人员监控下使用。

该标准的主要安全技术要求有：①呼吸频率；②吸呼相时间比；③潮气量；④每分钟最大通气量；⑤氧浓度和耗氧量；⑥报警；⑦CPAP 可调范围和 PEEP 可调范围；⑧显示值的精度；⑨湿化速率；⑩报警参数和静音等。

### 三、呼吸机重要部件安全技术要求

一台呼吸机中含有多个重要部件，每个重要部件都具有一定的功能模式，针对这些重要部件也已制定并发布实施相应的专用安全标准，主要标准如下：

**1. YY 0461—2003《麻醉机和呼吸机用呼吸管路》**

该标准等同采用 ISO 5367：2000《麻醉机和呼吸机用呼吸管路》，规定了抗静电和非抗静电呼吸管路和长度可以截取的呼吸管路的基本要求。这些管路用于与麻醉机、呼吸机、湿化器、喷雾器等配套使用。还适用于呼吸管路与 Y 形件装配后供应或散件供应用前按制造商提供使用说明书组装的呼吸管路。不适用具有特殊顺应性要求的呼吸机用管路。

该标准的主要安全技术要求有：①气流阻力；②泄漏；③弯曲气流阻力增加；④顺应性；⑤连接方式；⑥标志；⑦制造商应提供的信息等。

**2. YY 0601—2009《医用电气设备 呼吸气体监护仪的基本安全和主要性能专用要求》**

该标准等同采用 ISO 21647：2004《医用电气设备：呼吸气体监护仪的基本安全和主要性能专用要求》，是基于 GB 9706.1《医用电气设备 第 1 部分：安全通用要求》的专用标准，与 GB 9706.1 配套一起使用。标准规定了预期连续运行，并应用于患者的呼吸气体监护仪（RGM）的基本安全和主要性能的专用要求，标准中的要求比 GB 9706.1 的相关要求更具效力。

标准中规定的呼吸气体监护是指麻醉气体监测、二氧化碳监测和氧气监测，不适用于预期与可燃性麻醉剂一起使用的呼吸气体监护仪。而且，ISO 21647：2004《医用电气设备：呼吸气体监护仪的基本安全和主要性能专用要求》标准已替代了 ISO 7767：1997《监控患者呼吸混合气体的氧监护仪 安全要求》、ISO 9918：1993《人用二氧化碳测定仪 要求》和 ISO 11196：1995《麻醉气体监护仪》三份标准。

该标准的主要安全技术要求有:①外部标记;②说明书;③测量准确性;④测量准确性的漂移;⑤系统响应时间;⑥针对混合气体的气体读数的测量准确性;⑦电源及电源故障报警条件等。

**3. YY 1040.1—2003《麻醉和呼吸设备 圆锥接通 第 1 部分:锥头与锥套》**

该标准等同采用 ISO 5356-1:1996《麻醉和呼吸设备 圆锥接头 第 1 部分:锥头和锥套》,规定了用于连接麻醉与呼吸设备的锥头与锥套的尺寸与测量要求。

该标准主要考虑到在临床上,可能需要将麻醉与呼吸设备中所用的多个连接接口连接成适当的呼吸系统,其他医疗设备,如湿化器或肺活量计等,也经常连接到呼吸系统中来。呼吸系统还可以连接到麻醉气体传输和净化系统,这些设备之间经常适用锥头和锥套来实现连接的,如果这些连接缺乏标准化,不同生产厂家的设备互相连接时就会带来互换方面的问题,因此,标准对麻醉与呼吸设备中所用的圆锥接头的特殊要求和尺寸作出了明确规定。

**4. YY/T 0799—2010《医用气体低压软管组件》**

该标准修改采用国际标准 ISO 5359:2008(E)《医用气体低压软管组件》,规定了用于医用气体的低压软管组件的要求,规定了对于医用气体的不可互换的螺纹(NIST)接头、直径限位的安全系统(DISS)接头和管接头限位系统(SIS)接头的配置要求,并规定了不可互换的螺纹(NIST)接头的尺寸。其目的主要是确保气体专用性,防止不同气体传输系统间的交叉连接。这些软管组件预期用于最大工作压力小于 1 400 kPa 的地方,但未规定软管组件的预期用途。

标准的制定是因为需要有一个安全的方法将医疗设备连接至一个固定的医用气体管路系统或其他医用气体供应系统,使其满足输送不同气体、或不同压力下同种气体的软管组件不得互换的要求。

该标准的主要安全技术要求有:①材料的适用性;②软管内部尺寸;③机械强度;④压力变形;⑤抗阻塞;⑥粘接强度;⑦挠性;⑧气体专用性;⑨NIST 接头、DISS 接头和 SIS 接头的设计;⑩泄漏;⑪压降;⑫清洁度;⑬标志;⑭颜色标识;⑮颜色标识。

### 3.3.2 呼吸机的检测

呼吸机的检测一般分为安全项目检测和技术性能项目检测。下面介绍常用检测项目和试验方法。

**一、呼吸机安全项目要求的检测**

以 GB9706.28 标准作为样板介绍如何开展检测,该标准是我国第一部针对治疗呼吸机的系统性安全专用要求,它的重点表现在如下两方面:

**1. 外部标记方面强调必须包括的内容**

(1) 所有的高压气体输入口上都必须标有符合 GB 7144 规定的气体名称或气体符号、必须标有供压范围和额定最大流量要求。

(2) 如果有操作者可触及的接口,接口上必须有规定的标记。

(3) 一次性使用的呼吸机附件的包装物上和可重复使用的呼吸附件的包装物上必须清楚地标明规定的内容。

（4）所有对气流方向敏感的元件，如果操作者不需使用任何工具就可以将其移动，在元件上必须标有清楚易认的和永久贴牢的箭头指示气流方向。

检测方法：按照标准要求，根据说明书相关内容进行对照核查机器上的标记是否符合规定要求。

**2. 使用说明书方面强调必须包括的内容**

（1）不应使用抗静电或导电软管的意义的陈述。

（2）制造厂必须对内部和/或外部储备电源注明有关电压、电流和测试储备电源的方法等相应的数据。如果呼吸机有一个储备电源，必须描述转换到储备电源后呼吸机的功能。

（3）提供给高压气体输入口的气体中是否使用新鲜气体的声明。如果呼吸机以一种（或几种）高压气体运作，必须声明供气压力和流量范围。

（4）呼吸机的用途。指定的每种报警条件下测试报警系统功能的方法。如果报警的界限是自动设定的，必须提供报警界限值的计算方法或报警界限的默认值。

（5）声明在呼吸机使用时，通常情况下应使用的可供选择的通气方式。

（6）如果接口不是圆锥形的，必须在使用说明书中注明，或做出相应的标记。

（7）确保呼吸机正确安装，以及安全并正确运作的必要的指示和操作细节。呼吸机不应被覆盖或不应放置在影响呼吸机操作和性能的位置的警示。

（8）有关维护操作的特征和频次，这些维护操作是确保持续安全并正确运作应具有的。

（9）对于呼吸机上提供的每个控制和测量变量，列出应用范围、分辨率和精度。

（11）在使用推荐的呼吸系统和由于断电或部分失电而危及正常通气量时，在下列气流量下，患者连接口处测得的呼气和吸气的压力下降值：对于呼吸机提供的潮气量大于 300 ml 的，流量为 60 L/min；对于潮气量在 300 ml 和 30 ml 之间的，流量为 30 L/min；对于潮气量小于 30 ml 的，流量为 5 L/min。

（12）在呼吸机的呼吸系统上增加附件或其他元件或组件时，测得呼吸机呼吸系统相对于患者接口处的压力梯度可能增加，其影响应加以说明。

检测方法：按照标准要求，根据使用说明书相关内容进行对照检查是否符合规定要求。

**3. 技术说明书强调的内容**

必须提供为安全运行必不可少的所有数据，包括说明所有测出的或被显示的流量、体积或通气量的环境；保持呼吸机安全操作所必需的每个呼吸机报警条件的监测原理，它们的优先级别，以及特定优先级的计算法则；呼吸机的气动图；呼吸机呼吸系统中元件的安装顺序的限制等。

检测方法：按照标准要求，根据技术说明书相关内容进行对照检查是否符合规定要求。

**4. 气源动力要求**

环境条件增加了气动动力供应要求，呼吸机的压力范围必须在 280～600 kPa 之间，且当进气口的压力大于 1 000 kPa 时不应引起任何危害。

检测方法：根据说明书要求连接气源，按照标准要求调节输入气源在 280～600 kPa 之间后，操作呼吸机检查呼吸机是否能正常工作，当进输入气源压力大于 1 000 kPa 时是否会引起任何危害。

### 5. 工作数据的准确性方面增加的要求

工作数据的准确性方面增加了报警系统的要求,包括报警类型、报警系统构造和报警设置等。

检测方法:按说明书相关内容操作呼吸机,模拟各种报警的情况来检验是否符合要求。

### 6. 为防止不正确的输出而标准增加的条款

(1) 如空氧混合系统中缺失一种气体,呼吸机必须自动转换至剩余气体,并且维持正常使用。同时,必须伴随着一个至少为低级报警的信号。

(2) 误调节控制器有可能会产生危险输出,必须提供相应的防护措施。

(3) 必须提供防止在正常使用和单一故障状态下患者连接口处的压力超过 125 hPa (125 cmH$_2$O)的方法。

(4) 必须指明患者连接口的呼吸压力。并提供防止呼吸系统的压力超过可调节的限定值的方法。如果压力达到预先设定的限定值,呼吸机必须启动高级报警信号。

(5) 对用于传输潮气量高于 100 ml 的呼吸机,必须提供一种用于测定呼出潮气量和分钟通气量的测定装置,必须提供当被监控的潮气量低于报警限定值时启动低通气量报警条件的装置。

(6) 必须提供当 VBS 的压力超过持续压力限定值时启动高级报警信号的方法。VBS 的泄漏量:在呼吸机提供的潮气量大于 300 ml 时,50 hPa 的压力下不应超过 200 ml/min;潮气量介于 30 ml 至 300 ml 之间时,40 hPa 的压力下不应超过 100 ml/min;潮气量小于 30 ml 时,20 hPa 的压力下不应超过 50 ml/min。

(7) 对连接的结构要求,规定了各种接头和接口的形状、尺寸以及泄漏量。

(8) 电动呼吸机的网电源软电线必须是不可拆卸的或必须防止由于意外从呼吸机上脱落。

(9) 呼吸机如提供单个辅助网电源输出插座或一组辅助网电源输出插座,必须配有独立的符合 GB 9706.1 中的 57.6 的熔断器或过电流释放器。

检测方法:按说明书相关内容操作呼吸机,来检验是否符合要求。其中有定量要求的需参照相应的技术性能项目检测方法进行试验。

### 7. 对呼吸机的专用结构所做的规定

(1) 呼吸机呼吸系统中使用的储气囊必须符合 ISO 5362 的规定、呼吸管道必须符合 YY 0461 的规定。

(2) 呼吸机内置的或者是推荐与呼吸机一起使用的任何湿化器或热湿交换器,都必须分别符合 YY 0786 或 YY/T 0735 的规定。

(3) 呼吸机内置的或者是推荐与呼吸机一起使用的任何血氧饱和仪和二氧化碳监护仪,都必须符合 ISO 9919 和 YY 0601 的规定。

(4) 呼吸机必须配有一个氧气监护仪,用于测量吸入的氧气浓度,氧气监护仪必须符合 YY 0601 的规定,此外,必须提供一个高级报警限定。高级报警限定必须至少为符合条款 50.101 规定的中级优先级的报警。

(5) 任何本标准中没有提及的呼吸机内置监护设备都必须符合相关的专用标准。

(6) 呼吸机内置的或者是推荐与呼吸机一起使用的任何气体混合系统都必须符合 ISO 11195 的相关规定。

检测方法:若呼吸机配有此类部件,需按照相关部件标准实施检验,确认是否符合要求。

**二、呼吸机常用技术性能项目要求的检测**

对于呼吸机而言,满足安全要求仅仅是说明在正常使用过程中不会出现严重危害患者生命危险的情况,但并不能保证其实现的技术性能的满足程度,因此,加强呼吸机的技术性能质量控制与考核对提高其使用安全性和有效率、提高临床救治的成功率,减少临床风险具有重要意义。下面介绍呼吸机的常用技术性能要求及试验方法,每种呼吸机的参数设置范围和允差是各不相同的,但检测的方法是基本一致的。

**1. 通气频率(呼吸频率)测试**

指呼吸机每分钟以控制、辅助方式向患者送气的次数,单位为次/min。测试时按图 3-12 连接呼吸机与测试设备,按说明书要求操作呼吸机,在"呼吸频率"规定调节范围内分别选取几个设置值,分别绘出呼吸波形,读取呼吸周期 $T$,用式(3-1)计算出呼吸频率。应符合技术要求中"呼吸频率"的规定。

$$F = \frac{60}{T} \tag{3-1}$$

式中　$F$——呼吸频率,次/min;

　　　$T$——呼吸周期,s。

呼吸机 —— 标准模拟肺 —— 压力传感器 —— 存贮示波器

图 3-12　呼吸频率、吸气时间、呼吸相时间比测试

**2. 吸气时间测试**

指呼吸机在每次呼吸周期 $T$ 中吸气所花费的时间,单位为秒(s)。测试时按图 3-12 连接呼吸机与测试设备,按说明书要求操作呼吸机,在"吸气时间"规定调节范围内分别选取几个设置值,绘出呼吸波形,读取吸气时间,应符合技术要求中"吸气时间"的规定。

**3. 呼吸相时间比测试**

指呼吸机在每次呼吸周期中吸气时间与呼气时间的比值,测试时按图 3-12 连接呼吸机与测试设备,按说明书要求操作呼吸机,在"呼吸相时间比"规定调节范围内分别选取几个设置值,分别绘出呼吸波形,读取吸气时间和呼气时间,用式(3-2)计算出呼吸相时间比。应符合技术要求中"呼吸相时间比"的规定。

$$吸:呼 = \frac{吸气时间}{呼气时间} \tag{3-2}$$

**4. 潮气量测试**

指每次传送的混合气体的体积,称为潮气量,单位为毫升或升(ml 或 L)。测试时按图 3-13连接呼吸机与测试设备,按说明书要求操作呼吸机,在"潮气量"规定调节范围内分别选取几个设置值,读取压力表的读数 $P$,用式(3-3)计算出潮气量,应符合技术要求中"潮气

量"的规定。

$$潮气量 = CP \qquad (3-3)$$

式中　$C$——模拟肺实际顺应性，ml/kPa；

　　　$P$——压力表的读数，kPa。

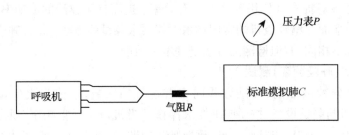

图 3-13　潮气量测试

### 5. 分钟通气量测试

指每分钟传送的混合气体的体积，称为分钟通气量，单位为升/分钟（L/min）。测试时按图 3-14 连接呼吸机与测试设备，按说明书要求操作呼吸机，在"每分钟通气量"规定调节范围内分别选取几个设置值，读取压力表的读数 $P$，并测试出呼吸频率 $F$，用式(3-4)计算出每分钟通气量，应符合技术要求中"每分钟通气量"的规定。

$$每分钟通气量 = CPF \qquad (3-4)$$

式中　$C$——模拟肺实际顺应性，ml/kPa；

　　　$P$——压力表的读数，kPa；

　　　$F$——呼吸频率，次/min。

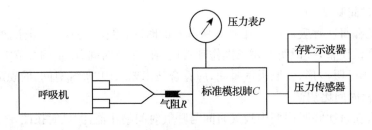

图 3-14　分钟通气量测试

### 6. 气道压力测量

指呼吸机运行过程中在呼吸通道内所产生的压力，气道压力包括峰压（$P_{peak}$）、坪台压（$P_{plateau}$）、呼气末正压（PEEP）等，单位为 kPa。测试时按图 3-15 连接呼吸机与测试设备，按说明书要求操作呼吸机，在所控制的气道压力调节范围内分别选取几个设置值，用压力描绘仪记录压力波形，从压力波形上读取相应的压力数值，应符合技术要求中相关气道压力的规定。

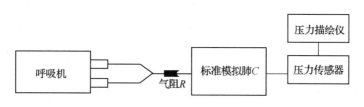

图 3-15　气道压力测试

### 7. 吸入氧浓度测试

指呼吸机每次传送给患者的混合气体中氧气所占的体积百分比浓度，称为吸入氧浓度（$FiO_2$）。测试时按图 3-16 连接呼吸机与测试设备，按说明书要求操作呼吸机，在"吸入氧浓度"规定调节范围内分别选取几个设置值，读取测氧仪的读数，应符合技术要求中"吸入氧浓度"的规定。

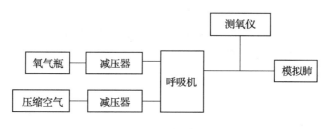

图 3-16　吸入氧浓度测试

### 8. 吸气触发压力（同步灵敏度）

指呼吸机在接收到患者发出的吸气触发压力信号后，执行同步呼吸功能的能力。测试时按图 3-17 连接呼吸机与测试设备，按说明书要求操作呼吸机，在"吸气触发压力"规定调节范围内分别选取几个设置值，缓慢抽或推标准计量容器，使呼吸机刚好触发，读取压力表的读数，应符合技术要求中"吸气触发压力"的规定。

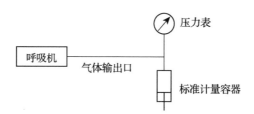

图 3-17　吸气触发压力测试

以上是几种最常规的试验方法和测试连接，其他诸如：潮气量监测与报警、分钟通气量监测与报警、气道压力监测与报警、吸气时间监测等检测连接基本都是以此为雏形的。

## 3.4　呼吸机的审评

根据《医疗器械监督管理条例》规定，国家对医疗器械实行产品生产注册制度。医疗器械注册是指依照法定程序,对拟上市销售、使用的医疗器械的安全性、有效性进行系统评价,以决定是否同意其销售、使用的过程。按照2017版《医疗器械分类目录》规定,对用于支持、维持生命用的呼吸设备被划分为"08呼吸、麻醉和急救器械"类,并作为Ⅲ类产品进行管理,由国家食品药品监督管理局审查,批准后发给医疗器械注册证书。

在注册审评过程中技术审评是关键所在,因此,技术审评时应重点关注如下几个方面:

1. 产品的名称、适用范围、组成、性能指标及禁忌症。

2. 详细说明产品的基本原理、组成结构、控制软件、基本功能、特殊功能、电路和气路结构等设计信息的技术文件。

3. 风险管理文档(包括风险管理可接受度准则、风险管理计划、风险管理报告)。

4. 注册产品标准中引用的国家标准、行业标准是否齐全,性能指标是否全面(应与说明书保持一致),试验方法是否合理、可操作、可重复。

5. 注册检验报告中对所有涉及的安全标准内容要充分展开。

6. 对呼吸机软件组件应提交符合YY 0708—2009的资料。

7. 临床试验资料应包括:临床试验协议、临床试验方案、临床试验报告、临床试验统计分析报告、临床试验须知、知情同意书、临床试验原始记录。

8. 医疗器械说明书。

**思考题**

1. 简述呼吸机的主要呼吸模式和含义。

2. 呼吸机的基本工作原理是什么?

3. 简述呼吸机的分类及基本组成。

4. 简述注册产品标准中试验方法的重要性。

5. 简述呼吸机临床试验的重要性。

# 第4章
# 麻 醉 机

## 4.1 概 述

麻醉学是临床医学的一个重要组成部分,麻醉分为全身麻醉和非全身麻醉,全身麻醉又分为吸入全身麻醉和注入全身麻醉。麻醉机是临床手术中实施吸入全身麻醉不可缺少的设备,其功能首先是通过呼吸回路将吸入麻醉药与氧气混合后送入患者的肺泡,形成麻醉药气体分压,弥散到血液后,对中枢神经系统直接发生抑制作用,从而产生全身麻醉的效果,其次是对患者进行供氧及呼吸管理,保证手术顺利实施。吸入全身麻醉具有麻醉浓度易于控制、术后复苏快捷、后遗症少、安全性高的特点。临床应用效果良好。

麻醉机的结构和性能必须安全可靠,其要求提供的氧气及吸入麻醉药浓度应精确、稳定和容易控制,同时保证二氧化碳排放完全,无效腔量小,呼吸阻力低。此外,为防止人为的或机械的故障伤害患者,还需要有可靠的安全控制系统和监护系统。随着科学技术的不断发展,新理论、新方法的不断涌现,麻醉学理论和实践也有了很大的提高,麻醉机的结构和功能也日臻完善。特别是电子计算机技术的应用,更使现代吸入麻醉机的技术水平大大提高。麻醉机的发展已由简单的气路控制设备发展到复杂的以计算机为基础的具有防止缺氧的安全装置和重要的报警系统,具有麻醉药专用的蒸发器,适用于麻醉时呼吸管理的麻醉呼吸机,监测患者生命体征和设备运行参数的监护仪器,符合国际标准的各连接部件及麻醉残气清除系统的现代化机器。

## 4.2 麻醉机的基本工作原理

麻醉机是在麻醉过程中将受到精确控制的氧气和麻醉气体浓度的混合气体流量通过麻醉呼吸回路输送给患者,使患者大脑神经抑制,完全失去知觉,进而实现对患者麻醉,也就是说麻醉机就是利用吸入麻醉方法进行全身麻醉的设备。

现代麻醉机主要包括以下部分:气体供应输送系统、麻醉气体输送装置(也称蒸发器)、麻醉呼吸回路、麻醉呼吸机、安全监测系统及残气清除系统,如图 4-1 所示。

**一、气体供应输送系统**

气体供应输送系统包括气源、压力调节器和流量计。

**1. 气源**

麻醉机正常工作时所需的气源一般是由贮气钢瓶或中心供气系统提供的,输入麻醉机的气源压力范围为 0.28～0.60 MPa,因此,要求气源输入部分的所有零部件及管道连接后其密封性要好,泄漏量不得超过 25 ml/min,特别对于气路管道要求其能满足承受至少二倍于额定工作压力而不破裂。

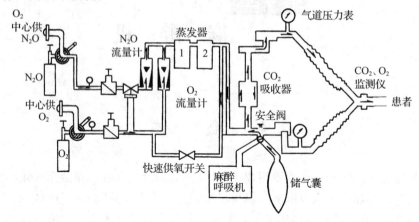

图 4-1　现代麻醉机的结构

气源输入进气口接头部件除了要满足上述性能要求外,为了保证安全,进气口接头必须是只能同种气体专用,而不能互换。所以,一般在产品设计时,通过将接头的形状和连接螺纹设计成不同尺寸、螺纹规格等来加以区分,我国的国家标准规定麻醉机进气口接头采用不可互换的螺纹接头(简称 NIST 接头)。进气口接头是麻醉机气源输入部分中的重要部件,常见的进气口接头都带有单向阀和过滤器,既能防止气体倒流,又能防止大于 100 $\mu m$ 的颗粒杂质进入麻醉机气路系统,这样不仅保护机器各部件不受损伤和污染,又保障了患者安全使用。

**2. 压力调节器**

压力调节器又称减压阀,由于贮气瓶内气体的压力很高,如满瓶氧气的压力一般可达 15 MPa,若直接供给麻醉机,高压气流将不可避免地引起麻醉机的损坏和发生危险。减压阀的作用就是用来降低从贮气瓶内出来的高压气体的压力,使之成为使用安全、不损坏机器、恒定在额定工作压力范围内的低压,作为麻醉机的气源。临床上常用的减压阀

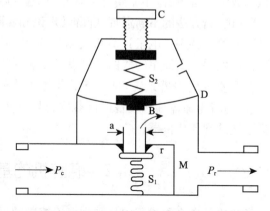

r—中间导柱;$S_1$—中阀弹簧;D—膜片;C—调节钮;
M—二级密闭室($Pr$);B—阀轴;$S_2$—膜片弹簧;
F——级密闭室($Pc$);a—阀座面积

图 4-2　减压阀结构原理图

如图 4-2 所示,压强为 $P_c$ 的高压室内的气体经活门进入低压室,由于容积扩大,压强下降为 $P_r$,气体通过出气口流出,从而使气体压力调节至直接供患者所需的压力。

**3. 流量计**

流量计(Flowmeter)也称流量指示器(Indicator),可精确地测定通过它的气体的每分钟的流量,是麻醉机中的重要部件之一,它的主要功能是向蒸发器或患者输送计量准确的气体流量。

麻醉机上均设有各种气体的流量计,包括 $O_2$、$N_2O$ 和空气流量计,每个流量计都应在 20 ℃的工作温度下和通向 101.3 kPa 环境大气下进行校准。用于麻醉气体输送系统的任何流量计的流量在满刻度的 10% 到 100% 之间时,其刻度的精度应在指示值的 ±10% 之内。

所有流量计的流量刻度都应以升每分钟为单位(L/min)。对于 1 L/min 或以下的流量,可以用毫升每分钟(ml/min)或者用以升每分钟为单位的小数表示(小数点前加零)。此刻度方法对任一麻醉气体用流量计应都是一致的。流量计从结构上可分为进气口可变型及进气口固定型流量计两种。

(1) 进气口可变型流量计  基本结构包括流量控制阀、流量示值管和浮标,根据浮标的结构不同可分为以下几种流量计:

① 转子式流量计:是目前最通用的流量计,为下细上粗带计量刻度的锥形玻璃管,其中置一由轻质金属铝制成的锥形浮子,打开流量控制阀,使气体进入流量管,当气体从下向上经过锥管和浮子形成的环隙时,被浮子节流,在浮子上、下游之间产生差压,当浮子所受上升力大于气体中浮子重量时,浮子便上升,环隙面积随之增大,环隙处流体流速立即下降,浮子上下端压差降低,作用于浮子的上升力亦随着减少,当使浮子上升的力与浮子所受的重力、浮力及黏性力三者的合力相等时,浮子处于平衡位置,浮子便稳定在某一高度。即为气体流量值。因此,流经流量计的流体流量与浮子的上升高度,亦即与流量计的流通面积之间存在着一定的比例关系。如图 4-3 所示。

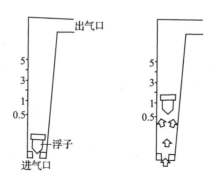

图 4-3  转子流量计气体进入情况

② 浮杆式流量计:如图 4-4(a)所示,将一根由轻质材料制成的浮杆置于下细上粗、呈圆锥形的金属管中,上端伸入刻度玻璃管中,气流通过针栓阀时将浮杆向上托起,与杆顶端平齐的刻度数即为气体流量值。

③ 滑球式流量计:将二个空心金属小球置于一根斜置的下细上粗的刻度玻璃管中,气流自下而上输入,推动小球向上滑行,与二小球之间平齐的刻度数即气体流量值,如图 4-4(b)所示。

(2) 进气口固定型流量计  包括水柱式流量计(湿性流量计)和弹簧指针式流量计两种。

(3) 电子流量计  现代麻醉机的流量计也有采用电子控制,数字显示式流量计。

麻醉机上使用的流量计应符合以下基本要求:

① 在正常状态下,对流向新鲜气体出口处的任何单一气体不应有一种以上的流量控制阀;

② 对于流量控制阀来说逆时针旋转将增加流量,顺时针旋转将减小流量;

③ 流量控制阀阀体或附近必须清晰地标明其所控制的气体名称或符号;

④ 流量管上应标明所用的气体名称或符号；

⑤ 流量调节控制阀的阀杆应被外壳所捆住，不用工具无法使其从外壳中脱离；

⑥ 如果装有一组流量计，氧气（$O_2$）流量计应置于最外端。

为防止麻醉机输出氧浓度气体低，特别是当供氧压力降低到规定值时，目前，常见的方法是在流量计上安装有 $N_2O-O_2$ 联动式安全装置和 $N_2O-O_2$ 自动截断式安全装置，同时，要求加强系统的氧浓度监测，以控制输出气体的氧浓度，防止患者缺氧。

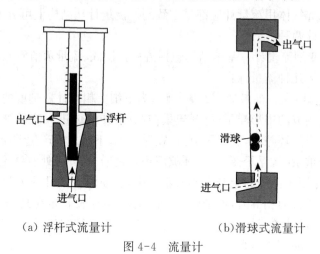

（a）浮杆式流量计　　　　　　　（b）滑球式流量计

图 4-4　流量计

## 二、麻醉气体输送装置

麻醉气体输送装置（也称蒸发器）是麻醉机实施吸入麻醉的重要部件之一，在吸入麻醉中，使用的吸入麻醉药大多数为液态，如安氟醚、异氟醚、七氟醚、地氟醚等，蒸发器的功能是通过将蒸发室内饱和麻醉蒸气与输入蒸发器的载气混合后按一定浓度输送给麻醉呼吸回路的装置。蒸发器的结构必须保证精确地控制麻醉药蒸气浓度，以排除温度、流量、压力变化等因素对蒸发器的影响。目前使用的绝大多数蒸发器的基本工作原理如图 4-5 所示，典型的蒸发器结构如图 4-6 所示。

在一般条件下，盛装液体麻醉药的蒸发室内含有饱和蒸气，在蒸发室的上方空间流过一定量的气体，合理控制阀门，让一小部分气流经过正路调节阀流入蒸发室，携走饱和麻醉药蒸气，这部分气体称为载气（carrier gas）。大部分的新鲜气流则直接经过旁路，这些气体称为稀释气（diluent gas）。稀释气流与载气流在输出口汇合，成为含有一定浓度麻醉蒸气的气流流出蒸发器。其中，稀释气流与载气流之比称为分流比（splitting ratio）。

蒸发器输出浓度与气体流速、气体与液面的距离及接触面的大小、时间长短、液面温度等有关。假设蒸发室内的饱和麻醉蒸气分布均衡，则麻醉蒸气浓度输出稳定。

由此可得：

$$蒸发室内麻醉药蒸气浓度 \% = \frac{P_a}{P_b} \times 100\% \tag{4-1}$$

式中　$P_a$ 为麻醉药饱和蒸气压；$P_b$ 为大气压。

根据道尔顿定律，式（4-1）可改为：

$$\text{蒸气浓度}\% = \frac{V_a}{V_a + V_c} \times 100\% \tag{4-2}$$

式中　$V_a$ 为麻醉药蒸气容积；$V_c$ 为载气容积。

蒸发器是通过旁路气体对上述气体浓度进行稀释。因此，蒸发器输出口的麻醉药浓度为：

$$\text{输出浓度}\% = \frac{V_a}{V_a + V_b + V_c} \times 100\% \tag{4-3}$$

式中　$V_b$ 为经过旁路的稀释气流容积。从式(4-1)与式(4-2)中解出 $V_a$ 并将其代入式(4-3)即可解得：

$$\text{输出浓度}\% = \frac{V_c \times P_a}{V_b \times (P_b - P_a) + V_c \times P_b} \times 100\% \tag{4-4}$$

根据式(4-4)，一台输出浓度可调且稳定的理想蒸发器，必须是：①蒸发室内的饱和蒸气压 $P_a$ 是恒定的。由于饱和蒸气压与温度密切相关，因此要求温度稳定，要考虑热力学补偿。②载气 $V_c$ 与稀释气流 $V_b$ 的分流比是精确的。目前，常用的蒸发器均在内部配备精密的流量控制阀。通过调节浓度控制转盘，可同时精确地调整两路气流，并采用热补偿等机构来自动提高输出精度。

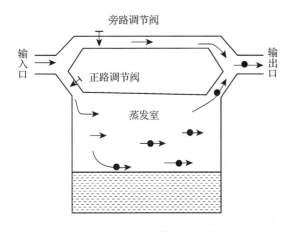

图 4-5　麻醉蒸发器工作原理图

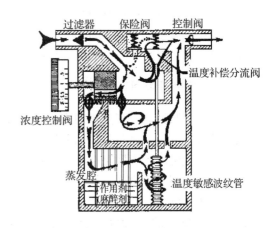

图 4-6　典型蒸发器结构图

应该注意影响蒸发器输出浓度的几种因素：

**1. 大气压的影响**

大气压高则蒸发器输出浓度降低。反之，大气压低输出浓度升高。如在 1 个大气压下时输出 3% 麻醉药浓度，而在 3 个大气压的高压氧舱内只输出 1% 麻醉药浓度。因此，在大气压变化时，为确保麻醉的安全，需要知道单位容积内含有的麻醉药的重量，使进入肺泡的麻醉药分子数能保持不变。

**2. 流量的影响**

在流经蒸发器的流量极低或极高时，蒸发器的输出浓度可能会发生一定程度地降低。可变旁路型蒸发器在流量低于 250 ml/min 时，因挥发性麻醉药蒸气的比重较大，进入蒸发室的气流压力较低，不足以向上推动麻醉药蒸汽，使输出浓度低于调节盘的刻度值。相反，当流量高于 15 L/min 时，蒸发室内麻醉药的饱和及混合不能完全，而使输出浓度低于调节盘的刻度值。此外,在较高流量时,旁路室与蒸发室的阻力特性可能发生改变,导致输出浓度下降。

**3. 温度的影响**

环境温度的变化可直接影响蒸发作用。除室温外,麻醉药在蒸发过程中消耗热能使液温下降是影响蒸发器输出浓度的主要原因。现代蒸发器除了采用大块青铜作为热源外,一般采取自动调节载气与稀释气流的配比关系的温度补偿方式。如采用双金属片或膨胀性材料,当蒸发室温度下降时,旁路的阻力增加,而蒸发室的阻力减少,使流经蒸发室的气流增加,从而保持输出浓度的恒定。一般温度在 20 ℃～35 ℃之间可保持输出浓度恒定。

**4. 逆压的影响**

麻醉机在使用间歇正压通气和快速充氧阶段可使蒸发器受到逆压,干扰和破坏了蒸发器的载气和稀释两路气流原有的正常配比,表现为蒸发器的输出浓度高于刻度数值,称为"泵吸作用"。泵吸作用在低流量、低浓度设定及蒸发室内液体麻醉药较少时更加明显。此外,呼吸机频率越快、吸气相峰压越高或呼气相压力下降越快时,泵吸作用越明显。为了消除此现象,可通过在设计时采取下列方法:①缩小蒸发室内药液上方的空间,尽可能增大旁路通道;②延长载气进入蒸发室的通道,即把螺旋盘卷的长管接到蒸发器的入口处,使增加的气体所造成的压力影响在螺旋管中得以缓冲;③在蒸发器的输出口处安装一个低压的单向阀(阻控阀),以减少逆压对蒸发器的影响。

现代麻醉机上大多都能安装 2～3 种不同麻醉药物的专用蒸发器,一般以串联形式相联,使用十分方便,为防止同时开启两种蒸发器,在蒸发器上都装有互锁装置。

**三、麻醉呼吸回路**

麻醉呼吸回路是麻醉机的重要部件之一,它的功能是向患者输送混合气体和运送来自患者的混合气体。麻醉呼吸回路通常分为开放式、半开放式、半紧闭式和紧闭式 4 类。

开放式麻醉呼吸回路在呼气时呼出的气体通向大气,呼吸阻力小,不易产生 $CO_2$ 蓄积,尤其适宜于婴幼儿麻醉。缺点是麻醉药消费多,室内空气污染严重。

紧闭式麻醉呼吸回路中患者的呼气、吸气均在一个紧闭的呼吸回路内进行交换,所以气体较为湿润,麻醉药和气体消耗较小,室内空气污染少,缺点是自主呼吸时阻力较大,$CO_2$ 吸收不全时易引起 $CO_2$ 蓄积。当新鲜气体流量小于每分钟通气量,呼出余气被患者再吸入时,称为半紧闭式麻醉呼吸回路;而当新鲜气体流量大于患者的每分钟通气量,呼出气再吸入量可忽略不计时,则称为半开放式麻醉呼吸回路。目前较为广泛使用的是紧闭式麻醉呼吸回路。

麻醉呼吸回路可分为组合式与集成式,组合式麻醉呼吸回路主要由吸收罐主体、吸入阀、呼出阀、$CO_2$ 吸收罐,过压排气阀、气道压力表、新鲜气体接口、储气囊、转换阀(使用麻醉呼吸机需要)等组成,他们的结构见图 4-7。

从图 4-7 可见整个组合式麻醉呼吸循环回路部分可以在支柱上转动,以改变其位置,旋紧麻醉呼吸回路锁定螺钉使其固定。吸入、呼出阀接口分别接上呼吸回路波纹管,波纹管另一端的循环回路接头处接面罩或插管。管道接口均应采用 ISO 国际标准。麻醉呼吸回路中各部件的作用是:

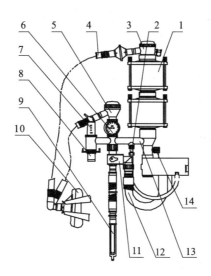

1—$CO_2$ 吸收罐；2—新鲜气体接口；3—吸入阀；4—管道；5—呼出阀；
6—气道压力表；7—过压排气阀；8—排气口；9—储气囊；10—面罩；
11—转换阀；12—通气管；13—吸收罐主体；14—锁紧螺杆

图 4-7　组合式麻醉呼吸回路

1. $CO_2$ 吸收罐是一个专门用来盛放钠石灰的容器，其作用是在实施全麻手术过程中，通过盛放在吸收罐内的钠石灰将患者呼出气中的 $CO_2$ 成分气吸收掉，保证患者吸入的是新鲜气体。

2. 吸入阀、呼出阀是一种单向阀，它们通过单向活瓣使气流作定向流通，从而形成吸入、呼出气流回路。

3. 过压排气阀（APL）是一种压力限制阀，它的作用是调节和限制麻醉呼吸回路部分的气道压力。

4. 气道压力表是用来指示麻醉呼吸回路中气道压力值。

5. 新鲜气体接口由通气管道连接到麻醉机供气部分的新鲜气体出口，新鲜麻醉气体由此供给至麻醉呼吸循环回路。

6. 转换阀是手动通气和机械通气的切换开关。

目前，集成式麻醉呼吸回路的应用已日趋普及，其特点是结构紧凑，如图 4-8 所示。

麻醉呼吸回路部分由集成式呼吸回路部分、连接板 12、气路接口板 13、吸入和呼出流量传感器 4 与 14、氧浓度传感器 5、麻醉呼吸回路管道和附件等组成。

集成式呼吸回路包括集成式回路主板 10、石灰罐座 6、石灰罐部件 8、吸入阀门 22、呼出阀门 19、PEEP 阀 16、可调过压排气阀 18、储气囊转臂 2、储气囊 1、储水器 3 等组成。所有管道接口均采用 ISO 国际标准。

吸入流量传感器 4，从集成式回路主板 10 右下方孔中向上放入，对准通道，顺时针旋紧吸入传感器压紧螺母 24。呼出流量传感器 14，从组合式回路主板 10 左下方孔中向上放入，对准通道，顺时针旋紧呼出传感器压紧螺母 17。吸入接口 25，呼出接口 20，分别接上呼吸回路波纹管，波纹管另一端循环回路接头处接面罩或插管，不接面罩或插管时，可以将循环回路接入患者端内锥孔，插在锥接头 21 上。

1. 吸入阀门 22,呼出阀门 19,通过单向活瓣使气流定向流通,形成吸入、呼出气流回路,其吸入、呼出活瓣罩采用透明材料制成,有利于随时观察患者的呼吸情况。

2. 集成式呼吸回路具备单个大容量旋入式透明石灰罐 8,能随时观察罐中钠石灰的色泽变化。石灰罐的有效容积为 1.6 升。手持石灰罐底部,逆时针旋转石灰罐体,即能卸下,反之顺时针旋转石灰罐体直至旋紧,即能装上,并保证气密性。逆时针旋转网眼隔板 9 上螺母,卸下网眼隔板,能定期清除石灰罐底部的钠石灰粉末。

3. 可调过压排气阀(APL)18 的作用是麻醉呼吸回路在手动控制呼吸状态下,调节和限制呼吸回路的气道压力,通过调节弹簧压力来控制排气压力。

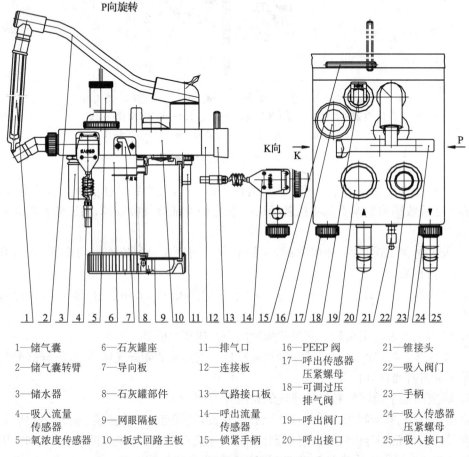

| | | | |
|---|---|---|---|
| 1—储气囊 | 6—石灰罐座 | 11—排气口 | 16—PEEP 阀 | 21—锥接头 |
| 2—储气囊转臂 | 7—导向板 | 12—连接板 | 17—呼出传感器压紧螺母 | 22—吸入阀门 |
| 3—储水器 | 8—石灰罐部件 | 13—气路接口板 | 18—可调过压排气阀 | 23—手柄 |
| 4—吸入流量传感器 | 9—网眼隔板 | 14—呼出流量传感器 | 19—呼出阀门 | 24—吸入传感器压紧螺母 |
| 5—氧浓度传感器 | 10—扳式回路主板 | 15—锁紧手柄 | 20—呼出接口 | 25—吸入接口 |

图 4-8 集成式麻醉呼吸回路

麻醉呼吸循环回路中各零部件的位置一般应满足:

1. 排气阀不得设置在吸气阀和 Y 形管之间。

2. 连接储气囊的接口不得设置在吸气或呼气阀的患者端。

3. 如果新鲜气体输入口是固定在一个吸收器组件上,它不得在呼气阀的患者端。新鲜气体进气口最好位于二氧化碳吸收剂容器和吸气阀之间。

4. 吸气阀和呼气阀的位置不能在 Y 形管中。如果这些阀能从吸收器上卸下来,则接头间的连接方式必须是不可互换,并和 YY 1040.1 或 YY 1040.2 中规定的任何接头都不兼容。

### 四、麻醉呼吸机

麻醉呼吸机是现代麻醉机必配的设备,是实施机械通气的装置,与治疗型呼吸机相比,麻醉呼吸机结构较为简单,在麻醉过程中起着控制通气的作用,用以辅助和控制患者的呼吸,改善患者的氧合与通气,支持循环功能等。而且由于使用时间短,一般都不配备湿化器。多数无同步呼吸性能,需通过转换开关选择手控呼吸和控制通气。

麻醉呼吸机的基本原理:绝大多数较常用的是由气囊(或折叠风箱)内外双环气路进行工作,内环气路、气流与患者气道相通,外环气路、气流主要用于挤压呼吸囊或风箱,将气囊(或风箱内)的新鲜气体压向患者肺泡内,以便进行气体交换,又称驱动气。因其与病人气道不通,可用压缩氧或压缩空气。

麻醉呼吸机多为气动,电控,定时兼定容切换,直立型密闭箱内风箱式呼吸机,用压缩氧气或压缩空气驱动,吸气相时,呼吸机根据设定的通气量的大小,密闭箱内驱动的气体部分压缩或完全压缩风箱,将风箱内的气体挤进患者的肺脏,同时也关闭呼吸器内的减压阀;呼气相时,驱动气体停止进入密闭箱,由麻醉机流量计提供的新鲜气体和部分呼出气体进入风箱,同时减压阀开启,部分呼出气和余气经废气排除系统排出体外。根据风箱在呼气相的升降,可将风箱分为上升式和下降式两种类型。上升式在有呼吸回路漏气或脱开或风箱破裂时可立即发现,所以,现代麻醉机大多采用上升式风箱,以利患者的安全。

麻醉呼吸机的呼吸参数设定包括:潮气量或分钟通气量、呼吸频率、吸呼比值、吸气流速、PEEP、气道压限定等,在进行小儿麻醉时大多数呼吸机需要换成小儿风箱。新型的呼吸机可提供压力控制和容量控制两种呼吸模式,在进行容量控制通气时,呼吸机的流量补偿系统会对新鲜气体流量的变化、较小的呼吸回路系统漏气、肺顺应性的改变等情况进行自动调整,使患者的通气量基本保持不变,应急电源一般可支持停电后麻醉呼吸机工作 30 min 左右。麻醉呼吸机多设有窒息报警,潮气量、分钟通气量、气道压力等上下限报警,气源中断或过低、电源中断报警等。

### 五、安全监测系统

现代麻醉机都有安全监测系统。该系统包括:供氧不足报警、供氧不足时自动笑气截止装置,容量和浓度监测部分和故障报警。监测部分主要对吸入氧浓度、呼出潮气量、气道压力、分钟通气量、呼气末 $CO_2$ 浓度、麻醉气体浓度等参数实施监测。用微电脑处理和显示各项数据,并附有报警系统装置,特别是呼吸、循环、神经、肌肉监测功能都可实现,极大提高了临床使用麻醉质量和患者的安全性,提高手术的成功率。

## 4.3 麻醉机的检测

麻醉机是实施全身吸入麻醉的必备设备,是保障外科手术安全施行的重要保证手段,因此加强麻醉机的应用管理和质量控制对提高其安全性和有效性,减少临床风险具有重大意义。麻醉机的检测一般分为安全项目检测和技术性能项目检测。按照 2017 版《医疗器械分类目录》规定,对用于支持、维持生命用的麻醉设备被划分为"08 呼吸、麻醉和急救器械"类,并作为Ⅲ类产品进行管理。

### 4.3.1　麻醉机安全要求

麻醉机的安全要求分为通用安全要求和专用安全要求,且专用安全要求优先于通用安全要求。

**一、麻醉机通用安全要求**

麻醉机应执行的通用安全标准主要有:

1. GB 9706.1—2007《医用电气设备 第1部分:安全通用要求》;

2. GB 9706.15—2008《医用电气设备 第1-1部分:安全通用要求 并列标准:医用电气系统安全要求》;

3. YY 0505—2012《医用电气设备 第1-2部分:安全通用要求 并列标准:电磁兼容要求和试验》;

4. YY 0709—2009《医用电气设备 第1-8部分:安全通用要求 并列标准:通用要求 医用电气设备和医用电气系统中报警系统的测试和指南》。

**二、麻醉机专用安全要求**

目前,我国已经制定了相应的麻醉机专用安全要求标准,大部分标准已经发布并实施。这样,就为提高麻醉机的安全性提供了必要的技术保障。

**1. GB 9706.29—2006《医用电气设备 第2部分:麻醉系统的安全和基本性能专用要求》**

该专用标准是医用电气设备麻醉系统的安全和基本性能专用要求,其修改采用了国际标准 IEC 60601-2-13:2003《医用电气设备 第2部分:麻醉系统的安全和基本性能专用要求》,目的是为了规定麻醉系统和设计用于麻醉系统的单个装置的安全和基本性能的要求。

该专用标准不适用于:①使用易燃麻醉剂的麻醉系统;②在偏远地区、露天区域用于急救手术的或在灾区使用的便携式麻醉系统;③牙科止痛设备。

该标准的主要安全技术要求在第三小节介绍。

**2. YY 0635.1—2013《吸入式麻醉系统 第1部分:成人麻醉呼吸系统》**

该标准等同采用国际标准 ISO 8835-2:2007《吸入式麻醉系统 第2部分:成人麻醉呼吸系统》,规定了由制造商提供或组装的,或由用户在制造商的指导下装配的,用于成人的吸入式麻醉呼吸系统的专用要求。也包含对循环吸收组件、排气阀、吸气和呼气阀的要求,及在一些设计中组成麻醉工作站的麻醉呼吸系统部件的要求,这些部件包括麻醉呼吸机的呼出气体通道和非操作者可拆卸的麻醉气体净化系统(AGSS)的任何部分。

该标准不覆盖关于呼吸系统消除呼出二氧化碳的性能,因为这是复杂的,取决于与患者的相互作用、新鲜气体流量、二氧化碳吸收剂和呼吸系统本身。

该标准的主要安全技术要求有:①接头与接口、储气囊/呼吸机选择开关;②泄漏;③阻抗;④反向流量和脱耦;⑤压力监测与压力限制;⑥循环吸收呼吸系统中组件的位置;⑦标记;⑧制造商提供的信息等。

**3. YY 0635.2—2009《吸入式麻醉系统 第2部分:麻醉气体净化系统传递和收集系统》**

该标准等同采用国际标准 ISO 8835-3:1997《吸入式麻醉系统 第3部分:麻醉气体净化系统 传递和收集系统》,规定了有源麻醉气体净化系统(有源 AGSS)的传递和收集系统的要求。它不适用于无源麻醉气体净化系统(无源 AGSS)或者近似的气体吸取系统。也规定了收集系统与处理系统结合为一体的麻醉气体净化系统(AGSS)的要求。

该标准未规定用于如气体监护仪的排气口与麻醉气体净化系统(AGSS)的接头;对此类接头的规定正在考虑中。该标准不包括对以下两个部分的要求:①分离的处理系统;②固定处理系统的安装。

该标准的主要安全技术要求有:①压力;②感应流量;③溢出;④压力释放装置;⑤传递系统与收集系统;⑥接头;⑦吸取流量;⑧制造商提供的信息;⑨标记和和识别等。

**4. YY0635.3—2009《吸入式麻醉系统 第 3 部分:麻醉气体输送装置》**

该标准修改采用国际标准 ISO 8835-4:2004《吸入式麻醉系统 第 4 部分麻醉气体输送装置》,规定了对麻醉气体输送装置(AVDD)的基本安全和性能要求。它适用于作为麻醉系统中的一个部件以及用于持续的手术护理的麻醉气体输送装置(AVDD)。标准对麻醉气体输送装置(AVDD)提出了特殊的要求,而它的一般要求则适用于 GB 9706.29—2006。

该标准不适用于附录 CC 中所定义的使用易燃麻醉剂的麻醉系统,以及使用在麻醉呼吸系统中的麻醉气体输送装置(AVDD)(如抽吸蒸发器)。

若本标准的要求代替或修改了 GB 9706.1—2007 中的相应要求,则该要求优先于相应的通用要求。

该标准的主要安全技术要求有:①控制器件和仪表的标记;②使用说明书;③设备用材料的相容性;④传输气体浓度的准确性;⑤快速供氧期间及之后的麻醉气体的输出;⑥连接件;⑦控制器;⑧污染;⑨特定麻醉剂灌充系统;⑩过量灌充等。

**5. YY 0635.4—2009《吸入式麻醉系统 第 4 部分:麻醉呼吸机》**

该标准修改采用国际标准 ISO 8835-5:2004《吸入式麻醉系统 第 5 部分:麻醉呼吸机》,是基于 GB 9706.1《医用电气设备 第 1 部分:安全通用要求》的专用标准,与 GB 9706.1 配套一起使用,标准中的要求优先于 GB 9706.1—2007 中的相关要求。如果在本标准中声明 GB 9706.1—2007 的某条款适用,则是指该条款仅在所提出的要求与所考虑的麻醉呼吸机相关时才适用。

该标准规定了麻醉呼吸机基本性能的专用要求。标准中所指的麻醉呼吸机通常是一台麻醉系统的组件,并且是连续地有操作者介入的。

与易燃麻醉类设备一起使用的麻醉呼吸机,如附录 BB 确定的,在本标准的适用范围之外。

该标准的主要安全技术要求有:①设备或设备部件的外部标记;②使用说明书与技术说明书;③设备用材料的相容性;④清洗、消毒、灭菌;⑤供电电源的中断;⑥操作者可调压力限制;⑦循环故障报警;⑧操作者可调压力报警;⑨气体输入端口与呼吸系统连接端口;⑩从自动通气转换到自主/手动辅助呼吸的控制等。

**6. 麻醉机重要部件安全技术要求**

麻醉机重要部件安全技术要求与呼吸机的基本一致,这里就不再展开,详见本书 3.3.1 小节中"三、呼吸机重要部件安全技术要求"章节的内容介绍。

## 4.3.2 麻醉机的检测

麻醉机的检测一般划分为安全项目检测和技术性能项目检测。下面介绍常用检测项目和试验方法。

### 一、麻醉机安全项目要求的检测

以 GB 9706.29—2006 标准作为样板介绍如何开展检测,该标准是我国第一部针对麻醉机的系统性安全专用要求,它的重点表现在:

**1. 外部标记清楚易认**

除设计上保证防止误接以外,对任何操作者可拆卸的部件或对流动方向敏感的装置应有清晰的箭头指明气流的方向。

(1) 每个操作者可接触到的气体入口和出口处应该标有:

① 气体的名称或符合 GB 7144 气瓶颜色标志的化学符号,如果使用色标,应符合 GB 7144;

② 额定的供气压力范围,以 Pa 为单位。

(2) 发生供电中断时,氧气流量和麻醉气体流量的状态。

(3) 如果操作者可接触到,新鲜气体出口应该作标记。

检测方法:按照标准要求,根据说明书相关内容进行对照检查机器上的外部标记,并参照 GB 9706.1—2007 中标记的耐久性试验要求检验,结果应符合规定要求。

**2. 控制器件和仪表的标记**

(1) 所有钢瓶和管道的压力表指示器应有刻度,以 MPa 为单位,并标有气体名称或符合 GB 7144 的化学符号,如果使用色标,应符合 GB 7144 的要求。

(2) 麻醉气体输送系统的每个流量调节控制器应标明它所控制的气体,并标以如何增加和降低气体流量的指示;若适用,流量指示读数的基准点应有标记;快速供氧控制器上应标有标记。

检测方法:按照标准要求,检查机器上的控制器件和仪表的标记,结果应符合规定要求。

**3. 使用说明书**

(1) 使用说明书应声明,麻醉系统是与以下监护装置、报警系统和保护装置一起使用的,除非它们集成到麻醉气体输送系统中,麻醉气体输送系统的制造商/供应商应提供如何连接这些装置的信息:

——符合 YY 0635.1 的压力测量;

——符合 51.101.1 的压力限制装置;

——符合 51.101.4 的呼出气量监护仪;

——符合 51.101.5 的带报警系统的通气系统;

——符合 YY 0601—2009《医用电气设备 呼吸气体监护仪的基本安全和主要性能专用要求》。

(2) 使用说明书应声明,与麻醉气体输送系统一起使用的任何成人麻醉通气系统应符合 YY 0635.1—2013《吸入式麻醉系统 第 1 部分:成人麻醉呼吸系统》标准。

如果麻醉通气系统没有集成到麻醉气体输送系统中,麻醉气体输送系统的制造厂/供应商应提供如何连接麻醉通气系统的信息。

(3) 使用说明书应声明,与麻醉系统一起使用的麻醉气体净化传输和接收系统应符合 YY 0635.2—2009《吸入式麻醉系统 第 2 部分:麻醉气体净化系统传递和收集系统》标准。

如果麻醉气体净化传输和接收系统没有集成到麻醉气体输送系统中,麻醉气体输送系统的制造厂/供应商应提供如何连接麻醉气体净化传输和接收系统的信息。

（4）使用说明书应声明，与麻醉系统一起使用的麻醉气体输送装置应符合 YY 0635.3—2009《吸入式麻醉系统 第 3 部分:麻醉气体输送装置》标准。

如果麻醉气体输送装置没有集成到麻醉气体输送系统中,麻醉气体输送系统的制造厂/供应商应提供如何连接麻醉气体输送装置的信息。

（5）使用说明书应声明,如果麻醉系统设计配备麻醉气体输送装置,此麻醉气体输送装置将和符合 YY 0601—2009《医用电气设备 呼吸气体监护仪的基本安全和主要性能专用要求》标准的麻醉气体监护仪一起使用。

如果麻醉气体监护仪不是麻醉系统的一整体部分,麻醉系统的的制造厂/供应商应提供如何连接麻醉气体监护的信息。

（6）使用说明书应声明,如果麻醉系统设计配备麻醉呼吸机,此麻醉呼吸机应符合 YY 0635.4—2009《吸入式麻醉系统 第 4 部分:麻醉呼吸机》标准的要求。

如果麻醉呼吸机不是麻醉系统的一整体部分,麻醉系统的制造厂/供应商应提供如何连接麻醉呼吸机的信息。

（7）使用说明书应声明,麻醉系统不得使用易燃的麻醉剂,例如乙醚和环丙烷。只有符合本专用标准附录 DD 中关于非易燃麻醉剂要求的麻醉剂才合适用在麻醉系统中。

（8）使用说明书应包括需测试的报警系统的清单,验证它们正确功能的方法和推荐的验证频次。此清单至少应包括本标准要求的报警系统。

（9）使用说明书应说明电源中断后麻醉系统或单独装置的运行情况;以及当切换到备用电源后麻醉系统或单独装置的运行情况。

检测方法:按照标准要求,根据使用说明书相关内容进行对照检查是否符合规定要求。

**4. 供电电源的中断,标准增加的条款**

（1）应提供防止意外关闭开关的方法。

（2）麻醉气体输送系统应设计成当一旦发生电源供应故障时,气体供应将不受影响或者提供气体输送的切换方式。

一旦电源供应故障(低于制造商规定的最低值),至少为次优先级的报警信号应激活。

（3）当自动转换到备用电源时至少为低优先级的报警信号应激活。

（4）应有测定备用电源状态的方法。

检测方法:按照标准要求,根据使用说明书相关内容实际操作,模拟故障产生,检查是否符合规定要求。

**5. 为防止危险输出,标准增加了对监护装置、报警系统和保护装置的要求条款**

检测方法:按说明书相关内容操作麻醉机,来检验是否符合要求。其中有定量要求的需参照相应的技术性能项目检测方法进行试验,确认是否符合要求。

**6. 标准对麻醉气体输送系统如下部件作了专用的、非常具体的补充条款**

（1）医用供气;

（2）医用气体管道输入口连接;

（3）医用气体管道输入口连接;

（4）医用气体供应压力调节器;

（5）麻醉气体输送系统管道;

（6）气体流量计；

（7）气体混合器；

（8）快速供氧；

（9）新鲜气体出口；

（10）检查清单。

检测方法：按说明书相关内容操作麻醉机，来检验是否符合要求。其中有定量要求的需参照相应的技术性能项目检测方法进行试验。

### 二、麻醉机常用技术性能项目要求的检测

我们知道现代麻醉机的基本结构一般由气体供应输送系统、流量计、蒸发器、麻醉呼吸回路、麻醉呼吸机、安全监测系统及残气清除系统等部分组成。每个部分都有其各自的技术要求，下面我们对各部分的关键技术要求的检测做一介绍。

#### 1. 气体供应输送系统

气体供应输送系统一般包括气源、输气软管部件、气源输入部分组成，输气软管部件是将供气气源与麻醉机的气源输入部分连接后提供气体传输通道的一个部件。而气源输入部分（也称供气部分）是指麻醉机上从气源输入接头直至流量控制阀那个部分。输气软管部件应符合 YY/T 0799—2010 标准的要求，气源输入部分（也称供气部分）的主要技术要求有五个方面：①管道进口接头；②正常工作压力范围；③管道承载能力；④快速供氧能力；⑤泄漏。

（1）管道进口接头检测

麻醉机上的气体管道进口接头必须为同种气体专用，不能互换。GB 9706.29—2006 标准规定管道进口接头应是符合医用气体低压软管组件 YY/T 0799—2010 标准中要求的 NIST 接头。检测时按医用气体低压软管组件 YY/T 0799—2010 标准中表 2 和图 3 规定尺寸实施检验，验证是否符合要求。

（2）正常工作压力范围检测

GB 9706.29—2006 标准规定正常工作压力范围 0.28～0.60 MPa，通过分别输入 0.28 MPa 和 0.60 MPa 的气源时按说明书相关内容实际操作麻醉机来验证其是否能正常工作。

（3）管道承载能力检测

GB 9706.29—2006 标准规定麻醉机在两倍于制造商规定的额定输入压力的单一故障状态下，麻醉系统不应导致安全方面的危险。通过输入两倍制造商规定的额定输入压力值检验是否发生安全方面的危险。

（4）快速供氧能力检测

GB 9706.29—2006 标准规定在正常工作压力范围内允许操作者直接把浓度为 100% 稳定流量在 25 L/min 和 75 L/min 之间的氧气送至新鲜气体出口或麻醉通气系统的入口。通过分别输入 0.28 MPa、额定工作压力和 0.60 MPa 的气源检验是否能输出 100% 稳定流量在 25 L/min 和 75 L/min 之间的氧气。

（5）泄漏检测

GB 9706.29—2006 标准规定管道进口接头至流量控制阀的通气管道，在工作压力下，其泄漏量应不超过 25 ml/min。

检测方法：①按图 4-9 连接测试仪器，关闭麻醉机上所有流量计的流量控制阀；②在气

源输入处输入正常工作压力的气源;③缓慢调节流量调节阀,观察压力表示值,待压力平衡后,记录流量计的示值读数即为实际泄漏量。

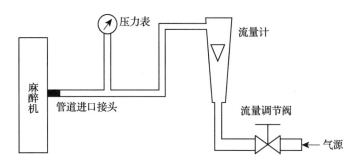

图 4-9　泄漏检测连接图

### 2. 流量计

流量计是麻醉机中的重要部件之一,它的主要功能是向蒸发器或患者输送计量准确的气体流量。现代麻醉机中常用的气体有氧气($O_2$)、氧化亚氮($N_2O$)和空气(Air),而用得较为广泛的是浮标式转子流量计,且每种气体均有各自的流量计控制其输出的流量。图 4-10 是具有氧气和笑气的流量计实物图。流量计的主要技术要求有:①外部标记和操作要求;②泄漏;③输出流量精度;④目前多数流量计还安装有 $N_2O$-$O_2$ 自动配比和 $N_2O$-$O_2$ 自动截断装置。

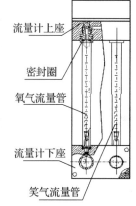

图 4-10　流量计实物图

(1) 外部标记和操作要求检测

GB 9706.29—2006 标准规定:①所有流量计的流量刻度都应以升每分钟为单位。对于 1L/min 或以下的流量,可以用毫升每分钟或者用以升每分钟为单位的小数表示(小数点前加零)。此刻度方法对任一麻醉气体用流量计应都是一致的。②在正常状态下,对流向新鲜气体出口处的任何单一气体不应有一种以上的流量控制阀;对于流量控制阀来说逆时针旋转将增加流量,顺时针旋转将减小流量。③流量控制阀阀体或附近必须清晰地标明其所控制的气体名称或符号。④流量管上应标明所用的气体名称或符号。⑤流量调节控制阀的阀杆应被外壳所捆住,不用工具无法使其从外壳中脱离。如果装有一组流量计,氧气($O_2$)流量计应置于最外端。

检测方法:通过目测和实际操作验证是否符合规定要求。

(2) 泄漏检测

GB 9706.29—2006 标准规定:在 3 kPa 的压力下,流量控制系统和/或气体混合器的出口与新鲜气体出口间,其通向大气的气体泄漏量,应不超过 50 ml/min。

制造商推荐的麻醉气体输送装置在下列情况下应满足本要求:

——打开时,

——闭合时,或

——若是操作者可拆卸的,移走时。

检测方法:①按图 4-11 连接测试仪器,关闭麻醉机上所有流量计的流量控制阀;②在气源输入处输入正常工作压力的气源；③缓慢调节流量调节阀，观察压力表示值，待系统压力稳定在 3 kPa 后，记录流量计的示值读数即为实际泄漏量。

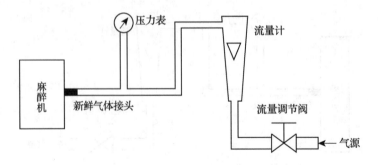

图 4-11　泄漏检测连接图

（3）流量计输出流量精度检测

GB 9706.29—2006 标准规定：每个流量计都应在 20 ℃的工作温度下和通向 101.3 kPa 环境大气下进行校准。用于麻醉气体输送系统的任何流量计的流量在满刻度的 10％到 100％之间时，其刻度的精度应在指示值的 ±10％之内。

检测方法：①按图 4-12 连接测试仪器，关闭麻醉机上所有流量计的流量控制阀；②在管道进口接头处输入正常工作压力的气源；③流量计的精度按 JJG 257《流量计检定规程》中规定的标准表法进行检验，流量计的示值误差计算公式为：

$$E_I = \frac{q_{vs} - q_v}{q_{vs}} \times 100\%$$

式中　$q_{vs}$ 为标准流量计的刻度流量；$q_v$ 为流量计在刻度状态下的实际流量。

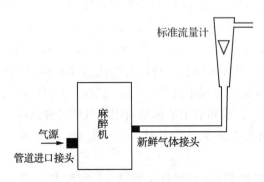

图 4-12　流量计输出流量精度检测

（4）流量计 $N_2O$-$O_2$ 自动配比和 $N_2O$-$O_2$ 自动截断装置检测

GB 9706.29—2006 标准要求麻醉机应具有供氧故障保护措施，使得麻醉机在供氧降低到制造商规定的最低值且氧气连续从共同气体出口流出时，在共同气体出口处输送的氧气浓度不低于 19％，因此，大多数制造商在麻醉机流量计设计时引入了 $N_2O$-$O_2$ 自动截断装置，确保供氧故障发生时在共同气体出口处输送的氧气浓度不低于 19％。

同时为了防止选择的氧浓度低于大气氧浓度，在麻醉机流量计中又安装了 $N_2O$-$O_2$ 自动配比装置，以防止无意识地选择氧气和氧化亚氮混合气体中的氧气浓度低于大气氧浓度。

检测方法:将麻醉机连接好气源,根据说明书的相关性能内容,实际操作验证 $N_2O$-$O_2$ 自动配比和 $N_2O$-$O_2$ 自动截断装置是否符合规定的性能要求。

**3. 蒸发器**

蒸发器是麻醉机的重要部件之一,蒸发器的功能是通过将蒸发室内饱和麻醉蒸气与输入蒸发器的载气混合后变成可使用的气体麻醉药。气体麻醉药按一定浓度随着人的呼吸而进入到人体内,实现全身麻醉的目的,以便进行外科手术治疗。蒸发器的主要技术要求有:

(1) 标定浓度蒸发器必须具有调节浓度的控制器,必须具有表示蒸发器标定范围的刻度,调节浓度的控制器不可把浓度调节到所标定的浓度范围之外。

(2) 逆时针转动蒸发器上的控制器必须是增加蒸发气体浓度,对于"OFF"("关")或"0"位置,必须有制动器。

(3) 如果麻醉机上装有两只或两只以上蒸发器,必须有防止气体从一个蒸发腔流经另一蒸发腔的装置。使不同的蒸发器相互隔离。

(4) 蒸发器必须标有麻醉药的全称,如果使用颜色标记则必须符合表 4-1 的规定。

表 4-1 麻醉药的全称及颜色标记

| 麻醉药中文全称 | 氟烷 | 安氟醚 | 异氟醚 | 七氟醚 | 地氟醚 |
|---|---|---|---|---|---|
| 麻醉药英文全称 | Halothane | Enflurane | Isoflurance | Sevoflurane | Desflurane |
| 麻醉药颜色 | 红色 | 橙色 | 紫色 | 黄色 | 蓝色 |

(5) 当蒸发器控制盘位于"off"("关")位置、"standby"("待机")位置或是:"0"位置[如果它是"off"("关")位置的话]时,其输出浓度不能超过 0.05%(体积百分比)。

(6) 除了在"off"("关")位置、"standby"("待机")位置或"0"位置[如果它是"off"("关")位置的话],蒸发器的输出浓度与浓度设定值的偏差范围为从 -20% 到 +30% 之间,或者不能超过最大刻度值的 -5% 到 +7.5% 之间,两者取最大值。

检测方法:

——对于上述要求(1)—(4)通过目测和实际操作予以验证是否符合规定要求;

——输出浓度精度检测:

a) 将蒸发器放置在在环境温度为 $(20\pm3)$℃ 的测试室内放置至少 3 h,并且在整个测试过程中保持该温度不变。

b) 连接一个麻醉气体分析仪到麻醉机的新鲜气体出口,如果没有新鲜气体出口可连到麻醉呼吸系统的入口,或者如果可行的话,也可将其连到麻醉呼吸机的吸入口。

c) 蒸发器处于"off"("关"),"0"或者"standby"("待机")(如果适用的话)位置时,通过麻醉机的气体流量设定为 $(2\pm0.2)$ L/min,在吸呼比为 $(1:2\pm20\%)$ 而且吸入流量设为最大时,麻醉呼吸机呼吸频率设定为 $(15\pm2)$ 次/min。在新鲜气体出口引入一个最大波动为 $(2\pm0.3)$ kPa 的压力(高于环境压力)以保证呼气相的衰减时间(吸气末新鲜气体出口压力的 100% 下降至 33% 的时间)小于 0.6 s。保持该压力波动 3min 后,开始测量麻醉气体的浓度且超过 1 min,测量时始终保持该压力波动。然后计算出麻醉气体浓度在全部输送气体流量中的平均数值。

d) 重复 c)的所述过程,蒸发器的每个设定值见表 4-2。如果蒸发器没有标出如表 4-2 定义的浓度设定值,用蒸发器上最接近的值。如果表 4-2 所给定的一个设定值与蒸发器的两个设定等距的话,则采用蒸发器上较低的设定值。

表 4-2　用于测定输送气体浓度的设定值

| 测试顺序 | 设置(%,麻醉气体的体积百分比) |
| --- | --- |
| 1 | Off 和/或"关",standby 和/或"待机","0"如果分开标注的话 |
| 2ᵃ | 位于"0"之上的最低刻度 |
| 3 | 10%满刻度 |
| 4 | 20%满刻度 |
| 5 | 50%满刻度 |
| 6 | 75%满刻度 |
| 7 | 最大刻度(满刻度) |
| ᵃ 假如满刻度的 10%是最低刻度,则第二步可以忽略 | |

e) 设定新鲜气体的流量为(8±0.8) L/min 以及新鲜气体出口的压力波动为(5±0.4) kPa,重复 c)和 d)描述的过程检测。

f) 若蒸发器具有压力补偿、温度补偿和流量补偿功能则应在补偿范围内分别进行检测。

g) 对于快速供氧期间及之后的麻醉气体的输出检测,详见 YY 0635.3-2009 中 51.104 章节内容。这里不再展开。

**4. 麻醉呼吸回路检测**

麻醉呼吸回路是麻醉机与患者相连接的联合气路装置,为患者输送麻醉混合气体,输回患者呼出气体,从而实现正常的氧气与二氧化碳气体的交换。主要技术要求有:

(1) 泄漏:一个完整的麻醉呼吸回路在制造商规定的所有的操作模式中,在 3 kPa 压力下,对大气的泄漏应不超过 150 ml/min[15.21 kPa(L/min)]。

(2) 阻抗:在按下列规定测试时,产生在患者连接端口处的压力应不超过 0.6 kPa。

(3) 压力监测:麻醉呼吸回路应具有压力测量仪或压力测量的装置,在动态测试的条件下,读数的误差应是±(满刻度读数的 4%＋实际读数的 4%)。

检测方法:

(1) 泄漏检测:将储气囊端口和/或麻醉呼吸机端口和患者连接端口密封起来。麻醉呼吸回路中被设计所允许的、让气体在 3 kPa 或更低压力下向大气泄漏的任何阀,也要密封起来。在患者连接端口连接压力表,从新鲜气体输入口输入空气,直止压力达到 3 kPa。调整空气流量使之保持 3 kPa 的压力稳定,然后记录下泄漏的流量,判断结果是否符合规定要求。

如果呼吸系统包含带有旁路吸收机械装置的循环吸收组件,则要对吸收旁路控制器的所有设置状态进行测试,并连同带有和不带有二氧化碳吸收剂容器。

(2) 阻抗检测:装配好带有合适储气囊的麻醉呼吸系统,密封掉所有麻醉呼吸机连接端口,或将麻醉呼吸机调到手动模式,对于任何排气阀,如果是可调的,则要完全打开。连接麻醉呼吸系统到麻醉系统的新鲜气体出口或合适的测试设备,将测试设备连接到患者连接端口,如图 4-13 所示,将测试设备连接到患者连接端口。

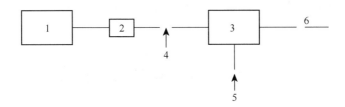

1—正弦波模拟流量发生器;2—流量和压力测量装置;3—麻醉呼吸系统;

4—患者连接端口;5—新鲜气体输入口;6—至麻醉气体净化系统

图 4-13　阻抗测试连接图

从新鲜气体输入口输入 10 L/min 或者麻醉呼吸系统制造商规定的流量的最大值的空气或氧气,然后设置测试设备产生一个频率为每分钟 20 次和潮气量为 1 L 的双向正弦波气流,在制造商规定的所有操作模式中测试系统。记录压力和流量的结果,以及由此产生的压力/流量曲线。判断结果是否符合规定要求。

对于带有一个由操作者控制的吸收器旁路机械装置的循环吸收组件,在组件装有吸收剂容器和卸下吸收剂容器时都要测试。

(3) 压力检测:在麻醉呼吸回路的患者端口连上一个测试用压力表,在新鲜气体输入口引入麻醉呼吸回路可监测压力范围的动态压力,然后分别读取压力测量仪和测试用压力表的各档示值读数,并分别计算其误差是否符合规定要求。

**5. 麻醉呼吸机检测**

麻醉呼吸机是在实施吸入全麻时进行机械通气的设备,主要用以辅助和控制患者的呼吸,改善患者的氧合与通气功能。主要技术要求有:①呼吸频率;②潮气量;③吸呼比等。其检测方法与第 3 章中呼吸机检测一样,这里就不再展开。

**6. 供氧故障报警检测**

GB 9706.29—2006 标准规定麻醉机应有供氧故障报警系统,当来自管道或气瓶的氧气供应低于制造商的要求时作用。

如果报警信号是由电子学方法产生的,它应是高优先级。

如果是气动产生的,则听觉报警信号至少要持续 7 s,在距系统 1 m 处,用声级计"A"频率计权网络测试,报警声压级应不小于 60 dB。

气动产生报警信号的能量应该是来自氧气供应源。

检测方法:将麻醉机接通气源,然后按使用说明书中规定的氧气供应不足报警压力,逐渐降低输入氧气的气源压力,直至报警装置报警,此时测得的供气压力即为报警压力。

若为电子报警其报警声音则按 YY 0709—2009 标准要求检验是否符合高级报警要求。

若为气动报警,则在机器出现供氧故障声响报警时,在 3 m 处用声级计(A 计权网络)分别检测其前、后、左、右的声级。同时用秒表计报警时间。并检查报警信号的能量是否来自氧气供应源,以此检验其是否符合规定要求。

**7. 报警系统功能和呼吸气体监测功能检测**

由于各种类型的麻醉机对报警系统及呼吸气体监测的功能设置各不相同,故在检测时必须根据制造商提供的说明书介绍,通过实际操作对照,并按 YY 0709—2009 和 YY 0601—2009 标准规定的要求进行判断是否符合相关要求,这里就不展开介绍了。

# 4.4　麻醉机的审评注意事项

根据《医疗器械监督管理条例》规定,国家对医疗器械实行产品生产注册制度。医疗器械注册,是指依照法定程序,对拟上市销售、使用的医疗器械的安全性、有效性进行系统评价,以决定是否同意其销售、使用的过程。按照 2017 版《医疗器械分类目录》规定,对用于支持、维持生命用的呼吸设备被划分为"08 呼吸、麻醉和急救器械"类,并作为Ⅲ类产品进行管理,由国家食品药品监督管理局审查,批准后发给医疗器械注册证书。

根据《医疗器械注册管理办法》规定,申报麻醉机注册时,申报单位需提供如下资料:

1. 境内医疗器械注册申请表;

2. 医疗器械生产企业资格证明;

3. 产品技术报告;

4. 安全风险分析报告;

5. 适用的产品标准及说明;

6. 产品性能自测报告;

7. 医疗器械检测机构出具的产品注册检测报告;

8. 医疗器械临床试验资料(具体提交方式见本办法附件 12);

9. 医疗器械说明书;

10. 产品生产质量体系考核(认证)的有效证明文件——根据对不同产品的要求,提供相应的质量体系考核报告;

11. 所提交材料真实性的自我保证声明。

在注册审评过程中,技术审评是关键所在,因此,技术审评时应重点关注如下几个方面:

产品的名称、适用范围、组成、性能指标及禁忌症;

详细说明产品的基本原理、组成结构、控制软件、基本功能、特殊功能、电路和气路结构等设计信息的技术文件;

风险管理文档(包括风险管理可接受度准则、风险管理计划、风险管理报告);

注册产品标准中引用的国家标准、行业标准是否齐全,性能指标是否全面(应与说明书保持一致),试验方法是否合理、可操作、可重复;

注册检验报告中对所有涉及的安全标准内容要充分展开;

对麻醉机软件组件应提交符合 YY 0708—2009 的资料;

临床试验资料应包括:临床试验协议、临床试验方案、临床试验报告、临床试验统计分析报告、临床试验须知、知情同意书、临床试验原始记录;

医疗器械说明书。

**思考题**

1. 简述麻醉机的基本原理。
2. 麻醉机的主要检测指标有哪些？如何检测？
3. 麻醉机蒸发器的基本结构是什么？
4. 简述麻醉呼吸回路和流量计的工作原理。
5. 简述麻醉机临床试验的重要性。

# 第5章
# 植入式心脏起搏器

## 5.1 概　述

    心脏是体内血液循环的动力源,它的作用类似一个泵,驱使血液在血管中流动。血液循环中有两个平行系统:从右心室泵出的血液通过肺动脉瓣、肺动脉进入肺毛细血管和吸入的氧气结合,氧合后血液变成动脉血后经肺静脉进入左心房,形成肺循环;随后血液经二尖瓣从左心房充盈左心室,心肌收缩使血液经主动脉瓣泵出,通过主动脉、大小动脉流到全身,血液在毛细血管处进行物质交换以供应人体所必需的营养,回流的血液成为静脉血则通过静脉系统,最后从上、下腔静脉进入右心房,形成体循环。体循环和肺循环周而复始的运动,维持人体的正常代谢。

    构成心脏的心肌可以分为两种。一种是能收缩的一般心肌纤维,占心肌的大部分,如心房肌和心室肌等。另一种是特殊的心肌组织,占心脏的小部分,它们已失去一般心肌纤维的收缩能力,而具有自律性和传导性,是产生和传导心脏内激动的特殊系统,故称为心脏特殊传导系统;它包括下列六个部分(图 5-1)。

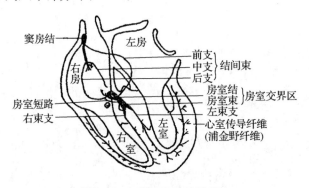

图 5-1　心脏的特殊传导系统

    1. 窦房结　窦房结是一块特殊的心肌组织,呈棱形。它位于右心房接近上腔静脉入口处,在心肌与外心膜之间。含有起搏细胞,在正常情况下,它控制整个心脏的活动。

    2. 结间束　结间束是位于窦房结与房室结之间的传导组织,分前、中、后三支。

    3. 房室交界区　房室交界区位于右心房与右心室交界处的上后方的心内膜下面。

    4. 房室束(又称希氏束)　房室交界区向下延续成为房室束。

    5. 左、右束支　房室束进入室中膈分成左、右两束支,沿心中膈左右两侧行走,左束支在室中膈上方三分之一处又分为前半支和后半支。

6. 心室传导纤维(浦金野纤维) 心室传导纤维是指左、右束支的小分支最后分为无数微小细支,密布于左右心室的心内膜下层。

在正常情况下,窦房结发出兴奋电信号,沿结间束通过房室结、希氏束传至分布到心室顶端的普金野纤维,引发心脏收缩泵血。除窦房结外,房室结与传导系统的其他部分也有起搏活性。人正常状态下,窦房结起搏频率为约 70 次/min,称为一级起搏,而房室结与传导系统的较低部位为潜在起搏点。如窦房结起搏功能停止,则某一潜在起搏点就会取代其称为实际起搏点。房室结作为实际起搏点时,称为二级起搏,其自发频率为 40～60 次/min(称为结性心律)。如房室结的起搏也停止,则心室的传导系统可作为三级起搏点开始起作用,但此时的频率只有 25～40 次/min 左右(称为室性心律),基本上不能满足需要。以窦房结起搏的心率称为窦性心律,而其他起搏点起搏的心率统称异位心律。

但在某些病理状态下,如兴奋起源点、兴奋频率、传导途径、速度等任何一个环节发生异常时,都可形成异常心律。常见的异常心率有兴奋起源异常和兴奋传导异常。

**一、兴奋起源异常**

1. 窦性心律失常:正常的心脏起搏点在窦房结,且每分钟节律性地搏动 60～100 次,这种心率为正常心率。若起搏点仍在窦房结,但其频率每分钟超过 100 次,则称为窦性心动过速;如窦性心律的频率每分钟低于 60 次,则称为窦性心动过缓;如果窦房结发生的兴奋节律不均匀,则称为窦性心律不齐。

2. 异位心律:若控制心脏兴奋的起搏点不在窦房结,而在特殊传导系统中的其他部位,则称这种由异常起搏点产生的心律为异位心律。常见的异位心律有期前搏动、阵发性心动过速、震颤和纤颤等。

**二、兴奋传导异常**

窦房结发出的兴奋,若不能按正常速度和顺序到达各部位,称之为传导失常。病理情况下,多表现为房室传导阻滞。

在某些病理条件下,如窦房结和(或)传导系统发生病变,导致天然的心脏起搏系统无法正常工作,用一定形式的脉冲电流刺激心脏,使有起搏功能障碍或房室传导功能障碍等疾病

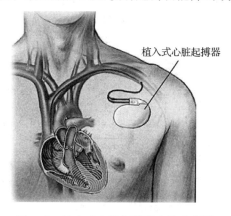

图 5-2 植入式心脏起搏器安装示意图

的心脏按一定频率应激收缩,称为人工心脏起搏。

人工心脏起搏器在临床上的应用,使过去经药物治疗无效的严重心律失常患者可以得到救治,从而大大降低了心血管疾病的死亡率是近代生物医学工程对人类的一项重大贡献。

1932年,美国的胸外科医生Hyrman发明了第一台由发条驱动的电脉冲发生器,借助两个导针穿刺心房可使停跳的心脏复跳,命名为人工心脏起搏器,开创了用人工心脏起搏器治疗心律失常的伟大时代。1952年,心脏起搏器真正应用于临床。美国医生Zoll用体外起搏器,经过胸腔刺激心脏进行人工起搏,抢救了两名濒临死亡的心脏传导阻滞病人,自此推动了起搏器在临床的应用和发展。1958年瑞典的Elmgrist,1960年美国的Greatbatch分别发明和临床应用了植入式心脏起搏器。起搏器自发明以来经历了固定频率起搏、按需起搏、生理性起搏和自动化起搏等四个阶段,并朝着寿命长、可靠性高、小型化和功能完善的智能化方向发展。

# 5.2　心脏起搏器

## 5.2.1　心脏起搏器的基本原理及组成

人体各脏器的生理功能,必须靠心脏维持适当频率的节律舒缩,保证所需新鲜血液的供应才能完成。正常心脏收缩的频率为60~100次/min,若是心率过低(窦性过缓或异位心律),排血量必将受到影响。心律失常会减少心脏血液的输出,并可能导致神志恍惚、眩晕、昏迷甚至死亡。安装植入式心脏起搏器后,可使过缓的心率提高到所需的频率,从而保证心脏正常的心排血量以供脏器的需要。心脏起搏器既可以治疗严重心律失常、高度房室传导阻滞或窦房功能衰竭等疾病,也是抢救心肌梗塞、心肌病以及心脏直接手术后不可缺少的仪器。

心脏起搏器由脉冲发生器、导线和刺激电极组成。脉冲发生器的电子电路由控制单元、感知单元、脉冲输出单元和电源组成。感知单元有选择地放大来自于心脏的R波或P波,并限制T波和其他干扰波的放大,用来辨认心脏自身的搏动。控制单元根据感知单元送来的心脏活动信号,根据设定的参数和运行模式控制输出单元发放起搏脉冲,经电线传到电极,起搏脉冲刺激心肌,引起心脏兴奋和收缩。电源部分产生和供应电能。程控器用来由医生根据患者病理生理需要,设定起搏参数和起搏器的工作模式。

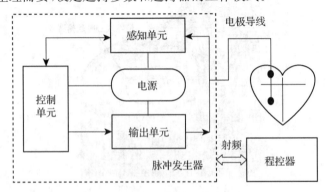

图5-3　心脏起搏器功能框图

### 5.2.2 心脏起搏器的分类

心脏起搏器的目的是恢复适合病人生理需要的心律及心脏输出脉冲。由于心脏病患者的病情复杂多变,病人会有单一的或变化的心律失常,这就需要有各种不同的治疗方法。为了适应需求,已有多种多样的心脏起搏器面世。心脏起搏器有以下分类:

**一、按心脏起搏器放置的位置分类**

起搏器置入人体皮下称体内起搏器,而放置于体外者称为体外起搏器。

1. 体外心脏起搏器。体积较大,但能随时更换电池及调整起搏频率,另外若出现快速心律失常,可进行超速抑制,但携带不方便,再者导线入口处易感染,现多用于临时起搏。临时心脏起搏器用于心脏病变可望恢复,紧急情况下保护性应用或诊断应用的短时间心脏起搏,一般仅使用几小时、几天到几个星期,一般适用以下情况:

(1) 可逆性的或严重房室传导阻滞、三分支传导阻滞或有症状的窦性心动过缓、窦性停搏等(如药物过量或中毒、电解质失衡、急性心肌梗死、外科或导管消融术后等)。

(2) 保护性起搏,潜在性窦性心动过缓或房室传导阻滞需做外科手术、心导管手术、电转复等手术及操作者。

(3) 反复发作的阿-斯综合征(Adam-Stokes syndrome)者在植入永久性起搏器之前以及起搏器依赖患者更换起搏器前的过渡性治疗。

(4) 药物治疗无效或不宜用药物及电复律治疗的快速心律失常。在心脏起搏方面可用于心室和心房临时起搏,在心脏起搏分析方面可用于检测分析心脏起搏系统的主要指标,如心脏起搏阈值、心脏 R/P 波幅度和心肌阻抗。两种功能转换简捷方便。

2. 植入式心脏起搏器,亦称体内起搏器。植入体内的心脏起搏器体积小,携带方便,安全,用于永久性起搏,但在电池耗尽时需手术切开囊袋更换整个起搏器。植入式心脏起搏器适应症:

(1) 房室传导阻滞:Ⅲ度或Ⅱ度(莫氏Ⅱ度)房室传导阻滞,无论是由于心动过缓或由于严重心率失常而引起的阿-斯综合征或者伴有心力衰竭者。

(2) 三束支阻滞伴有阿-斯综合征者。

(3) 病态窦房结综合症:心动过缓及过速交替出现并以心动过缓为主伴有阿-斯综合征者。

**二、按起搏电极植入心腔数分类**

1. 单腔起搏器。只有一根起搏电极,至于右心房(或右心室)。只有一个起搏刺激点和一个感知接收点,不能保证房室顺序起搏。

2. 双腔起搏器。有两根起搏电极,分别至于右心房和右心室,可具有两个起搏刺激点和两个感知接收点,能对心房和心室按顺序起搏。

3. 三腔起搏器。由三根电极分别对三个心腔起搏,除右心房和右心室各植入一根电极外,第三根电极根据需要可植入左心房或左心室。这种起搏器不仅能使心房和心室顺序起搏,还能恢复左、右心房或心室的同步性,实现心脏再同步治疗(CRT)。

4. 四腔起搏器。四个心腔都有起搏电极,可做到左右心房和左右心室都同步起搏,适用于房内阻滞和室内阻滞的患者。

### 三、按起搏器的起搏模式分类

1. 异步(固定频率)型。发出的脉冲频率固定,一般为 70 次/min 左右,不受自主心率的影响。其缺点是一旦心脏自主心律超过起搏频率,便可发生心跳竞争现象,甚至因此导致严重心律失常而威胁病人的生命安全,因而现在基本被淘汰。

2. 同步(非竞争)型。同步是指起搏器能感知心脏自主活动的电信号,调整脉冲发放时间,从而避免起搏脉冲和自身脉冲的竞争。同步包括 P 波同步(感知心房搏动)和 R 波同步(感知心室搏动)两种。根据感知到心脏自身搏动电信号后响应方式不同,同步型起搏器又分为触发型和抑制型两种。

(1) 触发型,又称为备用型。起搏器感知自身心搏信号后,立即触发一个起搏脉冲,落在自身心搏的绝对不应期中,沦为无效电脉冲,避免易激期刺激。

(2) 抑制型,又称为按需型。起搏器感知自身心搏信号后,立即取消下一个起搏脉冲,避免心搏竞争。心脏自身节律超过起搏器脉冲,起搏器抑制不发放冲动,此时表现出来的是自身节律。一旦自身节律低于起搏器的固有频率,即心室电极感知不到自身节律所产生的心搏信号,起搏器将等待预定的一段时间(即逸搏间期)后,立即又按照固有的起搏频率发放脉冲而进入工作状态。抑制型起搏器停搏时间越长越省电,电池使用时间较长,为目前最常用的一种。

3. 房室顺序起搏型。又称为生理性起搏器,属双线系统,一组电极在心房,一组电极在心室,通过心房电极接受心房冲动,经过适当的延迟以后,激动脉冲发生器,再通过心室电极引起心室激动,使房室收缩能按正常程序进行,合乎生理要求,这是这类起搏器的独特优点,因它能增多回排心血量,增强心缩力量,提高每搏输出量。缺点是电路较复杂,耗电量大,电池使用寿命较短。

4. 频率应答起搏型(体外遥控起搏器)。它的频率可以通过编制一定程序的体外程控器进行调整,一般脉冲频率范围调在 50~180 次/min 之间,可根据病人需要进行体外程控调整,也就是可用程控器将脉冲调整到病人最佳状态的心跳次数。程控器不仅能改变控制参数,还可和起搏器通信获取管理数据、测量数据等。这种起搏器一般为多功能,且能按生理需要进行多参数的调整,但造价较高。

5. 抗心动过速起搏型。这种类型起搏器具有感知和及时终止心动过速的功能。

一般治疗心动过速有两种模式:

(1) 起搏模式:以一阵短暂而比心动过速更快的起搏频率刺激心肌,由于心肌兴奋后有一段不应期的特性,故兴奋节律总是被较快速的刺激控制,所以这种刺激能终止心动过速的电活动。

(2) 电击模式:以足够强的能量短时电击整个心脏,使心肌同时除极,阻断异常的心肌快速电活动,具体见本书第 6 章相关内容。

## 5.2.3 心脏起搏器的模式代码

根据英国起搏与电生理学会(BPEG)和北美起搏与电生理学会(NASPE)的推荐,心脏起搏的模式用 5 个字母表示,其中最后两位分别表示可程控性频率适应性与抗心动过速模式。为了清楚表示起搏器的主要用途,这里采用简化的三字母表示方法。植入式起搏器国家标准 GB 16174.1 规定的三字母代码用以指示脉冲发生器的主要用途,该三字母代码也适用于多程序起搏器和多模式起搏器。表 5-1 概略地表述了三字母代码的基本概念。

在代码中使用下列缩略语:V=心室、A=心房、S=单腔、D=双腔(心室与心房)或双式(抑制与触发)、I=抑制式、T=触发式、O=无功能。

表 5-1　基本代码表

| 第一字母 | 第二字母 | 第三字母 |
|---|---|---|
| 起搏腔室 | 感知腔室 | 响应方式 |

代码字母位置的含义解释如下:

第一字母:表示起搏腔室。可用下列字母表示:

V 代表心室;A 代表心房;D 代表双腔(即心室与心房);S 代表单腔(心室或心房)。

第二字母:表示感知腔式。可用下列字母表示:

V 代表心室;A 代表心房;O 表示脉冲发生器无感知功能;D 代表双腔(即心室与心房);S 代表单腔(心室或心房)。

第三字母:表示响应方式。可用下列字母表示:

I 代表抑制式(即输出受感知信号抑制的脉冲发生器);T 代表触发式(即输出受感知信号触发的脉冲发生器);O 表示脉冲发生器无感知功能;D 表示具有抑制和触发两种模式。

### 5.2.4　心脏起搏器的电源

对于植入式起搏器来说,电源的寿命就是起搏器的寿命,如果电源寿命长的话,那么更换起搏器的次数就会减少,对于临床来说意义重大。下面介绍几种主要电源:

#### 一、锌汞电池

以锌作为负极,氧化汞作为正极,电解质为氢氧化钾。该电池的优点是内阻低,放电性能平坦。缺点是漏碱,自放电、使用寿命短。

#### 二、核素电池

该电池目前来说是所有能源中使用寿命最长的一种,但是价格比较昂贵,并且放射线需要严格防护,体积和重量均大。

#### 三、生物燃料电池(生物能源)

利用人体血液中的氧和葡萄糖通过催化剂使后者氧化,然后将氧化反应过程中,将化学能转换为电能。该方法的缺点是获得的电压比较低,性能不够稳定,所以还不能广泛的在临床上使用。

#### 四、锂碘电池

锂碘系统在一种非水电解质中(如含有游离离子:高氯酸锂的焦化丙烯)工作,在某些情况下,电池的阴极为金属锂、碘为阳极。其特点是:因属于固体介质,故没有泄露、涨气等缺点、电池也不会损坏,并且自放电很低,所以该电池的使用寿命比较长。现在几乎所有起搏器都使用锂碘电池。

## 5.2.5　起搏电极导线

导线(又称为起搏导管)和电极是起搏系统中人体心脏与起搏器联系的重要环节,其将起搏器发放的起搏脉冲传到心脏,同时又将心脏的 R 波和 P 波电信号送给起搏器的感知放大器。

### 一、起搏电极分类

#### 1. 依照其安置及用途的不同分类

(1)心内膜电极:这种电极做成心导管形式,经体表周围静脉置入心腔内膜与心内膜接触而刺激心肌,因此这种电极也称为导管电极。而且安置的时候仅需要切开导管周围静脉,不用开胸,手术的损伤比较小,临床较为常用。但对静脉畸形和心腔过大的患者,宜采用以下介绍的心肌电极。

(2)心外膜电极:这种电极安置的时候需要开胸,缝扎于心外膜表面,接触心外膜而起搏。其缺点是与心外膜之间极易长出纤维组织,在短时间内能够导致起搏阈值增高。所以现在不常用。

(3)心肌电极:安置时候也需要开胸,该电极是刺入心壁心肌,这样可以减少起搏阈值增高的并发症,但是由于手术的创伤比较大,所以临床上很少用于年轻患者。

#### 2. 按心内膜使用的电极分类

(1)单极心内膜电极:使用的时候只有一个电极接触心脏,因为单极电极与心脏起搏器输出起搏脉冲要形成一个回路,所以脉冲发生器机壳是起搏回路中的一环。脉冲发生器的机壳称为无关电极。单极电极导线将头端电极作为阴极,把起搏器的外壳作为阳极,起搏环路大,可能引起邻近胸部的肌肉刺激。

(2)双极心内膜电极:带有两个电极,该电极是不包括脉冲发生器的机壳,它是依靠两个电极导线的小窗口实现起搏和感知功能。阴极与心内膜接触,而阳极在心脏内。双极电极形成较短的环路,产生较小的起搏信号而不会有肌肉刺激,但必须有两条导丝或线圈传导两个电极的信号,通常比较粗大,柔软性可能不如单极电极导线。

### 二、电极的材料和结构

引起心脏恒定起搏的最小电流或电压,称为心脏的起搏阈值。正常心肌细胞自主起搏的阈电位为 $-60 \sim -70$ mV。应用人工心脏起搏器刺激心肌细胞时,其起搏阈值大小常可发生轻微变化。电极的形状、材料、面积都会影响到起搏阈值。

#### 1. 电极的材料和形状

电极和导线由于常年浸泡在人体血液、体液和组织液中,必须具备良好的生物相容性、强度、柔韧性和绝缘性。现代导线的绝缘层用硅橡胶或聚氨酯包鞘,两者生物相容性均较好,但前者较粗且脆弱,易在手术时损伤,后者较坚固且细,更适合应用双腔起搏时在同一静脉内插入两根导管电极,其缺点是易老化。导线材料主要用爱尔近合金(Elgiloy)或镍合金等优质材料做成螺线形导管,可插入指引钢丝作管芯,加强韧性和起向导作用。电极头推送到所需的心脏部位,拔去指引钢丝,导管即可恢复柔顺性。双极电极采用"同轴双极电极导线"技术,两条导线一内一外,两者间以绝缘层相隔。电极头多采用爱尔近合金或铂铱合金等优质材料制作。

电极导线的稳定性是起搏系统能长期稳定工作的基础。以电极导线嵌顿在心脏解剖结构上(被动固定),还是旋入心肌或其他方法固定在心脏内(主动固定)位依据,将固定装置大致分为被动固定装置和主动固定装置。被动固定电极导线依靠头端的附属装置固定在心脏的肌小梁中,主动固定电极导线依靠一个旋入心肌的螺钉、挂钩或螺旋来固定电极导线。电极的形状有勾头、盘状、环状、螺旋状、伞状等不同类型,如图 5-4 所示。

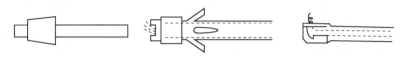

　　（a）柱状型电极　　　（b）锚型心内膜电极平面形　　（c）螺旋型心肌电极

图 5-4　几种电极头形状

### 2. 电极阻抗

导线是传递电信号的,为了低损耗地把起搏器发出的刺激脉冲传递到心脏上的刺激点,要求其具有低内阻。而对电极来说高阻抗能降低流经的电流量,节省能量,所以高阻抗好,增加电极表面阻抗的最好方法是减小直径。电极的极化现象需要电极表面积大些,以降低极化电位。为了减小电极直径从而增大电极阻抗以及降低极化现象,将电极表面设计成纹理丰富又不增加体积的形式,如图 5-5 所示。

图 5-5　电极阻抗因电极表面积大小而改变

## 5.3　植入式心脏起搏器的检测

植入式心脏起搏器需要植入人体,属于用于心脏的治理、急救装置类的有源植入器械,属于高风险的医疗器械,其分类编号为 12-01-01,作为Ⅲ类有源医疗器械进行管理。

### 5.3.1　植入式心脏起搏器相关标准

与植入式心脏起搏器相关的主要国标和行标有 GB 16174.1《手术植入物 有源植入式医疗器械 第 1 部分:安全、标记和制造商所提供信息的通用要求》、GB 16174.2《手术植入物有源植入式医疗器械 第 2 部分:心脏起搏器》、YY/T 0491《植入式心脏起搏器用小截面连接器》、YY/T 0492《植入式心脏起搏器电极导管》、GB/T 19633《最终灭菌的医疗器械的包装》和 GB/T 16886 系列标准。

### 一、GB 16174.1—2015《手术植入物 有源植入式医疗器械 第 1 部分:安全、标记和制造商所提供信息的通用要求》

本标准是有源植入式医疗器械(包括其非植入式部件和附件)的通用要求,不仅适用于电动有源植入式医疗器械,也适用于以其他能源(例如气体压力或弹簧)作为动力的有源植入式医疗器械。标准制定了基本术语和定义,规定了植入式心脏起搏器的标志及包装要求。标准给出了有源植入式医疗器械引起的对患者潜在的伤害风险和辐射、除颤、机械力、温度、气压等作用于有源植入式医疗器械对其性能影响的评估试验方法。

### 二、GB 16174.2—2015《手术植入物 有源植入式医疗器械 第 2 部分:心脏起搏器》

本标准是心脏起搏器最主要的标准,适用于用于治疗慢性心率失常的植入式心脏起搏器,包括某些非植入式部件和附件。标准给出了植入式脉冲发生器和电极导线特性测量方法,还对起搏器脉冲发生器的抗环境应力能力规定了最低要求与相应的试验方法。

### 三、YY/T 0491—2004《心脏起搏器:植入式心脏起搏器用小截面连接器》

由于临床医生对多种明显相似但不兼容的小截面直型起搏电极导管的多样性非常关注,受此促动而制定了本部分(因这些电极导管的外径为 3.2 mm,常将这些连接器称为 3.2 mm电极导管)。本部分的目的是为了规定一种标准的连接器部件,即 IS-1,使各制造商生产的电极导管和脉冲发生器可互换。

本标准规定了用于将植入式心脏起搏器电极导管连接至植入式心脏起搏器脉冲发生器的连接器组件,并规定了基本尺寸、性能要求以及相应的试验方法。其他的插头性能,紧固方法和材料在本标准中没有作出规定,也没有涉及将不同电极导管与脉冲发生器组成起搏器系统的功能上的兼容性或可靠性问题的各个方面。

若植入式脉冲发生器可通过 IS-1 连接器导入危险的非起搏信号(如除颤信号),则本标准所规定的连接器内腔是不适用的。

### 四、YY/T 0492—2004《植入式心脏起搏器电极导管》

为了规范植入式心脏起搏器电极导管的技术要求,本标准对植入式心脏起搏器电极导管的技术要求、试验方法、包装、标志、运输及贮存等指标作出了统一要求。

本标准适用于植入式心脏起搏器电极导管。电极导管连接器的特性由 YY/T 0491—2004 规定。本标准对不同的电极导管与脉冲发生器所组成的起搏器系统的功能相容性或可靠性方面没有作论述。

植入式心脏起搏器检测项目和检测方法是根据 GB 16174.1 植入式心脏起搏器标准实施,适用于治疗心动过缓、改善心功能等治疗的植入式心脏起搏器,不适用于单纯性的植入式心脏复律除颤器,也不覆盖同位素电池驱动的起搏器(核能起搏器)。本节介绍植入式心脏起搏器的主体部分——脉冲发生器的主要检测项目,本节下文中提到的植入式心脏起搏器是指其脉冲发生器部分,不包括电极导线及附件(密封塞、转矩扳手、引导器、引导钢丝等)的要求。

### 5.3.2　心脏起搏器的包装、标志和随机文件的要求

在使用植入式心脏起搏器的时候,医生需要大量的信息,以便对起搏器作正确识别、植入并对随后的性能进行检查。

包装可分为运输包装(选择性的)、贮存包装和灭菌包装。每个包装必须具有清晰的、且不会对包装物品产生不利影响的标志,标志材料应能在包装的正常搬运中保持标志清晰。

随附于起搏器(即脉冲发生器、电极导管或适配器)的文件必须包括:临床医师手册、登记表、病人识别卡、取出记录表、专用技术信息卡。

脉冲发生器需提供必要的信息以作正确识别及跟踪。脉冲发生器上的标志必须是永久性和清晰易读,并必须包括的内容:制造商的名称和地点、具备的最主要的起搏模式、型号和序号,冠有"SERIAL NUMBER"或"SN"字样。

脉冲发生器的无损伤识别须借助于不透射线字母、数字元和/或符号,组成某一脉冲发生器特有的代码。识别标记须置于脉冲发生器之内,以使临床医师可借助适用的代码信息,以无损伤方式进行识别。识别标志至少必须指明制造商及脉冲发生器的特有型号。

由于电极导管尺寸是有限的,所以只要求每个电极导管及每个适配器(若可能的话)必须有永久性的、清晰可见的制造商识别标志和序号标志。

### 5.3.3　对环境应力的防护

对环境应力的防护主要是为了使各国的试验统一起来。一些试验并不根据实际出现的环境条件来评价起搏器,而是从环境试验标准中引用来的:这些标准归结为一点,"总是要求有一定程度的工程技术评价"。

#### 一、振动试验

**1. 要求**

目的是试验耐疲劳度。在进行试验后,脉冲发生器的性能必须在 37 ℃±2 ℃,500 Ω±5%负载时测得的结果符合"专用技术信息卡"上的脉冲发生器的性能要求规定。

**2. 试验方法**

按 GB/T 2423.10《电工电子产品基本环境试验规程第 2 部分:试验方法 试验 Fc 和导则:振动(正弦)》的规定对脉冲发生器进行正弦振动试验,下述试验条件必须得到满足:

(1) 频率范围:5～500 Hz;
(2) 振动位移/加速度(峰值):5～20 Hz,位移 3.5 mm;20～500 Hz,加速度25 m/s²;
(3) 扫描:5/500/5 Hz,1 倍频程/min;
(4) 扫频次数:三个相互垂直的轴向各三次;
(5) 持续时间:每个方向各 30 min。

试验结束后,检查脉冲发生器是否符合"专用技术信息卡"规定的要求。

### 二、冲击试验

**1. 要求**

在进行试验时,37 ℃±2 ℃,500 Ω±5%负载时测得的脉冲发生器功能必须与"专用技术信息卡"要求相符合。

**2. 试验方法**

按 GB/T 2423.5《电工电子产品环境试验 第二部分:试验方法 试验 Ea 和导则:冲击》的规定对脉冲发生器按以下条件进行冲击试验:

(1) 脉冲波形:半正弦波,模拟无反跳冲击。

(2) 强度:峰值加速度,5 000 m/s²;脉冲持续时间,1 ms。

(3) 冲击的方向和次数:三个相互垂直的轴线的两个方向各一次(即总共六次);轴线要选择得最有可能使故障暴露出来。

试验结束后,检查脉冲发生器的功能必须满足"专用技术信息卡"要求。

### 三、温度循环

**1. 要求**

在进行试验时,检查脉冲发生器是否符合在 37 ℃±2 ℃、500 Ω±5%负载时测得的脉冲发生器"专用技术信息卡"功能规定的要求。

**2. 试验方法**

(1) 将脉冲发生器的温度降至制造商规定的最低值或 0 ℃(取较高值),保持该温度 24 h±15 min。

(2) 以 0.5 ℃/min±0.1 ℃/min 的频率将温度升至 50 ℃±0.5 ℃,保持该温度 6 h±15 min。

(3) 以 0.5 ℃/min±0.1 ℃/min 的频率将温度降至 37 ℃±0.5 ℃,保持该温度 24 h±15 min。

试验结束后,检查脉冲发生器是否符合在 37 ℃±2 ℃、500 Ω±5%负载时测得的脉冲发生器"专用技术信息卡"功能规定的要求。

## 5.3.4 对电气危险的防护

### 一、除颤

植入式心脏起搏器在工作时,可能会碰上除颤过程,起搏器应该能承受这种应力。一般情况下,除颤电极不会直接与起搏器接触,选择一个合适电路模拟发生植入式起搏器可能遭受的信号。

**1. 要求**

心脏起搏器的每个输出和输入都须有相当程度的防护,以使在一次除颤脉冲衰减后和一个两倍于逸搏间期的时间延迟后,无论同步性能还是刺激性能都不会受影响。

在进行试验时,测得的值必须符合在 37 ℃±2 ℃、500 Ω±5%负载时测得的脉冲发生器"专用技术信息卡"功能规定的要求。

**2. 试验方法**

(1) 通过一个 300 Ω(±2%)的电阻,将脉冲发生器与一个由 R-C-L(电阻-电容-电感)串联回路(见图 5-6)构成的除颤试验电路相连。

(2) 输出峰值为 140 V(±5%)。

(3) 用连续的三个正向脉冲(+140 V),间隔为 20 s,对脉冲发生器进行试验;停隔 60 s,再用连续的三个负向脉冲(−140 V),间隔为 20 s 重复试验。检查脉冲发生器的性能,它们不能受到影响。

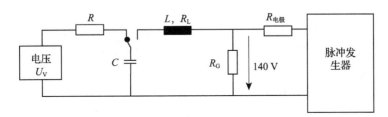

$C=330$ uF($\pm5\%$);$L=13.3$ mH ($\pm1\%$);$R_L+R_G=10$ Ω($\pm 2\%$);

$R_L$—电感电阻;$R_G$—除颤脉冲发生器的输出电阻

图 5-6　试验冲击电压电阻的除颤脉冲发生器试验电路

试验时,对单极脉冲发生器按上述试验方法试验。对双极脉冲发生器,依次将脉冲发生器的每个电极导管端子及金属外壳经一 300 Ω 电阻与除颤脉冲发生器相连进行试验。如外壳上覆盖有绝缘材料,则将脉冲发生器浸入一个充满生理盐水的金属容器,使外壳与容器相连,再按上述的脉冲序列对脉冲发生器进行试验。对于其他脉冲发生器,对具有一个以上输入或输出的脉冲发生器,按双极脉冲发生器方法对每个电极导管端子进行试验。

### 二、植入式起搏器的电中性

人体内电极间的纯直流电流会导致组织及电极的损伤,故需测量起搏器的电中性,即无漏电流。

**1. 漏电流测试**

将每个脉冲发生器的输入和输出端子通过 100 kΩ 的输入电阻与一直流示波器相连至少 5 min,恰好在一个脉冲之前测量示波器上显示的电压值,不得超过 10 mV。也就是说,任何电流通道上漏电流不大于 0.1 μA。

**2. 绝缘电阻测试**

用直流电阻计在每对端子以及每个端子与金属外壳间进行试验,施加的电压不高于 0.5 V 时,外壳电阻不小于 5 MΩ。

### 5.3.5　心脏起搏器性能检测

起搏器的基本试验方法,可用以试验起搏器基本的心房和心室功能。对于更为复杂的模式则还不能作正确评定,因为缺少能基本模拟各种心内电活动的设备,尤其在定时方面。此外,心脏和起搏器间更为复杂的相互作用,要求进行试验的人员精通心脏电生理的应用,只要有了必备的知识和试验设备,确定试验电路便是迎刃而解的事了。

## 一、试验条件与设备

### 1. 试验条件

脉冲发生器的试验在 37 ℃± 2 ℃下进行。对于具有双腔功能的起搏器,心房和心室的性能都要试验。

### 2. 试验设备

(1) 试验负载阻抗:500 Ω±5%。

(2) 双踪示波器需具备以下特性:灵敏度<1 V/division(标称值);最大上升时间10 $\mu$s;最小输入阻抗 1 MΩ;最大输入电容 50 pF;达到全幅脉冲读数的时间 10 $\mu$s。

(3) 间期(周期)计数器:最小输入阻抗为 1 MΩ。

(4) 试验信号发生器,用于灵敏度测量,最大输出阻抗为 1 kΩ,并能产生适合于心房感知和心室感知评估的信号。需有正、负二种极性的试验信号,信号波形为三角波。试验信号的前沿为 2 ms,后沿为 13 ms。

(5) 可触发双脉冲发生器,用于感知和起搏不应期的测量。

信号波形由起搏器制造商规定,但脉冲延迟应当在 0~2 s(最小)间独立可调,循环周期至少有 4 s 可调。在循环周期内,发生器不可能被再次触发。

### 3. 测量准确度

所有的测量准确度都必须在下列限定范围之内:

| 测量项目 | 精度 |
|---|---|
| 脉幅 | ±5% |
| 脉宽 | ±5% |
| 脉冲间期/试验脉冲间期 | ±0.2% |
| 脉冲频率/试验脉冲频率 | ±0.5% |
| 灵敏度 | ±10% |
| 输入阻抗(<1 MΩ) | ±10% |
| 逸搏间期 | ±10% |
| 不应期 | ±10% |
| 房室间期 | ±5% |

## 二、测试项目

### 1. 脉幅、脉宽和脉冲间期(脉冲频率)的测量

脉幅度是指起搏器发放脉冲的电压强度;脉宽度是指起搏器发放单个脉冲的持续时间。脉冲的幅度越大,宽度越宽,对心脏刺激作用就越大,反之若脉冲的幅度越小,宽度越窄,对心肌的刺激作用就小。起搏器发放电脉冲刺激心肌使心脏起搏,从能量的观点上看,起搏脉冲所具有的电能转换成心肌舒张、收缩所需的机械能,因此窦房阻滞或房室传导阻滞的患

者所发出的 P 波无法传送到心室,或者窦房结所应发出的电能根本不能发生,而起搏脉冲便是对上述自身心脏活动的代替。

据研究,引起心肌激动的电能是十分微弱的,仅需几个微焦耳,一般可选取脉冲幅度 5 V、脉冲宽度 0.5～1 ms 为宜。起搏能量还与起搏器使用电极的形状、面积、材料及导管阻抗损耗等有关,如果对这些因素有所改进,则起搏能量将有所减少,从而可降低起搏脉冲幅度和减少起搏脉冲的宽度,故可减少电源的消耗,延长电池的使用寿命。

起搏频率即起搏器发放脉冲的频率。一般认为,能维持心排出量最大时的心率最适宜,大部分患者 60～90 次/min 较为合适,小儿和少年快些。起搏频率可根据患者情况调节。

试验电路:选用适合于测量的脉冲发生器输出端子,按图 5-7 连接试验设备。

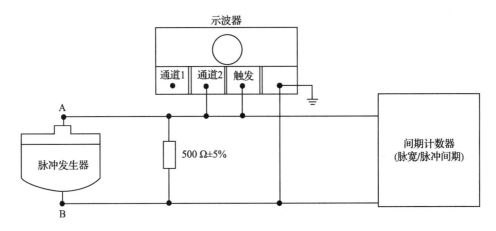

图 5-7    测量脉幅、脉宽与脉冲间期(脉冲频率)的电路

试验方法:

(1) 调节示波器,使之显示由脉冲发生器产生一个从前沿到后沿的完整的脉冲波形,起搏脉冲的波形是一个顶部略有下降的近似方波。在脉冲波形上幅值等于脉幅峰值 1/3 处的各点之间测量脉宽。根据具体情况,将电流或电压对时间的积分除以脉宽,计算出脉幅,一般在 5 V 左右。

(2) 测量脉冲间期时,将间期计数器调节到由脉冲发生器的脉冲前沿触发的状态,读取周期计数器上显示的脉冲间期,多在 0.5～1 ms 之间。脉冲频率应通过计算至少 20 个脉冲间期的平均值而得到。

(3) 测量负载变化的影响,在 240 Ω 和 1 000 Ω 的负载下测量脉冲特性,以确定在电阻作用下的变化情况。检查测得的数据,应符合专用技术信息卡上制造商的声称值。

**2. 灵敏度(感知阈值)的测量**

持续控制脉冲发生器功能所需要的最小信号称为灵敏度,单位为毫伏。同步型起搏器为了实现与自身心律的同步,必须接受 R 波或 P 波的控制,使起搏器被抑制或被触发。感知灵敏度是指起搏器被抑制或被触发所需最小的 R 波或 P 波的幅值。

R 波同步型:一般患者 R 波幅值在 5～15 mV,而少数患者可能只有 3～5 mV,另外,由于电极导管系统传递路径的损失,最后到达起搏器输入端的 R 波可能只剩下 2～3 mV。因此,R 波同步型的感知灵敏度应选取 1.5～2.5 mV 为宜,以保证对 95% 以上的患者能够适用。

P波同步型:一般患者P波仅有 3～5 mV,经导管传递时衰减一部分,传送到起搏器的P波就更小了,因此P波同步型的感知灵敏度选择为 0.8～1 mV。感知灵敏度要合理选取,选低了,将不感知(起搏器不被抑制或触发)或感知不全(不能正常同步工作);如果选取过高,可能导致误感知(即不该抑制时而被抑制,或不该触发时而被误触发)以及干扰敏感等,造成同步起搏器工作异常。

试验电路:选用适合于测量的脉冲发生器感知端子,按图 5-8 连接试验设备。

试验方法:

(1) 采用正脉冲的方法

用灵敏度试验信号发生器按用于灵敏度测量的方法对 A 点施加一正信号,调节信号的脉冲间期使之比脉冲发生器的基本间期至少小 50 ms。将试验信号幅度调至零,调节示波器使其能显示几个脉冲发生器的脉冲。

缓慢增加试验信号的幅值,直至:

① 脉冲发生器停止发生输出脉冲(对抑制模式);

② 或者脉冲发生器的脉冲持续地与试验信号同时发生(对触发模式)。

将试验信号发生器的电压值除以 201,以计算正灵敏度幅值 $e_{pos}$。

(2) 采用负脉冲的方法

按采用正脉冲所述的方式对 A 点施加一负向试验信号,按顺序重复试验。将试验信号发生器的电压值除以 201,以计算负向灵敏度幅度 $e_{neg}$。

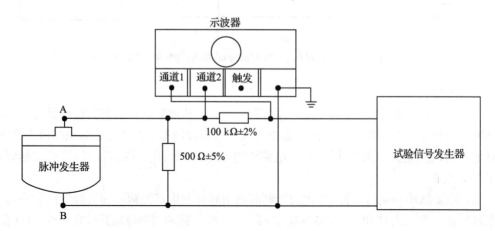

图 5-8　测量灵敏度的电路

### 3. 输入阻抗的测量

就脉冲发生器而言,出现在其端子上的对于试验信号的电阻抗,该阻抗被认为与感知心搏时出现的阻抗是相等的。

试验电路:选用适合于测量的脉冲发生器的感知端子,按图 5-9 连接试验设备。

试验方法:

(1) 调节试验信号幅度(正和负)从零至脉冲发生器刚好持续抑制或触发(根据具体情况)时的值 $E_1$。

(2) 断开开关,使试验信号发生器的输出上升到(1)条给定的条件得到恢复时的值 $E_2$。

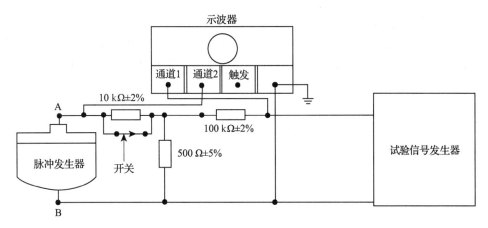

图 5-9　测量输入阻抗的电路

（3）在不考虑示波器输入电阻情况下，按式（5-1）计算脉冲发生器的输入阻抗 $Z_{in}$，单位为 kΩ。

$$Z_{in} = \frac{10E_1}{E_2 - E_1} - 0.5 \tag{5-1}$$

### 4. 逸搏间期、不应期和房—室间期的检测

所谓逸搏是指当窦房结兴奋性降低或停搏时，隐性起搏点的舒张期除极有机会达到阈电位，从而发生激动，带动整个心脏，称为逸搏。一次被感知的心搏或一个脉冲与随后脉冲发生器的非触发脉冲之间的时间称为逸搏间期。

不应期是脉冲发生器对除规定类型的输入信号外的信号不灵敏的时期，这个时间相当于心动周期中的不应期，在起搏器中称为反拗期。R 波同步型反拗期一般采用（300±50）ms，P 波同步型一般取 300～500 ms。

一次心房脉冲或感知心房除极与随后的心室脉冲或感知心室除极之间的时间间隔称为房—室（A - V）间期。心室脉冲或感知心室除极与随后的心房脉冲或感知心房除极之间的时间间隔称为室—房（V - A）间期。

在进行逸搏间期、不应期和房—室间期项目检测时将试验设备与脉冲发生器按图 5-10连接。

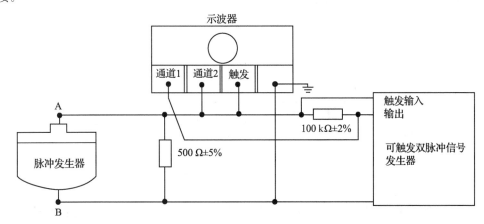

图 5-10　测量逸搏间期和不应期的电路

（1）测量逸搏间期的试验方法

① 调节信号发生器直至试验信号的幅值约为按灵敏度（感知阈值）的检测测得的 $e_{pos}$ 或 $e_{neg}$ 的 2 倍，以保证脉冲发生器感知到信号。将信号发生器调节到在其触发和产生试验信号之期间只提供延迟 $t$ 的单脉冲，而且让 $t$ 稍大于受试脉冲发生器的间期 $t_p$ 约 5%～10%。

② 调节示波器和信号发生器，以获得图 5-11 所示的图形（试验脉冲和脉冲发生器的脉冲都呈直线形）。

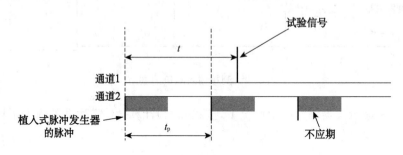

$t_p$：在没有心脏信号时的基本脉冲间期

图 5-11　测量逸搏间期的示波器初始图形

③ 减少试验信号延迟 $t$，直至试验脉冲不在不应期内（$t \leqslant t_p$），若试验的是抑制式脉冲发生器，则可获得图 5-12 所示的图形。

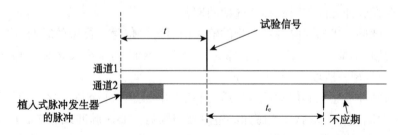

图 5-12　抑制式逸搏间期的测量

若试验的是触发式脉冲发生器，则可获得图 5-13 所示的图形。

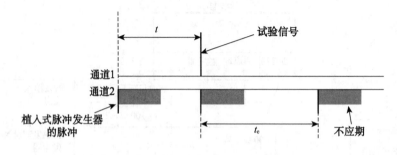

图 5-13　触发（同步）式逸搏间期的测量

④ 测量在脉冲发生器被抑制（或被触发）点与下一个输出脉冲之间的逸搏间期 $t_e$。

（2）测量感知不应期的试验方法

① 调节信号发生器使可触发双脉冲信号发生器产生成对的脉冲。两脉冲应尽可能接近，两个脉冲的脉冲前沿间相隔 $s$，而且它们的延迟（$t_1$ 和 $t_2$）应稍大于受试的输出端子的脉冲间期 $t_p$，其幅值应近似于制造商给定的 $2e_{pos}$ 或 $2e_{neg}$。

② 调节示波器和信号发生器，以获得图 5-14 所示的图形。

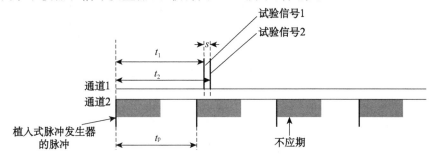

图 5-14　测量感知和起搏不应期的示波器初始图形

③ 减少两个试验信号的延迟时间 $t_1$ 和 $t_2$（保持 $s$ 不变），直至第一个试验信号被脉冲发生器感知。若是抑制模式，则会导致如图 5-15（a）所示的脉冲发生器的一个脉冲抑制；若为触发模式，则如图 5-16（a）所示的输出被试验信号触发。

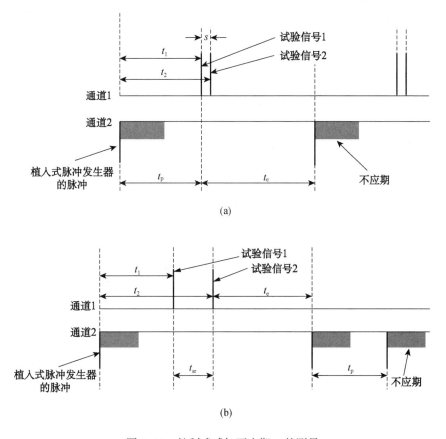

图 5-15　抑制式感知不应期 $t_{sr}$ 的测量

④ 增加试验信号 2 的延迟时间 $t_2$。若是抑制模式,增加至脉冲发生器的第二个脉冲延迟出现,即向右移,如图 5-15(b)所示;若是触发模式,增加至第三个脉冲提前出现(即与试验信号 2 同时出现),如图 5-16(b)所示。

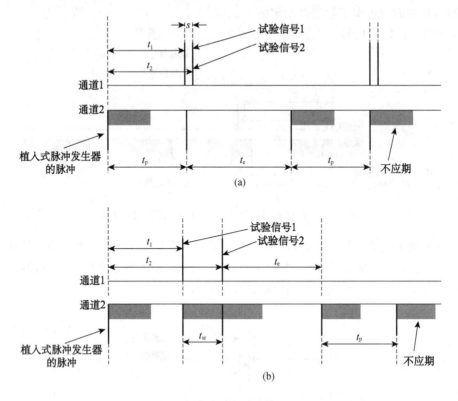

图 5-16 触发式感知不应期 $t_{sr}$ 的测量

⑤ 测量两个试验信号对应点之间的时间,即为感知不应期 $t_{sr}$。

(3)测量起搏不应期的试验方法(仅用于抑制式)

① 按测量逸搏间期的试验方法所述调节信号发生器。

② 调节示波器和信号发生器,以获得图 5-11 所示的图形。

③ 缓慢增加试验信号的延迟时间 $t$,直至图 5-12 所示的第三个脉冲突然右移,如图 5-17所示。

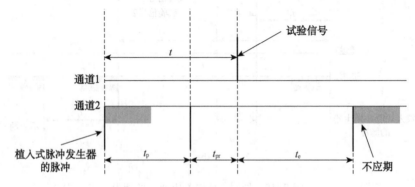

图 5-17 抑制式起搏不应期 $t_{pr}$ 的测量

测量脉冲发生器第二个脉冲与试验脉冲之间的时间,即为起搏不应期 $t_{pr}$。

（4）测量房—室间期的试验方法

调节示波器,以显示图 5-18 所示的图形（起搏脉冲呈直线形）。测量第一个心房脉冲和随后的心室脉冲之间的时间,即为房—室间期 $t_{AV}$。

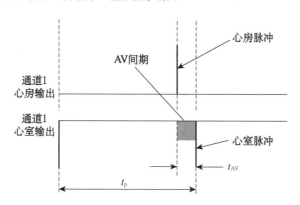

图 5-18　测量房—室间期的示波器图形

## 5.4　植入式心脏起搏器的审评

植入式心脏起搏器在临床使用中直接作用于心脏,用于生命支持,属于高风险的医疗器械,在我国作为三类医疗器械管理。同时植入式心脏起搏器涉及电子、化学、计算机、软件工程、信息、心脏电生理等多个学科,有效控制植入式心脏起搏器的临床使用风险显得特别重要。评价的内容主要包括风险管理、性能指标和特性要求、软件、非电离电磁辐射防护、生物效应、包装标识、动物研究、临床证据等。

### 5.4.1　技术资料

制造商需要提供关于植入式心脏起搏器的技术说明文件,至少包括以下对产品技术特征的说明。对同一注册单元申报的多个型号产品可以提交不同型号技术特征的对比表,也可提交申报产品与已上市产品的对比信息,说明产品的特点。

1. 对起搏器的结构、电路及工作特性的描述,包括:

（1）起搏器电路结构图:提供起搏脉冲发生器总体框图及各单元模块的电路框图、流程图,简述各模块的功能等。

（2）起搏特性:可采用的起搏模式（国际通用标识码）、基本起搏参数。

（3）起搏定时电路及时序图。

（4）脉冲输出及调控电路:包括输出波形、输出极性、脉冲宽度、输出幅度调控等。

（5）感知及调控电路:包括输入网络、放大、频带、滤波电路、感知阈值调控电路等。

（6）出厂设置。

（7）基本功能特性:产品必须具有的功能特性,包括:起搏、感知、程控功能,遥测及数据传输功能,电池余量指示功能,安全起搏功能。

（8）特殊功能（如有）：如运动适应功能，心室/心房节律管理功能，核磁（MRI）兼容、远程监护功能等。

（9）保护电路：除颤保护电路，抗干扰保护电路，如滤波电路、奔放保护、起搏模式转换、程控信号识别技术等。

（10）物理特性：尺寸、重量等。

（11）内腔接口的设计尺寸及允差。

2. 对起搏器植入材料进行描述，如外壳、接头、黏合剂等。提供材料的种类、成分、注册商标（如有）等信息。

3. 说明电池的特征，包括：

（1）电池类型。

（2）电池标称电压、电池总容量、可用容量、设计容量。

（3）电池参数：起始电压与内阻、放电终了电压与内阻、更换指示时对应的电压及剩余电能。

（4）不同放电条件下电池放电特征曲线。

（5）适应的温度范围。

4. 提供对关键元器件的规格和来源的描述，包括电路芯片、绝缘引出端子、数控及通信芯片、存储器、传感器等关键电子元器件。

5. 说明起搏器的货架有效期。

6. 提交产品包装及灭菌方法的选择依据。

7. 说明产品的适应证和禁忌证。

### 5.4.2　风险管理

植入式心脏起搏器，作为风险等级高的有源植入式医疗器械，风险管理对保证器械的安全有效是至关重要的。制造商应在起搏器的研制阶段，对产品的有关可能的危害及产生的风险进行估计和评价，并有针对性地实施了降低风险的技术和管理方面的措施，对所有剩余风险进行评价，达到可接受的水平。

#### 一、风险管理的要求

1. 对于各种可能的危险，应建立有关危险控制和伤害可能性评估、设计分析和试验研究的文件。制造商应参照医疗器械风险管理对医疗器械的应用 YY/T 0316—2008 建立植入式心脏起搏器风险管理文档，风险管理文档应包括：风险管理可接受度准则、风险管理计划和风险管理报告

2. 风险管理活动要求应贯穿于植入式心脏起搏器的整个生命周期，因此，并非只有在产品上市前需要考虑风险管理，对于上市后的产品，仍然需要进行生产和生产后的风险管理，制造商至少要建立以下程序文件来保证风险管理的持续性：不合格品控制程序；设计或者工程变更控制程序；市场监督和反馈处理程序，以便从不同来源收集信息如使用者、服务人员、培训人员、事故报告和顾客反馈；纠正和预防措施程序；起搏器上市后制造商对起搏器风险管理程序及内容进行的任何更改都需要形成文件。

#### 二、具体风险管理内容

起搏器的设计应能够保证，当单个元件、部分或软件发生故障时，不会引起不能接受的

危险。应对由单个故障条件引起的,并与设备各功能有关的危害需加以识别。对于每种危险,其产生伤害的可能性都应进行评估,要考虑各种危险控制,以及对各故障条件引起的伤害可能性进行评估。

**1. 心脏起搏器在设计开发中的风险管理**

在心脏起搏器设计开发的可行性评审阶段,应对心脏起搏器所有的可能的风险进行识别,并初步拟定风险控制措施。该阶段的风险分析结果需作为产品设计输入的一部分。

该阶段风险识别的方法是:根据心脏起搏器的预期用途和安全性特征,识别出可能的风险。分析在正常和故障两种条件下,与心脏起搏器有关的已知或可预见的危害文件,估计每个危害处境的风险。分析心脏起搏器的可能生物学危害,并评估它的风险。

**2. 与起搏器特性相关的风险**

制造商应从起搏器的诊断功能、起搏特性、输入、输出、安全特性、偶然因素、印刷电路板等方面对起搏器的可能出现的风险进行判别。分析可能导致产品风险的硬件/组件、软件可能的故障模式,并制订解决的措施。例如:输送的脉幅或脉宽自编程值下降超过可接受范围、过度感知/欠感知、不适当的起搏频率、过度电流输送到心脏、可导致错误起搏治疗、处方或临床干预的误导性信息、由于特殊算法失效或者两个或多个算法相互作用导致的输出意外减少、在选取时间内(如 3 s)没有开始输送被标记为应急用途的治疗、意外禁用起搏治疗(模式转换、安全起搏、频率失控保护等)或者互锁(上限频率大于下限频率等)、意外输送旨在终止心动过速的治疗和没有输送所需要的旨在终止心动过速的治疗等。

**3. 与起搏器相关的的潜在危险**

起搏器常见的潜在危险主要包括能量危险,如电能、热能、电磁场等。

由使用产品引起的生物危险,如非无菌起搏器导致患者感染或死亡、植入材料生物不相容性等;错误输出,不能正确起搏或导致患者伤害或死亡;对心脏或主要血管的损伤,与电极导线不能输送超过需要的电流造成患者伤害;由于废物或装置处置引起的污染。

工作/储存环境引起的危险包括由于静电放电引起起搏器故障导致患者损伤,电磁干扰会导致起搏器误动作,在规定的温度和湿度范围外储存/工作的可能,因碰撞、自由跌落或振动引起的意外机械损伤,材料不能保持生物稳定性,植入材料在产品寿命期内出现降解,传输的数据发生破坏,导致错误的感知、起搏和程控,必须保证传输信息和命令的准确等。

与使用装置相关的危险包括错误操作,标签不足或不正确,技术规范不完善,警告信息不全或不恰当,培训不当或不完整(材料可用性、要求等),与成功完成预定的医疗手术所必要的其他装置、产品等不兼容。

由于装置维护和老化引起的危险包括无法指示装置寿命终止,包装不合适性使装置受到污染、劣化、损坏等的保护等。

## 5.4.3 性能指标和特性

### 一、电性能参数

1. 基本电性能指标,主要包括:起搏模式,脉幅(V),脉宽(ms),基本脉冲频率(ppm)、磁频率、干扰转复频率,感知灵敏度(mV),不应期(ms),逸搏间期(ms),输入阻抗(Ω),房室间期 AVI(ms),室后房不应期 PVARP,空白期(ms),上限跟踪频率(双腔),文氏点频率。

2. 基本功能,主要包括:电池余量指示,噪声转换,除颤保护,防奔放,停振防护功能,磁铁反应,紧急起搏模式,程控与遥测,PMT 抑制功能。

制造商应当对起搏器的基本电性能指标和基本功能进行测试。测试时需对每一种电性能指标的最小值、中间值和最高值进行测试。对于双腔或三腔的起搏器,心房和心室的性能都应进行测试。

测试需要在 37 ℃±2 ℃温度环境下进行,连接一个(500±1%)Ω 的负载,并设置为制造商推荐的标准设置。基本电性能指标和基本功能指标是必须进行测试的。制造商需对负荷、温度和电池电量最坏组合条件下的电性能指标进行测试分析。

3. 特殊功能,例如:运动适应功能,心室/心房节律管理功能,远程监护功能和其他特殊功能等。

## 二、标记

1. 脉冲发生器的标记必须符合 GB 16174.1 的要求,永久性的、清晰的标注制造商的名称、地址、型号、序列号、最主要起搏模式以及下列内容。

如果有一个以上输入/输出连接器端口,则每个连接器应根据下列内容识别:

心室端口标记"V";

心房端口标记"A";

如适用,标记"S"确认感知端口。

2. 脉冲发生器的无损伤识别:必须符合 GB 16174.1 的 4.6.2 的要求。

## 三、连接器

1. 起搏器采用的 IS-1 连接器应符合 YY/T 0491 标准的要求。如采用非 IS-1 的特殊连接器,制造商应提交对该连接器的设计参数、尺寸的详细描述,并且应制定对该特殊连接器的技术指标要求和试验方法,需要同时提交对试验方法的验证资料。

2. 密封性:制造商应说明连接器密封的原理,提供模拟实际使用条件下对连接器密封性和防腐蚀性的验证资料。

## 四、对环境影响的防护

应确保起搏器在正常操作、运输、存储和临床使用的环境条件下能够达到制造商标称的技术指标。

## 五、避免对患者造成热伤害

当植入时,并且当起搏器处于正常操作状态下或处于单一故障情况下时,该起搏器的外表面的温度不应超过 37 ℃的正常人体温 2 ℃以上。制造商需提供相应的设计分析及数据来证明产品不会造成热伤害。

## 六、起搏器的表面物理特性

脉冲发生器的植入部分不应有导致超出植入手术所致范围以外的反应过度或发炎的表面特征,比如锐角或锐边等,或不应有起搏器正常发挥作用所必须避免的粗糙表面。

在注册产品标准的要求中增加要求并通过检查确认符合性。

### 5.4.4 其他要求

#### 一、产品技术要求

产品技术要求中应当包括以下内容:起搏器物理特性和结构的描述、起搏器的基本电性能指标和基本功能、起搏器直接接触人体的植入材料的说明,包括涂层(若有)、起搏模式、出厂设置、货架有效期、软件名称及版本、与灭菌相关的要求和试验方法等。

#### 二、生物效应

植入式心脏起搏器的外壳、接头等材料直接与人体组织接触。对于所有直接接触组织和/或体液的已灭菌的脉冲发生器的材料需进行全面生物学评价。制造商应提交对植入材料信息的详细说明,如外壳、接头、黏合剂等材料的类型、成分、商标(如有)等信息。制造商应提交生物学评价报告证明植入材料的安全性。

此外当起搏器按照制造商指定的用途使用时,制造商应对产品中任何可能与体液接触的材料释放的颗粒物质数量进行控制。

#### 三、对非离子电磁辐射的防护

心脏起搏器应能防护非离子电磁辐射。

#### 四、抵抗外界干扰的能力

对于植入式心脏起搏器应进行以下干扰源的抗干扰评价,应避免直接作用于病人的高能电场改变起搏器,避免外部除颤器损坏起搏器,避免其他医疗措施对有源可植入医疗器械的影响。

#### 五、软件

起搏器软件与产品的安全有效性密切相关,软件对设备控制的某个错误或故障可能导致患者死亡或严重伤害。这些错误/故障不管是直接的(即软件出现故障,无法按临床要求工作)还是间接的(即对感知信号作出不准确的诊断并作出不适当的行动),都会造成重大的或危及患者生命的危害。对软件的要求不仅适用于拟申请上市的产品,也适用于已上市的起搏器。

参照《医疗器械软件注册技术审查指导原则》提交相关软件资料,起搏器属于高风险产品,软件安全性级别应定义为 C。

#### 六、硬件可靠性

心脏起搏器脉冲发生器部分的硬件主要由电路模块、电池、金属密封外壳和内含电极连接器的高分子材料顶盖等部件组成。制造商提供的硬件可靠性评价材料应能从设计分析、过程控制和试验验证等方面说明各主要部件及产品的可靠性。

## 七、随机文件

随机文件应当包括临床医师手册、登记表、病人识别卡、取出记录表和专用技术信息卡。随机文件中还应包括使用说明书(使用说明书可与临床医师手册合并),起搏器说明书应当符合《医疗器械说明书、包装、标签管理规定》。

## 八、包装

根据 GB 16174.1 中的规定起搏器的包装可分为运输包装、贮存包装、无菌包装。起搏器的包装应符合 GB 16174.1 中的相关要求。

## 九、电池

根据 GB 16174.1 的要求,制造商应在随机文件中给出电池耗尽指标,并按 GB 16174.1 附录 C 标明电池耗尽指标的特性变化。并且植入式脉冲发生器必须提供至少一个电源指示,用于警告建议更换时间。

## 十、货架有效期

制定货架有效期的同时必须考虑起搏器植入后能保证合理的临床使用时间。根据 GB 16174.1 的 4.4 的要求,制造商至少应证明在最大货架有效期时植入后,当起搏器处于随机文件中制造商公布的标称使用寿命的工作条件下,能达到其公布的标称使用寿命。

**思考题**

1. 简述心脏起搏器的工作原理与工作模式。
2. 植入式心脏起搏相关的主要国家行业标准有哪些?
3. 植入式心脏起搏器的逸博间期如何检测?

# 第6章

## 心脏除颤器

## 6.1 概　述

心脏是人体供血的重要器官,完成心脏泵血功能的首要条件,是心肌纤维的同步收缩。当患者发生严重心律失常时,如心房扑动,心房纤颤,室上性或室性心动过速等,常常会造成不同程度的血液动力障碍。纤维性颤动是指心脏产生不正常的多处兴奋而使得各自的传播相互干扰,不能形成同步收缩,某些心肌细胞群由于相位杂乱会呈现重复性收缩状态,形成蠕动样颤动,心脏的泵血功能就完全丧失。心房肌肉的颤动称为房颤,心室肌肉的颤动为室颤。通常发生心房肌肉纤维性颤动时,心室仍然能够正常起作用;当患者出现心室颤动时,由于心室无整体收缩能力,心脏射血和血液循环中止,若不及时进行抢救,就会造成患者因脑部缺氧时间过长而死亡。

通常临床上用药物和电击除颤两种方法来治疗心律失常。药物是一种比较简便、且为患者能接受的治疗方法。但是药物转复存在中毒剂量和有效剂量较难掌握的缺点。如果疗程长,服药期间又需密切观察,则须随时预防药物的副作用。有的药物过量引起的心律失常,其严重程度比原有心律失常更加严重,如抑制窦房结的正常功能,致使窦性心律失常。相反,电击复律的时间短暂,安全性高,疗效良好,随时都可采用,因此成为一种有效的转复心律方法。尤其在心室颤动等某些紧急情况下能起到应急抢救的作用。

消除颤动简称为除颤。用较强的脉冲电流通过心脏来消除心律失常、使之恢复窦性心律的方法,称为电击除颤或电复律术。用于心脏电击除颤的设备称为除颤器,是应用电击来抢救和治疗心律严重失常的一种医用电子治疗仪器。心脏除颤器产生较强的、能量可控的脉冲电流作用于心脏来消除某些心律紊乱,使之恢复为窦性心律。其电生理基础是由于存在多源性异位兴奋灶或心肌各部分的活动相位不一致,由于兴奋的折返循环而使心律失常呈持续状态,电击的目的是强迫心脏在瞬间几乎全部处于除极状态,造成瞬间停搏,使心肌各部分制动相位一致。这样就有可能让自律性最高的窦房结重新起搏心脏,控制心搏转复为窦性心律。

心脏电复律术的产生,起源于一个偶然事件:1774 年,法国一个三岁的小女孩名叫Sophia Greenhill 不幸从楼上摔下而引起心跳骤停,医生诊断为死亡后,一名非医务人员在她的胸部电击后起死回生。1933 年,Hooker,Kouwenhoven 等开始在狗身上进行交流电体内除颤实验取得成功。

1947 年,Beck 等首次将除颤器应用于人类,开始时使用交流电除颤。

1956 年后,Zoll 对除颤器进行了一系列研究和改进,改用高压电容储备可控制的直流电能对患者进行除颤。

1961 年,Lown 等人发明了应用 R 波触动同步电除颤技术,有效防止了刺激落在心动周期的易损期上,并且将该法命名为心脏电击除颤或电击复律法(cardioversion)。

1969 年,Kouwenhoven 等研制出了一种便携式直流电单相除颤仪,使电除颤技术变得简便迅速有效,具有很好的应用价值。

1980 年 2 月,Dr. Mirowski 和他的同事在 John hopkins 医院首次为一位反复发生心跳骤停的患者植入了植入式自动除颤器(Automatic Implantable Defibrillator,AID)。

20 世纪 80 年代早期自动体表除颤器诞生,使未经过识别心脏节律培训的人员进行电击除颤变得切实可行;心脏除颤设备由过去的只能由专科医师掌握的常规手动体外除颤器改成经过短期培训即可由民众操作的自动体外除颤器(Automated External Defibrillator,AED),这种 AED 可以自动分析心律、自动充电放电。1986 年,接受了基本培训的消防队员开始在院前急救中使用自动体外除颤仪,使过去只能由医生掌握的常规手动除颤器走进社会步入家庭,挽救了不少濒死者的生命。

1998 年,德国学者 Auricchio 发明了一种新型的穿戴式体外自动除颤器(Wearable Cardioverter Defibrillator,WCD),即把床旁放置的 AED 穿在患者身上。经过临床和实验室的验证,2002 年美国 FDA 正式批准这项技术在临床应用。

起搏和除颤都是利用外源性的电流来治疗心律失常的,两者都是近代用于治疗心律失常的方法。心脏起搏与心脏除颤复律的区别是:心脏起搏采用低能量脉冲电流暂时或长期刺激心脏;而心脏除颤时,作用于心脏的是一次瞬时的高能脉冲电流,一般持续时间是 4～10 毫秒,电能在 40～400 J(W·s)内。

近年来除颤领域的进展,主要集中在除颤器性能的改进,从 AED 的发明至广泛应用,以及由单相波除颤至双相波除颤的发展,使得除颤的效率更高,以心室纤颤为主要表现的心搏骤停患者的存活率增加。

# 6.2　心脏除颤器的基本工作原理

现代除颤器应用了计算机技术,由中央处理器统一协调,控制各部件的工作,提高了整机智能化程度,结构紧凑,合理,操作简单方便,性能更加稳定可靠。

## 6.2.1　心脏除颤器的分类

### 一、按电极板放置的位置

按电极板放置的位置分类,可分为体内除颤和体外除颤。

#### 1. 体外除颤器

体外除颤器是将电极放在胸部或胸背部,间接接触除颤。体外除颤过程中,操作者身体不能直接接触病人和病床,压下放电钮之后,病人会全身抽动。如果没有放置心电检测电极时,电极板不要离开病人皮肤,可通过除颤电极板来代替心电检测导联线,从显示屏上观察病人的心电情况,以判断除颤效果。

**2. 体内除颤器**

体内除颤器多用于开胸术中,将除颤电极放置在胸内,直接接触心脏进行除颤。体内所需除颤能量较小,一般不超过 50J。胸内除颤电极用无菌生理盐水纱布包扎,分别置于心脏的前后(左、右心室壁)。

现今有些外部除颤器可通过更换不同除颤电极实施体内和体外除颤。

### 二、按除颤电流的类型

分为直流电与交流除颤器。除颤器早期均是以交流电电击来终止室颤,从 1962 年 Edmark 及 Lown 改用直流电转复心律成功后,世界各国均采用直流电除颤。直流电除颤与交流电除颤相比,其放电量容易控制,安全性较高,且便于同步除颤。

### 三、按除颤脉冲的发放和心脏电之间的关系

分为同步与非同步除颤器。

同步除颤器是指利用同步触发装置,用 R 波来控制电流脉冲的发放,使电流仅在心动周期的绝对不应期中发放,避免诱发室颤。

同步除颤的基本原理是利用控制电路,用 R 波控制电流脉冲的输出,使电击脉冲刚好落在 R 波的下降沿,而不会落在易激期,故能避免心室纤颤。经常用于除心室颤动和扑动以外的所有快速性心律失常,如室上性及室性心动过速、心房颤动和扑动等。进行同步除颤时,心电监护仪上每检测到一个 R 波,屏幕上就会出现同步标识,充电完成后实施放电时,只有出现 R 波才会有放电脉冲。

非同步除颤器不采用同步触发装置,它可在任何时间内放电,通过除颤电极将选定的除颤能量作用于心脏。可用于心室颤动和扑动,因为这时患者的 R 波没有足够的振幅和斜率,由操作者自己决定放电脉冲的时间。

非同步除颤设备设有不同的能量档位,当患者出现心室颤动时,操作者根据病人的具体情况选取适当的能量值;然后操作充电钮,高压充电电容进行充电,能量充满后有声音提示能立即实施除颤。

### 四、根据除颤电流波形

根据除颤器电流是单相还是双相波形,可将除颤器分成单相波除颤仪和双相波除颤仪。传统的除颤器的除颤波形均为单相波,从 20 世纪 80—90 年代起,双相波形的除颤器引起人们的极大兴趣,在基础实验和临床应用中,双相波电击除颤可明显降低所需能量水平。

### 五、除颤脉冲的发放受控方式

外部除颤器按自动与否,又分为经胸手动除颤器和体外自动除颤器。

传统的除颤器均需要操作者将电极安放与胸部,开启除颤器后医生根据心电监护中心律失常的类型来判断是否需要除颤,这属于手动除颤器。

自动体外除颤器(AED)与通常使用的除颤器之间的主要区别在于:AED 具有心律分析能力,操作者在发出电击之前,无需分析心律。因此,自动体外除颤器对操作者的救援水平

要求不高,通常是心脏病人的突发病情,在到达医院前对其进行抢救中使用。

典型的 AED 由包括心电信号拾取部分、心律识别系统、指令装置、电缆,一次性除颤电极等部分组成。AED 又分全自动和半自动两类。全自动型除颤器只需把除颤电极置于病人身上,开启仪器,通过除颤电极(一般为黏性吸附电极)拾取心电信号,分析心律后,决定是否需要实施除颤,一旦确定,仪器就自动充、放电。半自动型除颤器分析病人的心电信号,在有必要除颤时提示操作者,由操作者实施除颤的放电,它们能应用视觉信号、音调、语言指令提示操作者实施相应的步骤。

自动体外除颤器所使用的除颤电极,与普通的除颤器或除颤监护仪所使用的电极不同,它是两个一次性有吸力的电极,直接黏附在病人的胸部,它不必向普通除颤电极那样放电时用手持电极板。避免操作者在实施电击时与病人直接接触。

近年来除颤领域的进展,主要集中在除颤器性能的改进。自动除颤器又发展为植入型心律转复除颤器(ICD)和体外穿戴式自动除颤器(WCD)。

1980 年 2 月全球第一台 ICD 被植入人体以来,许多临床实验已经证实了 ICD 能够有效地预防心脏性猝死。ICD 具有支持性起搏和抗心动过速起搏、低能量心脏转复和高能量除颤等作用,能在几秒钟内识别病人的快速室性心律失常并能自动放电除颤,明显减少恶性室性心律失常的猝死发生率,挽救病人的生命,目前已成为治疗恶性室性心律失常最有效的方法,2003 年美国 1 年 ICD 的植入量超过 6 万台。但 ICD 价格昂贵,手术植入有一定创伤,且植入后存在误放电和电风暴现象。反复放电,尤其是高能量电击,患者常有明显不适感和疼痛,生活质量下降,多次放电亦缩短 ICD 使用寿命。

1998 年 Auricchio 首先报道 WCD 人体应用的临床研究,他将 15 例心脏骤停的生存者诱发室速和室颤,然后观察 WCD 疗效;当除颤能量为 230 J 时成功率低于 70%,除颤能量达 250~300 J 时,成功率几乎为 100%。且 WCD 与 ICD 比较,前者价格便宜无创,患者容易接受。

### 6.2.2 心脏除颤器的基本结构

原始的除颤器是利用工业交流电直接进行除颤的,这种方法常会因触电而引起伤亡。因此目前除心脏手术过程中还有用交流电进行体内除颤(室颤)外,一般都用直流电除颤。大多数心脏除颤器采用 RLC 阻尼放电的方式,其充放电基本原理如图 6-1 所示。

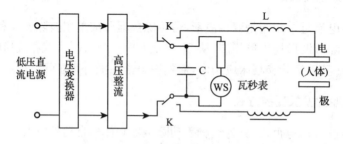

图 6-1 心脏除颤器基本原理图

电压变换器的作用是把直流低压变换成脉冲高压,经高压整流后向储能电容 C 充电,使电容 C 获得一定的能量。当除颤治疗时,控制高压继电器 K 的动作,切断充电电路,将储能电容 C、电感 L 及人体(负荷)串联接通,构成 RLC(R 为人体电阻,导线本身电阻,人体与电极的接触电阻三者之和)串联谐振衰减振荡电路,即为阻尼振荡放电电路。

实验和临床都证明 RLC 放电的双向尖峰电流除颤效果较好,而且对人体组织损伤小。RLC 放电时间一般为 4～10 ms,可以适当选取 L、C 的数值实现。电感 L 应采用开路铁心线圈,以防止放电时因大电流引起铁心饱和造成电感值的下降,致使输出波形改变。此外,除颤时有高电压,对操作者和病人存在意外电击的危险,因此除颤器必须设置各种防护电路以防止误操作。

心脏除颤器除了应有充电电路和放电电路外,还应有监视装置,以便及时检查除颤的过程和除颤效果。监视装置有两种:一种是心电示波器,用于示波器荧光屏上观察除颤器的输出波形,进行监视;另一种是自动记录仪,把除颤器的输出波形以及心电图自动描记在记录纸上,达到监视的目的。当然,有的心脏除颤器同时具有上述两种装置,既可以在荧光屏上观察波形,又可以把波形自动描记下来。有的心脏急救装置由心脏起搏器、心脏除颤器以及监视仪、自动记录仪一起组合而成,是心脏急救的良好仪器。

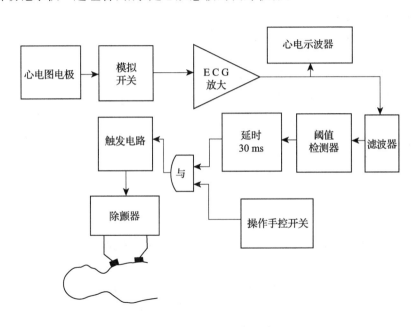

图 6-2　心脏复律器原理方框图

心脏复律器是一种特殊除颤器,它含有同步电路,保证电容器放电是在 R 波出现之后立即进行,即在 T 波出现之前输出高能脉冲,心脏复律器的方框图如图 6-2 所示。它基本上是心脏监护仪和除颤器的结合,其心电图电极放在能获得最大 R 波并且能反映 T 波的体表部位,心电信号通过一个模拟开关电路接到 ECG 放大器上,正常情况下模拟开关电路始终处于接通状态,在心电示波器上显示出被放大后的心电信号。操作人员可通过心电示波器观察患者的心电波形,以判断心脏复律是否成功或变得更坏(即产生严重的心律紊乱)。心电信号放大后,一路送入滤波器,经阈值检测器检出 R 波,送给一个延迟电路,将信号延迟 30 ms,然后经与门电路驱动触发电路,触发电路输出一个触发信号,将模拟开关电路断开,以保护 ECG 放大器不受即将来的除颤脉冲的影响。同时触发电路还输出一个触发信号使除颤器立即通过电极对患者放电,进行除颤。以上过程是在操作手控开关按动一次之后进行的,在除颤脉冲放电完毕之后,心电图电极与 ECG 放大器之间的模拟开关立即接通,此时,操作者可通过心电示波器观察判断心脏复律的效果。如果还需要进行除颤,可将操作者手柄开关再按动一次,于是又重复上述过程。同时还需要在心电示波器上进行观察心律,以确保患者的治疗效果。

### 6.2.3　心脏除颤器的使用注意事项

#### 一、电极

电极的大小能决定除颤成功率的高低。大的电极,可降低电流的阻力,使更多的电流到达心脏。电极增大,成功的机会就会增加,心肌损害的可能性就会减少;然而在实际使用中,电极过大就会使两个电极相碰,并且也不能恰当地贴合胸壁,一般成人电极的直径 8～13 cm,婴儿电极直径 4.5 cm。

电极位置:两个电极的安置应使心脏尤其是心室位于电流的通路中,电极板位置不能过近,更不能形成短路,否则电流不能流过心脏,除颤难以成功。

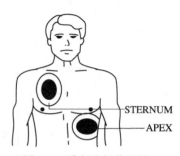

电极的安放有两种位置,即前-侧位和前-后位。当病人仰卧位时,电极选用前-侧位,"STERNUM"电极放于右锁骨下、胸骨右缘外,"APEX"电极置于左乳头下,两个电极板相距 10 cm 以上。当病人侧卧位时,电极选用前-后位,"STERNUM"电极置于左肩胛下区,"APEX"电极置于心前区,如图 6-3 所示。

图 6-3　除颤电极位置图

#### 二、能量

《国际心肺复苏与心血管急救指南》推荐双相波除颤的理论,指出了双相波除颤器与以往单相波除颤器的不同,低能量双相波除颤效果与高能量单相波相同,但除颤后心功能损害明显降低,且心律失常发生减少,从而形成了心肺复苏中关于除颤的新观点。《国际心肺复苏与心血管急救指南》推荐施行一次电击后立刻恢复心肺复苏,且除颤能量以 150～200 J 为宜。此方案可减少复苏过程中胸外按压的中断,提高复苏成功率。

美国心脏协会推荐:对于院外心室纤颤患者采用低能量 150 J、不逐级增加(3 次除颤的能量均采用 150 J)、具有阻抗补偿效应的双相波除颤。

#### 三、皮肤和电极间的接触

皮肤为电流的不良导体,因此在皮肤和电极之间必须加导电物质以减小阻抗。否则高阻抗将减少到达心脏的电流,而且在除颤时皮肤可被灼伤。皮肤潮湿、电极下气泡均可增加阻抗并引起不均匀的电流释放。在安放电极前宜用干布迅速擦干皮肤或电极涂上专用除颤和心电图导电胶,将可减少阻抗,增加到达心脏的电流。

应用手持除颤电极时,在两个电极板上分别施加 10～15 kg 的压力使电极板紧贴皮肤,不留空隙。用力将电极压迫胸壁,可改善电极和皮肤间的接触,并减少肺内空气。若使用一次性除颤电极,则不需要加用压力。

### 四、两次电击之间的间隔

两次电击之间时间越短,经胸阻抗越小。除颤器能承受的充放电周期为每分钟 3 次。

## 6.3 心脏除颤器的检测

在《医疗器械分类目录》中属于用于心脏的治疗、急救装置类产品,类代号为 08-03-01,管理类别属Ⅲ类。心脏除颤器的安全专用标准 GB 9706.8—2009《医用电气设备 第 2-4 部分:心脏除颤器安全专用要求》等同采用国际电工委员会 IEC 60601-2-4:2002《医用电气设备 第 2-4 部分:心脏除颤器安全专用要求》,必须与 GB 9706.1《医用电气设备 第 1 部分:安全通用要求》一起实施。

本专用标准不适用于植入式除颤器、遥控除颤器、体外经皮起搏器、分开单立的心脏监护仪(符合 GB 9706.25)。使用分开的心电监护电极的心脏监护仪不在本标准适用范围内,除非其被作为自动体外除颤器(AED)心律识别检测或同步心电复律的心搏检测的唯一基准使用。

标准要求的持久性试验(见专用标准第 103 章),应在超温试验(见通用标准附录 C 第 C20 章)后进行。第 101 章充电时间、第 102 章内部电源、第 104 章同步器、第 105 章除颤后监视器/心电输入的恢复、第 106 章充电或内部放电对监视器的干扰中要求的试验,应在通用标准附录 C 的第 C35 章试验后进行。

### 6.3.1 对电击危险的防护

#### 一、电气隔离要求

在通用标准的该部分内容中,修改的内容见下文条款 1,增补的内容见条款 2、3。

**1. 防除颤应用部分与其他部分的隔离**

1) 隔离要求

用于将防除颤应用部分与其他部分隔离的布置应设计为:

(1) 在对与防除颤应用部分连接的患者进行心脏除放电期间,危险的电能不出现在:

① 外壳,包括可触及导线和连接器的外表面;

② 任何信号输入部分;

③ 任何信号输出部分;

④ 试验用金属箔,设备置于其上,其面积至少等于设备底部的面积;

⑤ 其他患者电路的应用部分。

(2) 施加除颤电压后,再经过随机文件中规定的任何必要的恢复时间,设备应能继续行使随机文件中描述的预期功能。

2) 试验检验方法

用以下的脉冲电压试验来检验是否符合要求。

共模试验:设备接至图 6-4 所示的试验电路。试验电压施加于所有互相连在一起且与地隔离的患者连接。当应用部分只有一个患者连接时,不采用差模试验。

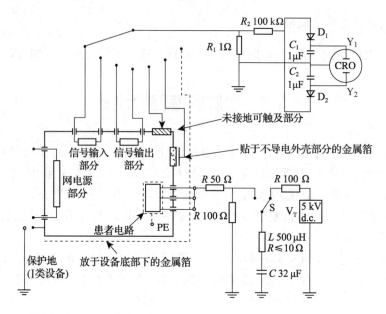

$V_T$—测试电压;S—用于提供测试电压开关;$R_1$、$R_2$—误差 2%,不低于 2 kV;
其他元件误差 5%;CRO—阴极射线示波器($Z_{in} \approx 1$ MΩ);$D_1$、$D_2$—小信号硅二极管

图 6-4　共模试验电路图

差模试验:设备接至图 6-5 所示的试验电路。试验电压依次施加于每一个患者连接,其余的所有患者连接接地。

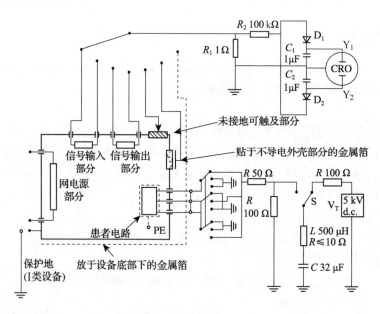

$V_T$—测试电压;S—用于提供测试电压的开关;$R_1$、$R_2$—误差 2%,不低于 2 kV;
其他元件误差 5%;CRO—阴极射线示波器($Z_{in} \approx 1$ MΩ);$D_1$、$D_2$—小信号硅二极管

图 6-5　差模试验电路图

实验中,首先操作图中的开关 S,然后测量 $Y_1$ 点和 $Y_2$ 点之间的峰值电压,不应超过 1V。每一项试验依次在设备通电和不通电两种状态下进行,并且对每种状态下,将测试电压 $V_T$ 反相后重复进行上述每项试验。经过随机文件规定的任何必要的恢复时间后,设备应能继续行使随机文件中描述的预期功能。

3) 试验注意事项

(1) Ⅰ类设备的保护接地导线接地。没有供电网也能运行的Ⅰ类设备,如具有内部电池,在断开保护接地连接后再试验一次。

(2) 应用部分的表面由绝缘材料构成时,表面用金属箔覆盖,或浸于盐溶液中。

(3) 断开任何与功能接地端子的连接;当一个部分因功能目的被内部接地时,这类连接应被看作保护接地连接并应符合通用要求第 18 章的要求,或者应予以断开。

(4) 本试验方法中,在前面所述的隔离要求(1)提到的外壳、任何信号输入部分、任何信号输出部分、试验用金属箔、其他患者电路的应用部分中,未保护接地的部件接至示波器。

**2. 除颤器电极与其他部分的隔离**

1) 隔离要求

除颤器电极与其他部分的隔离应设计成当能量储存装置放电时,下列部分不出现危险的电能:

(1) 外壳;

(2) 属于其他患者电路的所有患者连接;

(3) 所有信号输入部分和/或所有信号输出部分;

(4) 设备放置其上且至少等于设备(Ⅱ类设备或带内部电源的设备)底部面积的金属箔。

2) 试验检验方法

除颤器按图 6-6 连接,放电后在 $Y_1$ 和 $Y_2$ 两点间的峰值电压不超过 $1\,V$,则符合上述要求。在能量放电期间会有瞬态信号干扰测量,这些瞬态信号在测量结果中应被排除。这个电压相当于从被测部分流出 $100\,\mu C$ 电荷。

测试时,应在装置的最大能量下进行测量。Ⅰ类设备受试时应接保护接地。可以不用供电网的Ⅰ类设备,如有内部电池,还应在无保护接地连接的情况下受试。所有接至功能接地端子的连接应拆除。

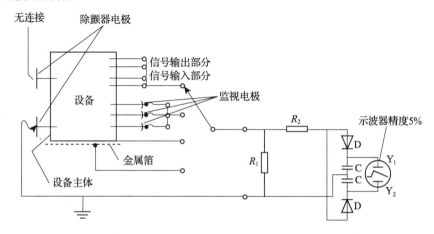

图 6-6　除颤器电极与其他部分隔离要求的试验图

当带电信号输出部分将影响 $Y_1$ 和 $Y_2$ 两点电压的测量,测量不涉及该信号输出端口,但应测量上述信号输出端口的参考地。当按图 6-6 连接测量电路至一个输入/输出端口将导致仪器功能完全失效,测量不涉及该输入/输出端口,但应测量上述输入/输出端口的参考地。

对放电回路的输出需要存在一定范围内阻抗的除颤器,试验时连接 50 Ω 阻性负载。对需要检测到可电击心电才可释放电击的除颤器,可使用带 50 Ω 阻性负载的心电模拟器。

应将接地连接换至另一个除颤器电极上重复这一试验。

### 3. 其他要求

所有非除颤器电极的应用部分应为防除颤应用部分,除非制造商采取措施能防止同一除颤器进行除颤的同时使用它们。对防除颤应用部分按照本章要求进行试验时,不应产生能量储存装置非预期充电。

## 二、连续漏电流和患者辅助电流

### 1. 专用要求中增补要求

在测量患者漏电流或患者辅助电流时,除满足通用要求关于漏电流条件外(具体见本书第 2 章相关内容),设备还应依次运行于以下状态,测量值不应超过标准中给定的容许值。

（1）待机状态；

（2）在能量储存装置正在被充电至最大能量时；

（3）最大能量在能量储存装置中被保持至自动进行内部能量放电,或 1 min；

（4）对 50 Ω 负载输出脉冲开始后 1 s 算起的 1 min 内(不包括放电时间)。

对除颤器电极,患者漏电流应在除颤器电极接至 50 Ω 负载条件下测量,测量应是每一个除颤器电极至地,下述各部分连接在一起并接地：

（1）导电的可触及部分；

（2）设备放置其上并且面积至少等于设备底部面积的金属箔；

（3）正常使用时可以接地的所有信号输入部分和信号输出部分。

### 2. 单一故障状态

通用标准中要求：患者漏电流应在单一故障状态下测量,其中列出的单一故障状态"将最高额定网电源电压值的 110% 的电压加到任一个 F 型应用部分与地之间"。对于除颤器电极,该条要求替换为：

用最高额定网电源电压的 110% 的电压,依次施加在：地与连接在一起的体外除颤器电极之间和地与连接在一起的体内除颤器电极之间,并且,将裹在电极手柄上并与手柄紧密接触的金属箔接至地并与导电的可触及部分、设备放置其上并且面积至少等于设备底部面积的金属箔、正常使用时可以接地的所有信号输入部分和信号输出部分这三部分连接。

### 3. 容许值

对除颤器 CF 型应用部分,网电源电压施加在除颤器电极之间的单一故障状态下患者漏电流容许值为 0.1 mA。

## 三、电介质强度

对于除颤器高压回路(如除颤器电极、充电回路和开关装置)应对通用标准中的绝缘类别 B-a 增加通过施加外部直流试验进行如下 4 个试验,以及替换通用标准中的绝缘类别 B-b、B-c、B-d 和 B-e 的那些试验。

上述回路的绝缘应能承受一个直流试验电压,该电压是在任一正常操作模式下放电时间内出现在有关部分之间的最高峰值电压 $U$ 的 1.5 倍。上述绝缘的绝缘阻抗应不低于 500 MΩ。

应通过电介质强度和绝缘阻抗相结合的试验来检验是否符合要求。

**1. 试验 1**

启动放电回路的开关装置,在连在一起的每对除颤器电极和连在一起的所有下列部分之间:

(1) 导电的可触及部分;

(2) Ⅰ类设备的保护接地端子,或放置在Ⅱ类设备或带内部电源的设备下的金属箔;

(3) 与在正常使用时可能被握住的非导电部分紧密接触的金属箔;及

(4) 所有隔离的放电控制回路和所有隔离的信号输入部分或信号输出部分。

试验时,如果充电回路是浮动的并在放电时是与除颤器电极隔离的,试验期间应将其与除颤器电极连接起来。应用虚拟部件替换除颤器和其他患者电路之间形成隔离的所有电阻。在本试验时,所有其他患者连接,它们的电缆和附属连接器应与设备断开。用来与其他患者回路隔离的除颤器高压回路的所有开关装置,除了那些在正常使用时通过它们各自电缆和患者连接的连接而启动的之外,都应处于开路位置。所有在试验时跨接在被测绝缘的电阻(如测量回路的器件),如果试验配置中它们的实际值不低于 5 MΩ,在试验中用虚拟部件替换。

**2. 试验 2**

在下列条件下依次对体外电极和体内电极进行每一对除颤器电极之间的试验:

(1) 能量储存装置被断开;

(2) 放电回路开关装置受激励;

(3) 用来隔离除颤器高压回路与其他患者电路的所有开关装置处于开路位置;和

(4) 在本试验中会在除颤器电极之间提供导电旁路的所有器件被断开。

较新的除颤器电路拓扑结构,会造成执行上述试验 1 和试验 2 的困难。器件额定值不是 1.5 $U$ 或已知在低于 1.5 $U$ 时失效,如果通过了下述试验,器件是可接受的。通过电路分析确定最高峰值电压 $U$,分析时不考虑电路器件误差。被测器件击穿电压的分布,由供应商提供,或通过足够样品量的击穿试验确定(器件在电压 $U$ 下以 90% 置信度)其失效概率低于 0.000 1。

另外,制造商应通过故障模式影响分析(见 IEC 60300-3-9)认证所实现的电路布局,在单一故障状态和确保操作者已经知道这样的故障状态下,不会引起安全方面危险。

**3. 试验 3**

在放电回路和充电回路的每一开关装置的两端。

对连续的操作当作单一功能集时,其预期进行测试的放电回路开关,应进行下列试验:

(1) 在与能量储存装置极性一致的每个功能集两端施加试验电压,并核实对本篇每一规定直流承受能力。

(2) 断开能量储存装置,并接入上述每一项结果的试验电压源装置,其极性与能量储存装置一致。

通过短路功能集,依次模拟各系列功能开关组合级联失效。在模拟级联失效状态下,证明不会发生对患者连接的能量放电。

**4. 试验 4**

当放电回路的开关装置受激励时,在网电源部分和连接在一起的除颤器电极之间。

如果网电源部分与包含除颤器电极的应用部分之间,通过保护接地的屏蔽或保护接地的中间回路能有效地隔离,则本试验可以不进行。

当隔离的有效性有疑问时(如保护屏蔽不完善),应断开屏蔽并进行电介质强度试验。

试验电压初始时设置为 $U$,并测量电流值。在不小于 10 s 时间内将电压升至 $1.5U$,然后保持此电压 1 min,试验过程中应无击穿或闪烁现象发生。电流应正比于所施加的试验电压,偏差在 ±20% 之内。由于试验电压增加的非线性引起的任何电流的瞬态增大应忽略。绝缘阻抗应按最大电压和稳态电流计算。

在进行通用标准中针对绝缘类别 B-a 的规定试验时,在充电回路或放电回路中的所有开关装置两端出现的那部分试验电压,应限制为不超出等于上述规定的直流试验电压的一个峰值电压。

## 6.3.2 主要性能指标及测试

### 一、最大储能值

高压充电电容的最大充电能量即最大储能值是衡量除颤器性能的一项主要指标,它取决于电容本身的电容值及整个充放电回路的耐压。单位用焦耳表示。运算公式为:

$$W = CU^2/2 \tag{6-1}$$

式中 $W$ 为电容储能值;$C$ 为电容容量;$U$ 为电容两端的充电电压。由式(6-1)可知,电容 $C$ 确定后,$W$ 就由 $U$ 确定。

除颤器的最大储能值一般为 250~360 J。通过大量动物实验和临床实践证明,电击的安全剂量在 300 J 左右。除颤器预置能量应不超过 360 J,对内部除颤器电极,预置能量应不超过 50 J。

### 二、最大释放电压

除颤器以最大储能值向一定负荷释放能量时在负荷上的最高电压值即最大释放电压。这也是一个安全性能指标,以防止患者在电击时承受过高的电压。在 100 Ω 负载电阻两端,除颤器输出电压应不超过 5 kV。

### 三、最大充电时间

对于一个完全放电的电容充电到最大储能值时所需要的时间即最大充电时间。充电时间越少,就能缩短抢救和治疗的准备时间。由于受除颤器电源内阻的限制,不可能无限度地缩短充电时间。

实际检测时,除颤器充电时间从对完全放电的能量储存装置充电至最大能量的时间和从接通电源开关开始,或从操作者进入设定方式开始,到最大能量充电完成的时间两方面检测。

**1. 对频繁使用的手动除颤器的要求**

用已经 15 次最大能量放电消耗过的电池试验。从完全放电的能量储存装置充电至最大能量时间,应不大于 15 s;从接通电源开关开始,或从操作者进入设定方式开始,到最大能量充电完成的时间不应超过 25 s。

**2. 对非频繁使用的手动除颤器的要求**

对完全放电的能量储存装置充电至最大能量的时间,最大能量放电消耗过 6 次的电池不超过 20 s,最大能量放电消耗过 15 次的不超过 25 s;从接通电源开关开始,或从操作者开始设定模式,到最大能量充电完成的时间,用已经过 6 次最大能量放电消耗过的电池,不超过 30 s,15 次最大能量放电消耗过的电池,不超过 35 s。

**3. 对频繁使用的自动体外除颤器的要求**

用已经 15 次最大能量放电消耗过的电池试验。从心律识别检测器启动到除颤器最大能量准备放电的最大时间,不超过 30 s;从接通电源开关开始,或从操作者开始设定模式,到除颤器最大能量完成的时间应不超过 40 s。

**4. 对非频繁使用的自动体外除颤器的要求**

从心律识别检测器启动到最大能量准备放电的最大时间,最大能量放电消耗过 6 次的电池不超过 35 s,最大能量放电消耗过 15 次的不超过 40 s;对从接通电源开关开始,或从操作者开始设定模式,到最大能量充电完成的时间,用已经过 6 次最大能量放电消耗过的电池,不超过 45 s,15 次最大能量放电消耗过的电池,不超过 50 s。

由制造商规定的模拟患者的可电击心律信号,接入到分开的监视电极之间或除颤器电极之间。除颤器随后应给出视觉和听觉提示。通过声音或充电完成指示灯确认被测仪器储能装置处于完全放电状态。使除颤器运行在 90% 额定网电源电压,将能量选择开关置最大能量点,按下充电按钮,与此同时开始计时;当被校仪器指示充电完成后,停止计时。读取充电时间值。

### 四、释放电能量

除颤器实际向病人释放电能的大小即释放电能量,表示除颤器输出的实际能量。除颤器在释放电能时,电容器的电阻、电极、皮肤接触电阻、电极接插件的接触电阻等,都要消耗一定的电能,所以对不同的患者(相当于不同的释放负荷),同样的除颤器储存电能就有可能释放出不同的电能量。通常以负荷 50 Ω 作为等效患者的电阻值。

应规定对 25 Ω、50 Ω、75 Ω、100 Ω、125 Ω、150 Ω 和 175 Ω 负载的额定释放能量(按照设备设置)。对这些负载电阻,在所有能级上,所测量的释放能量与那个负载下的额定的释放能量值的偏差应不超过 ±3 J 或 ±15%(取两者的较大值)。

通过测量在上述的能级上对 25 Ω、50 Ω、75 Ω、100 Ω、125 Ω、150 Ω 和 175 Ω 负载电阻的释放能量,或先测量除颤器输出回路的内部电阻然后计算出释放能量,来检验是否符合要求。

首先将除颤器测试装置和被校仪器分别通电,被测除颤器的除颤电极放置于除颤器测试装置的放电电极上,按仪器说明书要求预热。将被校仪器能量选择开关置选定的能量测试点,按下充电按钮充电,充电完成后,立即对除颤器测试装置放电,读取释放能量值。释放能量误差按式(6-2)、式(6-3)计算。

$$\delta_E = E_0 - E \tag{6-2}$$

$$\delta_{E'} = \frac{E_0 - E}{E} \times 100\% \tag{6-3}$$

式中　$\delta_E$ 为释放能量绝对误差,J;$\delta_{E'}$ 为释放能量相对误差,%;$E_0$ 为被校仪器所设定的释放能量值,J;$E$ 为释放能量测量值,J。

改变被校仪器的能量选择开关至其他能量测试点进行数据测试。测量应不少于 6 个能量点,并且其中应包括最大能量点和最小能量点。

### 五、能量损失率

除颤器高压充电电容充电到预选能量值之后,在没有立即放电的情况下,随着时间的推移,会有一部分电流泄漏掉,造成能量的损失,这就是能量损失率。在充电完成后 30 s 或者任何自动的内部放电开始之前(二者取较短者),除颤器应能释放一个不小于其初始释放能量 85% 的脉冲。

用除颤器测试装置测定被检仪器充电完成后的即刻放电能量值与保持一段时间后的释放能量值,检测被检仪器的能量损失率。

测试时,被校仪器能量选择置最大能量点,按下充电按钮充电,充电完成后,立即对除颤器测试装置放电,测量释放能量值 $E_I$;被校仪器能量选择置最大能量点,间隔 1 min 后再次充电。在充电完成 30 s 或内部自动放电开始之前(两者选较短者),对除颤器测试装置放电,测量此时的释放能量值 $E_L$;能量损失率 $\eta$ 按照下式(6-4)计算:

$$\eta = \frac{E_L}{E_I} \times 100\% \tag{6-4}$$

式中　$E_L$ 为充电完成后持续规定时间内释放能量值,J;$E_I$ 为初始释放能量值,J。

### 六、内部放电

除颤器应提供一个内部放电回路,使储存能量因某种原因不能通过除颤器电极释放时而能通过它被消耗掉。当被检仪器电源被切断时,无论放电控制装置处于何种状态,除颤电极上应无能量输出,且已储存的能量应在 60 s 内耗散于仪器内部。在不进行有意放电和不切断电源的情况下,被校仪器储存的能量应在 120 s 内耗散于仪器内部。

被检仪器能量选择置某一能量点。充电完成后,通过在不同情况下对除颤器测试装置放电,校准其内部放电性能。

1. 被校仪器能量选择置 100 J 充电。充电完成后,立即关闭工作电源开关,并对除颤器测试装置放电,测试装置应指示此时无能量释放。

2. 被校仪器能量选择置 100 J 充电。充电完成后,立即切断电源。等待 60 s 后,再次通电开机并对除颤器测试装置放电,测试装置应指示此时无能量释放。

3. 被校仪器能量选择置 100 J 充电。充电结束 120 s 后,对除颤器测试装置放电,测试装置应指示此时无能量释放。

### 七、同步模式

有同步装置的设备,应满足下列要求:

1. 当除颤器处于同步模式时,应通过视觉和(非强制性的)听觉信号提供明确的提示。

2. 在放电控制装置启动下,应只有当同步脉冲出现时才发生除颤脉冲。

3. 从 QRS 波顶点或外部触发脉冲的上升沿到除颤器输出波形的顶点的最大时间延迟应为:60 ms,当心电信号来自于应用部分或除颤器的信号输入部分;或 25 ms,当同步触发信号(不是心电信号)来自于信号输入部分。

4. 除颤器开机时或从其他模式选择到除颤模式时,不应默认为同步模式。

除颤器的应用部分分为 BF 型应用部分和 CF 型应用部分。与独立的心电图机连接的除颤监护仪,监护电极也应有防颤标记。对于具有监护功能的除颤监护仪,当除颤监护仪处于同步模式时,应有清楚的指示灯或音响信号指示,监护仪心电监护波形应有同步触发标志。

在同步模式下除颤时,除颤脉冲应只在出现同步脉冲时才能出现,且延迟时间应不大于 30 ms。对于除颤器和监护仪分体的仪器,延迟时间应不大于 60 ms。

除颤监护仪置同步模式,由除颤器测试装置输出标准心电信号至除颤监护仪,通过测量除颤监护仪放电脉冲延迟时间来校准除颤监护仪的同步性能。

1. 按图 6-7 连接校准设备。

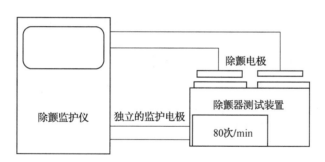

图 6-7  同步模式功能及延迟时间测试连接示意图

2. 除颤器测试装置输出 80 次/min 的模拟心电信号或标准心率信号至被校仪器。开启被校仪器同步模式,被校仪器应有清楚的同步指示灯或音响信号指示,所显示波形上应有同步触发标志。

3. 除颤器测试装置置延迟时间测试模式。被校仪器能量选择置 100 J 充电,充电完成后对除颤器测试装置放电,读取能量释放延迟时间。

### 八、除颤后监视器/心电输入的恢复

#### 1. 来自于除颤器电极的心电信号

当除颤器按下述情况测试时,在除颤脉冲之后最长 10 s 的时间以后,在监视器显示屏(如果适用)上应见到测试信号,并且信号显示的峰一谷幅度值偏离原幅度应不大 50%。

除上述要求外,如果存在心律识别检测器,它应在除颤脉冲 20 s 后能够检测到可电击心律。这种情况下,输入到除颤器电极的信号应为除颤器可识别的可电击信号。

测试接线如图6-8所示,自黏性电极粘在金属板上。如果需要,可在电极表面上涂制造商提供的导电膏,施加适当的力将电极表面压在金属板上。

通过使用者可选择的灵敏度控制器,设置监视器的灵敏度为10 mm/mV。对可影响监视器频率响应的控制器,将其设置到最宽频率响应。

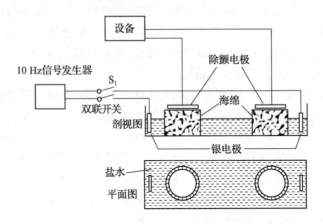

图6-8 除颤后恢复实验装置

当$S_1$接通,信号发生器输出调节到提供一个在监视器显示屏(如果适用)上峰-谷值为10 mm的显示信号。对具有心律识别检测器的除颤器,输入的可电击心律信号幅度应调节到使得除颤器能够检测可电击心律。

当$S_1$断开,释放最大能量脉冲至试验装置。立即接通$S_1$并观察监视器显示屏。上述规定的10 s时间是从$S_1$接通开始计时的。另外,(如果相关)心电心律识别检测器应在$S_1$接通后20 s之内检测到可电击心律。

**2. 来自于任一分开的监视电极的心电信号**

当除颤器按下述情况测试时,在除颤脉冲之后最长10 s的时间以后,在监视器显示屏(如果适用)上应见到测试信号,并且信号显示的峰-谷幅度值偏离原幅度应不大50%。

使用制造商所规定的电极,将分开的监视电极粘在金属板上,试验方法同上条"1. 来自于除颤器电极的心电信号"中所述。

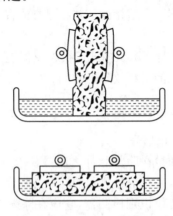

图6-9 监护电极在海绵上的放置

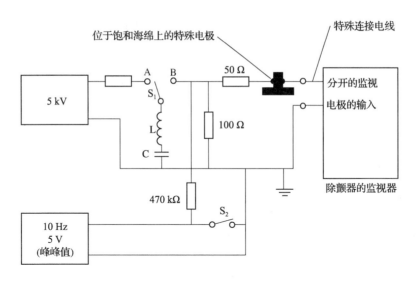

图 6-10　除颤后恢复实验装置

### 3. 来自于非重复使用的除颤器电极的心电信号

当除颤器按照下面描述的进行测试时,在除颤脉冲之后最长 10 s 的时间以后,在监视器显示屏上应见到心电信号,并且信号显示的峰-峰幅度值偏离原幅度应不大于 50%。对不具有监视器的但其心律识别检测器使用心电输入信号的除颤器,在除颤脉冲之后的 20 s 内,心电心律识别检测器应能正确地识别该心电信号。

应通过以下描述的试验检查符合性。

将一对制造商推荐类型的非重复使用除颤器电极背对背(导电表面面对导电表面)连接。电极与带有心电模拟器的能量计/除颤器测试仪以串联方式连接到除颤器。心电模拟器输出设置为心室纤维性颤动。设备以最大能量输出释放 10 个能量脉冲,或按照设备所具备的固定能量治疗方案。以设备能达到的最高速率释放能量脉冲。

### 九、充电或内部放电时对监视器的干扰

本条款对不具备监视器的除颤器不适用。

在能量储存装置充电或内部放电期间,监视器显示灵敏度设置为 10 mm/mV、±20%,当监视器输入从如图 6-11 所示的情况获得时,应满足:在监视器上显示的任何可见的干扰峰-谷值应不超过 0.2 mV,和峰-谷值 1 mV 的 10 Hz 正弦波输入的显示幅度变化应不大于 20%。应忽略总时间小于 1 s 的任何干扰。只要显示屏上仍可见到整个信号,应忽略基线漂移。

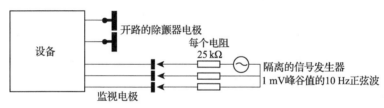

(a) 监视器的输入从所有分开的监视电极

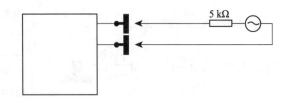

（b）监视器的输入从除颤器电极，且所有分开的监视电极被断开

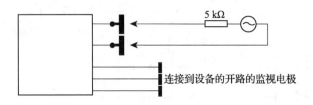

（c）监视器的输入从除颤器电极，所有分开的监视电极接至设备

图 6-11　充电或内部放电时对监视器的干扰试验

## 十、持久性

设备应能够在本标准规定的超温试验后满足下列持久性试验：

### 1. 除颤器对 50 Ω 负载放电的持久性

频繁使用的除颤器应能对 50 Ω 负载按最大能量或按设定的能量治疗方案，充电和放电 2 500 次。预期非频繁使用的除颤器应能对 50 Ω 负载按最大能量或按设定的能量协议，充电和放电 100 次。在本试验中，允许对设备和负载施加强制性冷却。加速试验过程时应不产生超过 GB 9706.8 标准第 42 章试验所得到的温度。本试验中，内部电源设备可使用外部电源供电。

### 2. 短路放电的持久性

把除颤器两电极短路，对除颤器按最大能量或按内部治疗方案，充电和放电 10 次。连续放电的间隔应不超过 3 min。当短路放电不可能时，本试验不适用。

### 3. 开路放电的持久性

把除颤器电极开路，其中一个电极与导电的外壳相连接并接地，除颤器按最大能量充电和放电 5 次。接着，换成另一个电极与该外壳相连接并接地，重复本试验。如果外壳不导电，各电极依次接至接地的金属物，金属物上按正常使用方式放置设备。该接地的金属物面积应至少等于设备底部面积。连续放电的间隔应不超过 3 min。当开路放电不可能时，本试验不适用。

### 4. 对内部放电回路放电的持久性

对频繁使用的除颤器，每一内部放电回路按最大储存能量试验 500 次。对非频繁使用的除颤器的内部放电回路按最大储存能量试验 20 次。在本试验中，允许对设备和负载进行强制性冷却。加速试验过程时应不产生超过 GB 9706.8 标准第 42 章试验所得到的温度。本试验中，内部电源设备可使用外部电源供电。在这些试验完成后，设备应符合 GB 9706.8 标准中所有其他要求。

### 6.3.3　除颤器电极及其电缆

**一、除颤电极**

**1. 除颤器电极手柄的要求**

所有除颤器电极手柄应没有导电的可触及部分。这一要求不适用于小金属件,例如在绝缘材料内或穿过绝缘材料的螺钉,这些小金属件在单一故障状态下不会带电。

**2. 除颤器电极电缆和电缆固定装置的要求**

除颤器电极电缆和电缆的固定装置应可以顺利通过下述的试验。

此外可重复使用的除颤器电极的固定装置应满足通用标准对电源软电线的要求。对一次性使用电缆或电缆/电极组合,在试验 2 中摆动弯曲次数应除以 100。针对除颤器电极,至设备/除颤器电极的每一电缆和至设备/除颤器电极连接器的每一电缆,当相关时,应依次进行试验,除非两个或更多连接器有相同的结构(此情况下,应仅对其一个连接器进行试验)。当一个连接器配接两个或更多的电缆时,这些电缆应一同进行试验,在连接器上的张力是各适于每一电缆的张力的总和。

应通过下列检查和试验来检验是否符合要求:

试验 1:

对可重新接线电缆,把导线伸入除颤器电极的接线端子,把端子螺钉旋紧到刚能防止导线轻易移动。按正常方式紧固电缆固定装置。对所有电缆,为测量纵向位移,在电缆上距离电缆固定装置约 2 mm 处做上记号。

然后立即使电缆承受 30 N 的拉力,或使连接器脱开前的所能施加的(或使电极拉离患者,如适用)最大力,至少持续 1 min。在这一试验末尾,电缆纵向位移应不大于 2 mm。对可重新接线电缆,导线在接头处移动应不大于 1 mm,并且当拉力仍然施加时导线不应有可察觉的变形。对非可重新接线电缆,导线应不超过总股数 10% 的线股断裂。

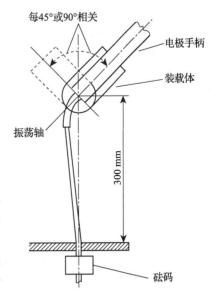

试验 2:

将一个除颤器电极固定在如图 6-12 所示的装置上,固定时应使该装置的摆动杆在其行程当中时,从电极或电极手柄处引出的电缆轴线垂直并且通过摆动轴线。按下列方法对电缆施加张力。

(1) 对可延伸的电缆,施加张力等于使电缆伸展至其自然(未伸展)长度的 3 倍所需的张力,或相当于一个除颤器电极重量的张力,取较大的值,在离摆动轴 300 mm 处将电缆固定。

图 6-12　除颤器电极电缆和电缆的固定
　　　　装置的试验示意

(2) 对非可延伸的电缆,电缆穿过一离摆动轴 300 mm 的小孔,在小孔下方的电缆上固定一个重量等于除颤器电极的重物,或 5 N,取较大的值。

如对于体内电极的测试时,摆动杆摆动的角度为 180°(垂线两侧各 90°);如对于体外电极的测试时,摆动杆摆动的角度为 90°(垂线两侧各 45°)。摆动总次数应是 10 000 次,以每分钟 30 次的速度进行。摆动 5 000 次后,除颤器电极绕电缆进线处中心线转动 90°,余下的 5 000 次在同一平面上完成。

本试验后,除了允许有不超过导线总股数 10% 的线股断裂外,电缆不应松动,并且电缆固定装置或电缆都不应有任何损坏。

要求 3:除颤器电极最小面积的要求

除颤器电极的每个电极的最小面积应是:成人体外用的除颤器电极的最小面积为 50 cm²,成人体内用的除颤器电极的最小面积为 32 cm²,儿童体外用的除颤器电极的最小面积为 15 cm²,儿童体内用的除颤器电极的最小面积为 9 cm²。

### 二、网电源部分、元器件和布线

这部分要求,主要针对"爬电距离和空气间隙"的要求进行了增补。内容如下:

1. 在除颤器电极的带电部分与在正常使用中很可能接触的手柄和开关或控制器之间,爬电距离应至少有 50 mm,电气间隙应至少有 25 mm。

2. 除了元器件额定值的裕量能证实外(例如从元器件制造商的额定值或通过电介质强度试验),高压回路与其他部分之间以及高压回路各部分之间绝缘的爬电距离和电气间隙应至少为 3 mm/kV。这个要求还应适用于除颤器的高压电路与其他患者电路之间的隔离方法。

3. 对于非可重复使用的除颤器电极,不要求满足(2)中对爬电距离和电气间隙的要求,不要求满足通用标准第 20 章中对电介质强度的要求。

4. 连接除颤器和除颤器电极的电缆应具有双重绝缘(两层分别铸造的绝缘)。对非可重复使用的电缆包括非可重复使用的除颤器电极,当非可重复使用的电缆长度小于 2 m,不要求双重绝缘。电缆的绝缘阻抗应不小于 500 MΩ。电缆的电介质强度应按下面描述的,在所有正常操作模式下除颤器电极之间的最高电压的 1.5 倍电压值进行试验:用导电金属箔包裹电缆外部 100 mm 长度;在高电压导线和外部导电包裹层之间施加试验电压;将电压在不小于 10 s 的时间内升至最高电压的 1.5 倍电压值,保持稳定持续 1 min,不应产生击穿或闪烁;测量高电压导体与包裹层之间的漏电流,证实绝缘阻抗超过 500 MΩ。

## 6.4 心脏除颤器的审评注意事项

心脏除颤器审评时需注意如下要求:

### 一、注册申请表的基本要求

在注册时,产品名称应准确。在申报材料中,注册申请表、注册产品标准、说明书等处,产品名称必须保持一致。产品的型号、规格也应明确。此外,应明确产品的结构及详细组成,提供的信息应足以明确所指的主机、部件、附件。产品适用范围应详细、确切,不应出现"等"字;并且一般应包含产品的预期用途、适用人群、适应症、使用环境。产品的禁忌症不能填"无"，如的确尚未确定已知禁忌症,可填"尚未明确"。

## 二、标准引用的要求

现阶段实行的国家标准和行业标准及有参考意义的标准,只要是适用于除颤器的,都需要引用。

## 三、临床资料的基本要求

按照《医疗器械注册管理办法》及其附件 12,判断申报产品符合的相应法规路径,提供相应的临床资料。境内临床资料应符合《医疗器械临床试验规定》的要求。医疗器械临床试验开始前应当制定试验方案,医疗器械临床试验必须按照该试验方案进行。医疗机构与实施者签署双方同意的临床试验方案,并签订临床试验合同。医疗器械临床试验应当在两家以上(含两家)医疗机构进行。

### 1. 临床评估资料的基本要求

临床评估资料可由临床试验基地或生产企业提供。临床评估过程的结果是一份总结性报告,这份报告应该包括对应用该医疗器械所产生的副作用和安全风险的可接受程度的评估结论。需要评定、分析来自不同来源(科学文献、临床调查研究结果或其他)的临床数据,并认定这些数据,对于证明医疗器械的技术性能和安全性能满足要求来说是否足够和恰当,同时证明器械是否符合制造商预期要求。制造商必须证明所提供的临床数据对说明医疗器械满足要求是否足够,需要做到以下两点:

(1) 证明这些临床数据所对应的医疗设备与在审的设备是否是同一类设备,这些临床数据可以适用于在审的设备上。

(2) 这些临床数据可以充分证明在审的设备满足相关要求。

### 2. 临床试验方案基本内容

包括:临床试验的题目;临床试验的目的、背景和内容;临床评价标准;临床试验的风险与受益分析;临床试验人员姓名、职务、职称和任职部门;总体设计,包括成功或失败的可能性分析;临床试验持续时间及其确定理由;每病种临床试验例数及其确定理由;选择对象范围、对象数量及选择的理由,必要时对照组的设置,临床方案中,应从统计学角度,详细论述此内容;治疗性产品应当有明确的适应症或适用范围;临床性能的评价方法和统计处理方法;副作用预测及应当采取的措施;受试者《知情同意书》;各方职责。

### 3. 临床试验报告基本内容

试验的病种、病例总数和病例的性别、年龄、分组分析,必要时需给出对照组的设置;临床试验方法;所采用的统计方法及评价方法;临床评价标准;临床试验结果;临床试验结论;临床试验中发现的不良事件和副作用及其处理情况;临床试验效果分析;适应症、适用范围、禁忌症和注意事项;存在问题及改进建议。


**思考题**

1. 简述除颤器的作用和基本原理。

2. 除颤器有哪些分类方法,具体分为哪些类型?

3. 除颤器"释放能量"的含义是什么？操作时应注意哪些安全问题？

4. 除颤器主要检测哪些安全指标？并简述除颤器的"连续漏电流和患者辅助漏电流"的检测方法。

# 第7章

# 心 电 图 机

## 7.1 概　　述

心脏是人体血液循环的动力。正是由于心脏自动不断地进行有节奏的收缩和舒张活动,才能使血液在封闭的循环系统中不停地流动,以维持生命。心脏在搏动前后,心肌发生激动。在激动过程中,会产生微弱的生物电流。这样,心脏的每一个心动周期均伴随着生物电变化。这种生物电的变化可以传到身体表面的各个部位。由于身体各部分组织不同,距心脏的距离也不同,心电信号在身体不同的部位所表现出的电位也不同。对正常心脏来说,这种生物电变化的方向、频率、强度是有规律的。若通过电极将体表不同部位的电信号检测出来,再用放大器加以放大,并用记录器描记下来,就可得到心电图波形。医生根据所记录的心电图波形的形态、波幅大小以及各波之间的相对应时间关系,再与正常心电图相比较,就能诊断出心脏疾病,诸如心电节律不齐、心肌梗塞、期前收缩、高血压、心脏异位搏动等。

心电图机是从人体体表获取心肌激动电信号波形的诊断仪器,它是一种生物电位的放大器,其基本作用是把微弱的心电信号进行电压放大和功率放大,并进行处理、记录和显示。由于心电图机具有诊断技术成熟、可靠、操作简便、价格适中、对病人无损伤等优点,已成为各级医院中最普及的医用电子诊断仪器之一。

早在19世纪,人们就发现了肌肉收缩会产生生物电的现象,当时由于受技术水平的限制,无法定量地将其记录下来。1903年威廉·爱因霍文应用弦线电流计,第一次将体表心电图记录在感光片上,1906年首次在临床上用于抢救心脏病人,成为世界上第一个从病人身上记录下来的信号,轰动了当时的医学界,从此人们将这台重约300 kg,需要五个人远距离共同操作的仪器称为心电图机。1924年威廉·爱因霍文被授予诺贝尔生理学或医学奖。

经过多年的发展,心电图机已经从手工操作的单道心电图机发展到现在的多道自动心电图机。由于心电图已应用于各个层次的医疗机构的临床和科研中,特别广泛用于临床中的各个疾病的诊断。心电图机的非创伤性和多功能化的特点,使心电图不仅仅局限于心脏疾患的范围,而且可用于临床电解质监测和非心脏疾病的鉴别诊断等。随着人们生活节奏的加快和生活方式的改变,心血管疾病的发病率不断上升,心电图也在今后相当长的时间内更显重要。

心电图机的记录方式由先进的高分辨率热点阵式输出系统代替了传统的热笔式。热点阵记录头是利用先进的元件技术,在陶瓷基体上高密度集成了大量发热元件及控制电路所制成的一种高科技部件。由于心电图机频率响应的提高,记录的心电波形不再失真,解决了心电信号放大失真和描记受诸多外界因素影响等问题,从而提高了诊断准确率。

由于心电图机采用数字技术及通信接口,运用先进的高精度数字信号处理技术,心电图机可以作为一种信息系统的终端,进行原始心电信号的采集与处理,并与中心处理系统联网通信,使心电信号处理的速度及能力明显提高,同时可以充分利用所采集到的信息进行集中处理和管理,提高了工作效率。随着科学技术的不断发展,心电图机的功能不断增加,正朝着多通道、数字智能型和网络共享型方向发展。

## 7.2　心电图机的基本工作原理

### 7.2.1　心电图机的分类

心电图机的种类很多,分类方式也各有不同,心电图机类产品按功能可划分为:具有分析功能或具有不同的分析功能、不具有分析功能;按记录形式可划分为单道、多道;按产品电源部分可划分为交流、交直流两用;按记录方式可划分为热笔式打印、热阵式打印。

以下简单介绍不同类型心电图机的功能:

**一、单道手动心电图机**

心电信号放大通道只有一路,各导联的心电波形要逐个描记,一次输出一个导联心电输出波形,手选任意导联输出心电波形。

**二、单道自动心电图机(手动、自动均可)**

只要选择自动方式,机器就会按顺序依次输出 12 导联心电波形,但它不能反映同一时刻各导联心电的变化。

**三、多道全自动心电图机**

多道心电图机的放大通道有多路,同时可输出多个导联的心电波形,可反映某一时刻多个导联的心电信号同时变化的情况的记录。

**四、具有自动分析诊断功能的智能型心电图机**

具有多种记录方式;手动、自动均可操作;可储存和分析一定时间内心电信号。

**五、具有自动分析诊断功能的智能型多功能心电图机**

将人体的心电、向量等电位信号通过电极输入给特制的采集卡式电路板,采集卡式电路板可直接插在微型计算机扩展槽中,形成综合数据采集分析系统。可作出心电图、向量图等,系统自动分析采集数据,并由打印机输出诊断结果。

### 7.2.2　心电图机的基本结构

现代心电图机至少应包括以下八个部分:信号电极部分,隔离和保护电路,导联选择部分,定标电压部分,前置放大部分,功率放大部分,记录器部分和电源部分。心电图机的基本结构框图如图 7-1 所示。

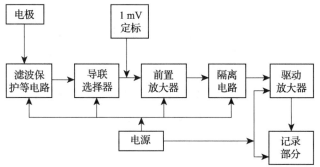

图 7-1　心电图机的基本结构框图

## 一、电极部分

电极是用来摄取人体内各种生物电现象的金属导体,也称作导引电极。它的阻抗、极化特性、稳定性等对测量的精确度影响很大,作心电图时选用的电极一般用表皮电极。表皮电极的种类很多,有金属平板电极,吸附电极,圆盘电极,悬浮电极,软电极和干电极。按其材料又分为有铜合金镀银电极,镍银合金电极、锌银铜合金电极,不锈钢电极和银-氯化银电极等。

### 1. 金属平板电极

金属平板电极是测量心电图时常用的一种肢体电极,它是一块镍银合金或铜质镀银制成的凹形金属板,这种电极虽然比较简单,但其抗腐蚀性能、抗干扰和抗噪声能力较差,在微电流通过时容易产生极化,而且存在电位不稳定、漂移严重和信号失真等缺点,现在已较少使用。用于四肢的肢电极形状呈长方形,长度 $ab$ 为 4 cm、宽度 $cd$ 为 3 cm,它的一边有管形插口,用来插入导联线插头,如图 7-2 所示。常用的肢体平板电极的形状如图 7-3 所示。平板部分长度为 3.2 cm,宽度为 2.8 cm,平板两边做成一边高、一边低的凹槽,其槽宽度正好为电极夹子的宽度,在高的一边的上端有一管形插口,用来插入导联线插头,由银粉和氯化银压制而成的。

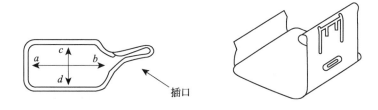

图 7-2　长方形铜质渡银电极　　　　　图 7-3　肢体平板电极

肢体电极的固定方法,通常采用的是橡皮扣带、尼龙丝扣带和电极夹子三种,如图 7-4 所示。

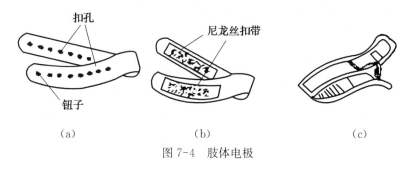

（a）　　　　　　　　　（b）　　　　　　　　　（c）

图 7-4　肢体电极

### 2. 吸附电极

吸附电极是用镀银金属或镍银合制而成,呈圆筒形,其背部有一个通气孔,与橡皮吸球相通,它是测量心电时作为胸部电极的一种常用电极,如图 7-5 所示。该电极不用扣带而靠吸力将电极吸附在皮肤上,易于从胸廓上一个部位换到另一部位。使用时挤压橡皮球,排出球内空气,将电极放在所需部位,然后放松橡皮球,由于球内减压,使电极吸附在皮肤上。这种电极由于只有圆筒底部的面积与皮肤接触(即接触面积小),对皮肤的压力很大(即刺激大),不适用于输入阻抗低的放大器和不宜作长时间监护之用。

### 3. 圆盘电极

圆盘电极多数采用银质材料,其背面有一根导线,如图 7-6 所示。有的电极为了减轻基线漂移及移位伪差在其凹面处镀上一层氯化银。必须注意,该电极在使用一段时间后必须重新镀上氯化银。

图 7-5 吸附电极      图 7-6 圆盘电极

### 4. 悬浮电极

悬浮电极分为永久性和一次性使用的两种。其中永久性悬浮电极又称帽式电极,其结构是把镀氯化银或烧结的 Ag-AgCl 电极安装在凹槽内,它与皮肤表面有一空隙,如图 7-7 所示。

图 7-7 悬浮电极

使用时,应在凹槽内涂满导电膏,用中空的双面胶布把电极贴在皮肤上。由于导电膏的性质柔软,它黏附着皮肤,也紧贴着电极,当肌肉运动时,电极导电膏和皮肤接触处不易发生变化,有稳定的作用。一次性悬浮电极也可称钮扣式电极,其结构是将氯化银电极固定在泡沫垫上,底部也吸附着一个涂有导电膏的泡沫塑料圆盘。使用前,圆盘周围粘有一层保护纸,封装在金属箔制成的箱袋内,用时取出,并剥去保护纸,即可使用,如图 7-8(a)、(b)所示。由于泡沫塑料与人体皮肤贴附紧密,一般不会引起接触不良而产生干扰,但这种电极只能使用一次。

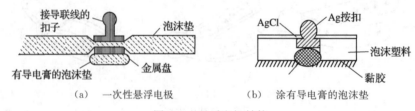

(a) 一次性悬浮电极      (b) 涂有导电膏的泡沫垫

图 7-8 悬浮电极结构

### 5. 软电极

其作用是为了防止可能会改变原来的状态而引起意外的移位伪差。一种常见的软电极是贴在胶布上的银丝网电极,如图 7-9 所示。使用时,只需把银丝网涂上导电膏后贴在所需的人体部位即可。另一种软电极是在 13 $\mu$m 厚的聚脂薄膜(Mylar)上镀一层 1 $\mu$m 厚的氯化银膜而制成的。整个电极的厚度仅为 15 $\mu$m,质地十分柔软,如图 7-10 所示,它适用于检测、监护早产儿心脏变化功能。

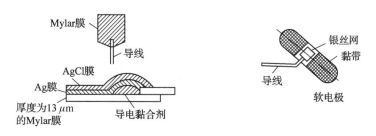

图 7-9　软电极　　　　　　　图 7-10　用于婴儿的软电极

### 6. 干电极

干电极是利用固态技术,将放大器与电极组装在一起使用。使用时不必涂上导电膏,波形不失真,但必须与一个输入阻抗很高的前置放大器相匹配。除上述六种电极外,还有体内电极和胎儿电极等。

为了准确、方便地记录心电信号,要求心电电极必须具有以下功能:

(1) 响应时间快,易于达到平衡。

(2) 阻抗低,信号衰减小,制造电极材料的电阻率低。

(3) 电位小而稳定,重现性好,漂移小,不易对生物电信号产生干扰,没有噪声和非线性。

(4) 交换电流密度大,极化电压值小。

(5) 机械性能良好,不易擦伤和磨损,使用寿命长,见光时不易分解老化,光电效应小。

(6) 电极和电解液对人体无害。

根据以上要求,目前国内外供临床广泛使用的电极为银氯化银电极。它是用银粉和氯化银粉压制而成的,是一种较为理想的体表心电信号检测电极。使用时,电极片和皮肤之间充满导电膏或盐水棉花,形成一薄层电解质来传递心电信号,从而有效地保证了电极片与皮肤的良好接触,也有利于极化电压的减小。

### 二、输入部分

它包括从电极到导联线、导联选择器、输入保护及高频滤波器等。

### 1. 导联线

由它将电极上获得的心电信号送到放大器的输入端。四个肢体和胸部各一根导联线,根据需要采用三根或六根胸部导联线。由于电极获取的心电信号仅有几个毫伏,故导联线必须用屏蔽线。导联线的芯线和屏蔽线之间有存在分布电容(约 100 pF/m),为了减少电磁感应引起的干扰,屏蔽线可以直接接地,但会降低输入阻抗;若采用屏蔽驱动器,可兼顾接地和使输入阻抗不降低的要求。导联线应柔软耐折,各接插头的连接应牢靠。

### 2. 导联选择器

其作用是将同时接触人体各部位的电极导联线按需要切换组合成某一种导联方式。导联选择器的结构形式,已从原来的圆形波段开关或琴键开关直接式导联选择电路,发展到目前的带有缓冲放大器及威尔逊网络的导联选择电路和自动导联选择电路。必须注意的是每切换一次导联,都应按顺序进行,不能跳换。

### 3. 输入保护及高频滤波器

输入保护电路采用电压限制器,分低、中、高压分别限制。选用 RC 低通滤波电路组成高频滤波器,滤波器的截止频率选为 10 kHz 左右。滤去不需要的高频信号(如电器、电焊的火花发出的电磁波),以减少高频干扰而确保心电信号的通过。这是因为患者使用心电图机时,可能还会同时进行除颤治疗或施行高频电刀手术,输入保护及高频滤波器的作用既能保护病人安全,又能避免损坏心电图机。

## 三、放大部分

放大部分的作用是将心电信号的频率 0.05～200 Hz、幅度从 uV 级放大到可以观察和记录的水平。心电图机的放大部分包括:前置放大器、中间放大器和功率放大器。此外还有 1 mV 标准信号发生器。

### 1. 前置放大器

它是心电放大的第一级,因输入的心电信号很微弱,对前置放大器的具体要求是:低噪声,噪声必须小于 15 $\mu$V、高输入阻抗、高抗干扰能力、低零点漂移、宽的线性工作范围。故前置放大器必须采用具有高输入阻抗、低噪声和高共模抑制比的场效应管恒流源差分放大器,在差分对管的源极引入负反馈,可以改善线性工作范围。此外,在前置放大器之前,还应该加上缓冲隔离级,通常由具有高输入阻抗的射极输出器组成,这样可以进一步提高心电图机的输入阻抗和起到隔离的作用。

### 2. 1 mV 标准信号发生器

心电图机必须有 1 mV 标准信号发生器,产生标准幅度为 1 mV 的电压信号。其作用是衡量描记的心电图波形幅度的标准,即"定标电压"。一般在使用心电图机之前,都要对定标进行检查。通过微调,在前置放大器输入 1 mV 定标信号时,使记录器上描记出幅度为 10 mm 高的标准波形(即标准灵敏度)。这样,当有心电波形描记在记录器上时,即可对比测量出心电信号各波的幅度值。1 mV 标准信号发生器有标准电池分压、机内稳压电源分压和自动 1 mV 定标产生器等方式。

### 3. 时间常数电路

时间常数电路实际上是阻容耦合电路,常接在前置放大器与后一级的电压放大器之间。其作用是隔离前置放大器的直流电压和直流极化电压,耦合心电信号。RC 的正确选用,可以保证心电信号不失真地耦合到下一级。其大小决定 RC 耦合放大器的低频响应。RC 乘积越大,放大器的低频响应越好,但 RC 的取值不能无限制加大。因为 R 值受输入阻抗限制,C 值太大不但体积大,漏电流增加还会引起漂移,RC 太大,使充放电时间延长。一般时间常数大于 1.5 s,通常选为 3.2 s。

### 4. 中间放大器

在 RC 耦合电路之后,称为直流放大器。它不受极化电压的影响,增益可以较大,一般由多级直流电压放大器组成。它的作用是对心电信号进行电压放大,一般采用差分式放大电路。心电图机的一些辅助电路(如增益调节、闭锁电路、50 Hz 干扰和肌电干扰抑制电路等)都设置在这里。

**5. 功率放大器**

亦称为驱动放大器,它的作用是将中间放大器送来的心电信号电压进行功率放大,以便有足够的电流去推动记录器工作,把心电信号波形描记在记录纸上,获得所需的心电图波形。功率放大器采用对称互补级输出的单端推挽电路比较多。

**四、记录器部分**

这部分包括记录器、热描记器(简称热笔)及热笔温控电路。记录器是将心电信号的电流变化转换为机械(记录笔)移动的装置。记录器上的转轴随心电信号的变化而产生偏移,固定在转轴上的记录笔也随之偏移,便可在记录纸上描记下心电信号各波的幅度值。当记录纸移动后,就能呈现出心电图。现在常用的有动圈式记录器和位置反馈式记录器。

**五、走纸传动装置**

带动记录纸并使它沿着一个方向做匀速运动的机构称为走纸传动装置,它包括电机与减速装置及齿轮传动机构。它的作用是使记录纸按规定要求随时间做匀速移动,记录笔随心电信号变化的幅度值,便被"拉"开描记出心电图。走纸速度规定为 25 mm/s 和 50 mm/s 两种。两种速度的转换,若采用直流电机,则通过改变它的工作电流来实现;如采用交流电机,则通过倒换齿轮转向来实现,误差应小于±5%。

**六、电源部分**

电源采用 220 V/110 V 交流电经整流、滤波及稳压构成的稳定直流电源供电,或用于电池、蓄电池等直流电源供电。也有采用交、直流两用方式供电的。为适应不同需要,电源部分还有充电及充电保护电路、蓄电池充放电保护电路、交流供电自动转换蓄电池供电电路及电池电压指示等。

综上所述,为了准确地获得心电信号,心电图机必须具有以下特性:高输入阻抗,一般要求大于 2 MΩ,这样可以减小被测信号的失真;高增益和足够的动态范围,选择既可以测到微弱的信号,又可对较强的正常信号不失真地放大;增益的定量,机内应带有标准的 1 mV 定标信号和增益校准。这样医生可根据纪录的波幅大小作出诊断;足够的频带宽度。通常从 0.5~100 Hz,既可以不丢失心电信号中的所有频谱,又对 50 Hz 的工频干扰进行有力的抑制;具有高共模抑制比,以减少共模电压的干扰,一般要求共模抑制比大于 75 dB;必须要有稳定精确的走纸速度。

### 7.2.3　心电图的典型波形

心电图是记录体表的心脏电位随时间而变化的曲线。它可以反映出心脏兴奋的产生、传导和恢复过程中的生物电位变化。在心电图记录纸上,横轴代表时间。当标准走纸速度为 25 mm/s 时,每 1 mm 代表 0.04 s;纵轴代表波形幅度,当标准灵敏度为 10 mm/mV 时,每 1 mm 代表 0.1 mV。

如图 7-11 所示的心电图各波形的参数值,是在心电图机处于标准记录条件下,即走纸速度为 25 mm/s、灵敏度为 10 mm/mV 时记录所得出的值。

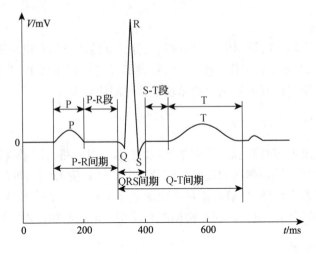

图 7-11　心电图典型波形

P 波:从心房的激动产生。右心房产生前一半波形,左心房产生后一半波形。正常 P 波的宽度不超过 0.11 s,最高幅度不超过 2.5 mm。

QRS 波群:显示左、右心室的电激动过程,称 QRS 波群的宽度为 QRS 时限,代表全部心室肌激动过程所需要的时间。正常人最高不超过 0.10 s。

T 波:代表心室激动后复原时所产生的电位。在 R 波为主的心电图上,T 波不应低于 R 波 1/10。

U 波:位于 T 波之后,可能是反映心肌激动后电位与时间的变化。人们对它的认识仍在探讨之中。

### 7.2.4　心电图导联

为了统一和便于比较所获得的心电图波形,临床上对描记的心电图的电极位置、引线和放大器的联接方式有严格的规定,这种电极组和联接到放大器的方式称为心电图导联或导联。

目前临床上使用的是标准十二导联,分别是 Ⅰ、Ⅱ、Ⅲ、aVR、aVL、aVF、V1—V 6。。其中 Ⅰ、Ⅱ、Ⅲ 导联为双极导联,aVR、aVL、aVF、V1—V6 为单极导联。双极导联是获取两个测试点的电位差时使用;单极导联是获取某一点相对于参考点的电位时使用。

#### 一、标准导联

Ⅰ、Ⅱ、Ⅲ 导联称为标准肢体导联,简称标准导联。标准导联以两肢体间的电位差为所获取的体表心电信号。导联组合方式如图 7-12 所示。电极安放位置以及与放大器的连接为:

Ⅰ 导联:左上肢(LA)接放大器正输入端,右上肢(RA)接放大器负输入端;反映左上肢与右上肢的电位差。

Ⅱ 导联:左下肢(LL)接放大器正输入端,右上肢(RA)接放大器负输入端;反映左下肢与右上肢的电位差。

Ⅲ导联:左下肢(LL)接放大器正输入端,左上肢(LA)接放大器负输入端;反映左下肢与左上肢的电位差。

用标准导联时,右下肢(RL)始终接 $A_{dM}$ 输出端,间接接地,其特点是能较真实地反映出心脏的大概情况,如后壁心肌梗塞,心律失常等症状。在Ⅱ导联或Ⅲ导联中可记录到清晰的波形变化。但是,标准导联只能说明两肢体间的电位差而不能记录到单个电极处的电位变化。

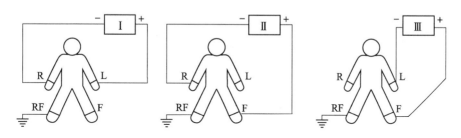

图 7-12　标准导联Ⅰ、Ⅱ、Ⅲ

若以 VL、VR、VF、分别表示左上肢、右上肢、左下肢的电位值,则

$$VⅠ=VL-VR$$
$$VⅡ=VF-VR$$
$$VⅢ=VF-VL$$

由此,每一瞬间都有:$VⅡ=VⅠ+VⅢ$。

当输入到放大器正输入端的电位比输入到负输入端的电位高时,得到的波形向上;反之,波形向下。

## 二、单极导联

若要探测心脏某一局部区域电位变化,可将一个电极安放在靠近心脏的胸壁上(称为探查电极),另一个电极安放在远离心脏的肢体上(称为参考电极)。探查电极所在部位的变化即为心脏局部电位的变化。使参考电极在测量中始终保持为零电位,称为单极肢体导联,简称单极导联。

威尔逊最早将单极导联的方法引入到了心电检测技术。在实验中发现,当人的皮肤涂上导电膏后,右上肢、左上肢和左下肢之间的平均电阻分别为 1.5 kΩ、2 kΩ、2.5 kΩ。如果将这三个肢体连成一点作为参考电极点,在心脏电活动过程中,这一点的电位并不正好为零。单极导联法就是设置一个星形电阻网络,即在三个肢体电极(左手、右手、左脚)上各接入一个等值电阻(称为平衡电阻),使三个肢端与心脏间的电阻数值互相接近,三个电阻的另一端接在一起,获得一个接近零值的电极电位端,即为威尔逊中心点,如图 7-13 所示。

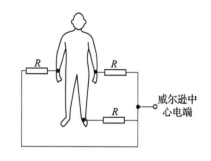

图 7-13　威尔逊中心点的电极连接图

威尔逊网络电路原理图如图 7-14 所示。

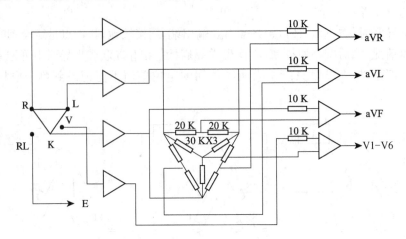

图 7-14　威尔逊网络电路原理图

这样在每一个心动周期的每一瞬间,中心点的电位都为零。将放大器的负输入端接到中心点,正输入端分别接到胸部某些特定位置,这样获得的心电图就叫做单极胸导联心电图,如图 7-15 所示。单极性胸导联一般有六个,分别叫做V1—V6。

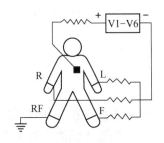

图 7-15　单极胸导联

如果放大器的负输入端接中心点,正输入端分别接左上肢 L、右上肢 R、左下肢 F(或记为 LL),便构成单极肢体导联的三种方式,记为 VL、VR、VF。这种导联获得的电位由于电阻的存在而减弱了,所以这种导联并不实用,必须加以改进。

### 三、加压导联

用上述方法获取的单极性胸导联心电信号是真实的,但所获取的单极性肢体导联的心电信号由于电阻 R 的存在而被减弱了。为了便于检测,对威尔逊电阻网络进行了改进,当记录某一肢体的单极导联心电波形时,将该肢体与中心点之间所接的平衡电阻断开,改进成增加电压幅度的导联形式,称为单极肢体加压导联,简称加压导联,分别记作 aVR、aVL、aVF。连接方式如图 7-16 所示。单极肢体加压导联记录出来的心电图波幅比单极肢体导联增大 50%,并不影响波形。

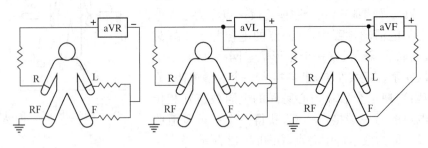

图 7-16　加压导联

#### 四、胸导联

胸导联分单级胸导联和双级胸导联,除了标准十二导联之外,还有一种双极胸导联。双极胸导联心电图是测定人体胸部特定部位与三个肢体之间的心电电位差,即探查电极放置于胸部的六个特定点,参考电极分别接到三个肢体上。

双极胸导联在临床诊断上应用较少,这种导联法的临床意义还有待于医务工作者探索和研究。临床上常用的是单极胸导联。胸部电极安放位置如图 7-17 所示。

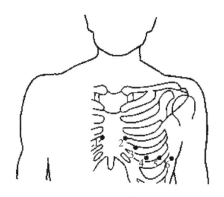

图 7-17　单级胸导联 V1—V6 电极位置

## 7.3　心电图机的检测

在《医疗器械分类目录》中属于医用诊察和监护器械中的心电测量、分析设备,类代号为 07-03-01,管理类别属Ⅱ类,其安全性直接关系到患者的生命安全,准确性会影响医生的诊断结果。心电图机的相关国家、行业标准包括:GB 10793《医用电气设备 第 2 部分 心电图机安全专用要求》、GB 9706.1《医用电气设备 第 1 部分:安全通用标准》、YY 0505《医用电气设备 第 1-2 部分:安全通用标准 并列标准:电磁兼容要求和试验》、GB/T 14710《医用电气设备环境要求及试验方法》、GB/T 191《包装储运图示标志》、YY/T 0196《一次性使用心电电极》、YY 1139《单道和多道心电图机》。以下介绍心电图机的检测。

### 7.3.1　心电图机安全要求

**一、概述**

**1. 术语和定义**

心电图机 electrocardiograph(ecg):提供可供诊断用的心电图的医用电气设备及其电极。

导联 lead(s):用于某一心电图记录的电极连接。

导联选择器 lead selector:用于选择某种导联和定标的系统。

患者电缆 patient cable:由多芯电缆及其一个或多个连接器组成,用于连接电极与心电图机。

灵敏度 sensitivity：记录幅度与产生这一记录的信号幅度之比，用 mm/mV 表示。

定标电压 standardization voltage：为校准幅度而记录下的电压值。

耐极化电压 polarizing voltoge：加入放大器的一种直流电压，用于检验放大器输入动态范围的能力。

**2. 试验顺序**

本标准中"对心脏除颤器放电效应的防护"和"对除颤效应的防护和除颤后的复原"中规定的试验必须在通用标准要求的漏电流和电介质强度试验之前进行。

**3. 识别、标记和文件**

专用标准在"设备和设备的外部标记"和"使用说明书"中对通用标准的内容进行了如下补充。

（1）设备和设备的外部标记

具有防除颤效应的心电图机及其部件必须标记防除颤应用部分标识，以指示对心脏除颤器放电效应的防护。

（2）使用说明书

心电图机使用说明书除通用标准中规定的内容以外，还必须给出下列内容：

• 可靠工作所必须的程序；对于 B 型心电图机，应提醒注意由于电气安装不合适而造成的危险；

• 设备可以与之可靠连接的电气安装类型，包括与电位均衡导线的连接；

• BF 型和 CF 型心电图机的电极及其连接器（包括中性电极）的导体部件，不应接触其他导体部件，包括不与大地接触；

• 为确保对心脏除颤器放电和高频灼伤的防护而需要使用的患者电缆的规格；

• 如果与高频手术设备一起使用的心电图机具有防止灼伤的保护装置，必须提醒操作者注意；如果没有这种保护装置，必须给出心电图机电极放置位置的意见，以减少因高频手术设备中性电极连接不良而造成灼伤的危险；

• 电极的选择和应用；

• 心电图机可否直接应用于心脏；

• 多台设备互连时引起漏电流累积而可能造成的危险；

• 由于心脏起搏器或其他电刺激器工作而造成的危险；

• 定期校验心电图机和患者电缆的说明；

• 对患者使用除颤器时应采取的预防措施；

• 心电图机非正常工作的指示装置。

**二、对电击危险的防护**

心电图机电安全性能必须保证患者和医务人员的安全，外壳漏电流、患者漏电流、患者辅助漏电流、接地漏电流和保护接地导线的阻抗必须符合 GB9706.1 的要求，在第 2 章已作介绍，以下着重介绍专用标准中补充和修改的内容。

**1. 对心脏除颤器放电效应的防护**

电极与下列（1）、（2）、（3）、（4）部分间的绝缘结构必须设计成：在除颤器向连接电极的患

者放电时,下列部分不出现危险的电能:

(1) 设备机身;

(2) 信号输入部分;

(3) 信号输出部分;

(4) 置于设备(Ⅰ类、Ⅱ类设备或带内部电源的设备)之下的,与设备底面积至少相等的金属箔。

试验连接如图 7-18 所示,在切换操作 $S_1$ 后,$Y_1$ 和 $Y_2$ 之间的峰值电压不超过 1 V 时,即符合上述要求。设备不能通电。

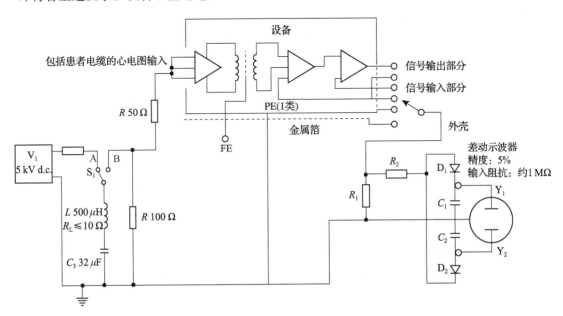

$R_1$:1 kΩ±2%不小于 2 kV;$R_2$:100 kΩ±2%不小于 2 kV;$C_1$:1 μF±5%;
$C_2$:1 μF±5%;$D_1$、$D_2$:小信号硅二极管

图 7-18　对来自各不同部件的电能进行限制的动态试验

Ⅰ类设备与保护接地连接后进行试验。不使用电源也能工作的Ⅰ类设备,例如具有内部电池供电的Ⅰ类设备,还必须在不接保护接地时进行试验,必须去除所有功能接地。改变 $V_1$ 极性,重复试验。

**2. 连续漏电流和患者辅助电流**

在专用标准中,补充了如下要求:对于具有功能接地端子的心电图机,在其功能接地端子与地之间加上相当于最高额定网电压110%的电压时,从应用部分到地的患者漏电流必须不大于如下数值:对于 B、BF 型应用部分,患者漏电流容许值为 5 mA;对于 CF 型应用部分,患者漏电流容许值为 0.05 mA。如果功能接地端子与保护接地端子在设备内部直接连接,不必进行这项试验。

**3. 电介质强度**

在专用标准中,修改的内容如下:B—b 不适用于心电图机;B—d 心电图机的试验电压为 1 500 V(Ⅰ类、Ⅱ类设备和带内部电源的设备)。

### 三、危险输出的防止

**1. 对除颤效应的防护和除颤后的复原**

能和除颤器同时使用的心电图机在除颤脉冲之后5 s内记录到不小于80%正常幅度的试验信号。

（1）在电极之间加载

所有心电图机均必须具备对除颤效应防护的功能。必须有一装置，以便在电容器放电后5 s内在标准灵敏度档读出试验信号，如图7-19所示。这种装置可以是手动或自动的。

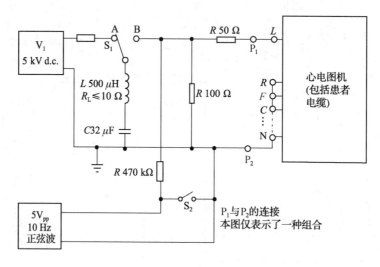

图 7-19 对除颤效应的防护试验一

可通过检查和下述试验来检验是否符合要求：

①将电极依次与P$_1$和P$_2$相连，把工作正常的心电图机按图7-19所示接线。②电容器充电至电源电压，S$_2$闭合，将S$_1$至于B位，并保持200 ms±50%，然后与B位断开。为消除心电图机上的残余电压并使心电图机恢复至初始状态，需将电容器断开。③待S$_1$回复到A位后立即开启S$_2$，必须能在S$_1$回复到A位后的5 s内记录到不小于80%正常幅度的试验信号。④改变电源电压极性后重复上述试验。

试验时条件如表7-1所示。

表 7-1 对除颤效应的防护的试验条件

| | P$_1$ | P$_2$ | 导联选择器的适当位置 |
|---|---|---|---|
| 五芯电极电缆 | L | R、N、F、C | I |
| | R | L、N、F、C | II |
| | F | L、R、N、C | III |
| | C | L、R、F | V |
| | N | L、R、F、C | 定标（如果具有） |

续表

| | $P_1$ | $P_2$ | 导联选择器的适当位置 |
|---|---|---|---|
| 十芯电极电缆 | L<br>R<br>F<br>C1、C2、C3<br>C4、C5、C6<br>N | 所有其他的[a]<br>所有其他的[a]<br>所有其他的[a]<br>所有其他的[a]<br>所有其他的[a]<br>L、R、F、C1、C2<br>C3、C4、C5、C6 | I<br>II<br>III<br>V1、V2、V3<br>V4、V5、V6<br>定标(如果具有) |
| 向量导联电缆 | E、C<br>M、H<br>F<br>I<br>A<br>N | 所有其他的[a]<br>所有其他的[a]<br>所有其他的[a]<br>所有其他的[a]<br>所有其他的[a]<br>所有其他的[a] | Vx、Vz<br>Vy、Vz<br>Vy<br>Vx<br>Vx<br>Vx、Vy、Vz |
| [a] 所有其他电极,包括中性电极 | | | |

（2）在电极与地或外壳之间加载

具体要求包括：①若是 I 类心电图机,试验电压必须加在包括中性电极在内的所有连接在一起的电极和保护接地端子之间。②对于没有网电源供电也能工作的 I 类设备,如由内部电源供电的 I 类设备,还必须在不接保护接地时进行试验。所有功能接地必须去除。③对于 II 类和带内部电源的心电图机,试验电压必须加在包括中性电极在内的所有连接在一起的电极和功能接地端子和/或与机壳紧密接触的金属箔之间。④对于带内部电源、且该内部电源可用网电源再充电的心电图机,如果接上网电源能够工作,则必须在接上和断开网电源的情况下对该心电图机进行试验。

是否符合要求,可通过下述试验进行验证：

将心电图机调节至标准灵敏度并按图 7-20 连接。$S_2$ 闭合,电容器充电至源电压,将 $S_1$ 置 B 位并保持 200 ms±50%,然后与 B 位断开,5 s 内记录到不小于 80% 正常幅度的试验信号。改变源电压极性后重复上述试验。对除颤效应的防护和除颤后的复原试验后,心电图机必须符合心电图机安全标准的所有要求。

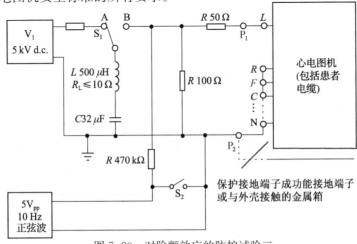

图 7-20　对除颤效应的防护试验二

### 2. 除颤后心电图机电极极化的恢复时间

具体要求包括：

当心电图机使用制造厂规定的电极（包括中性电极）工作时，在除颤器放电后，必须在10 s 内显示心电图并予以保持。完成这一功能的装置可以是手动的，也可以是自动的。

试验方法：

①用患者电缆将一对电极与心电图机连接。②将电极置于吸足标准生理盐水的海绵体的两侧或同一侧，如图 7-21 所示。用充满标准生理盐水 9 g/L 氯化钠溶液的容器维持海绵体的饱和度。电极可用绝缘夹子定位，电极间绝对避免直接接触。③将心电图机调置标准灵敏度和最大通带，按图 7-22 所示将心电图机接入试验电路，导联选择器置于能显示试验信号的位置。④改变试验电压极性，重复上述试验。

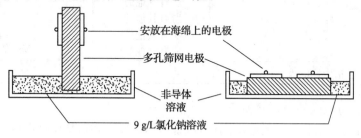

图 7-21　ECG 电极在海绵上的位置

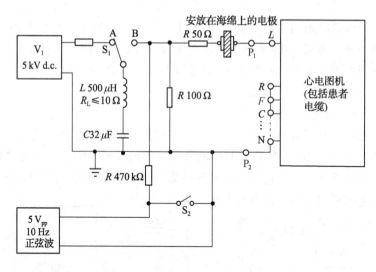

图 7-22　对心脏除颤器放电作用后恢复时间的试验

### 3. 心电图机非正常工作的指示

要求：

心电图机必须能指示出心电图机因过载或放大器任何部分饱和而非正常工作的状态。

试验方法：

①可在标准灵敏度下对电极施加一个叠加在 $-5$ V$\sim$$+5$ V 直流电压上的 10 Hz、1 mV 信号来进行验证。②直流电压必须从 0 开始，从 0 到 5 V 逐级递增和从 0 到 $-5$ V 逐级递减，并用心电图机的恢复装置恢复迹线，在 10 Hz 信号幅度减小到 5 mm 之前，指示装置必

须完全工作。

### 7.3.2　心电图机技术要求

**一、心电图机检测要求**

**1. 工作正常条件**

环境温度 5 ℃~40 ℃,采用计算机技术为 5 ℃~35 ℃;相对湿度≤80%;大气压强 860~1 060 hPa;使用电源若为交流,应满足(220±22)V、(50±1)Hz;使用电源若为直流,应满足在直流供电条件下,能使心电图机连续正常工作 0.5 h 以上。

**2. 试验条件**

(1) 测试设备及元器件要求(除非另有专用测试设备及要求),必须有如下精度:

电阻器±5%;电容器±5%;试验电压±1%;试验频率±5%;放大镜放大倍数×3。

(2) 性能试验的一般条件:

① 一般情况下,心电图机灵敏度置 10 mm/mV,当有信号输入时,但无特殊规定时导联选择器置于"I",输入信号必须由患者电缆输入;

② 每次试验前将基线置于中心位置,在试验中途不应随意改变;

③ 心电图机预热后,以 25 mm/s 的走纸速度测定试验值。

**二、主要检测项目和检测方法**

**1. 最大描迹偏转幅度试验**

输入 5 mV 正弦波时描记达到饱和削顶(如达不到可适当增加输入信号强度),检验其描记峰峰值是否符合最大描迹偏转幅度单道≥40 mm、多道每道≥25 mm(包括波形交越部分)的规定。

**2. 外接输出试验**

(1) 灵敏度:示波器与心电图机输出插口相连,在标准灵敏度时,1 mV 定标电压的输出值为 $U$,检验其是否符合 1 V/mV 误差范围±5%或 0.5 V/mV 误差范围±5%的规定。

(2) 输出阻抗:在"灵敏度"试验方法的基础上,用 900 Ω(510 Ω 与 390 Ω 串接组成)电阻并联于示波器输入端,此时示波器上指示的 1 mV 外定标的输出值为 $U_L$,按下式计算出输出阻抗 $Z_{out}$,检验其是否符合外接输出阻抗≤100 Ω 的规定;输出阻抗 $Z_{out}$,按式(7-1)计算:

$$Z_{out} = 900 \frac{U_0 - U_L}{U_L}(\Omega) \tag{7-1}$$

(3) 输出装置:必须在标准灵敏度下,将输出短路至少 1 min,在断开短路线后,检验心电图机是否符合输出短路时必须不损坏心电图机的规定。

**3. 外接直流信号输入试验**

(1) 灵敏度:外接输入插口输入 1 V 直流信号,记录器描迹偏转幅度为 $H$,检验其是否符合"灵敏度:10 mm/V 误差范围±5%"的规定;

(2) 输入阻抗:在(1)条"灵敏度"试验方法的基础上,将 100 kΩ 电阻串接在外接信号与输入插口的信号输入端之间,记录描记幅度为 $H_0$,按输入阻抗计算式(7-2)计算出输入阻

抗 $Z_{in}$，检验其是否符合输入阻抗 $\geqslant 100\ \text{k}\Omega$ 的规定。

$$Z_{in} = 100\ \frac{H}{H_0 - H}\ (\text{k}\Omega) \tag{7-2}$$

**4. 输入电路中的输入阻抗试验**

(1) 要求：输入电路按图 7-23 试验电路测试输入电阻，各导联电极串入 620 $\text{k}\Omega$ 电阻与 4 700 pF 电容并联阻抗，衰减后的信号必须不小于表 7-2 的规定。

达到表 7-2 规定后，单道心电图机中，10 Hz 时单端输入阻抗近似为 2.5 $\text{M}\Omega$，单个均衡网络阻抗不小于 600 $\text{k}\Omega$。

(2) 输入电路中输入阻抗试验测量方法：

①按图 7-23 试验电路，开关 K 置"1"，心电图机置标准灵敏度。

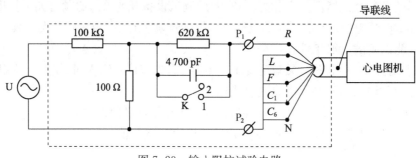

图 7-23　输入阻抗试验电路

②由信号源输入 10 Hz 正弦信号，使描记获得一个峰峰偏转幅度 $H_1$ 为 10 mm，当开关置"2"时，按表 7-2 导联选择位置和导联电极连接规定，检验描记偏转峰峰值是否不小于表 7-2 规定值，取其中最小值 $H_2$。

表 7-2　输入阻抗试验条件

| 导联选择器位置 | 导联电极 | | K 开路时描迹偏转峰峰值/mm | |
|---|---|---|---|---|
| | 连接到 $P_1$ | 连接到 $P_2$ | 单道心电图机 | 多道心电图机 |
| Ⅰ，Ⅱ，aVR | R | 所有其他导联电极 | 8 | 8 |
| aVL，aVF | R | 所有其他导联电极 | 8 | 8 |
| $V_1$ | R | 所有其他导联电极 | 8 | 8 |
| Ⅰ，Ⅲ，aVL | L | 所有其他导联电极 | 8 | 8 |
| aVR，aVF | L | 所有其他导联电极 | 8 | 8 |
| $V_2$ | L | 所有其他导联电极 | 8 | 8 |
| Ⅱ，Ⅲ，aVF | F | 所有其他导联电极 | 8 | 8 |
| aVR，aVL | F | 所有其他导联电极 | 8 | 8 |
| $V_3$ | F | 所有其他导联电极 | 8 | 8 |
| $V_i (i=1-6)$ | $C_i$ | 所有其他导联电极 | 8 | 8 |
| $V_X，V_Y，V_Z$ | A，C，F，M | I，E，H | — | 8 |

③ 输入阻抗 $Z_{in}$ 按式(7-3)计算：

$$Z_{in} = 0.62 \frac{H_2}{H_1 - H_2} \text{ (M}\Omega\text{)} \tag{7-3}$$

④信号源频率改为 40 Hz，重复上述试验，检验其是否符合同样要求。

**5. 输入回路电流**

(1) 要求：输入回路电流：各输入回路电流应不大于 $0.1\ \mu A$。

(2) 输入回路电流试验测量方法：

① 灵敏度置 10 mm/mV，定标幅度 $H_0$。

② 按图 7-24 试验电路，各导联与公共接点之间，分别接入一个 10 kΩ 电阻（即分别断开一只开关），检查通过各导联电极的直流电流引起的描迹偏转，取最大值为 $H$，按式(7-4)计算出输入回路电流 $L_{in}$，检验其是否符合"输入回路电流要求"的规定。

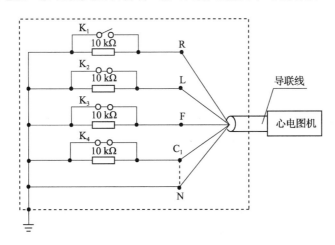

图 7-24　输入回路电流试验电路

导联选择器位置：$K_1$ 或 $K_2$ 断开时，导联选择器置"Ⅰ"。

$\qquad\qquad\qquad\quad K_3$ 断开时，导联选择器置"Ⅱ"。

$\qquad\qquad\qquad\quad K_4$ 断开时，导联选择器置"Ⅴ"。

输入回路电流 $L_{in}$，按式(7-4)计算：

$$I_{in} = 0.1 \frac{H}{H_0} \text{ (}\mu A\text{)} \tag{7-4}$$

**6. 定标电压试验**

(1) 要求：定标电压 1 mV，误差范围±5%。

(2) 定标电压试验方法：

①标准电压发生器(或另有专用测试设备)输入 1 mV 定标电压记录幅度为 $H_0$，与机内定标电压记录幅度为 $H_v$ 相比较，检验其误差 $\delta_v$ 是否符合"定标电压的要求"的规定。

②定标电压的相对误差 $\delta_v$ 按式(7-5)计算：

$$\delta_v(\%) = \frac{H_v - H_0}{H_0} \times 100 \tag{7-5}$$

多道心电图机的定标信号,必须在所有道中出现。

### 7. 灵敏度试验

(1) 要求

① 灵敏度控制至少提供 5,10,20 mm/mV 三档,转换误差范围为 $\pm 5\%$;

② 耐极化电压:加 $\pm 300$ mV 的直流极化电压,灵敏度变化范围 $\pm 5\%$;

③ 最小检测信号:对 10 Hz,20 $\mu$V(峰峰值)偏转的正弦信号能检测。

(2) 试验方法

① 灵敏度转换:灵敏度置 10 mm/mV,定标幅度为 $H_0$;将灵敏度选择分别器置 $\times 0.5$ 和 $\times 2$ 档,其定标电压幅度为 $H_k$,检验其误差 $\delta_k$ 是否符合"灵敏度控制"的规定;灵敏度转换的相对误差 $\delta_k$ 按式(7-6)计算:

$$\delta_k(\%) = \frac{H_K - KH_0}{KH_0} \times 100 \tag{7-6}$$

式中 $K$ 为灵敏度转换系数(0.5,2)。

② 耐极化电压试验:

灵敏度置 10 mm/mV 将 $\pm 300$ mV 直流电压(输出阻抗为 100 $\Omega$)接入心电图机输入端,如图 7-25 所示(或另有专用测试设备),记录其外定标电压的幅度取偏离 $H_0$ 较大者为 $H_E$,计算其相对误差 $\delta_E$,检验其实否符合"耐极化电压"的规定。

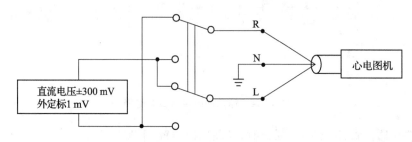

直流电压±300 mV
外定标1 mV

心电图机

图 7-25 耐极化电压试验电路

③ 耐极化电压相对误差 $\delta_E$ 按式(7-7)计算:

$$\delta_E(\%) = \frac{H_E - H_0}{H_0} \times 100 \tag{7-7}$$

④ 最小信号试验:由信号源输入 10 Hz 正弦信号,调节输入信号电压,使描迹偏转峰峰幅度为 20 mm;然后将输入信号衰减 40 dB,记录纸上应能见到可以分辨的波形。

### 8. 噪声电平试验方法

(1) 噪声电平要求

输入端与中性电极之间接入 51 k$\Omega$ 电阻与 0.047 $\mu$F 电容并联阻抗,在频率特性规定的频率范围内,折合到输入端的噪声电平不大于 15 $\mu$V(峰峰值)。试验时,不得接通干扰抑制装置。

（2）方法

① 噪声电平试验：按图 7-26 试验电路，开关 $K_{10}$，$K_{12}$ 置"2"位置，$K_1$—$K_9$ 全部置"断"的位置。

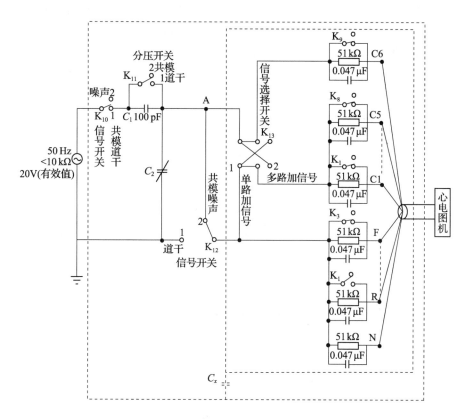

图 7-26　共模抑制、道间干扰、噪声试验电路

② 心电图机灵敏度置 20 mm/mV 为 $S_n$，取各导联的噪声幅度最大者为 $H_n$，按式（7-8）计算其噪声电平 $U_n$，检验其是否符合"噪声电平"的规定。

③ 噪声电平 $U_n$ 按式（7-8）计算：

$$U_n = \frac{H_n}{S_n} \text{（mV）} \tag{7-8}$$

④ 在进行试验时，一定要使用制造厂提供心电图机配套的患者电缆或等效物。

**9. 抗干扰能试验方法**

1）要求

（1）心电图机导联的共模抑制比应大于 60 dB。

（2）心电图对呈现在病人身上 10 V 共模信号的抑制，按图 7-26 试验电路模拟测试，各导联分别接入模拟电极-皮肤不平衡阻抗（51 kΩ 与 0.047 μF 电容并联）情况下，记录振幅必须不超过 10 mm。

2）方法

（1）抗干扰能力试验

心电图机各导联的共模抑制试验步骤如下：

① 导联选择器置"I"导联，使描迹峰峰偏转为 10 mm。由于信号源用差模输入频率为 50 Hz,1 mV（峰峰值）的正弦信号，记录幅度 $H_0$ 为 10 mm。

② 将信号改为共模输入，并将信号增加为 60 dB,测量描迹的记录幅度为 $H$,按下式计算其共模抑制比 CMRR,检验其是否符合"心电图机导联的共模抑制比应大于 60 dB"的规定。

③ 共模抑制比 CMRR 按式（7-9）计算：

$$CMRR = 20 \lg 10^3 \frac{H_0}{H} \text{（dB）} \tag{7-9}$$

④ 各导联均需重复上述步骤，其共模抑制比均匀应达到 60 dB。

（2）心电图机对 10 V 干扰信号的抑制试验

① 按图 7-26 试验电路连接，把 50 Hz,20 V（有效值）正弦信号加到试验电路上。

② 开关 $K_{10}$ 置"1",$K_{11}$,$K_{12}$ 置"2",心电图机不连接到测试电路上时，调节可变电容器 $C_2$（$C_2 + C_x = 100$ pF）,使共模点"A"的电压为 10 V（有效值）。

③ 接上心电图机，在标准灵敏度时测试各导联，并分别接入模拟—皮肤不平衡阻抗时（即开关 $K_1$—$K_9$ 每次断开一只），检验描迹的偏转幅度，是否符合"心电图机导联的共模抑制比应大于 60 dB"的规定。

**10. 50 Hz 干扰抑制滤波器试验**

（1）要求：50 Hz 干扰抑制滤波器 ≥20 dB。

（2）50 Hz 干扰抑制滤波器试验：

心电图机输入（50±0.5）Hz、1 mV 正弦信号，使描迹偏转 10 mm,接通干扰抑制装置，要求描迹偏转幅度不大于 1 mm。信号频率改为 30 Hz,要求描迹偏转幅度不小于 7 mm。

**11. 频率特性**

（1）幅度频率特性试验

由信号源输入 10 Hz,1 mV 正弦信号，调节心电图机灵敏度使描迹振幅为 10 mm。然后保持电压恒定，将频率改为 1、20、30、40、50、60、75 Hz,测量其结果是否符合"幅度频率特性：以 10 Hz 为基准，1～75 Hz$_{-3.0 \text{ dB}}^{+0.4 \text{ dB}}$"的规定。

（2）过冲试验（热线阵打印不适用）

在 10 mm/mV 的条件下，心电图机输入任意极性，上升时间不超过 1 ms、1 mV 的阶跃信号，要求在 ±20 mm 范围内，描迹的波形其过冲必须是非周期性的，过冲量幅度必须不超过 1 mm,检验其是否符合"过冲：在 ±20 mm 范围内，描笔振幅的过冲不大于 10%（热线阵打印不适用）"的规定。

（3）低频特性试验

在 10 mm/mV 条件下，按下和复原 1 mV 外定标开关，分别测量描迹振幅值达到 3.7 mm 时，对应的时间 $T$ 应不小于 3.2 s,如图 7-27 所示。

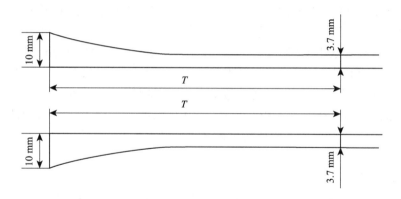

图 7-27　时间常数试验示意图

### 12. 基线稳定性

（1）基线稳定性要求

①电源电压稳定时：基线的漂移不大于 1 mm。②电源电压瞬态波动时：基线的漂移不大于 1 mm。③操作开关自"封闭"到"记录"时：基线的漂移不大于 1 mm（热线阵打印不适用）。④灵敏度变化时（无信号输入）其位移不超过 2 mm。⑤温度漂移：在 5 ℃～40 ℃（采用计算机技术为 5 ℃～35 ℃）温度范围内，基线漂移平均不超过 0.5 mm/℃。

（2）基线稳定性试验

① 电源电压稳定时的基线漂移：电源电压稳定在（220±11）V，心电图机的二输入端对地各接 51 kΩ 电阻和 0.047 μF 电容并联的阻抗，导联选择器置"Ⅰ"，测定走纸 1 s 后的 10 s 时间内基线漂移情况，检验基线漂移的最大值是否符合"电源电压稳定时：基线的漂移不大于 1 mm"的规定。

② 电源电压瞬态波动时的基线漂移：接通记录开关走纸，在 2s 内使电压自 198 V 至 242 V 反复突变五次，测定基线漂移的最大值，检验其是否符合"电源电压稳定时：基线的漂移不大于 1 mm"的规定。改变电源电压的方法如图 7-28 所示（除非另有专用测试设备）。

当开关 K 打开时，电阻 R 接入电压表，读数应为 198 V。

当开关 K 闭合时，电阻 R 短路，电压表读数应为 242 V。

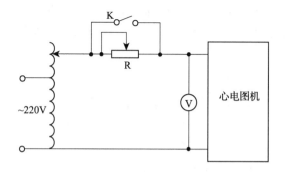

图 7-28　电源电压变化试验示意图

③ 操作开关转换时的基线漂移（热线阵打印不适用）：操作开关自"封闭"到"观察"，"观

察"到"记录"连续转换五次,测定基线自"封闭"到"记录"的最大漂移值,检验其是否符合"操作开关自'封闭'到'记录'时:基线的漂移不大于 1 mm(热线阵打印不适用)"的规定。

④ 对有延时电路的封闭开关,电路的延时不得大于 1 s,并要在延时电路工作完成后再测定。

⑤ 灵敏度变化时对基线的影响:接通记录开关走纸,灵敏度从最小变化到最大时,检验基线位移是否符合"灵敏度变化时(无信号输入)其位移不超过 2 mm"的规定。

⑥ 温度漂移试验:基线置于中心位置,当环境温度升高到 40 ℃(采用计算机技术为 35 ℃)或降低至 5 ℃后,保持 1 h,然后测量基线偏移中心位置的平均值。检验其是否符合"温度漂移"的有关规定。

**13. 走纸速度**

(1) 要求:走纸速度至少具有 25 mm/s 和 50 mm/s 二档,误差范围±5%。

(2) 纸速度试验方法:

① 记录速度置 25 mm/s,输入频率为 25 Hz,误差为±1%,电压为 0.5 mV(峰峰值)的三角波形信号,走纸 1 s 后,用钢皮尺测量五组连续的序列(每组为 10 个周期)每个序列在记录纸上所占的距离应为(10±0.5) mm,50 个周期在记录纸上所占距离为 L(mm)。

② 50 个周期在记录纸上所占的距离应的误差是否为 10 mm±1% 的误差是否符合"走纸速度至少具有 25 mm/s 和 50 mm/s 二档,误差范围±5%"的规定。

③ 记录速度置 50 mm/s,将信号频率改为 50 Hz±1%,重复上述试验,检验其是否符合"走纸速度至少具有 25 mm/s 和 50 mm/s 二档,误差范围±5%"的规定。

④ 每一走纸速度至少记录 6 s,每次记录到的第 1 s 前数据不能做测量依据。计算两种走纸速度的相对误差 $\delta_v$,检验其是否符合"走纸速度"的规定。

⑤ 走纸速度的相对误差 $\delta_v$ 分别按式(7-10)计算:

$$\delta_v(\%) = \frac{L-50}{50} \times 100 \tag{7-10}$$

**14. 滞后试验**

(1) 要求:记录系统的滞后必须不大于 0.5 mm(热线阵打印不适用)。

(2) 试验方法:

① 滞后试验(热线阵打印不适用),将频率为 1 Hz 的方波,通过 50 ms 的微分电路($R$ 为 51 kΩ,$C$ 为 1 μF)输入到心电图机,在标准灵敏度下,使描笔离记录纸中心±15 mm 内偏转,检验彼此二个方向偏转连接的基线间距离是否符合"滞后"的规定,如图 7-29 所示。

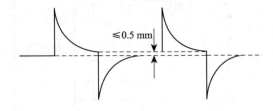

图 7-29 基线间距离示意图

**15. 道间影响**

(1) 要求:在多道心电图机任何道上,由于道间影响而产生的描迹偏转必须不大于

0.5 mm。

（2）试验方法：

① 按图 7-26 试验电路（除非另有专用测试设备）心电图置 10 mm/mV 标准灵敏度，导联选择开关置 V。

② 开关 $K_{10}$—$K_{13}$ 全部置"1"，胸导联中任意一道加 40 Hz、3 mV（峰峰值）正弦信号，所有其他道接入 51 kΩ 电阻与 0.047 μF 电容并联阻抗，检验不加信号的各道描迹偏转峰峰值是否符合"多道心电图机的道间影响"的规定。

③ 将开关 $K_{13}$ 置"2"，胸导联中任意一道短接，所有其他道加 1 Hz、4 mV（峰峰值）正弦信号，检验短接道的描迹在 ±20 mm 范围内偏转峰峰值是否符合"多道心电图机的道间影响"的规定。

# 7.4　心电图机的评价

## 7.4.1　技术审查要点

### 一、产品名称的要求

心电图机的产品的命名应采用《医疗器械分类目录》或国家标准、行业标准上的通用名称，或以产品结构和应用范围为依据命名，例如：单道心电图机，单道自动心电图机，三道心电图机；三道自动心电图机；多道心电图机；多道自动心电图机等。

### 二、产品的结构和组成

产品一般为台式或手提式，由主机、患者电缆和电极组成，电极也可分为可重复使用和一次性使用两种形式。记录方式可采用热笔式或热线阵记录方式等。有些产品具有信号输入或信号输出端口。有些产品还带有特殊的专用软件可用于对心电图进行辅助分析。

心电图机类产品按产品应用部分可划分为：B 型、BF 型、CF 型；

按功能可划分为：具有分析功能或具有不同的分析功能、不具有分析功能；

按记录形式可划分为：单道、多道；

按产品电源部分可划分为：交流、交直流两用；

按记录方式可划分为：热笔式打印、热阵式打印。

### 三、产品工作原理

利用体表放置的通过患者电缆连接到设备的两个电极，按照心脏激动的时间顺序，记录体表两点间的电位差。

### 四、产品作用机理

心脏在机械收缩之前，首先产生电激动，心肌激动所产生的微小电流可经过身体组织传导到体表，使体表不同部位产生不同的电位，对这种心脏动作电位的可见记录就是心电图。

### 五、产品适用的相关标准

目前与心电图机产品相关的常用标准如下：

GB/T 191—2008《包装储运图示标志》

GB 9706.1—2007《医用电气设备 第 1 部分：安全通用标准》

GB 10793—2000《医用电气设备 第 2 部分 心电图机安全专用要求》

GB/T 14710—2009《医用电气设备环境要求及试验方法》

GB/T 16886.1—2011《医疗器械生物学评价 第 1 部分：评价与试验》

GB/T 16886.5—2017《医疗器械生物学评价 第 5 部分：体外细胞毒性试验》

GB/T 16886.10—2017《医疗器械生物学评价 第 10 部分：刺激与迟发性超敏反应试验》

YY 0505—2012《医用电气设备 第 1—2 部分：安全通用标准 并列标准：电磁兼容要求和试验》

YY/T 0196—2005《一次性使用心电电极》

YY 1139—2013《心电诊断设备》

上述标准包括了注册产品标准中经常涉及的部件标准和方法标准。有的企业还会根据产品的特点引用一些行业外的标准和一些较为特殊的标准。

产品适用及引用标准的审查可以分两步来进行。首先对引用标准的齐全性和适宜性进行审查，也就是在编写注册产品标准时与产品相关的国家、行业标准是否进行了引用，以及引用是否准确。可以通过对注册产品标准中"规范性引用文件"是否引用了相关标准，以及所引用的标准是否适宜来进行审查。此时，应注意标准编号、标准名称是否完整规范，年代号是否有效。

其次对引用标准的采纳情况进行审查。即，所引用的标准中的条款要求，是否在注册产品标准中进行了实质性的条款引用。这种引用通常采用两种方式，文字表述繁多内容复杂的可以直接引用标准及条文号。

注意"规范性引用文件"和编制说明的区别，通常不宜直接引用或全面引用的标准不纳入规范性引用文件，而仅仅以参考文件在编制说明中出现。

如有新版强制性国家标准、行业标准发布实施，产品性能指标等要求应执行最新版本的国家标准、行业标准。

### 六、产品的预期用途

心电图机主要用于医疗机构提取人体的心电波群，作临床诊断和研究。

### 七、产品的主要风险

心电图机的风险管理报告应符合 YY/T 0316《医疗器械 风险管理对医疗器械的应用》的有关要求，审查要点包括：

产品定性定量分析是否准确（依据 YY/T 0316 附录 A）；危害分析是否全面（依据 YY/T 0316 附录 D）；风险可接受准则，降低风险的措施及采取措施后风险的可接受程度，是否有新的风险产生。

### 八、产品的主要技术指标

产品标准的审查是产品主要技术性能指标审查中最重要的环节之一。

心电图机产品主要技术性能指标可以分解为技术性能要求和安全要求两部分。其中有些技术性能要求和安全要求又是相关联的。

对于心电图机来说,标准中规定的要求部分是否齐全,可以通过对是否具有以下主要内容来进行审评:

1. 标准灵敏度:$(10\pm0.2)$ mm/mV;

2. 定标电压:$1$ mV$\pm5\%$;

3. 灵敏度控制:$5$ mm/mV、$10$ mm/mV、$20$ mm/mV,转换误差不超过$\pm5\%$;

4. 耐极化电压:加$\pm300$ mV 的直流极化电压,灵敏度变化不大于$\pm5\%$;

5. 最小检测信号:对 $10$ Hz,$20$ $\mu V_{p-p}$ 偏转正弦信号能检测;

6. 噪声电平:$\leqslant15$ $\mu V_{p-p}$;

7. 共模抑制比:$\geqslant60$ dB;

8. 对共模信号的抑制:用规定的实验电路模拟测试,在各导联分别接入模拟电极的情况下,记录振幅不得超过 $10$ mm;

9. $50$ Hz 干扰抑制滤波器:$\geqslant20$ dB;

10. 幅频特性:以 $10$ Hz 为基准,$1\sim75$ Hz,($+0.4$ dB,$-3.0$ dB);

11. 低频特性:时间常数$\geqslant3.2$ s;

12. 过冲:在$\pm20$ mm 范围内,描笔振幅的过冲量不大于 $10\%$(热线阵打印不适用);

13. 线性:在$\pm20$ mm 范围内,移位非线性误差范围$\pm10\%$(热线阵打印不适用);

14. 走纸速度:至少具有 $25$ mm/s、$50$ mm/s 二档,误差范围$\pm5\%$;

15. 滞后:记录系统的滞后不得大于 $0.5$ mm(热线阵打印不适用);

16. 道间干扰:多道心电图机任何道上,由于道间影响而产生的描迹偏转必须不大于 $0.5$ mm;

17. 打印分辨率:(热线阵打印)$Y$ 轴$\geqslant8$ 点 mm;$X$ 轴$\geqslant16$ 点 mm(走纸速度为$25$ mm/s 时),$\geqslant8$ 点 mm(走纸速度为 $50$ mm/s 时);

18. 一次性心电电极:应符合 YY/T 0196 的要求;

19. 电气安全要求:应符合 GB 9706.1、GB 10793 的要求;

20. 环境试验要求:应符合 GB/T 14710 的要求;

21. 电极的生物相容性和导电性能,特别是与具有对除颤效应防护的心电图机配用的电极,必须明确要求;

22. 如具有 ECG 自动分析功能,应在注册产品标准中明确。

### 九、产品的检测要求

产品的检测包括出厂检验和型式检验。

出厂检验应包括性能要求和安全要求两部分。

性能要求至少应包括以下内容:标准灵敏度、定标电压、灵敏度控制、耐极化电压、最小信号检测、噪声电平、共模抑制比、$50$ Hz 干扰抑制滤波器、幅频特性、过冲、时间常数、走纸速度、滞后、道间干扰、打印分辨率。

电气安全要求项目中至少应包括：保护接地阻抗、漏电流、电介质强度。

型式检验为产品标准全性能检验。

### 十、产品的临床要求

符合《医疗器械注册管理办法》附件12规定，执行国家标准、行业标准的心电图机，国内市场上有同类型产品，不要求提供临床试验资料。不符合上述规定的，应提供相应的临床资料，临床资料的提供应符合国家有关规定。

### 十一、产品的不良事件历史记录

心电图机类产品暂未见相关报道。

### 十二、产品说明书、标签、包装标识

产品说明书一般包括使用说明书和技术说明书，两者可合并。说明书、标签和包装标识应符合《医疗器械说明书、标签和包装标识管理办法》及相关标准的规定。

**1. 说明书的内容**

使用说明书应包含下列主要内容：

（1）产品名称、型号、规格。

（2）生产企业名称、注册地址、生产地址、联系方式及售后服务单位。

（3）生产企业许可证编号、注册证编号。

（4）标准编号。

（5）产品的性能、主要结构、适用范围。

（6）禁忌症、注意事项以及其他警示、提示的内容。具体如下：

对于 B 型心电图机，应提醒注意由于电气安装不合适而造成的危险。

BF 型和 CF 型心电图机的电极及其连接器（包括中性电极）的导体部件，不应接触其他导体部件，包括不与大地接触，并给出为确保对心脏除颤器放电和高频灼伤的防护而需要使用的患者电缆的规格、型号。

如果与高频手术设备一起使用的心电图机具有防止灼伤的保护装置，必须提醒操作者注意。如果没有这种保护装置，必须给出心电图机电极放置位置的意见，以减少因高频手术设备连接不良而造成灼伤的危险。

同时，说明书中还应对下列情况予以说明：心电图机可否直接应用于心脏；对患者使用除颤器时应采取的预防措施；多台设备互连时引起漏电流累积而可能造成的危险；由于心脏起博器或其他电刺激器工作而造成的危险；定期校验心电图机和患者电缆的说明；心电图机非正常工作的指示装置；可靠工作所必须的程序；设备可以与之可靠连接的电气安装类型，包括与电位均衡导线的连接；电极的选择和应用；直流电池注明直流电压、电池规格和正常工作的小时数；一次性电池长期不用应取出的说明；可充电电池的安全使用和保养说明。

由于电极直接接触人体，使用说明中还应包括与患者接触的导联电极的清洗、消毒和灭菌方法。

（7）对医疗器械标签所用的图形、符号、缩写等内容的解释，如：所有的电击防护分类、

警告性说明和警告性符号的解释。

（8）安装和使用说明。

（9）产品维护和保养方法，特殊储存条件、方法。

（10）限期使用的产品，应当标明使用年限。

（11）产品标准中规定的应当在说明书中标明的其他内容。

（12）熔断器和其他部件的更换。

（13）电路图、元器件清单等。

（14）运输和贮存限制条件。

技术说明书内容：

一般包括概述、组成、原理、技术参数、规格型号、图示标记说明、系统配置、外形图、结构图、控制面板图，必要的电气原理图及表等。

**2. 标签和包装标识**

至少应包括以下信息：①生产企业名称；②产品名称和型号；③产品编号或生产日期、生产批号；④使用电源电压、频率、额定功率。

### 十三、注册单元划分的原则和实例

具有同一种应用部分、同一种记录形式、同一种功能但电源部分和记录方式不同的产品可考虑作为同一注册单元。

例：交流 BF 型不具有分析功能的单道心电图机和交直流两用 BF 型不具有分析功能的单道心电图机可作同一注册单元。

### 十四、同一注册单元中典型产品的确定原则和实例

典型产品应是同一注册单元内能够代表本单元内其他产品安全性和有效性的产品，应考虑功能最齐全、结构最复杂、风险最高的产品。

例：交流 BF 型不具有分析功能的单道心电图机和交直流两用 BF 型不具有分析功能的单道心电图机可作同一注册单元。典型检测产品应选交直流两用型的产品。

## 7.4.2 审查关注点

### 一、注册产品标准的编制要求

该产品的安全、性能要求分别由几项国家标准、行业标准规定，因此建议企业按照本企业产品的特性编写注册产品标准，标准中应明确产品的型号、组成结构、是否有商品名及与患者人体直接接触的电极的材料等内容。

注册产品标准应符合相关的强制性国家标准、行业标准和有关法律、法规的规定，并按国家食品药品监督管理局公布的《医疗器械注册产品标准编写规范》的要求编制。注册产品标准后应附编制说明，编制说明应包括以下内容：产品与国内外同类产品在安全性和有效性方面的概述；参照的相关标准和资料；国家标准、行业标准的情况说明；概述及主要技术条款的说明；执行本标准时遇到的问题；需要说明的内容。

## 二、产品的电气安全性的要求

产品的电器安全性应符合安全通用要求和安全专用要求。

## 三、产品的主要电性能指标的要求

包括定标电压、灵敏度、时间常数、幅频特性、耐极化电压能力、噪声电平等。对于这些指标应要求企业具备自测能力。

## 四、与患者接触的导联电极的要求

要关注企业是否对产品中与人体接触的材料是否进行过生物相容性的评价。

## 五、产品的环境试验要求

产品应执行 GB/T 14710 的相关要求,特别要关注产品中可能受环境影响而会发生变化的技术指标是否已经考虑了环境试验要求。

## 六、说明书中必须告知用户的信息是否完整

关于配用电极的要求应明确以下两点:对于重复性使用电极的清洗、消毒要求;可配用的一次性使用电极的要求。

说明书中是否明确了可确保对心脏除颤器放电和高频灼伤的防护需要使用的患者电缆的规格、型号。以及禁忌症、注意事项以及其他警示、提示的内容。

**思考题**

1. 心电图机为什么能从体表获取心电信号?
2. 简述心电图机导联的种类、用途和心电图机的基本原理。
3. 简述心电图机抗干扰能力指标的检测方法。
4. 简述心电图机的安全检测项目和检测方法。

# 第 8 章

# 多参数监护仪

## 8.1 概　述

医用监护仪是一种用于长时间、连续的测量和控制病人生理参数、并可与已知设定值进行比较、如果出现超差可发出报警的装置或系统。医用监护仪的用途除测量和监视生理参数外,还包括监视和处理用药及手术前后的状况。监护仪可有选择地对下述参数进行监护:心率和节律、有创血压、无创血压、中心静脉压、动脉压、心输出量、pH 值、体温、经胸呼吸阻抗以及血气(如 $PO_2$ 和 $PCO_2$)等,还可以进行 ECG/心律失常检测、心律失常分析回顾、ST段分析等。目前监护仪的检测、数据处理、控制及显示记录等都通过微处理机来完成。

早期由于受到技术的限制,对病人的生理和生化参数只能由人工间断地、不定时地进行测定,这样就不能及时发现在疾病急性作发时的病情变化,往往会导致病人死亡。现在有了病人监护系统,它能进行昼夜连续监视,迅速准确地掌握病人的情况,以便医生及时抢救,使死亡率大幅度下降。

医用监护仪与临床诊断仪器不同,它必须 24 h 连续监护病人的生理参数,监测患者波形的变化,供医生作为应急处理和进行治疗的依据,减少并发症,最后达到缓解并消除病情的目的。

早期的监护仪测试参数比较单一和固定,目前广泛应用的监护仪在结构上都采用插件式,测试参数实现了多样性,使监护仪的功能扩展、换代升级、功能模块的互换等极为方便。现代医学监护仪的使用范围正逐步扩大,如手术过程的实时监护、胎儿的发育及分娩过程的实时监护、心脑血管疾病的实时监护、呼吸系统疾病的实时监护、睡眠状态的实时监护、24小时动态心电和动态血压的实时监护等。

随着医学、电子学和计算机技术等相关专业技术的发展,医用监护仪器正以日新月异速度向前发展,具体来说,医用监护仪未来的发展趋势主要有以下几个方面:医学传感器发展的目标是微型化、多参数和无创性;无损测量技术是现代医学监护仪进一步发展的关键;计算机技术的发展将成为推动现代医学监护仪发展的潜动力,使设备的体积更小型化、分析处理数据的能力更强、可靠性更好、使用寿命更长;计算机网络的发展会促进远程监护和家庭监护的应用和普及。

# 8.2 多参数监护仪的基本工作原理

随着电子和计算机技术的发展,医用监护仪无论在外形结构还是在功能上都发生了很大的变化。监护仪所测量的参数分为电量和非电量两种,电量信号如心电信号,直接由电极拾取;非电量信号如血压、体温、呼吸、血氧等都需要通过各种传感器拾取,然后转换为与之有确定函数关系的电信号,再经放大、滤波、计算、处理等记录和显示。所以,对于非电量的检测,传感器是关键部件,监护仪性能的好坏与传感器的特性密切相关。本节主要介绍医用监护仪的分类和主要参数的测量原理。

## 8.2.1 医用监护仪的分类

### 一、按结构分类

医用监护仪按结构可以分成以下四类:便携式监护仪、插件式监护仪、遥测监护仪和24小时动态心电监护仪(HOLTER)。

**1. 便携式监护仪**

其结构简单,体积小型,性能稳定,可以随身携带,由电池供电,以便用于非监护室及外出抢救病人的监护之用。以美国太空实验室的便携式监护仪为例,其功能齐全,用液晶显示屏可显示4个波形,最多能监视11个参数,有网络连接能力,既可由交流电供电,也可电池供电,能使用2.5 h。

**2. 插件式监护仪**

每个监护参数或每组监护参数各有一个插件,使监护仪功能扩展与升级快速、方便。插件可以根据临床实际的监测需要与监护仪的主机进行任意组合。用户可按照自己的要求,选择不同的插件模块来组成一台适合自己要求的监护仪。

**3. 遥测监护仪**

通过无线的方式发送与接收数据。遥测方式适合于能自由活动的病人。优点是对病人限制较少,缺点是易受外部环境的干扰。

**4. 24 小时动态心电监护仪(HOLTER)**

该系统能在病人走动、生活或工作条件下,连续记录心电活动,捕捉短时发作的异常心电信号。此外,记录存储的信号在动态心电扫描仪上能进行回放和处理。

### 二、按功能分类

按照功能分类,可分为通用监护仪和专用监护仪。

通用监护仪就是通常所说的床边监护仪,它在医院 CCU 和 ICU 病房中应用广泛,它一般包括几个最常用的监测参数,如心率、心电、无创血压、血氧饱和度等。

专用医用监护仪时具有特殊目的的医用监护仪,它主要针对某些疾病或某些场所设计、使用,如:手术监护仪、冠心病监护仪、胎心监护仪、分娩监护仪、新生儿早产儿监护仪、呼吸率监护仪、心脏除颤监护仪、麻醉监护仪、车载监护仪、便携式监护仪、危重病人自动监护仪、放射线治疗室自动监护仪、高压氧舱自动监护仪、24 小时动态血压监护仪、24 小时动态心电监护仪等。

### 三、按使用范围分类

根据使用范围分类,可分为床边监护仪、中央监护仪和离院监护仪三种。

**1. 床边监护仪**

它是设置在病床边与病人连接在一起的仪器,能够对病人的各种生理参数或某些状态进行连续的监测,予以显示报警或记录,它也能与中央监护仪构成一个整体来进行工作。

**2. 中央监护仪**

由主监护仪和若干床边监护仪组成,通过主监护仪可以控制各床边监护仪的工作,对多个被监护对象的情况进行同时监护,其特点是能完成对各种异常的生理参数和病历的自动记录。

**3. 离院监护仪**

一般是病人可以随身携带的小型电子监护仪,可以在医院内外对病人的某种生理参数进行连续监护,供医生进行非实时性的检查。

### 四、按监护参数分类

**1. 单参数监护仪**

只能监护一种生理参数,适用范围较小。如血压监护仪、血氧饱和度监护仪、心电监护仪等。

**2. 多参数监护仪**

可同时监护病人的心电、心率、血压、体温、呼吸、血氧等多个生理参数,适用范围较大。

## 8.2.2 医用监护仪的基本结构

在医院临床应用中,应用微机技术的自动监护系统取代了模拟电路组成的监护系统。如图 8-2 所示为医用监护仪的原理框图。该系统可分为三大部分:一是摄像与放像系统,用以监护病人的活动情况;二是必要的抢救设备,它是整个系统的执行机构,如输液泵、呼吸机、除颤器、起搏器和反搏器等;三是多种生理参数智能监护仪。

从图 8-1 中可以看出智能监护仪由五部分组成:

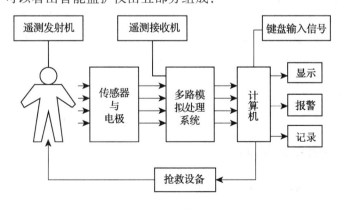

图 8-1　医用监护仪基本框图

### 一、信号检测部分

该部分包括各种传感器和电极,有些还包括遥测技术以获得各种生理参数。传感器是整个监护系统的基础部分,有关病人生理状态的所有信息都是通过传感器获得的。通过传感器能测血压、心率、心电、心音、脑电、体温、呼吸、阵痛和血液 pH 值、$PCO_2$、$PO_2$ 等各种参数。

监护系统中的传感器比一般的医用传感器要求高,因它必须能长期稳定地检出被测参数,并不会给病人带来痛苦和不适。

### 二、信号的模拟处理部分

这部分是以模拟电路为核心的信号处理系统。主要作用是将传感器所取得的信号加以放大,要考虑减少噪声和干扰信号,以提高信噪比。对其中有用的信号,进行采样、调制、解调、阻抗匹配等处理。根据所测参数和使用传感器的不同,所用的放大电路也不同。用于测量生物电位的放大器称为生物电放大器,生物电放大器比一般的放大器有更严格的要求。在监护仪中,最常用的生物电放大器是心电放大器,其次是脑电放大器。

### 三、信号的数字处理部分

这部分是监护系统中很关键的部分,它包括信号的运算、分析及诊断。根据监护仪的不同功能,可有简单和复杂之分。简单的处理是实现上下限报警,例如血压低于某一规定的值、体温超过某一限度时,监护仪立即进行声音或显示报警。复杂的处理包括整台计算机和相应的输入、控制设备以及软件和硬件,可实现:①计算功能,如在体积阻抗法中由体积阻抗求差、求导最后求出心输出量;②叠加功能,以排除干扰,取得有用的信号;③更多更复杂的运算和判断,例如对心电信号的自动分析和诊断,消除各种干扰和假象,识别出心电信号中的 P 波、QRS 波、T 波等,确定基线,区别心动过速、心动过缓、早搏、漏搏、二连脉、三连脉等;④建立被监视生理过程的数学模型,以规定分析的过程和指标,使仪器对病人的状态进行自动分析和判断。

### 四、信号的显示、记录和报警部分

这部分是监视器与人交换信息的部分。包括:数字或表头显示,指示心率、体温等被监护的数据;屏幕显示,以显示进行的或固定的被监视参数随时间变化的曲线,供医生分析;用记录仪做永久的记录,这样可将被监视参数记录下来作为档案保存;有光报警和声报警的功能。

### 五、治疗部分

根据自动诊断结果,原则上可以对病人进行施药、治疗或抢救工作。

## 8.2.3 心电信号测量原理

### 一、监护仪心电导联及电极安放位置

多参数监护仪最基本的监护参数是心电信号。临床上使用的标准心电图机在测量心电

信号时,在手腕和脚腕处安放肢体电极,而心电监护中的电极则安放在病人的胸腹区域中。虽然安放的位置有所不同,但它们是等效的,也能监测到同样的效果。因此,监护仪中的心电导联与心电图机的导联是对应的,它们具有相同的极性和波形。监护仪一般能监护 3 至 6 个导联,标准导联Ⅰ、Ⅱ、Ⅲ及加压导联 aVR、aVL、aVF,能同时显示其中的一个或两个导联的波形。功能强大的监护仪可监护 12 个导联的心电。美国心脏协会(AHA)和 IEC 对监护导联线电极的颜色标识要求见表 8-1。

表 8-1　监护导联线电极的颜色标识

| 标准 | 电　极 | | | | |
|---|---|---|---|---|---|
| | 右臂 R、右上胸部 | 左臂 L、左上胸部 | 左腿 F、左下胸部 | 右腿 N、右下胸部 | 胸部或 V1-V5 |
| AHA | 白色 | 黑色 | 红色 | 绿色 | 棕色 |
| IEC | 红色 | 黄色 | 绿色 | 黑色 | 白色 |

　　监护电极的数量根据需要监护的导联而定。要监护肢体导联和胸导联的心电信号,监护导联线至少有 5 个电极;如要进行实时 12 导联监护,则需要 10 个电极;如果只需获得肢体导联的心电信号(Ⅰ、Ⅱ、Ⅲ、aVR、aVF、aVL),没有胸导联,监护导联线可以用 3 个或 4 个电极;最简单的监护仪一般有 3 个监护电极。

　　当监护仪有 3 个监护电极时,监护电极放置于胸部的位置如图 8-2 所示。图中 L、R 为探测电极,RF 为参考电极。当正电极 L 与参考电极之间加正电压,监护仪波形呈向上方向的振幅波形;当负电极 R 与参考电极也加正电压,波形则呈向下方向的振幅波形。监护仪电极颜色与心电图电极一致。按照 IEC 标准,三个监护电极中,黄色代表 L,红色代表 R,绿色代表 F;五个监护电极中,R、L、F 颜色不变,黑色代表 RF(N)、白色代表 V。

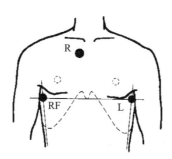

图 8-2　监护电极安放位置图

**二、标准心电图与监护心电图的区别**

　　虽然多参数监护仪的心电检测原理与常规心电图机的检测原理基本相同,但它并不能完全替代常规心电图机。

　　目前监护仪的心电波形一般还不能提供更细微的结构,也就是说其细微结构的诊断能力还不强,这是由于两者的目的不同。监护的目的主要是长时间、实时地监测患者的心率情况,所关注的是心电活动的规律性、心率稳定性。而心电图机是在特定条件下,短时间内的获得结果。心电各个波的幅度、极性、波与波之间的时间间隔都具有重要的临床意义。

另外,两者的测量电路中放大器的通带宽度及时间常数也不一样。心电图机至少要求通频带宽度 0.05~80 Hz,时间常数不小于 3.2 s;而多参数监护仪的通频带宽度一般在 1~25 Hz,时间常数不小于 0.3 s。所以监护仪放大器电路的性能要求较心电图机要低得多。

### 三、心电检测电路的构成

多参数监护仪心电检测电路完成对人体心电信号的处理,由以下几部分构成:

**1. 输入电路**

心电电极通过导线连到输入电路,该电路主要功能是保护心电输入电极,对信号滤波以滤除外界的干扰。

**2. 缓冲放大电路**

完成心电信号的阻抗变换,保证心电有极高的输入阻抗和较低的输出阻抗。

**3. 右腿驱动电路**

缓冲放大电路的输出中点经反相放大后馈送至右腿电极,保证人体处于等电位状态,从而降低干扰,提高电路的共模抑制比。

**4. 导联脱落检测**

导联脱落引起缓冲放大电路输出的电平变化,通过比较器可准确地判断出电极脱落,并转换成相应的电平供检测。

**5. 导联选择电路**

根据要求将不同的导联信号接入主放大电路进行放大。

**6. 主放大电路**

主要完成心电信号的耦合、程控增益大小、滤波和电平移动,将信号放大到一定幅度,并送入模数转换器。如标准三运放构成的测量放大器。

### 四、心率的测量

心率是指心脏每分钟搏动的次数。健康的成年人在安静状态下平均心率是 75 次/min,正常范围为(60~100)次/min。在不同生理条件下,心率最低可到(40~50)次/min,最高可到 200 次/min。监护仪的心率报警范围可由操作者根据病人的个体情况随意设定,通常低限选取(20~100)次/min 之间,高限(80~240)次/min 之间。有些型号的监护仪机内设定了若干档心率报警限,操作者只能从中选择某一档。

心率测量多数用心电波形中的 R 波测定,也有从主动脉波、指脉波或心音信号来求得心率。有两种类型的心率检测:平均心率和瞬时心率。

平均心率是在已知时间内计算脉搏数,即 R 波个数来决定。即 $F=N/T$(次/min)。式中 T 是计数时间(min),$N$ 是 R 波个数。

每次搏动时间间隔的倒数是瞬时心率,即心电图两个相邻 R—R 间期的倒数。$F=N/T$(次/s)$=60/T$(次/min)。式中 $T$ 是 R—R 间期。如果每次心搏间隔内有微小的变化,利用瞬时心率都可检测出来。

R 波的识别是心率测量的关键。心电检出波形中,一般 R 波幅值高、变化快,所以易于识别。但有些病人 T 波幅值高于 R 波,但 T 波上升时间比 R 波要长,为检出 R 波,通常是对心电信号先行微分(或经 10~50Hz 的带通滤波器),以除去低频噪声和基线漂移,同时低频的 T 波和 P 波产生了衰减,进一步突出快变的 R 波,降低了因 T 波引起的双计数误差。心率检测电路对心电信号 $h(f)$ 进行微分得 $e(f)=\mathrm{d}h(t)/\mathrm{d}(f)$,若微分值大于设定阈值,则可确定该时刻的心电波为 R 波。

### 8.2.4 血压信号测量原理

#### 一、有创血压

利用导管插入术来测量和监护动脉血压、中心静脉压、左心房压、左心室压、肺动脉和肺毛细血管楔入压等称为有创血压。

通常在临床上有创血压测量有四种方法:

1. 用导管或锥形针经皮插入血管,其测量点接近刺入点,而导管或针则与体外压力传感器相连。

2. 导管插入术。它将一根长导管通过动脉或静脉达到测量点,此点可在较大的血管内或心脏中,而测量压力传感器仍放在体外。

3. 将压力传感器置于导管顶端直接测出接触点的压力。

4. 将压力传感器植入到血管或心脏内。此种方法必须做大的手术,一般用于动物实验研究。其优点是能留在血管内做长期测量。

导管传感器测压系统由充满液体的导管、三通阀和传感器所组成。如图 8-3 所示。

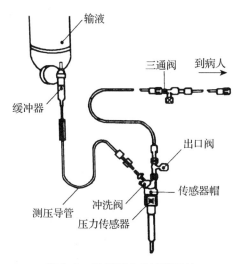

图 8-3 导管压力传感器系统

测量原理:将导管通过穿刺,置入被测部位的血管内,导管的体外端口通过三通阀直接与压力传感器相连接,在导管内注入生理盐水。由于流体具有压力传递作用,血管内的压力将通过导管内的液体被传递到了外部的压力传感器上,液压导致传感器膜片的偏移,由机电系统检测,从而可以获得血管内压力变化的动态波形,通过特定的计算方法,可获得收缩压、舒张压和平均动脉压。

ICU 病房多用于有创血压的监护,虽然操作比较复杂、病人有一定的痛苦,但能获得较无创血压更高的精度。一般限于危重病人或开胸手术病人使用。在进行有创血压监测中,为了提高监测精度,可以用水银压力计或气压计在每次使用时同时对仪器进行标定;要随时保证压力传感器与心脏在同一水平上;为防止血管被血凝堵塞,要不断注入肝素盐水冲洗导管;由于运动可能会使导管移位或退出,因此,要牢固固定导管,要注意检查,必要时进行调整。

**二、无创血压**

多生理参数监护仪中无创血压的监护有两种方法:

**1. 电子柯氏音检测法**

基本原理:用电子技术来替代传统的人工柯氏音法,袖带的加气、放气由仪器内的气泵来完成,放置于袖带下的柯氏音传感器代替医生的听诊器。检测时,气泵充气,经袖带在血管壁上加压,当压力增大到一定程度时,则阻断了血管中的血流通过,放置在袖带下的柯氏音传感器检测不到血管的波动声;然后慢慢放气,当压力下降到某个值时,血流冲过阻断,血管中开始有血液流动,柯氏音传感器检测到脉搏声(第一柯氏音),此时,所对应的压力值就是收缩压;气泵继续放气,当外压再度下降到某一值后,血管壁的形变将恢复到没加外压的正常状态,传感器再测柯氏音从减音阶段到无声阶段,这一外压值就是舒张压。

柯氏音无创血压监护系统的组成:仪器内袖带充气系统、袖带、柯氏音传感器、音频放大器及自动增益调整电路、A/D转换、微处理器及显示部分。

仪器内的袖带充气系统能以不同速率和时间间隔控制袖带的充气和放气,也可由面板上的开关键控制单次工作。压力传感器、声音放大器输入柯氏音和袖带压力,它提供两个输出:一个是与袖带压力成比例的电压;另一个是柯氏音或脉搏信号。最后经处理器运算后显示收缩压、舒张压。

**2. 振动法**

监护仪采用振动法测量无创血压。测量时自动对袖带充气,到一定压力(一般为180~230 mmHg)开始放气,降到一定程度,血流就能通过血管,波动的脉动血流产生振荡波,通过气管传播到机器里的压力传感器,压力传感器能实时检测袖带内的压力及波动。气泵逐渐放气,随着血管受挤压程度的降低,振动波越来越大。再放气由于袖带与手臂的接触越来越松,因此压力传感器所检测的压力及波动越来越小。这样,仪器测量到的是一条叠加了振荡脉冲的递减的压力曲线。曲线上脉动幅度最大(设为 Am)的点所对应的气袋压力即为动脉的平均压。曲线上满足条件 $A_s = K_s \times Am$ 和 $A_d = K_d \times Am$ 的点所对应的气袋压力分别为动脉的收缩压和舒张压,其中 $K_s$、$K_d$ 为经验常数,对于各个厂家来说不尽相同,$A_s$、$A_d$ 分别是压力曲线上收缩压和舒张压所对应的点的压力脉动幅度值。

搜寻到有规则的动脉血流的脉动是振动法测量无创血压的前提,如果病人的心率过低或过快,会由于心率不齐导致不规则的心搏;或者是病人处于颤抖、痉挛、休克等状态时,测量就会影响准确度。

## 8.2.5 呼吸信号测量原理

呼吸是人体得到氧气输出二氧化碳、调节酸碱平衡的一个新陈代谢过程,这个过程通过呼吸系统完成。呼吸系统由肺、呼吸肌(尤其是膈肌和肋间肌)以及将气体带入和带出肺的器官组成。呼吸监护技术检测肺部的气体交换状态或呼吸肌的效率,呼吸图关心的是后者。

呼吸图是呼吸活动的记录,反映了病人呼吸肌和肺的力量和效率。测量呼吸的方法有三种。

### 一、阻抗法

测量原理:多参数病人监护仪中的呼吸测量大多采用阻抗法。人体在呼吸过程中的胸廓运动会造成人体电阻的变化,变化量为 $0.1 \sim 3\ \Omega$,称为呼吸阻抗。监护仪一般是通过 ECG 导联的两个电极,用 $10 \sim 100\ kHz$ 的载频正弦恒流向人体注入 $0.5 \sim 5\ mA$ 的安全电流,从而在相同的电极上拾取呼吸阻抗变化的信号。这种呼吸阻抗的变化图就描述了呼吸的动态波形,并可提取出呼吸率参数。胸廓的运动,身体的非呼吸运动都会造成人体电阻的变化,当这种变化频率与呼吸通道的放大器的频带相同时,监护仪也就很难判断出正常的呼吸信号和运动干扰信号。因此,当病人出现激烈而又持续的身体运动时,呼吸率的测量可能会不准。

为了对阻抗变化进行最优的测量,首先必须准确地放置电极。由于 ECG 波形对电极放置的位置要求更高,因此为了使呼吸波达到最优,需要重新放置电极和导联时,必须考虑 ECG 波形的结果;其次良好的皮肤接触能够保证良好的信号;再次要排除外部干扰。病人的移动、骨骼、器官、起搏器的活动以及 ESU 的电磁干扰都会影响呼吸信号。对于活动的病人不推荐进行呼吸监护,因为会产生错误警报。正常的心脏活动已经被过滤。但是如果电极之间有肝脏和心室,搏动的血液产生的阻抗变化会干扰信号。

### 二、直接测量呼吸气流法

常用的方法是利用热敏元件来感测呼出的热气流,这种方法需要给病人的鼻腔中安放一个呼吸气流引导管,将呼出的热气流引到热敏元件位置。当鼻孔中气流通过热敏电阻时,热敏电阻受到流动气流的热交换,电阻值发生改变。

对于换热表面积为 $A$,温度为 $T$ 的热敏电阻,当感受到鼻孔内温度为 $T_f$ 的呼吸气流的流动,热敏电阻上的对流换热量为

$$Q = \alpha(T - T_f)A \qquad (8-1)$$

式中    $\alpha$ 是对流换热系数,它受呼吸流速、黏性等多种因素的影响。$T_f$ 与人体温度接近,且恒温。若呼吸流速大,热交换 $Q$ 就大。因此,热敏电阻温度 $T$ 变化也较大。

热敏电阻多数用半导体材料,一般有金属氧化物(如 Ni、Mn、Co、F、Cu、Mg、Ti 的氧化物)和单晶掺杂半导体(SiC)等。热敏电阻具有负阻特性。即

$$R_T = R_0 e^{\alpha(1/T - 1/T_0)} \qquad (8-2)$$

式中    $R_0$ 是温度 $T_0$ 时的电阻值,$\alpha$ 是常数。$T$ 越高,$R_T$ 就越小。

### 三、气道压力法

将压电传感器置入或连通气道,气道压"压迫"传感器而产生相应的电信号,经电子系统处理以数字或图形显示,灵敏度和精确性较高。在气道压力监测时,利用这些信号的脉冲频率,经译码电路处理后可显示呼吸频率。

## 8.2.6　体温测量原理

一般监护仪提供一道体温,功能高档的仪器可提供双道体温。体温探头的类型也分为

体表探头和体腔探头,分别用来监护体表和腔内体温。

测量原理:监护仪中的体温测量一般都采用负温度系数的热敏电阻作为温度传感器。检测电路的输入端采用电平衡桥,随着体温的不同变化,电平衡桥失去平衡,平衡桥的输出端就有电压输出,根据平衡桥输出电压的高低,即可换算出温度指数,从而实现体温的检测。

测量时,操作人员可以根据需要将体温探头安放于病人身体的任何部位,由于人体不同部位具有不同的温度,此时监护仪所测的温度值,就是病人身体上要放探头部位的温度值,该温度可能与口腔或腋下的温度值不同。在进行体温测量时,病人身体被测部位与探头中的传感器存在一个热平衡问题,即在刚开始放探头时,由于传感器还没有完全与人体温度达到平衡,所以此时显示的温度并不是该部位真实温度,必须经过一段时间达到热平衡后,才能真正反映实际温度。在进行体表体温测量时,要注意保持传感器与体表的可靠接触,如传感器与皮肤间有间隙,则可能造成测量值偏低。

影响因素:体温计应该能够提供快速、准确、可靠的体温测量,影响体温测量的因素包括:刻度的频率和准确性;适当的参考标准用来对体温计进行校准;测量的解剖部位的选择;环境因素和病人的活动和移动的情况。

### 8.2.7 血氧饱和度测量原理

血氧饱和度是表征血液中氧合血红蛋白比例的参数。血液中的有效氧分子,通过与血红蛋白(Hb)结合后形成氧合血红蛋白($HbO_2$)。血氧饱和度是衡量人体血液携带氧的能力的重要参数。通过对血氧饱和度进行测量,可及时了解患者的血氧含量,具有极其重要的临床价值。

测量原理:血氧饱和度一般是通过测量人体指尖、耳垂等毛细血管脉动期间对透过光线吸收率的变化计算而得的。测量用的血氧饱和度探头有其独特的结构。它是一个光感受器,内置一个双波长发光二极管和一个光电二极管。发光二极管交替发射波长 660 nm 的红光和 940 nm 的近红光。还原血红蛋白(HB)的吸光度随 $SaO_2$ 不同而改变,在 660 nm 附近表现最为显著,在 940 nm 附近则产生与 660 nm 方向相反的变化。在波长 940 nm 的红外区域,氧合血红蛋白($HbO_2$)的吸收系数比 HB 大。

当作为光源的发光管和作为感受器的光电管位于手指或耳的两侧,入射光经过手指或耳廓,被血液及组织部分吸收。这些被吸收的光强度除博动性动脉血的光吸收因动脉压力波的变化而变化外,其他组织成分吸收的光强度(DC)都不会随时间改变,并保持相对稳定,而博动性产生的光路增大和 $HbO_2$ 增多使光吸收增加,形成光吸收波(AC)。

光电感应器测得博动时光强较小,两次博动间光强较大,减少值即搏动性动脉血所吸收的光强度。这样可计算出两个波长的光吸收比率($R$)。

$$R = AC660/DC660 \div (AC940/DC940) \tag{8-3}$$

$R$ 与 $SaO_2$ 呈负相关,根据正常志愿者数据建立起的标准曲线换算可得病人血氧饱和度。

影响血氧饱和度的精确测量因素:一是不正确的位置可能导致不正确的结果,光线发射器和光电检测器彼此直接相对,如果位置正确,发射器发出的光线将全部穿过人体组织。传感器离人体组织太近或太远,分别会导致测量结果过大或过小。二是测量时脉动的因素,当脉动降低到一定极限,就无法进行测量。这种状态有可能在下列情况下发生:休克、体温过低、服用作用于血管的药物、充气的血压袖带以及其他任何削弱组织灌注的情况;相反地,某些情况下静脉血也会产生脉动,例如静脉阻塞或其他一些心脏因素。在这些情况下,由于脉动信号中包含静脉血的因素,结果会比较低。三是光线干扰会影响测量的精度,脉动测氧法假定只检测两种光线吸收器:$HbO_2$ 和 $Hb$,但是血液中存在的一些其他因素也可能具有相似的吸收特性,会导致测量的结果偏低,如碳合血红蛋白 $HbCO$、高铁血红蛋白以及临床上使用的几种染料。四是人为的移动也可能干扰测量的精度,因为它与脉动具有相同的频率范围。此外,其他影响光线穿透组织的因素,如指甲光泽会影响测量的精度。而周围光线带来的干扰可以通过将指套用不透明的材料密封进行排除。

### 8.2.8 呼吸末二氧化碳测量原理

呼吸末二氧化碳($PetCO_2$)是麻醉患者和呼吸代谢系统疾病患者的重要检测指标。$CO_2$ 测量主要采用红外吸收法,即不同浓度的 $CO_2$ 对特定红外光的吸收程度不同。$CO_2$ 监护由主流式和旁流式两种。主流式直接将气体传感器放置在病人呼吸气路导管中,直接对呼吸气体中的 $CO_2$ 进行浓度转换,然后将电信号送入监护仪进行分析处理,得到 $PetCO_2$ 参数;旁流式的光学传感器置于监护仪内,由气体采样管实时抽取病人呼吸气体样品,经气水分离器,去除呼吸气体中的水分,送入监护仪中进行 $CO_2$ 分析。

### 8.2.9 心输出量测量原理

心输出量是衡量心功能的重要指标。在某些病理条件下,心输出量降低,使机体营养供应不足。心输出量是心脏每分钟射出的血量,它的测定是通过某一方式将一定量的指示剂注射到血液中,经过在血液中的扩散,测定指示剂的变化来计算心输出量。监护中常用热稀释法检测。

这种方法采用生理盐水做指示剂,热敏电阻为温度传感器。将漂浮导管经由心房插入肺动脉,然后经该导管向右心房注入冷生理盐水或葡萄糖液,温度传感器放置于该导管的前端,当冷溶液与血流混合后就会发生温度变化,因此,当混合的血流进入肺动脉时,温度传感器就会感知,根据注入的时刻和混合后温度的变化情况,利用心输出量换算方程:监护仪就可以分析出心输出量。

$$Q = 1.08 \times b_0 \times C_T V_1 (T_b - T_I) \Big/ \int_0^\infty \Delta T_b dt \tag{8-4}$$

式中　1.08 是与注入冷生理盐水和血液比热及密度有关的常数;$b_0$ 是单位换算系数;$C_T$ 是相关系数,$V_1$ 和 $T_1$ 是冷生理盐水的注入量和温度;$T_b$ 和 $\Delta T_b$ 是血液温度及其变化量。

### 8.2.10 脉搏测量原理

脉搏是动脉血管随心脏舒缩而周期性搏动的现象,脉搏包含血管内压、容积、位移和管壁张力等多种物理量的变化。脉搏的测量有几种方法,一是从心电信号中提取;二是从测量血压时压力传感器测到的波动来计算脉率;三是光电容积法。这里重点介绍光电容积法测量脉搏。

测量原理:光电容积法测量脉搏是监护测量中最普遍的方法,传感器由光源和光电变换器两部分组成,它夹在病人指尖或耳廓上,如图 8-4 所示。

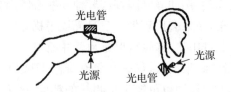

图 8-4　光电容积法测量脉搏

光源选择对动脉血中氧合血红蛋白有选择性的一定波长的光,最好用发光二极管,其光谱在 $6\times7^{-7}\sim7\times10^{-7}$ m。这束光透过人体外周血管,当动脉搏动充血容积变化时,改变了这束光的透光率,由光电变换器接收经组织透射或反射的光,转变为电信号送放大器放大和输出,由此反映动脉血管的容积变化。脉搏是随心脏的搏动而周期性变化的信号,动脉血管容积也周期性地变化,光电变换器的电信号变化周期就是脉搏率。

## 8.3　多参数监护仪的检测

《医疗器械分类目录》中属于无创监护仪器类产品,类代号为 6821,属Ⅱ类医疗器械管理。如果产品包含有创血压监护部分,根据《医疗器械分类目录》6821 规定,属Ⅲ类医疗器械管理。

### 8.3.1　多参数监护仪安全要求

多参数监护仪安全要求相关的医用电气设备系列检测标准包括:GB 9706.1《医用电气设备 第 1 部分:安全通用要求》、GB 9706.25《医用电气设备 第 2-27 部分:心电监护设备安全专用要求》、YY 0668《医用电气设备 第 2 部分:多参数患者监护设备安全专用要求》、YY 0667《医用电气设备 第 2 部分:自动循环无创血压监护设备安全和基本性能专用要求》、GB/T 14710《医用电气设备环境要求及试验方法》、YY 0505《医用电气设备 第 1-2 部分:安全通用要求 并列标准:电磁兼容 要求和试验》。

以下主要介绍心电监护设备安全专用要求和多参数患者监护设备安全专用要求中对电击危险的防护要求。

#### 一、隔离

**1. 对心脏除颤器的放电效应的防护**

电极与下列部分间的绝缘结构必须设计成:当除颤器对连接电极的患者放电时,下列部分不出现危险的电能:

(1) 外壳;

(2) 任何信号输入部分;

(3) 任何信号输出部分;

(4) 置于设备之下的,与设备底面积至少相等的金属箔(Ⅰ类、Ⅱ类设备和内部电源设备）。

试验图同第 7 章 7.3.1 中所示，在切换操作 $S_1$ 后，$Y_1$ 和 $Y_2$ 之间的峰值电压不超过 1V 时，则符合上述要求。试验时设备必须不通电。

Ⅰ类设备必须在连接保护接地情况下进行试验。

不使用网电源供电也能工作的Ⅰ类设备，例如具有内部电池供电的Ⅰ类设备，则必须在不接保护接地的情况下进行试验，所有功能接地必须去除。

改变 V1 的极性，重复上述试验。

**2. 防除颤应用部分与其他部分的隔离**

防除颤应用部分和/或患者连接应具备一种措施，使释放到 100 Ω 负载上的除颤器能量相对于设备断开时的能量最多减小 10%。按照图 8-5 连接试验设备。

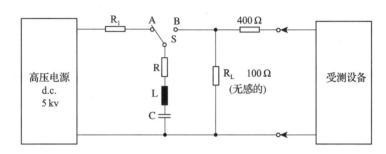

图 8-5　用试验电压测试释放到除颤器上的能量

试验步骤如下：

（1）将应用部分/患者连接接到实验电路中。若专用标准适用，连接方法按专用标准的除颤试验和说明进行。

（2）开关 S 接在位置 A，电容充电到 5 kV。

（3）通过将开关 S 接到位置 B 使试验电路放电，测量释放到除颤器测量器（即 100 Ω 负载）上的能量 $E_1$。

（4）从测量电路中移去受试设备，测量释放到 100 Ω 负载的能量 $E_2$。

（5）验证 $E_1$ 的能量至少为 $E_2$ 的 90%。

**二、连续漏电流和患者辅助电流**

**1. 对于心电监护设备**

对于具有功能接地端子的心电监护设备，当在功能接地端子与地之间加上相当于最高额定网电压 110% 的电压时，从应用部分到地的患者漏电流必须不超过 0.05 mA。如果功能接地端子与保护接地端子在设备内部直接相连时，则不必进行该项试验。

**2. 对于多参数患者监护设备**

除了通用标准中提到的"连续的对地漏电流、外壳漏电流、患者漏电流及患者辅助电流"的规定值的适用条件，还增加了"局部漏电流、总的患者漏电流"的规定值也适用于同样的测量条件。此外，补充规定：BF 型应用部分的患者漏电流的容许值、CF 型应用部分的患者漏电流的容许值、BF 型和 CF 型应用部分的总的患者漏电流的容许值、BF 型应用部分的局部漏电流的容许值、CF 型应用部分的局部漏电流的容许值、患者连接器的总的患者漏电流的容许值。

### 三、电介质强度

心电监护设备不适用电介质强度试验 B—b。对于心电监护设备,电介质强度试验 B—d 试验电压必须为 1 500 V(Ⅰ类、Ⅱ类设备和内部电源设备)。

对于多参数患者监护设备,B—b 应用部分之间的绝缘应至少为基本绝缘。基准电压不应小于最高额定供电电压或内部电源设备时不低于 250 V。若应用部分存在电压,则适用于这些电压的绝缘应另外为双重绝缘或加强绝缘。

在多参数患者监护设备的电介质强度试验要求中提出,对于有多个应用部分的设备,应用部分之间的电介质强度应按照如下试验进行:试验电压应施加于某一应用部分的患者连接与所有患者连接接地的其余应用部分之间,每一应用部分应重复此试验。

## 8.3.2 心电监护仪技术要求

在通用要求分类中,医用监护仪按其用途可分为 BF 型或 CF 型应用部分。本小节介绍心电监护仪的部分技术要求,相关的检测标准是 YY1079 心电监护仪。

### 一、试验仪器要求

要求以下试验仪器:

一个双通道示波器,其差分输入放大器的输入阻抗至少为 1 MΩ,幅度分辨率为 10 μV。3 dB 频响范围必须至少是直流到 1 MHz,中间频带轴度准确度为 ±5%。

一个电压表,直流电压的测量范围是 10 V~1 mV,准确度为 ±1%,对于试验信号有适宜的频率特性;一个电压表或峰-谷幅度检测器,能够测量峰-谷正弦信号和三角波信号,在 10~0.1 V 的电压范围内准确度是 ±1%。

两个信号发生器,能够产生频率范围 0.05~1 000 Hz 的正弦波、方波和三角波。这两个信号发生器必须具备范围最小至 10 V(p-v)、平衡和对地隔离的可调电压输出。

### 二、检测项目和检测方法

在 YY1079 心电监护仪检测标准的性能要求中,主要对 QRS 波幅度和间期的范围、QRS 波工频电压容差、QRS 波漂移容差、心率的测量范围和准确度、报警限范围、报警限设置的分辨率、报警限准确度、心动停止报警的启动时间、心率低报警的启动时间、心率高报警的启动时间、报警静音、报警静止等指标提出了要求,并且对具有心电图波形显示能力的监护仪提出了特殊要求。

**1. 心率的测量范围和准确度**

试验方法如下:

(1) 加如图 8-6 所示的一幅度为 1 mV、宽度为 70 ms 的三角波到监护仪输入端;

(2) 设置重复率为制造商声称的设备最小可测心率(此重复率应为 30 bpm 或更小,但不得为 0);

(3) 显示心率应在输入心率 ±10% 或 ±5 bpm 的较大值范围内,如果制造商声明更高的准确度,则显示心率应在制造商规定的误差范围内;

（4）在设备最大可测心率（即，对于成人监护仪，至少 200 bpm，标明用于新生儿/小儿患者的监护仪，至少 250 bpm）和四个中间心率 60 bpm，100 bpm，120 bpm，180 bpm 重复步骤（1）到（3）；

（5）输入心率为 0 和声称的最小可测心率的 25％和 50％波形，重复步骤（1）到（2），显示的心率不应超过声称的最小测量范围；

（6）输入 300 bpm 和 300 bpm 与声称的最大心率之和的一半的心率，对于新生儿/小儿监护仪，这些心率为 350 bpm 和 350 hpm 与声称的最大心率之和的一半的心率，显示的心率不应低于声称的最大的测量范围。

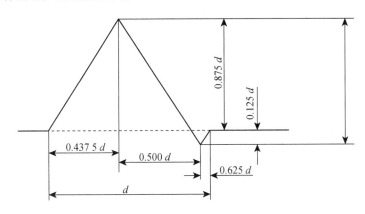

图 8-6　模拟心电 QRS 复合波的试验信号

对每个输入心率，可调节增益或灵敏度控制。

**2. 报警限准确度**

试验方法如下：

（1）设置报警下限（Rs）最接近 60 bpm；

（2）将一幅度为 1 mV，宽度为 70 ms 的三角波（图 8-6）加到监护仪输入端；

（3）设置试验信号足够高的重复率（由心率计测定）以避免引发报警；

（4）以 1 bpm 的步幅降低重复率，每次降低间隔 10 s，直到引发报警；

（5）测量监护仪显示的该心率（Rd），即为达到报警阈的显示心率；

（6）计算报警限误差（$e$）：

$$e = 100 \times \left| \frac{R_d - R_s}{R_s} \right|$$

此误差值应不超过标称值的±10％或±5 bpm 中的较大值。

设置报警下限最接近 30 bpm，重复以上步骤；

设置报警上限最接近 120 bpm，试验信号初始重复率足够低防止引发报警，重复以上步骤，但在步骤（4），改为增加重复率。设置报警上限为 200 bpm，重复此步骤。

设置报警下限最接近 30 bpm，重复以上步骤。试验信号的初始重复率应略高于报警限以避免引发报警。在 10 s 之内，降低试验信号重复率从初始重复率到声称的最小报警限的 50％，监护仪应引发报警。

设置报警上限最接近 200 bpm（新生儿/小儿监护仪为 250 bpm），试验信号的初始重复率略低于报警限以避免引发报警,重复以上步骤,但在步骤(4),改为增加重复率。在 10 s 之内,增加试验信号率从初始重复率到 300 bpm 与声称的最大测量心率之和的一半的心率。监护仪应引发报警。增加最初的输入信号重复率到 300 bpm,重复此步骤。对于新生儿/小儿监护仪,增加初始输入信号重复率到 350 bpm 和 350 hpm 与声称的最大测量心率之和的一半的心率。在所有的情况,监护仪应引发报警。

**3. 心率低报警的启动时间**

试验方法如下:

如图 8-6 所示,加一幅度为 1 mV,持续时间为 70 ms 的三角波到监护仪输入端;

设置信号重复为 80 bpm 且报警下限接近 60 bpm;

突然改变输入信号重复率到 40 bpm;

测量从观察到新间期后第一个 QRS 波到报警引发的时间;

重复此试验 5 次,5 次测量的平均间隔时间不应长于 10 s,并且应无单次间隔时间长于 13 s。

### 8.3.3 无创自动测量血压计的技术要求

多参数监护仪功能较丰富,一般都具有无创血压监测的功能,在现阶段实行的国家标准和行业标准中,YY0670 无创自动测量血压计给出了相关的检测要求。本小节介绍其中的主要技术要求。

**一、有自动充气系统的设备**

**1. 最大袖带压**

对于公用、家用及其他无人监管下使用的设备,应提供一种限制压力的措施以保证袖带压决不会超过 40 kPa(300 mmHg)。对于有专业人员监督情况下使用的设备,袖带压应不超过 40 kPa 或不超过制造商指定工作压力上限以上 4 kPa(30mmHg),取这两种情况中压力较低的一种。另外,设备应保证袖带压处在 2 kPa(15 mmHg)以上的时间不超过 3 min。

对于新生儿设备,在新生儿的工作模式下应提供一种限制压力的措施以保证袖带压决不会超过 20 kPa(150 mmHg)。另外,设备应保证袖带压处在 0.67 kPa(5 mmHg)以上的时间不超过 90 s。

**2. 泄气**

设备应提供一种简单易懂且清楚标识的措施允许使用者给袖带放气。

在充气系统阀门全开快速放气的情况下,压力从 34.67 kPa(260 mmHg)下降到 2 kPa(15 mmHg)的时间不应超过 10 s。对于可用于新生儿模式的血压测量系统,在充气系统阀门全开快速放气的情况下,压力从 20 kPa(150 mmHg)降到 0.67 kPa(5 mmHg)的时间不应超过 5 s。

测试方法:

用(500±25)ml 的刚性容器来测量成人放气速度,(100±5)ml 的刚性容器来测量新生儿或腕部袖带的放气速度。将合适的容器、已校准的压力计和测试设备连接在一起。系统充气至最高压力,60 s 后打开快速放气阀。测量放气至最低压力所需的时间。

## 二、充气源和压力控制阀的要求

### 1. 充气源

除非另有声明,通常情况下,充气源应能在 10 s 内提供足够的空气使得 200 cm³(12 立方英寸)的容器内的压力达到 40 kPa(300 mmHg)。注:压时进行血压测量的血压计不适用。

用一个 200～220 cm³ 的密闭容器将充气源的压力计相连。充气源工作可将系统压力升高到 40 kPa,测量所用的充气时间是否在 10 s 内。在初始压力为 40 kPa 的情况下,应保证在不少于 2 min 的测试时间内漏气速度不超过 0.267 kPa/min(2 mmHg/min)。本测试应在 15～25 ℃范围内的一个恒定温度下进行。

### 2. 压力自控气阀

(1) 漏气

阀门关闭,在初始压力分别为 33.33 kPa(250 mmHg)、20 kPa(150 mmHg)和6.67 kPa(50 mmHg)状态下,一个容积不超过 80 cm³ 容器内的最大压降,在 10 s 内应不超过 0.133 kPa(1 mmHg)。

测试方法:

将气阀连接到一个具有 60～80 cm³ 的密闭容器的压力计上,用一个合适的计时设备来确定在 33.33 kPa、20 kPa、6.67 kPa 不同的压力情况下是否符合上述对压力下降的要求。

(2) 气阀/袖带放气率

当气阀处于压力自控位置(使用配套的袖带)时,从 33.33 kPa(250 mmHg)降到 6.67 kPa(50 mmHg)的降压速度应不低于 0.267 kPa/s(2 mmHg/s)。

测试方法:

将气阀连接到一个具有的 60～80 cm³ 的密闭容器的压力计上。当气阀处于压力自控位置时,袖带进行必要的充、放气,用一个合适的计时设备来测试确定是否符合要求。

(3) 泄气

充满气体的系统在阀门全开时的快速放气,压力从 34.67 kPa(260 mmHg)下降到 2 kPa(15 mmHg)的时间不应超过 10 s。

对于可用于新生儿模式的血压测量系统,充满气体的系统在阀门全开时的快速放气,压力从 20 kPa(150 mmHg)降到 0.67 kPa(5 mmHg)的时间不应超过 5 s。

## 三、气囊和袖带的要求

### 1. 充气囊

(1) 充气囊尺寸

袖带气囊的长度建议大约为袖带覆盖肢体周长的 0.8 倍,袖带气囊的宽度建议最好是长度的一半。如果自动血压计的制造商提供了超出上述范围的袖带或使用其他测量点(非上臂)的袖带,那么制造商应提供验证这个系统准确性的数据。

(2) 充气囊耐压力

气囊及整个管路应能承受袖带预期使用的最大压力。

### 2. 袖带

下面的要求适用于绷带型、钓钩型、接点闭合型及其他型号的袖带。

（1）袖带尺寸

钓钩型、接点闭合型及其他型号的袖带，其长度应至少足以环绕预期适用的最大周长的肢体，并且在整个长度范围内保持全宽。绷带型袖带的总长度应超过气囊的末端，至少与气囊长度相等，以保证当气囊充气到 40 kPa（300 mmHg）时袖带不会滑脱或变松。

（2）耐压力

当气囊被充气到最大压力时，袖带应能完全包裹气囊。

（3）袖带接口/结构

在经过 1 000 次开合循环和 10 000 次 40 kPa（300 mmHg）的压力循环后，袖带的闭合和密封性仍应完好到足以满足本标准的其他要求。本要求不包括一次性袖带。

测试方法：

将袖带缠绕在一个模拟实际应用的柱状轴上。在袖带处于放气状态下，进行 1 000 次开合循环测试。在袖带缠绕在柱状轴上时，还要进行 10 000 压力循环测试。这两个试验可以相继进行也可交替进行，如 10 次压力循环紧接着一次开合循环。

### 四、系统漏气

血压计整个系统的漏气造成压力下降的速度不应大于 0.133 kPa/s（1 mmHg/s）。

## 8.3.4　连续测量的电子体温计的技术要求

多参数监护仪功能较丰富，一般都具有连续体温测量的功能，在现阶段实行的国家标准和行业标准中，YY 0785《临床体温计-连续测量的电子体温计性能要求》给出了相关的检测要求。本小节介绍其中的主要技术要求。

### 一、测试装置

**1. 参考温度计**

应使用一个具有温度读数的不确定度不超过 ±0.02 ℃ 的参考温度计来确定水槽的温度，它的校准应可溯源到国家的测量标准。

**2. 参考水槽**

应使用具有良好调节和搅拌，并且至少含有 5 L 容积的参考水槽来建立覆盖整个测量范围的参考温度；在被测体温计的测试温度所在的规定测量范围内，参考水槽的温度稳定性应被控制到 ±0.02 ℃ 以内。在给定温度点的工作区域内，温度梯度不应超过 ±0.01 ℃。

**3. 温度探头测试器**

温度探头测试器将探头测量的物理属性转换成温度值，该物理属性随着温度按一定的函数关系变化，温度探头测试器引入的扩展不确定度应不大于等效于 0.01 ℃ 的值，参考制造商测量范围内的数据。它的校准应可溯源到国家测量标准。

### 二、主要测试项目

**1. 最大允许误差的测试**

（1）完整体温计最大允许误差的测试

根据制造商说明书，将完整体温计的温度探头浸到一个恒温的参考水槽中，直到建立温度平衡,比较被测体温计的读数和参考温度计的读数。然后增高或降低水槽温度,重新等待温度平衡的建立并重复测量过程。被测体温计和参考温度计的读数差异应满足:在 25 ℃～45 ℃的测量范围内,最大允许误差应是±0.2 ℃。

所要求的测量点的数量依赖于仪器的测量范围,然而在测量范围内至少每个整摄氏度都应进行测量。为了检测可能有的滞后效应,当测量奇数摄氏度时,应按温度递增的顺序进行测量,当测量偶数摄氏度时,应按温度递减的顺序进行测量。

(2) 指示单元最大允许误差的测试

指示单元的性能应使用温度探头模拟器进行测量,指示单元显示的温度值和对应的模拟温度值的差别应满足:在 25 ℃～45 ℃的测量范围内,最大允许误差应是±0.1 ℃。

(3) 温度探头最大允许误差的测试

将可替换或者一次性的探头浸入参考水槽中,连接温度探头到温度探头测试器,比较用这种方法获得的每个被测探头温度示值和水槽中参考温度计的示值,它们的差别应满足:在25 ℃～45 ℃的测量范围内,最大允许误差应是±0.1 ℃。

**2. 时间响应的符合性测试**

将处在环境温度为(23±2) ℃中的温度探头浸入温度为(44±1) ℃的水槽中,150 s 后比较其温度示值和参考温度计的示值。被测体温计的显示温度与参考温度的差异应不超过最大允许误差范围。

# 8.4  多参数监护仪的审评注意事项

## 8.4.1  技术审查要点

### 一、产品名称的要求

多参数患者监护设备产品的命名应采用《医疗器械分类目录》或国家标准、行业标准中的通用名称,一般可以按"生理参数＋功能(或结构)＋监护设备(或监护仪)"的方式命名。例如:多参数患者监护设备,多参数床边监护仪,心电血氧监护仪,插件式多参数患者监护设备等。

### 二、产品的结构和组成

产品一般为台式或移动式,由主机、显示器、心电、脑电、无创血压、血氧饱和度、体温、呼吸、脉搏等监护单元(有些多参数患者监护设备还具有其他参数的检测功能。如:呼吸末二氧化碳、麻醉气体监护)和各类电极、传感器组成。一般采用模块式或预置式结构。

按产品应用部分结构可分为:BF 型、CF 型。

按产品电源部分结构可分为:交流、交直流两用。

按功能可分为:二参数、三参数、四参数等等。

有关"母亲胎儿监护、遥测监护、中央监护系统"不包含在本指导原则中。

### 三、产品工作原理

多参数患者监护设备产品包含不同生理监护单元,可对一个患者同时进行多个生理参数的监护。一般心电测量采用目前临床上广泛使用的 Ag/AgCl 电极测量方法;无创血压测量采用振荡法,测出收缩压、平均压和舒张压、脉率值;呼吸测量采用胸阻抗法;体温测量采用热敏电阻法;脉搏氧饱和度测量采用双波长脉动法。

### 四、产品作用机理

因该产品为非治疗类医疗器械,故本指导原则不包含产品作用机理的内容。

### 五、产品适用的相关标准

目前与多参数患者监护设备产品相关的常用标准如下:
GB 9706.1—2007《医用电气设备 第 1 部分:安全通用要求》
GB 9706.25—2005《医用电气设备 第 2-27 部分:心电监护设备安全专用要求》
GB/T 14710—2009《医用电气设备环境要求及试验方法》
GB/T 16886.1—2011《医疗器械生物学评价 第 1 部分:评价与试验》
GB/T 16886.5—2017《医疗器械生物学评价 第 5 部分:体外细胞毒性试验》
GB/T 16886.10—2017《医疗器械生物学评价 第 10 部分:刺激与迟发型超敏反应试验》
YY/T 0196—2005《一次性使用心电电极》
YY 0505—2012《医用电气设备 第 1-2 部分:安全通用要求 并列标准:电磁兼容 要求和试验》
YY 0667—2008《医用电气设备 第 2 部分:自动循环无创血压监护设备安全和基本性能专用要求》
YY 0668—2008《医用电气设备 第 2 部分:多参数患者监护设备安全专用要求》
YY 1079—2008《心电监护仪》

上述标准包括了注册产品标准中经常涉及的标准。有的企业还会根据产品的特点引用一些行业外的标准和一些较为特殊的标准。

对产品适用及引用标准的审查可以分两步来进行。

首先对引用标准的齐全性和适宜性进行审查,也就是在编写注册产品标准时与产品相关的国家、行业标准是否进行了引用,以及引用是否准确。可以通过对注册产品标准中"规范性引用文件"是否引用了相关标准,以及所引用的标准是否适宜来进行审查。此时,应注意标准编号、标准名称是否完整规范,年代号是否有效。

其次对引用标准的采纳情况进行审查。即,所引用的标准中的条款要求,是否在注册产品标准中进行了实质性的条款引用。这种引用通常采用两种方式,文字表述繁多、内容复杂的可以直接引用标准及条文号,比较简单的也可以直接引述具体要求。

注意"规范性应用文件"和编制说明的区别,通常不宜直接引用或全面引用的标准不纳入规范性引用文件,而仅仅以参考文件在编制说明中出现。

如有新版强制性国家标准、行业标准发布实施,产品性能指标等要求应执行最新版本的国家标准、行业标准。

## 六、产品的预期用途

供医疗机构以监护为目的,从单一患者处采集信息、处理信息,对患者的心电信号、无创血压和血氧饱和度等生理参数(具体按产品实际功能确认)进行监测并发出报警。

## 七、产品的主要风险

多参数患者监护设备的风险管理报告应符合 YY/T 0316《医疗器械 风险管理对医疗器械的应用》的有关要求,判断与产品有关的危害,估计和评价相关风险,控制这些风险并监视控制的有效性。主要的审查要点包括:

1. 与产品有关的安全性特征判定可参考 YY/T 0316 的附录 C;

2. 危害、可预见的事件序列和危害处境判断可参考 YY/T 0316 附录 E、I;

3. 风险控制的方案与实施、综合剩余风险的可接受性评价及生产和生产后监视相关方法可参考 YY/T 0316 附录 F、G、J。

多参数患者监护设备的初始可预见性危害主要存在于产品的设计、生产和使用环节。如产品设计方面的初始可预见危害主要有:电能危害、生物不相容性(如探头材料等)、检测和报警参数的范围和精度设置,等等;生产方面的初始可预见危害主要有:不合格材料、部件的非预期使用(采购或供方控制不充分),部件焊接、黏合和连接的不完整(制造过程控制不充分),等等;使用的初始可预见危害有:未限制非预期使用,未限制使用环境及人员,未告知正确使用、维护、保养设备的方法等导致设备不能正常使用等。

## 八、产品的主要技术指标

产品标准的审查是产品主要技术性能指标审查中最重要的环节之一。

本条款给出需要考虑的产品基本技术性能指标,但并未给出定量要求,企业可参考相应的国家标准、行业标准,根据企业自身产品的技术特点制定相应的标准,但不得低于相关强制性国家标准、行业标准的有关要求。

如有不适用条款(包括国家标准、行业标准要求),企业在标准的编制说明中必须说明理由。

**1. 心电监护部分**

(1)标签要求

包括设备标记、操作者手册、维修手册、起搏器脉冲抑制能力等。

(2)性能要求

需要考虑的产品基本技术性能要求需包括:工作条件;过载保护;辅助输出;呼吸、导联脱落检测和有源噪声抑制;QRS 波检测(QRS 波幅度和间期的范围、工频电压容差、漂移容差);心率的测量范围和准确度;报警系统(报警限范围、报警限设置的分辨率、报警限准确度、心动停止报警的启动时间、心率低报警的启动时间、心率高报警的启动时间、报警静音、报警静止)。

对具有心电图波形显示能力的监护仪具有特殊要求,需包括以下指标:输入动态范围;输入阻抗;系统噪声;多通道串扰;增益控制和稳定性;时间基准选择和准确度(注意不同导联的要求);输出显示;输入信号的重建准确度;定标电压;共模抑制;基线控制和稳定性;起搏器脉冲显示能力;心律复律的同步脉冲;电外科干扰抑制。

**2. 血压监护部分**

需要考虑的基本技术性能指标包括:测量范围,收缩压、平均压、舒张压的准确性,报警指标,远程设备,听觉报警提示的音量等级,除颤放电后的恢复,软件,测量单位。

其中,报警指标包括:生理报警装置,技术报警设计,所有技术和生理报警的暂停或抑制及其远程控制,报警的静音/复位及其远程控制,非栓锁和栓锁报警,系统报警延时。生理报警装置的指标包括:抑制单参数生理报警,生理报警的静音/复位,生理参数选择、报警限值范围和生理报警的延时,生理报警的听觉提示,生理报警的视觉提示。技术报警设计包括:技术报警的听觉提示,技术报警的视觉提示。

**3. 血氧饱和度监护部分**

需要考虑的基本技术性能指标包括:监护范围,显示误差,报警设置范围同测量范围,报警误差。

**4. 呼吸监护部分**

需要考虑的基本技术性能指标包括:呼吸测量范围及误差。

**5. 体温监护部分**

需要考虑的基本技术性能指标包括:显示范围,报警误差。

**6. 脉率检测部分**

需要考虑的基本技术性能指标包括:检测范围,显示误差。

**7. 各种参数电极的性能要求**

**8. 各种参数电极的生物相容性要求**

**9. 各种参数电极的卫生要求**

**10. 产品的电气安全要求**

必须考虑 GB 9706.1 标准的全部要求、GB 9706.25 标准的全部要求、YY 0667—2008《医用电气设备 第 2 部分:自动循环无创血压监护设备安全和基本性能专用要求》、YY 0668—2008《医用电气设备 第 2 部分:多参数患者监护设备安全专用要求》。

在 GB 9706.25 标准中,特别要关注说明书、对心脏除颤器的放电效应的防护、紫外线辐射、液体泼洒、除颤效应的防护和除颤后的恢复、除颤后心电监护设备电极极化的恢复时间等要求。

在 YY 0668 标准中,特别要关注软件(50.101 条)、报警(51.101 条)、生理报警(51.102 条)、技术报警(51.103 条)、可听报警指示的声压级别(51.105 条)等要求。

对于血氧饱和度监护、呼吸监护、体温监护、脉率监护的要求目前有些还没有国家标准或行业标准统一规定,各生产企业应制定符合产品安全有效的要求。

## 九、产品的检测要求

产品的检测包括出厂检验和型式检验。

型式检验为产品标准全性能检验。

出厂检验项目应包括性能要求和安全要求两部分。

性能要求检测项目至少应包括以下内容:

1. 心电监护部分：QRS 波幅度和间期的范围、心率的测量范围和准确度、报警限范围、报警限设置的分辨率、报警限准确度、心动停止报警的启动时间、心率低报警的启动时间、心率高报警的启动时间、增益控制和稳定性、时间基准选择和准确度、定标电压、共模抑制、基线控制和稳定性、起搏器脉冲显示能力等。

2. 血压监护部分：测量范围，收缩压，平均压、舒张压的准确性，生理报警装置等。

3. 血氧饱和度监护部分：测量范围、显示误差、报警设置范围、报警误差等。

4. 呼吸、体温、脉率部分：至少包括测量范围和测量误差。

电气安全要求检测项目至少应包括：接地阻抗、漏电流、电介质强度。

**十、产品的临床要求**

该类产品由于没有系统的国家标准、行业标准，各生产商生产的产品的主要技术参数不尽相同，如果与已批准上市的产品实质等同，可提交同类产品的临床文献资料和对比说明（实质性等同说明：包括预期用途、产品结构、工作原理、主要技术指标、主要材料、产品风险、安装、副作用、禁忌症、警告等内容）。

如果没有实质等同的产品，应提供相关的临床试验验证资料，包括临床试验合同、临床试验方案和临床试验报告等。

**十一、产品的不良事件历史记录**

多参数患者监护设备的不良事件暂未见相关报道。

**十二、产品说明书、标签、包装标识**

产品说明书一般包括使用说明书和技术说明书，两者可合并。说明书、标签和包装标识应符合《医疗器械说明书、标签和包装标识管理规定》及相关标准的规定。

**1. 说明书的内容**

使用说明书应包含下列主要内容：

（1）产品名称、型号、规格。

（2）生产企业名称、注册地址、生产地址、联系方式及售后服务单位。

（3）生产企业许可证编号、注册证编号。

（4）产品标准编号。

（5）产品的主要结构、适用范围。

（6）性能参数：

主要包括：电外科防护，呼吸、导联脱落检测和有源噪声抑制，高大 T 波的抑制能力，心率平均，心率计准确度和对心率不齐的响应，心率计对心率变化的响应时间，心动过速报警启动时间，起搏脉冲抑制警告标签，听觉报警公告，视觉报警公告，电池供电监护仪，网电源隔离监护仪瞬变，对带有非永久性心电图波形显示的监护仪的特殊公布要求，电极极化，辅助输出，报警静音，电池处理。

使用方法及所有控制及显示功能的检查程序的描述和有关心电检测常用电极和电缆的信息、所需的电极数。

（7）预期用途。

（8）安装和使用说明。

（9）使用注意事项。

如果使用了和标准规定不同的电极极性，在电极端做出标识；

为了系统符合标准要求所需要的任何特殊电缆特性描述；

对小儿/和新生儿需要进行的设置。

（10）禁忌症以及其他警示、提示的内容。

说明书中必须给出下列建议：

设备的预期使用范畴；每一患者每次使用设备的限制；每一个电位均衡导线的连接说明；充分的信息来识别用来防护心脏除颤放电作用和防燃烧的患者电缆的规格、型号；当除颤仪使用于患者时，在除颤仪放电对设备作用时，设备应采取的具体防范信息；同时使用其他与患者连接的医疗器械时带来的安全方面的危险，如心脏起搏器或其他电子刺激器；当与高频手术设备一起使用时，如设备提供了保护方法来防止对患者的灼伤，此方法应载入操作者注意事项中，若无协助方法，应给出关于电极和传感器的位置来减少当高频手术设备中性电极连接故障时燃烧的危险；指定附件的选择和应用；设备及其附件正常功能常规检查的步骤；设备预期使用的生理监护单元的识别；操作者检测可视和可听报警的方法；默认设置（如报警设置、模式、滤波器等）；如果设备出现不正常情况，操作者可检测简单故障的方法；当设备网电源切断 30 s 以上时，设备随后运行的显示；若操作者有意断开传感器、探针或模块，显示如何使技术报警的报警指示被抑制；说明设备是否适合连接至 CISPR11 规定的公共电源；所有生理报警限值的调节范围；一次性电池长期不用应取出的说明；可充电电池的安全使用和保养说明；与患者接触的导联电极的清洗、消毒和灭菌方法；除非心电监护仪可以处理高达 1 V 左右的极化电压，否则必须明确警示电极不可使用不同金属材料；

（11）所用的图形、符号、缩写等内容的解释。

包括：产品所有的电击防护分类的解释；警告性说明和警告性符号的解释；每一生理监护单元必须通过下列标记和信息识别：制造商名称或标记；由型号的具体名称或数字标记或字母标记来识别型号；序列号；应用部分上每个患者输入连接必须标识其功能；设备上不具备防颤作用的部件必须按通用标准规定的符号进行标记。

（12）产品维护和保养方法，特殊储存条件、方法。

（13）限期使用的产品，应当标明有效期限。

（14）产品标准中规定的应当在说明书中标明的其他内容。

（15）熔断器和其他部件的更换方法及规格要求。

（16）电路图、元器件清单等。

（17）运输和贮存限制条件。

技术说明书内容一般包括：概述、组成、原理、技术参数、规格型号、图示标记说明、系统配置、外形图、结构图、控制面板图，必要的电气原理图及表等。

**2. 标签和包装标识**

至少应包括以下信息：

生产企业名称；产品名称和型号；产品编号或生产日期、生产批号；使用电源电压、频率、额定功率；产品特征识别：序列号、电池类型、电池废弃方法等；面板控制和开关；患者电极连接的命名和颜色；警告和告诫。

### 十三、注册单元划分的原则和实例

电源部分和应用部分结构相同,参数采用模块式结构的产品,可归入同一注册单元。

例如:同一企业生产采用模块式结构的产品,分别有二参数、三参数、四参数的产品,可归入同一注册单元。

### 十四、同一注册单元中典型产品的确定原则和实例

同一注册单元中典型检测产品应选功能最多的产品。

例如:同一企业生产采用模块式结构的产品,分别有二参数、三参数、四参数的产品,应选取四参数的产品作为典型产品进行检测。

## 8.4.2 审查关注点

### 一、注册产品标准的编制

该产品的安全、性能要求有些参数有行业标准,有些参数没有行业标准的规定,因此建议企业按照本企业产品的特性编写注册产品标准。

注册产品标准中应明确产品的型号、组成结构、是否有商品名等内容,与患者人体直接接触的电极材料。

注册产品标准应符合相关的强制性国家标准、行业标准和有关法律、法规的规定,并按国家食品药品监督管理局公布的《医疗器械注册产品标准编写规范》的要求编制。注册产品标准后应附编制说明,包括以下内容:

该产品与国内外同类产品在安全性和有效性方面的概述;引用或参照的相关标准和资料;符合国家标准、行业标准的情况说明;产品概述及主要技术条款的说明;编制本标准时遇到的问题;其他需要说明的内容。

### 二、产品的电气安全性

产品的电气安全性是否符合安全通用要求和安全专用要求。

### 三、产品的主要性能指标

产品的主要性能指标,包括无创血压、心电、脑电、血氧饱和度、体温等各种监护参数的监护范围、精度等要求。

### 四、与患者接触的导联电极的要求

如果电极是主机厂自己生产的或无有效医疗器械产品注册证的产品,产品标准中应明确电极的要求,并考虑企业是否对产品中与人体接触的材料进行过生物安全性的评价;

如果采用专业电极生产商的与本机相适用的产品,应注意配用的电极是否已具有医疗器械注册证等。

### 五、产品的环境试验

产品的环境试验是否执行了 GB/T 14710《医用电器环境要求及试验方法》的相关

要求。

## 六、说明书中对产品使用安全的提示

说明书中对产品使用安全的提示是否明确。

特别是有关配用电极的要求：

对于重复性使用电极的清洗、消毒方法、要求；可配用的一次性使用电极的要求；是否明确了可确保对心脏除颤器放电和高频灼伤的防护需要使用的患者电缆的规格、型号；禁忌症、注意事项以及其他警示、提示的内容。

**思考题**

1. 简述医用监护仪的基本原理和分类。
2. 简述医用监护仪的监护参数及其测量方法。
3. 医用监护仪主要检测哪些性能指标和安全要求，为什么？

# 第9章
## 超声诊断设备

## 9.1 概　述

机械波是由于机械力(弹性力)的作用,机械振动在连续的弹性介质内的传播过程,它传播的是机械能量。机械波按其频率可分成各种不同的波。人耳的听阈频率范围为 $16\sim2\times10^4$ Hz。超过人耳听阈上线的声波称为超声波,简称超声。超声在医学上的应用主要包括超声诊断和超声治疗两大方面。

超声波在生物组织中传播时,由于组织特性、尺寸的差异,引起声波的透射、反射、散射、绕射和干涉等传播规律和波动现象的不同,从而使接收信号中幅度、频率、相位、时间等参量发生不同的改变。超声诊断主要利用超声信号幅度、频率、相位和时间等参量携带的生物组织信息对人体进行测量、成像和诊断,判断人体软组织的物理特性、形态结构与功能状态,进而诊断器质性和功能性疾病。超声诊断图像清晰、实时,具有操作简便、无创伤、检查结果迅速准确、可多次重复的特点,在现代医学影像中与 CT、X 线、核医学、磁共振并驾齐驱,互为补充。

超声诊断主要用来检测脏器(肝、脾、胰、肾、子宫及卵巢)的大小、形态及各种病理改变;检测某些囊性器官(胆囊、膀胱和胃)的形态、功能状态及病理改变;检测心脏、大血管和外周血管的结构,测量其功能及血流动力学状态;检测脏器内各种占位性病变,根据声像图特征,区别囊性或实性,特征明显者可做良、恶初步判断;检测妊娠期间胎儿生长发育、及观察胎儿附属物,以及胎儿畸形的产前诊断;检测各种体腔积液及估计积液量;药物治疗及手术后患者的随访观察及超声介入的治疗。

随着电子技术、材料科学和计算机科学的不断创新,超声诊断设备的面貌日新月异,A、M、B、C、F 及 P 型等各种类型的设备不断涌现,其性能不断提高,功能愈来愈多,应用的范围越来越广,为临床诊断提供了有效的工具。

超声诊断技术的每一步发展,都与超声成像设备的进展密不可分。1942 年,奥地利 K. T. Dussik 使用 A 型超声装置,用穿透法探测颅脑。1949 年,美国人 Howry 首次用超声显像法得到上臂横切面声像图,称为二维回声显像。1952 年,美国 Howry 和 Bliss 开始用 B 型超声仪器作肝脏标本的显像,后又开展颈部和四肢的复合扫查法。1954 年,B 超应用于临床,同年 M 型用于检查心脏。1952 年,Wild 首次成功获得乳腺的超声声像图。1955 年,Wild 进一步利用平面位置显示器的圆周扫查法作直肠内的体腔探测。1956 年,多普勒效应原理用于超声诊断并在 1959 年研制出脉冲多普勒超声。到 1990 年,超声成像先后采用了扇形扫查法、电了扫描法、相控阵扫描法以及灰阶显像、BSC技术的图像后处理,同时实现了超声实时现象,使超声图像质量得到了明显的改善。特别是1983年彩色血流图和1990年3D扫描器的研制成功,使超声成像进入了一个划时代的发展阶段。1991年美国ATL公司推出世界第一台全球数字化超声诊断系统后,使超声诊断的水平跨上新台阶。

进入20世纪90年代后,介入超声、腔内超声、心脏及内脏器官的三维成像、彩色超声多普勒能量图、多普勒组织成像、超声造影、超声组织定征等新技术出现,使超声诊断不仅成为现代临床医学中重要的常规诊断方法,也发展成为各种介入、手术、急症及监护的重要监测方法。

## 9.2　超声诊断的物理基础

### 9.2.1　超声波的物理特性

**一、波长、频率和声速**

**1. 波长**

两个相邻同相位(相同振动状态)的振动点之间的距离称为波长,用 $\lambda$ 表示。

超声波是频率高于20 kHz的机械波,表9-1为机械波的频率范围。超声波的频率范围很宽,而医学超声的频率范围在200 kHz至40 MHz之间,超声诊断用频率多在1～10 MHz范围内,相应的波长在1.5 mm至0.15 mm之间。从理论上讲,频率越高,波长越短,超声诊断的分辨率越好,但实际上目前由于各种因素的限制,难以做出超过15 MHz的探头。

表9-1　机械波分类

| 次声波/Hz | 声音(可闻声波)/Hz | 超声波/Hz | 高频超声/Hz | 特高频超声/Hz |
| --- | --- | --- | --- | --- |
| <16 | $16\sim2\times10^4$ | $2\times10^4\sim10^8$ | $10^8\sim10^{10}$ | $>10^{10}$ |

**2. 频率**

单位时间内质点振动的次数即为频率,用 $f$ 表示。$f>20$ kHz的声波称为超声。大多数医用超声,其工作频率为2～10 MHz,其中2 MHz、3.5 MHz、5 MHz、7.5 MHz和10 MHz是常用的频率点。表9-2列出了医用超声的波长、频率和用途。

表9-2　医用超声波的频率和波长

| 用途 | 成人脏器 | 儿童脏器 | 眼科 | 成人脑部 | 儿童脑部 | 妇产科 | 妊娠监护 | 血流测量 | 超声治疗 |
| --- | --- | --- | --- | --- | --- | --- | --- | --- | --- |
| 频率/MHz | 2～7.5 | 2～10 | 2～15 | 1～2.5 | 2～5 | 2～5 | 2～5 | 2～25 | 0.8～1.5 |
| 波长/mm | 0.75～0.2 | 0.75～0.15 | 0.75～0.1 | 1.5～0.6 | 0.75～0.3 | 0.75～0.3 | 0.75～0.3 | 0.75～0.06 | 1.88～1 |

**3. 声速**

声波在介质中单位时间内传播的距离,称为声速,用 $c$ 表示。它的大小由媒质的性质所决定;与媒质的密度和弹性模量有关,而频率对介质没有依赖性。如果频率是常数,那么波速和波长成正比，$c = \lambda f$。

超声波在不同媒介中的传播速度是不同的，在人体软组织中的传播速度相差不多，平均的传播速度为 1 540 m/s，而在骨骼中的传播速度比软组织中快三倍。

声速与传播媒介的体积弹性系数和密度有关，体积弹性系数与温度有关，所以声速也与温度有关。一般来说固体的声速大于液体声速，而液体的声速又大于气体的声速。生物组织的声速难以用一般的数学公式表示，一般采用实测结果或大量实测结果进行统计平均。表 9-3 给出了在 20 ℃～37 ℃温度下所测的超声波在不同介质中的声速。

### 二、声压、声强与声压级、声强级

#### 1. 声压

超声波在介质中传播，介质的质点密度时疏时密，以至平衡区的压力时弱时强，这样就产生了一个周期性变化的压力。单位面积上介质受到的压力称为声压，用 $P$ 表示。对于平面波，可表示为：

$$P = \rho v c \tag{9-1}$$

式中　$\rho$ 为介质密度；$v$ 为质点振动速度；$c$ 为声速。

#### 2. 声强

表示声的客观强弱的物理量即为声强。声强度是超声诊断与治疗中的一个重要参数。在单位时间内，通过垂直与传播方向上单位面积的超声能量成为超声强度，简称声强，用 $I$ 表示。对于平面波，声强可表示为：

$$I = \frac{P^2}{\rho c} \tag{9-2}$$

声强单位为 W/cm$^2$ 或 mW/cm$^2$ 或 $\mu$W/cm$^2$。声强与声源的振幅有关，振幅越大，声强也越大；振幅越小，声强也越小。

对于平面超声波，它的总功率 $W$ 为声强 $I$ 和面积 $s$ 的乘积，其表达式为：

$$W = Is \tag{9-3}$$

#### 3. 声压级

声压级 $L_P$ 是以分贝（dB）表示的某个声压 $P$ 与基准声压 $P_0$ 的比值，即

$$L_P = 20\lg \frac{P}{P_0} \tag{9-4}$$

式中　基准声压 $P_0$，在空气中为 20 $\mu$Pa，在水中为 1 $\mu$Pa；$P$ 是测得的有效声压。

#### 4. 声强级

声强级 $L_I$ 是以分贝（dB）表示的某个声强 $I$ 与基准声强 $I_0$ 的比值，即

$$L_I = 10\lg \frac{I}{I_0} \tag{9-5}$$

式中　基准声强 $I_0$ 等于 $10^{-12}$ W/m$^2$[1 pW/m$^2$]。这是与基准声压值相对应的声强值，也

是 1 000 Hz 时的可听阈值声强。

由于超声和人体组织之间存在相互作用,超声强度太大会破坏人体正常细胞组织,引起不可逆的生物效应,因此国际上对诊断用超声强度安全剂量做出了限定。

### 三、声阻抗率

声场中某一位置上的声压与该处质点振动速度之比定义为声阻抗率 $Z$ ,即

$$\frac{P}{v} = Z \tag{9-6}$$

在平面声波情况下,声阻抗率是具有简单的表达式

$$Z = \rho c \tag{9-7}$$

式中　$\rho$ 为介质密度; $c$ 为声速。由于声速 $c = \sqrt{B/\rho}$ (B 为弹性系数),故有 $Z = \sqrt{\rho B}$ 。这表明声阻抗率 $Z$ 只与媒质本身声学特性有关,故又称特性阻抗。媒质越硬, $B$ 值越高,声特性阻抗越大。特性阻抗类比于线性电路中的电阻,声压类比于电压,振速类比于电流,故 $P/v = Z$ 类比于线性电路中的欧姆定律 $v/I = R$ 。

声阻抗率的单位是瑞利,1 瑞利＝1g/cm² · s。超声诊断中常用的各种介质的声特性阻抗在表 9-3 中列出。

表 9-3　常用介质的密度、声速、声阻抗

| 介质名称 | 密度(g/cm³) | 超声纵波速度(m/s) | 声阻抗(×10⁵ g/cm² · s) |
|---|---|---|---|
| 空气(22 ℃) | 0.001 18 | 344 | 0.000 407 |
| 水(37 ℃) | 0.993 4 | 1 523 | 1.513 |
| 生理盐水(37 ℃) | 1.002 | 1 534 | |
| 石蜡油(33.5 ℃) | 0.835 | 1 420 | 1.186 |
| 血液 | 1.055 | 1 570 | 1.656 |
| 脑脊液 | 1.000 | 1 522 | 1.522 |
| 羊水 | 1.013 | 1 474 | 1.493 |
| 肝脏 | 1.050 | 1 570 | 1.648 |
| 肌肉 | 1.074 | 1 568 | 1.648 |
| 人体软组织(平均值) | 1.016 | 1 500 | 1.524 |
| 脂肪 | 0.955 | 1 476 | 1.410 5 |
| 颅骨 | 1.658 | 3 360 | 5.570 |
| 晶状体 | 1.136 | 1 650 | 1.874 |

按不同的声速和阻抗,人体组织可分成三类:第一类是气体和充气的肺;第二类是液体和软组织;第三类是骨骼和矿物化后的组织。由于这三类材料的阻抗存在较大的差别,声很难从某一类材料传到另一类材料区域中去,就限制了超声成像只能用于那些有液体和软组织的、且声波传播通路上没有气体或骨骼阻挡的那些区域。如果两种媒质的声阻抗相同,就可以获得最大的传声效率。在液体和软组织中,声波和阻抗变化不大,使得声反射量适中,既保证了界面回波的显像观察,又能保证声波穿透足够的深度,而且接受回波的时延与目标深度成近似的正比关系,这就是 B 超诊断设备图像成功应用必要的物理基础。

### 9.2.2 超声波在生物组织中的作用

**一、超声波的特点**

**1. 波长短,方向性好**

超声波具有高频率的特点,其波长短,易于集中成一束射线,方向性好,能量易于集中,利用这一特点,可以向某一确定的方向发射超声波。

**2. 能量大**

由于超声波所引起的媒质微粒的振动,其振幅很小,加速度很大,因此可以产生很大的力量,在生物组织被吸收而生热,且可传播足够远的距离。

**3. 透射、反射和折射**

超声在人体组织中传播不仅有衰减,同时还存在着反射,折射与透射现象。如果超声在非均匀质性组织内传播或从一种组织传播到另一种组织,由于两种组织声抗率的不同,在声抗率改变的分界面上便会产生反射,折射和透射。声波透过界面时,其方向、强度和波形的变化取决于两种媒质的特性阻抗和入射波的方向。在原媒质中的声波称为入射波;在分界面处,入射波的能量一部分产生反射,另一部分能量通过界面继续传播,这就是透射。超声波与传声媒质的相互作用中幅度、频率、相位、时间等参量发生不同的改变,易于携带有关传声媒质状态的信息,利用参量携带的生物组织信息对人体进行测量、成像和诊断。

**二、超声生物效应**

**1. 热效应**

超声的机械能作用到人体组织,由于组织的黏滞吸收效应,使一部分超声能量转化为热能,使局部温度升高,同时由于人体组织是热的导体,通过对流、传导、辐射等途径,局部组织的热能被传递到周围甚至远隔部位。组织的温度升高率与超声的时间平均声强、介质(组织)的吸收系数、超声束横截面积大小、受辐射时间长短等因素有关。

超声波的热效应可以使组织温度升高、血液循环加快、代谢旺盛,增强细胞吞噬作用,以提高机体防御能力和促进炎症吸收,还能降低肌肉和结缔组织张力,有效缓解肌肉痉挛,是肌肉放松,达到减轻肌肉及软组织疼痛的目的。

**2. 空化作用**

在超声辐射下,局部组织产生压力增大、降低的交替变化,组织"断裂"引起气体微泡的形成,这被称为空化作用或空化效应,还可分成稳态和瞬间的两种空化效应。空化作用对生物组织有破坏作用,但也可用空化作用进行药物在生物体内的传输。

**3. 机械作用**

超声振动属机械能,超声在生物组织中传播,机械能表现为声压及力作用于生物组织也可引起组织损伤。机械作用能使坚硬的结缔组织延长、变软,还可以击碎人体内各种结石。

当超声能量作用于生物组织时,通过机械效应、温热效应和理化效应使这部分组织温度升高,血液循环改善,代谢旺盛,组织软化,pH 值变化,化学反应过程加速,细胞活性增强。这些变化必然对这部分组织的机能状态产生影响,同时也通过体液传递及神经系统的反射活动,对远距离器官产生影响。被超声波辐照的组织、细胞所产生的生物学效应直接与超声波的声强和作用时间有关。超声治疗主要利用生物体吸收超声的特性,以及超声波的生物学效能和机理达到超声治疗的目的。

超声诊断主要应用超声良好的指向性和与光相似的反射、折射、透射及多普勒效应等物理特性,采用不同的扫查方法实现对病灶的检测。

### 三、多普勒效应

1842年奥地利物理学家 Christain Jone Doppler 在研究行星与观察者之间存在相动运动时,首先观察到由于星光频率发生改变而引起色彩变化,由此命名为多普勒效应。

多普勒效应是各种波(电磁波、光波、声波等)共同具有的一种重要的物理现象。在声学中,当声源(声发射体)或观察者(接收器)相对于媒质运动,或两者同时相对媒质运动时,观察者收到的频率对于声源发出的频率不同。当声源与观察者之间的距离随时间缩短时,收听到的频率高于声源发出的频率;反之,收听到的频率低于声源发出的频率。声源发出的频率与观察者受到的频率之间的频率差称为多普勒现象。

在各种波动领域,多普勒效应均有广泛而重要的运用。在电磁波中,应用于无线电雷达技术,如飞机导航用的多普勒雷达,航船使用的卫星导航等系统中。在超声技术中应用更为广泛,如航船的多普勒声纳导航仪、多普勒靠岸声纳等,特别在超声工业检测和医学诊断中,测量含有各种悬浮粒子(或气泡)液体(如纸浆、矿浆、河流、污水、血液等)的流速、流量,以及测量各种运动体,包括人体内胎心、瓣膜、血管壁等运动器官的状态与功能的主要手段。

## 9.3 超声诊断仪

超声波在组织中传播时,当正常组织或病理组织的声阻抗有一定差异时,它们组成的界面就会发生反射和散射。这些反射回来的超声波,再通过超声探头晶体被转变为高频电信号后接收。将接收到的这些不同的回声电信号差异加以放大、检波和处理后,显示为波形、曲线或图像等。由于各种组织的界面形态、组织器官的运动状况和对超声的吸收程度等不同,趣声诊断仪利用这些反射和散射的回波信号,显示出脏器的界面和组织内部的细微结构,作为诊断的依据。再结合生理、病理解剖知识与临床医学的观察、分析,总结这些不同的规律,可对患病的部位、性质或功能障碍程度作出概括性以至肯定性的判断。

医用超声诊断设备是利用人体不同类型组织、病理组织与正常组织之间的声学特性差异、生理结构变化的物理效应,经超声波扫描探查、接收、处理所得信息,显示出人体内部的脏器边缘结构截面(结构型成像)和血流的运动状态(运动型成像)为临床应用的医用诊断仪器。

超声诊断设备大致由三个部分组成:超声换能器部分、基本电路部分和显示部分,如图9-1 所示。

超声换能器(医用超声换能器)是将电能转换成超声波,同时也可将超声波转换成电能的一种器件,它是超声仪器中的重要部件。

基本电路与超声诊断仪电路大致相同,通常由主控电路、发射电路、接收电路、高频信号放大电路、视频信号放大器和扫描发生器组成。

显示器从人体反射回来的超声信息最终是从显示器或记录仪上显示的图像中提取的。常见的显示器有阴极射线管和液晶显示器。

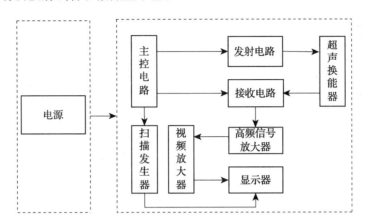

图 9-1　超声诊断仪组成框图

### 9.3.1　医用超声换能器

超声换能器,通常称为探头,是用压电晶体材料制成的,把电信号变换为超声信号,以便在人体软组织中的回波信息后,将其变成电信号,进行处理,最后在屏幕上以图像形式显示出来,供观察和诊断。

超声探头的性能和品质直接影响整机的性能。超声诊断设备实际上是个超声信息处理装置,探头是一个空间处理器,它参与超声信号的时——空处理,作用是收敛波束,提高设备的纵向分辨力或侧向分辨力,提高设备的灵敏度,增大设备的探测深度。

#### 一、医用压电材料

超声探头的换能原理是建立在压电晶体的正压电效应和逆压电效应原理上的。压电晶体(振子)是超声换能器的核心部件,它由压电材料制成。压电材料可以是天然的,也可以是人造的:如石英晶体就是一种天然压电材料,但其价格相对昂贵,性能指标的一致性也不理想。

目前医用超声探头中使用的压电材料基本上都是人造的压电晶体。人工合成的压电晶体具有良好的压电性能,同时具有工作电压低、机电耦合系数高、物理性能可以适当控制和改善以及成本较低等优点。人工合成材料的机加工性能也较好,易于加工制作成各种形状和厚薄的片子。

1. 分类按物理结构不同,压电材料可分为:

(1) 压电单晶体:如石英($SiO_2$)、酒石酸钾钠($NaKC_4H_4+4H_2O$)、铌酸锂($LiNbO_3$)等。

(2) 压电多晶体(压电陶瓷):如钛酸钡($BaTiO_3$)、偏铌酸铅($PbNb_2O_6$)等为一元系;锆钛酸铅(俗称 PZT)、偏铌酸铅钡等为二元系;铌镁-锆-钛酸铅、铌锌-锆-钛酸铅等为三元系。

(3) 压电高分子聚合物:如聚偏二氟乙烯(PDVF)。

(4) 复合压电材料:如 PDVR＋PZT。

2. 压电陶瓷的特性:目前使用最多的是 PZT 压电多晶体。其具有以下优点:

(1) 电-声相互转换效率高,灵敏度较高,可采用较低的激励电压。

(2) 与电路容易匹配。

(3) 性能比较稳定。

(4) 非水溶性,耐湿防潮,机械强度大。

(5) 价格低廉。

(6) 易于加工,可制成各种形状、尺寸,且可通过掺杂、取代、改变材料配方等方法,可以大范围调整其性能参数。

3. 主要物理参数:

(1) 频率常数:压电陶瓷片的谐振频率(基频 $f_S$)和其厚度($d$)的乘积是一个常数,称为频率常数($f_e$),单位是 Hz·mm 或 MHz·mm。由于每种材料制成的晶片,都有一个特定的频率常数,所以谐振频率(基频 $f_S$)由 $d$ 决定。若厚度厚了,频率就会下降。因此,高频晶片要加工成薄片,故机械强度小,脆性大,且加工过程中易碎,成本就会提高,这就是目前超声探头的频率不可能做得很高的原因。

(2) 发射系数、吸收系数:发射系数是指在应力恒定时,单位场强引起的应力变化。发射系数大的材料,其发射效率高,适用于制成发射型的换能器。接收系数是指压电体的电位恒定时,单位应力变化所引起的场强变化。接收系数大的材料,其接收效率高,适用于制成接收型的换能器。

(3) 介电常数 $\varepsilon$:与平行板电容器相似,若晶体表面积为 $S$,标准电容为 $C_0$,晶体厚度为 $d$,则

$$\varepsilon = \frac{C_0 d}{0.884 S} \tag{9-8}$$

(4) 机电耦合系数 $K$:表示机械能转换成电能的效率,它除了与材料有关以外,还与压电振子的形状和振动模式有关。

(5) 晶体的温度效应:当晶体本身的温度超过某一数值时,晶体内部的电偶极子可在晶体内部迁移,从而使该晶体不再具有压电效应。此温度点称为居里温度,不同晶体的居里温度不同,PZT 的居里温度为 328 ℃~385 ℃,这主要取决于制造工艺。

## 二、换能器的构成

不论何种超声诊断仪,其换能器的结构基本相同,主要是由声透镜、压电晶片、吸声背块、匹配层及导线组成,如图 9-2 所示。

1. 声透镜:可以是凸透镜或凹透镜,其作用是将换能器发出的波束聚焦(收敛、变细),以提高超声诊断仪的分辨力。聚焦基本原理与光学聚焦相同,电子聚焦由电路和换能器阵元相互配合实现。

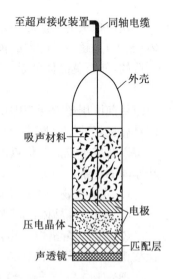

图 9-2 平面型换能器结构图

2. 压电晶体:根据探头的种类和用途制成圆片或长条形片。其谐振频率由其厚度决定,厚度越小谐振频率越高。目前各种超声诊断仪探头均采用锆钛酸铅类压电陶瓷晶体,制作过程比较复杂。首先要按特定的配方配料,经过混合、预烧、粉碎、压片、烧结和上电极(被涂银)形成陶瓷片,经过高压处理,才具有压电性能。

3. 匹配层:人体皮肤和压电材料的声特性阻抗差异较大,为解决它们之间的声学匹配,在晶片前方需加上一层或多层匹配层,以使声能高效地在压电晶片和人体软组织之间传输,从而提高换能器的灵敏度、减少失真和展宽频带。匹配效果与声波的频率有关,不同频率的声波要求匹配层具有不同的厚度尺寸。

换能器和人体之间必须进行适当匹配,在换能器表面增加匹配层。这是因为压电晶体和人体皮肤声阻抗存在很大差别,如果换能器与人体直接接触并发射超声,超声在晶体和皮肤界面上会发生反射,而不能有效进入人体,达不到检查的目的。匹配层应选用衰减系数低、耐磨损的材料,常采用环氧树脂、二酊脂、乙二氨等材料精心配成。此外,匹配层还可以增加换能器的带宽。

4. 吸声块:由吸声材料制成。由于压电晶体具有双向辐射作用,晶体振动时,不仅向前辐射声波,而且也向后辐射声波,向前方辐射的声波对成像有效,而向后方辐射的声波易形成后向干扰而影响图像质量。吸声块的作用是将向后辐射的声能几乎全部吸收掉,以消除后向干扰。同时它也是晶体振动的阻尼装置,以缩短振动周期。超声的振动周期由晶体和阻尼材料决定,它影响成像的轴向分辨力。为此,常用环氧树脂为基质,加入声阻抗很大的钨粉混合而成,混合时根据阻抗指标来取钨粉和树脂的比例。为了提高材料的吸声性能,经常加入适量的橡胶粉。橡胶粉与环氧树脂的特性阻抗相接近,在钨粉和树脂混合物中加上$5\%\sim10\%$(体积)的橡胶粉时,就能增加衰减 $5.6\sim8.0$ dB/MHz·cm。

因换能器的功能类型而异,与换能器相匹配的其他部分,还要由机械探头的动力、位置信号检测和传动机构等部分组成。

5. 导线:导线的作用是传输电信号。在晶体两面的银层上,各引出一根导线,分别连接到接触座的中心和外壳上。为了安全,一般外壳接地。

6. 声隔离层:换能器与背板组件与探头壳体之间要进行声隔离,防止超声能量传至探头外壳引起反射,产生干扰信号。壳体常用低耗的金属材料做成,在超声发射期间,壳体也能引起振动。声隔离材料可采用软木、橡胶和尼龙等。

### 9.3.2 超声诊断仪的分类

医学超声诊断仪根据其原理、功能和显示方式等,可以划分为很多类型:

1. 按获取信息的空间分为一维信息设备、二维信息设备、三维信息设备和四维信息设备。

2. 按图像获取信息方式分为反射法超声诊断仪、多普勒法超声诊断仪和透射法超声诊断仪。

3. 按图像信息显示方式分为 A 型、M 型、B 型、P 型、BP 型、C 型、F 型、D 型和超声全息等,除 A 型和 M 型及 D 型外,其他各型属广义的 B 型范围。

4. 按显示分为彩色扫查显像型、伪彩色显示类、三维和多维扫查显示类。

5. 按用途分为心脏专用型、妇产科专用型、腹部专用型、泌尿科专用型、眼科专用和多普勒专用型等。

6. 按功能分为高档多功能、中档和普及型。

在临床应用中通常以图像显示方式来划分。现介绍几种常见的显示型式。B 式显示中，无灰阶时，是两态显示，即幅度超过某一门限时有光点，反之则没有；而在灰阶显示中，亮度与幅度成正比，有较多的层次。M 式显示也是一条光迹，目标运动规律。现在的超声诊断仪往往兼有两种或两种以上的显示形式。

## 一、A 式显示

A 型超声诊断仪（A mode ultrasonograph）是一种利用超声波的反射（回波）特性测定被测对象（目标）在体内位置的诊断仪器。A 式就是幅度显示，它以回声幅度的大小表示界面反射的强弱，是幅度调制型仪器。在阴极射线管荧光屏上，以横坐标代表被测物体的深度，纵坐标代表回波脉冲的幅度。横坐标要求有时间或距离的标度，借以确定产生回波的界面所处的深度。探头（换能器）定点发射获得的回波所在位置可得人体脏器的厚度、病灶在人体组织中的深度及病灶的大小。

A 型显示的回波图，只能反映声线方向上局部组织的回波信息，不能获得临床诊断上需要的解剖图，且这段的准确性与医生的识图经验有很大的关系。因此，在超声诊断仪显示图像化的今天，其应用价值已逐渐降低，已退居次要地位。

## 二、B 式显示

脉冲回波系统中得到的回波幅度信号，加至示波管的阴极，用以调制时基线的亮度，并加以平面扫描，这种显示就称为 B 式显示。如果示波管上极限的方向与超声脉冲入射人体的方向一致，并且当换能器的位置逐渐改变时（或多阵元探头），每条时基线的方向也相应的改变，则 B 式显示线代表了产生回波的每一个界面的空间位置，从而构成一幅二维图像。构成这样一幅二维图像需要一定的时间，其快慢取决于扫描的手段。采用电子扫描可实现实时成像，随着扫描变换器的发展，可配用 TV 显示，具有很高的灰阶能力，其亮度动态范围有 20 dB 以上，图像质量有了明显的提高。

## 三、M 式显示

对于运动脏器，由于各界面反射回波的位置及信号大小是随时间变化，如果用幅度调制的 A 型显示，所显示波形随时间变化，得不到稳定的波形图。而 M 式显示中，将被接收的回波幅度加于显示器的阴极用作亮度调制，代表深度的时基线加至垂直偏转板上，而在水平偏转板上加一慢变的时间扫描电压，将深度（时间）的时基线已慢速沿水平方向移动。用 M 型式显示，深度方向上所有界面反射回波，用亮点的形式在显示器垂直扫描线上显示出来，随着脏器的运动，垂直脏器的运动，垂直扫描线上的各点将发生位置上的变动，同时在水平方向上加一个时间扫描信号，便形成一幅反射界面的活动曲线图，称为心动图。如图 9-3M 型所示。如果反射界面是静止的，显示屏上就显示出一系列水平的直线，如图 9-3 所示。

M 型超声诊断仪对人体中的运动脏器，如心脏、胎儿胎心、动脉血管等功能的检查具有优势，并可进行多种心功能参数的测量，如心脏瓣膜的运动速度、加速度等。但 M 型显示亦不能获得解剖图像，而且不是用于静态脏器的诊查。

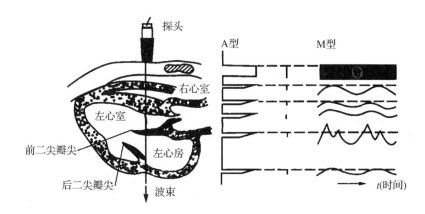

图 9-3　二维超声扫描显像和 M 型超声心动图

### 9.3.3　B 超仪的扫描方式

　　二维超声扫描显像采用超声脉冲回波调亮的二维灰阶显示,能形象地反映出人体某一断面的信息。二维扫描系统是超声诊断仪的换能器以固定方式向人体发射频率为数 MHz 的超声波,并以一定的速度在一个二维空间进行扫描,把人体反射回波信号加以放大处理,再送到显示器的阴极或控制栅极上,使显示器的光点亮度随着回波信号的大小变化,形成二维断层图像。在屏幕上显示时,纵坐标代表声波传入体内的时间或深度,而亮度则是对应空间点上的超声回波幅度调制,横坐标代表声束随人体扫描的方向。

　　B 型超声诊断装置的结构一般是由主机、探头、监视器、仪器车以及黑白视频打印机组成,是目前超声图像诊断应用最广泛的仪器。在黑白 B 超中有小型便携式和大型多功能式;小型便携式机型中只有普通线阵 3.5 MHz 标准探头配置;大型多功能式机型中探头配置比较多,有普通线阵探头、凸形探头、心脏探头、穿刺探头或配穿刺架等。对于彩色 B 超来说,除了上述 B 超的基本结构以外,还有磁带记录部分、光盘刻录机、彩色视频打印机等。主要是为了记录和回放病人检查的超声资料,以便分析和研究。

　　各类 B 超的技术上差异主要体现在扫查方式的不同,因为 B 超仪所显示的界面声像图是二维灰阶图像,为此探头中的换能器所发射和接受的超声波方向必须按一定规则扫查一个平面。产生这种扫查的方法有多种,如表 9-4 所示。

表 9-4　查扫方式分类

| 声速驱动方式 | 声速的扫查方式 | 聚焦方式 | 成像速度 | 体表式或经体腔式 |
| --- | --- | --- | --- | --- |
| 机械式 | 机械矩形扫查<br>机械扇形扫查<br>(摆动式,转子式)<br>机械式径向扫查 | 单晶片几何聚焦<br>单晶片几何聚焦<br><br>单晶片几何聚焦 | 非实时或准实时<br>实时<br><br>实时或准实时 | 体表式<br>体表式<br><br>体腔式 |
| 电子式 | 线阵(直线扫查)<br>凸阵(扇形扫查)<br>相控阵(扇形扫查) | 横向几何聚焦和侧<br>向电子聚焦或二维<br>电子聚焦 | 实时<br>实时<br>实时 | 体腔式<br>或<br>经体腔式 |

### 一、机械扇形扫描

机械扇形扫查技术是指以电机为动力,借助机械传动机构,使换能器发射的声速做一定角度的扇形扫查,可在 CRT 上显示出一幅扇形的切面图像,如图 9-4 所示。

机械扇形扫查是由机械扇扫 B 超仪的探头来执行的。为此,机械扇扫探头中除了换能器外,还必须具有使换能器绕某一轴线往返摆动或绕轴旋转的驱动机构。同时,为使超声扫查所获得回波信息能真实地显示出来,探头中还应具备一种换能器位置检测装置。

机械扇形扫查探头中通常只有一片单元式的圆盘形压电换能器,其直径为 12～20 mm。为改善机械扇扫 B 超仪的横向分辨力,现在越来越多的仪器使用了可变电子聚焦的环形阵换能器。机械扇型扫查原理如图所示 9-5 所示。

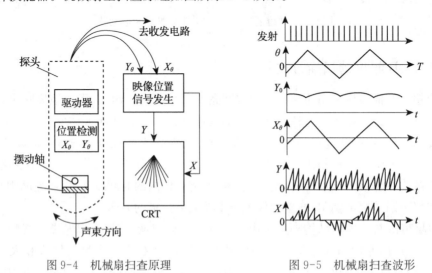

图 9-4  机械扇扫查原理　　　　　图 9-5  机械扇扫查波形

### 1. 探头的工作原理及结构

（1）晶片往返摆动:如图 9-6 所示,探头中的驱动器在外电路的控制驱使换能器绕其旋转轴左右来回摆动,其摆动角度通常在 ±45°之内,摆动频率在 15 Hz 左右。摆动频率的高低与探测深度等具体因素有关。在简易的实时显像仪中,为了使显示的图像不致有严重的闪烁感,摆动频率不得低于 15 Hz。15 Hz 时,每秒有 30 帧图像,此时人眼已经开始感到有闪烁,特别是这种设备左右来回都成像,因此在图像的左右两边闪烁的更严重。

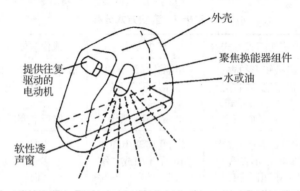

图 9-6  电机直接提供往复扫描的扇扫探头

对机械扇形扫查而言,稳定均匀的声束扇形扫查是获得不失真图像的可靠保证,也是衡量扇形扫查方法优劣的主要依据之一。往返摆动式扇形扫查中,通常使用直流电机作动力,由于采用摆动旋转,这样在一幅扇形图像的扫查过程中,换能器的角速度是不均匀的。中间区域角速度高,扇形边缘部位角速度低,而超声脉冲发射是等周期的,因此出现了扇形图像中部光栅稀,愈靠边缘光栅愈密的不均匀状况。由于直流电机属模拟电机,位置的重复精度差,再加上在往返摆动中,机械配合上的原因,造成帧与帧之间的扇形扫描线不能重叠,致使回波信息不能稳定重复、图像模糊、闪烁。此外,往返摆动式,在扇形边缘部分转动角加速度最大,造成机械振动大、噪声大、易出故障。所以,这种探头一般应用在普及型扇形扫描诊断中。

(2)晶片360°旋转:如图 9-7 所示,三晶片相隔 120°,而实际成像角 90°,三晶片轮流工作,同一时刻只有一个晶片发射、接收声波。当某一镜片进入预定的扇形显像边缘时,该镜片进入扫查显像工作状态。完成 90°扇形扫查后,该晶片脱离工作状态,经 30°工作过渡,下一个晶片进入扇形显像工作状态,如此循环。这样,电机旋转一周,可获得 3 帧扇形扫查图像。电机做 360°匀速旋转,保证扇形均匀,稳定,多晶片提高了显像帧频,因此多晶片 360°匀速旋转式探头是机械扇形探头中

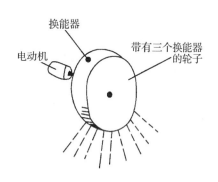

图 9-7  带有三个换能器的转轮式机扫探头

最理想的,也是先进的机械扇形超声诊断仪中最常见的。

**2. 特点与适应范围**

扇形扫查具有远场探查视野大、近场视野小,探头与体表接触面积小等特点,因此可以用很小的透声窗口,避开肋骨和肺对超声声束的障碍,非常适合于心脏的切面显像,是目前心脏实时动态研究的最有效手段。此外,扇形扫查还可以用于腹部、妇产科的切面显像检查。

**3. 数字扫描变换技术(digital scan conversion,DSC)**

如图 9-8 所示,是机械扇形扫查图像,它是由若干径向声束扫查线所构成的扇形声像图。图中的每根径向声束扫查线的位置,可用极坐标系来表示。而目前 B 型显示系统所有的显示器,都是直角坐标扫描方式。为了在显示器上显示扇形声像图,需将声束扫查线的极坐标表示变换成直角坐标表示。

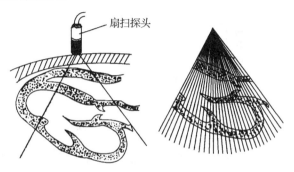

图 9-8  心脏机械扇形超声断层扫描与成像

目前先进的超声诊断仪都已采用了数字扫描变换器,它本身具有极坐标到直角坐标的变换功能,属数字式变换。

在超声诊断仪中,为了能把回波的信号直接映射到 CRT 显示屏上,CRT 的光点偏向应时刻跟随回波源。从原理上讲,直接显示法最简单,但必须考虑速度问题。超声在人体软组织中的传播速度为 1 540 m/s,换能器发射超声脉冲到接收 20 cm 深处的回波信号约需 260 $\mu$s。考虑到 CRT 时扫描的时间,显示一次超声扫查的时间需 300 $\mu$s 左右。为使图像具有可视性,每幅图像需有 100 条以上的超声扫查线组成,完成一幅图像需 30 ms 以上,人眼观察这种实时图像会有闪烁感。对来回摆动显像的机械扇扫 B 超,这种闪烁感特别严重。

在超声扫查与 CRT 显示之间,如果插入一种图像存储器,超声回波的视频信号能够实时地存入到图像存储器中,同时从图像存储器中不断地取出图像信息到显示器去显示。存入图像存储器的速度将与超声扫查同步,而读出图像信息的速度可以适当提高(通常以 TV 的扫描速度读出与显示),这样就可视现实的图像稳定而无闪烁感。这种用数字方式、以不同速率来存入和读出图像信息的方法完成了从超声扫查到显示扫描的变换,通常称之为 DSC。

DSC 技术的引入,是超声诊断仪产生了质的飞跃。由于超声扫查与显示扫描之间是互相独立的,不管超声扫查的形式与速度如何,所显示的图像都将是没有闪烁感的,并可保持图像的高质量。DSC 能使图像有"冻结"功能,另外也能使图像处理、数据的测量、通过接口与外部进行图像数据的交换。

## 二、电子线阵扫描

电子线阵扫查模式采用线阵(直线)排列的多阵元(多晶体)的分时技术。在电子开关的控制下,阵元按一定的时序和编组受到发射脉冲的激励发射超声,并按既定的时序和编组控制多阵元探头接收回声,回声信号经放大处理后输入显示器进行亮度调制。显示器的垂直方向($Y$ 轴)表示探测深度,水平方向($X$ 轴)表示声束的扫查(位移)位置。

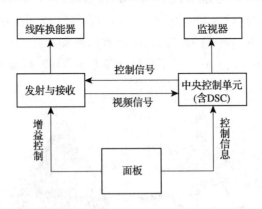

图 9-9　线阵超声诊断仪结构框图

目前,比较完整的线阵 B 超主要由线阵探头、发射和接收系统、控制系统、DSC 和显示器组成,如图 9-9 所示。发射与接收系统完成电子聚焦数据的形成、超声的发射与接收、

TGC(时间增益控制)信号的形成、信号的对数压缩和接受信号的放大与检波等功能。中央控制单元实现 A/D 和 D/A 转换、数据的存储和读取、数字扫描变换、焦点的控制与切换、主控信号、数据的实时相关处理和字符显示及测量功能。

线阵探头是由若干小阵元(由若干个微晶元并联后组成)排列成直线阵列的换能器组合。要求构成线阵的各阵元特性与所发出的声波一致。目前,阵元数已达 128、256、512、1 024或更多。

### 三、凸阵式扇形扫描

凸阵扇扫的工作原理与线阵扫查基本相同,但获得的是扇形图像。使用凸阵换能器作超声扫查时,其视野比线阵式线性扫查及机械(或相控阵)扫查都大。

凸阵式探头的前部为圆弧形,许多阵元沿该圆弧面排列,阵元的前部是圆弧形的匹配层,匹配层外面装有二维弧形的声透镜,探头厚度方向的圆弧形声透镜是为了获得厚度方向的声聚焦,如图 9-10 所示。凸阵式换能器的圆弧半径将决定与使用场合,常用的有 $R76$ mm、$R40$ mm、$R20$ mm 等。换能器具有的阵元数通常为 64、80、128,也有高达 192 阵元的。

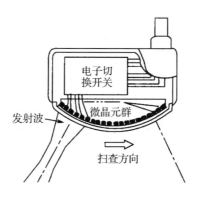

图 9-10　凸阵探头的结构

凸阵探头与线阵探头相比具有的优点:

1. 相同的体表接触面,在深部的视野宽的多;

2. 能避开骨头引起的死角(如肋骨弓内、剑突下、耻骨结合下)进行观察;

3. 凸阵探头的前部是圆弧形,可自由选择方向压迫探头,能较好的排除死角(例如肺、胃、十二指肠等)内的部分气体进行观察。

### 四、相控阵扇扫描

#### 1. 相控阵超声诊断仪的基本结构

整机控制单元产生发射声束偏转和焦距所需的延迟触发脉冲,控制发射电路形成高压激励窄脉冲,激励相控阵各阵元依次发射窄脉冲声波,合成偏转聚焦发射声束。来自人体的回波信号经换能器各阵元转换成电信号,经前置放大器放大后,进行相控阵接收偏转延迟、聚焦或动态聚焦延迟与求和处理,合成偏转聚焦接收声束信号,在经主通道进行对数压缩、检波放大和深度增益补偿模拟处理后,经 A/D 转换为数字信号,送入 DSC 与图像处理单元,完成声束扫描极坐标与显示直角坐标之间的转换和采样处理、插补、边缘检测、校正、窗口、灰度变换等图片处理,由 D/A 转换为模拟信号送显示器显示断层图像,如图 9-11 所示。

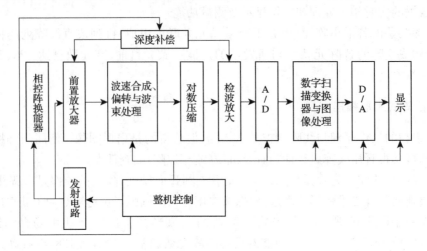

图 9-11　相控阵 B 超型原理框图

### 2. 相控阵扇形扫查波束的时空控制

相控阵探头中既没有开关控制器也没有子阵,这是因为相控阵所有阵元对每个时刻的波束都有贡献,而不像线阵探头换能器那样分组、分时轮流工作。

（1）相控发射

一个阵列由多个晶片组成,在各晶片上按不同的时间顺序加以激励脉冲,各晶片受激励后产生的超声叠加形成一个新的合成波束。合成波束的指向（合成波的波前平面的法线方向）与各晶片受激励的次序有关。如果按一定规律以相等的时间间隔对各晶片按顺序依次激励,且每相邻两晶片激励脉冲的时差是相等的,简称"等级差时间",用符号 $\tau$ 表示时差。这是在叠加波束的方向与阵元行列的法线方向之间有一个夹角 $\theta$,当波束传播速度不变时,$\theta$ 是的函数,只要改变 $\tau$ 值就可改变叠加波束的传播方向,如只改变阵元中各晶片受激励的先后时间顺序,保持 $\tau$ 值不变则合成波束的方向将移到阵元法线另一侧的对称位置,就实现了一定角度范围内的超声束的扇形发送。

（2）相控阵接收

相控阵接收的原理是:当换能器发射的超声在媒质内传播遇到回波目标时,会产生回波信号。回波信号到达各阵元的时间存在着差异,这一时差在媒质中的声速和回波目标与阵元之间的位置有关。若能准确的按回波到达各阵元的时差对各阵元接收信号进行时间或相位补偿,再叠加求和,就能将特定方向的回波信号叠加增加,而其他方向回波信号减弱甚至完全抵消。这样,接受延迟叠加产生了接收合成波束,阵列换能器接收信号就具有了方向性。改变对各阵元或各通道回波信号所进行的补偿的延迟时间,可改变接受合成波束相对于阵列法线的偏转角度。

### 3. 相控阵探头

它与线阵探头类似,有多个阵元排成直线阵列。其体积较小,声束很容易通过胸部肋间小窗口（肋间狭缝）在人体内作扇形扫查,得到视野宽阔的图像,可对整个心脏进行检查。

# 9.4 B 型超声诊断设备的检测

B 型超声诊断设备是为进行医学诊断,利用超声进行人体检测的医用电气设备。本书主要介绍医疗器械管理分类中属于 Ⅱ 类非介入的超声诊断设备,管理编号为 06-07。

## 9.4.1 超声诊断设备有关的标准

与 B 型超声诊断设备相关的主要国家标准和行业标准有 GB 9706.9《医用电气设备 医用超声诊断和监护设备专用安全要求》、GB 10152《B 型超声诊断设备》、GB/T 16846《医用超声诊断设备声输出公布要求》、YY/T 1142《医用超声诊断和监护设备频率特性的测试方法》、YY/T 1084《医用超声诊断设备声输出功率的测量方法》和 YY/T 0108《超声诊断设备 M 模式试验方法》。有的企业还会根据产品的特点引用一些行业外的标准和一些较为特殊的标准。

### 一、GB 9706.9《医用电气设备 医用超声诊断和监护设备专用安全要求》

本标准是超声诊断设备的安全专用标准,规定了除通用要求之外的附加的安全要求,不适用于超声治疗设备。

### 二、GB 10152《B 型超声诊断设备》

本标准规范 B 型超声诊断设备主要性能,规定了 B 型超声诊断设备的定义、要求、试验方法和检验规则,适用于标称频率在 1.5～15 MHz 范围内的 B 型超声诊断设备,包括彩色多普勒超声诊断设备(彩超)中的二维灰阶成像部分,不适用于眼科专业超声诊断设备和血管内超声诊断设备。

### 三、GB/T 16846《医用超声诊断设备声输出公布要求》

本标准确定了制造商在技术数据表格中向设备的潜在购买者所提供的资料、制造商在随机文件/手册中所公布的资料和制造商在有关单位提出请求后,而提供的背景资料等输出资料公布的要求,对于产生低值声输出水平的设备,给出了免予公布的条件。

### 四、YY/T 1142《医用超声诊断和监护设备频率特性的测试方法》

本标准规定了频率范围在 0.5～15 MHz 内的超声诊断和监护设备频率特性的测量方法,适用于工作在连续波、准连续波或脉冲波状态的各类超声诊断设备和超声监护设备,这些设备可以配用单晶片发-收型探头、双单晶片发-收分开型探头、多晶片梅花型探头、机械扇扫探头、线性探头、凸阵探头及相控阵探头等。

### 五、YY/T 1084《医用超声诊断设备声输出功率的测量方法》

本标准规定了医用超声诊断设备声输出功率的测量方法,其中辐射力天平法为首选方法,在能够确保测量准确度的前提下,也可采用水听器法。适用于 0.5～15 MHz 频率范围内医用超声诊断设备声输出功率的测量。

### 六、YY/T 0108《超声诊断设备 M 模式试验方法》

本标准规定了超声诊断设备 M 模式的术语和定义、测试条件以及试验方法,适用超声频率在 2～15 MHz 范围内具有 M 模式功能的超声诊断设备。

## 9.4.2　B 型超声诊断设备的分档

按 B 型超声诊断设备功能特点、使用性能的不同,将设备分为 A、B、C、D 四档。如图 9-12 所示,设备的分档方法见表 9-5。通常第二类管理 B 型超声诊断仪属 C 档或 D 档,整机性能参数高于 C 档的,制造商可参考 B 档要求在产品标准明示整机性能指标,但不得声称为 B 档设备。

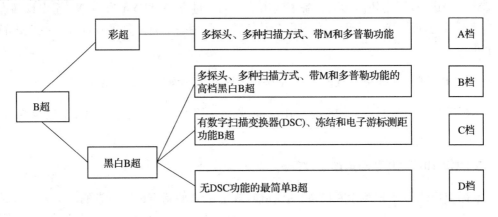

图 9-12　B 型超声诊断设备分档示意图

表 9-5　通用 B 型超声诊断仪超声源档次划分

| 档次 | A | B | C | D |
|---|---|---|---|---|
| 扫描方式 | 电子线阵,凸阵,相控阵,环阵,机械扇形中两种或以上 | | 一种或一种以上 | 机械扇形 |
| 显示模式 | B, B+M, M | | 一种或一种以上 | B |
| 探头频率 | 三种或三种以上,最高频率≥5 MHz | 两种或两种以上,最高频率≥5 MHz | 一种或一种以上 | |
| 信号处理 | 实时全域动态聚焦前、后处理,DSC | 面板控制多段动态聚焦,前、后处理,DSC | 单点或分段聚焦,DSC | 单点聚焦 |
| 多普勒功能 | 彩色多谱勒血液成像,连续波,脉冲波,快速傅里叶变换,高重复频率 | 连续波,脉冲波,快速傅里叶变换 | | |
| 声束线束 | ≥128 mm | ≥80 mm | | |
| 特殊探头 | 可选 | 可选 | | |

### 9.4.3　图像质量表征指标

**一、仿组织超声体模**

仿组织超声体模就是在超声传播特性方面模仿软组织的人体物理模型,由超声仿人体组织材料(Ultrasonically Tissue-Mimicking Material,简称 TM 材料)和嵌埋于其中的多种测试靶标以及声窗、外壳、指示性装饰面板构成的无源式测试装置,是 B 型超声诊断设备重要的标准检测设备。

进行 B 超盲区、探测深度、轴向分辨力、侧向分辨力、纵向与横向几何位置精度试验时,检测所用体模的技术参数如下:

仿组织材料声速:(1 540±10)m/s,(23±3)℃;

仿组织材料声衰减:(0.7±0.05)dB/(cm·MHz),(23±3)℃;

尼龙靶线直径:(0.3±0.05)mm;

靶线位置公差:(±0.1)mm;

纵向线性靶群中相邻靶线间距:10 mm;

横向线性靶群中相邻靶线间距:10 mm 或 20 mm;

分辨力靶群所在深度应能满足测试需要。

**1. KS107BD 型低频超声体模**

适用于对工作频率在 4 MHz 以下的 B 超设备的性能检测。体模的底和四壁是用有机玻璃加工组合而成,底板开有直径 36 mm 圆孔两个,封有 11 mm 厚橡皮,供注射保养液之用。四壁外表面贴有指示和装饰用塑料薄膜面板。顶面封以 70 μm 厚聚酯薄膜用作声窗。再上面为 10 mm 深水槽,检测时即使以水为耦合剂也不会流失。水槽上有 3 mm 厚盖板,以便在仪器不用时保护声窗。在四壁、底板和声窗围成的六面体空腔内,充有符合技术指标要求的 TM 材料作为标准传声媒质。

在 TM 材料内嵌埋有尼龙线靶 8 群,其分布如图 9-13 所示。

(1) A1—A5:轴侧向分辨力靶群。其横向分支分别距声窗 30 mm,50 mm,70 mm,120 mm,160 mm,A1 和 A2 两群中两相邻靶线中心水平距离依次为 1 mm,5 mm,4 mm,3 mm,2 mm,A3—A5 三群中则依次为 5 mm,4 mm,3 mm,2 mm。纵向分支中两相邻靶线中心垂直距离分别为 4 mm,3 mm,2 mm,1 mm。

(2) B:盲区靶群。相邻靶线中心横向间距均为 10 mm,至声窗距离分别为 10 mm,9 mm,8 mm,7 mm,6 mm,5 mm,4 mm,3 mm。

(3) C:纵向靶群,共含靶线 19 条,相邻两线中心距离均为 10 mm。

(4) D:横向靶群,共含靶线 7 条,相邻两线中心距离均为 20 mm。

(5) 模拟病灶:

① E:仿肿瘤,位于深度 70~80 mm 之间,呈圆柱形,直径 10 mm,柱轴与靶线平行。

② F:仿囊与结石,仿囊呈圆柱形,直径 10 mm,位于深度 70~80 mm 之间,轴向与靶线平行。仿结石为不规则形,位于囊之中腰,最大尺寸 4~6 mm。

③ G:仿囊结构,呈圆柱形,直径 6 mm,柱轴与靶线平行,位于深度 47~53 mm 之间。

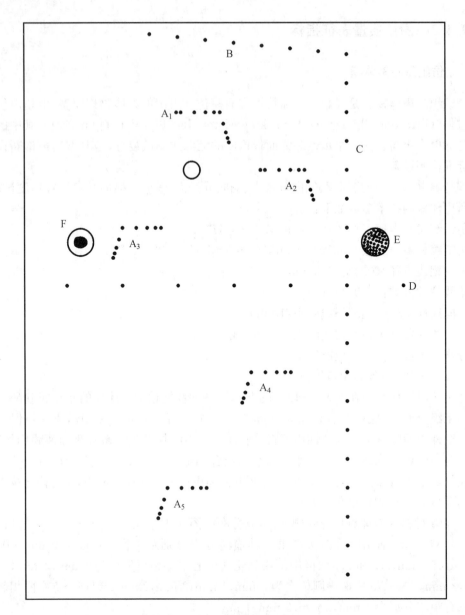

图 9-13  KS107BD 型超声体模结构图

## 2. KS107BG 型高频超声体模

KS107BG 型高频超声体模适用于工作频率在 5～10 MHz 之间的 B 超性能检测。KS107BG 型高频超声体模的技术指标、外部结构、标准媒质与 KS107BD 型体模相同。

TM 材料中嵌有线靶 8 群,其分布如图 9-14 所示。

(1) A1—A4:轴向分辨力靶群。各群中最上面一条靶线分别位于深度 10 mm,30 mm,50 mm,70 mm 处,每群中靶线中心垂直距离由上而下依次为 3 mm,2 mm,1 mm,0.5 mm,水平距离均为 1 mm。

(2) B1—B4:侧向分辨力靶群,分别位于深度 10 mm,30 mm,50 mm,70 mm 处,每群

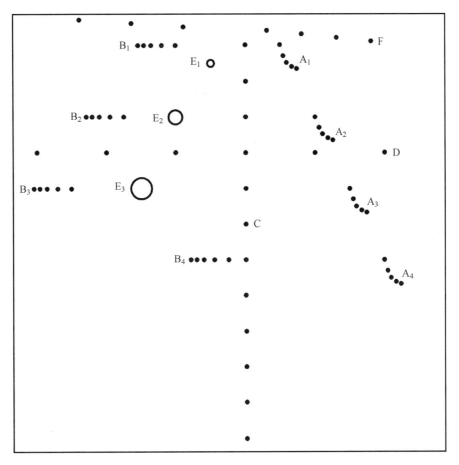

图 9-14　KS107BG 型超声体模结构图

中靶线中心水平距离依次为 4 mm，3 mm，2 mm，1 mm。

（3）C：纵向靶群，共含靶线 12 条，相邻两线中心距离均为 10 mm。

（4）D：横向靶群，位于深度 40 mm 处，相邻两线中心距离均为 20 mm。

（5）模拟病灶 E：

TM 材料内嵌埋有囊性模拟病灶 3 个，均为圆柱形，直径分别为 2 mm，4 mm，6 mm，柱轴均与靶线平行，轴心分别位于深度 15 mm，30 mm，45 mm 处。

（6）盲区靶群 F：

右侧四条相邻靶线中心横向间距均为 10 mm，至声窗距离分别为 8 mm，7 mm，6 mm，5 mm。左侧三条相邻靶线中心横向间距均为 15 mm，至声窗距离分别为 4 mm，3 mm，2 mm。

**二、基本性能要求**

B 型超声诊断设备是通过图像来表达获取人体信息的多寡、分辨力与定位精度的，为尽可能获取真实丰富的人体信息，必须提高 B 超的图像质量。图像质量是表征 B 超性能好坏最重要的指标。一般来说，对设备主机和与之配套的（含选配探头）每一个探头必须给出探头标称频率、盲区、探测深度、侧向（横向）分辨力、轴向（纵向）分辨力、横向几何位置精度和纵向几何位置精度等参数,其具体要求见表 9-6。根据 GB 10152《B 型超声诊断设备》B 超应符合表 9-5 的要求,或制造商在随机文件中公布的指标。若探头的类型和标称频率不包括在表 9-5 列举的范围之内,则制造商应在随机文件中公布该探头的指标。

表 9-6  B 型超声诊断设备的基本性能要求

| 性能指标 | 探头类型和标称频率 | | | | | | | |
|---|---|---|---|---|---|---|---|---|
| | 2.0≤f<4.0 | | 4.0≤f<6.0 | | 6.0≤f<9.0 | | f≥9.0 | |
| | 线阵 R≥60 mm 凸阵 | 相控阵,机械扇扫 R<60 mm 凸阵 | 线阵 R≥60 mm 凸阵 | 相控阵,机械扇扫 R<60 mm 凸阵 | 线阵 R≥60 mm 凸阵 | 相控阵,机械扇扫 R<60 mm 凸阵 | 线阵 R≥60 mm 凸阵 | 相控阵,机械扇扫 R<60 mm 凸阵 |
| 探测深度/mm | ≥160 | ≥140 | ≥100 | ≥80 | ≥50 | ≥40 | ≥30 | ≥30 |
| 侧向(横向)分辨力/mm | ≤3(深度≤80)≤4 80<深度≤130 | ≤3(深度≤80)≤4 80<深度≤130 | ≤2(深度≤60) | ≤2(深度≤40) | ≤2(深度≤40) | ≤2(深度≤30) | ≤1(深度≤30) | ≤1(深度≤30) |
| 轴向(纵向)分辨力/mm | ≤2(深度≤80)≤3 80<深度≤130 | ≤2(深度≤80) | ≤1(深度≤80) | ≤1(深度≤40) | ≤1(深度≤50) | ≤1(深度≤40) | ≤0.5(深度≤30) | ≤0.5(深度≤30) |
| 盲区/mm | ≤5 | ≤7 | ≤4 | ≤5 | ≤3 | ≤4 | ≤2 | ≤3 |
| 横向几何位置精度 | ≤15% | ≤20% | ≤15% | ≤20% | ≤10% | ≤10% | ≤5% | ≤5% |
| 横向几何位置精度 | ≤10% | ≤10% | ≤10% | ≤10% | ≤5% | ≤5% | ≤5% | ≤5% |

注:① 表中的技术指标是对 B 超的最低性能要求,在进行最低性能要求测试时,对体模的技术要求见本节下文
② 制造商可在随机文件中公布优于上述指标的要求。若制造商在随机文件中公布性能指标,则应同时公布进行性能指标测试时,所使用体模的规格型号和技术参数

### 三、性能测试时的 B 超设置

B 超的设置和探头的许多种组合决定了不可能在所有的组合状态下进行测试,因此,对每一个探头只在规定的设置下进行测试。规定的设置类似于探头在临床使用中最常用的状态,模拟临床使用状态通常要求有较深的探测能力。设置时要求超声波束的聚焦范围尽可能地扩大,对整个靶目标有最佳的平均分辨能力,达到对常见的软组织结构所采用的最佳扫描状态。初始时,利用对软组织成像时的典型 B 超设置,对体模进行成像,按照下列的步骤进行试验设置。

#### 1. 显示器的设置(聚焦、亮度、对比度)

亮度和对比度控制端调至最低,聚焦调至清晰,然后增大亮度直至在图像边缘的无回波区域变为最小可察觉的最低灰度,随后增大对比度使图像尽量包含最大灰度范围,最后再核

实聚焦的清晰度。若需要进一步的调整,则重复整个步骤。

**2. 灵敏度的设置(频率、抑制、输出功率、增益、TGC、自动 TGC)**

灵敏度的设置应符合下列要求:

(1) 注明 B 超探头的标称频率;

(2) 若有抑制或限制控制端,则加以调整使得能够显示最小的可能信号;

(3) 输出功率和增益应设置为最大值,以获取高衰减散射材料内最大深度处的回波信号,小的超声回波要能与电噪声相区分;

(4) 时间增益补偿(TGC)控制端近场增益级的调节,宜使得体模中初始的 1 cm 或 2 cm 范围内回波的信号显示为中等灰度级;

(5) TGC 控制端位置的调整,宜使得中间范围内的信号显示为中等灰度级。

**3. 最终的优化**

图像最终的优化可通过微调抑制电平、总增益或输出功率来达到。当 B 超具备自动增益控制(AGC)功能时,宜在该操作模式下进行测试。使用 AGC 功能对体模进行成像,利用仍能手控的任何控制端,如总增益或声输出功率使图像达到最佳。

为便于测试人员进行试验设置,在表 9-7 中给出了经验性的试验设置一览表,其中涉及:

(1) 被测性能指标(9 项):盲区、探测深度、轴向分辨力、侧向分辨力、切片厚度、横向几何位置精度、纵向几何位置精度、周长和面积测量误差、三维重建体积计算偏差;

(2) 显示器调节因素(3 项):聚焦、亮度、对比度;

(3) 主机-探头组合调节因素(5 项):声工作频率、声输出功率、波束聚焦位置、(总)增益、TGC(或 STC)。

制造商自行规定性能试验时 B 超的设置条件,但在试验报告中应随测试结果一起公布 B 超的设置状态(聚焦、亮度、对比度、频率、抑制、声输出功率、增益、TGC、自动 TGC 等)。

**表 9-7　B 超性能测试时的经验性试验设置一览表**

| 性能指标 | 调节因素 | | | | | | | 试验设置完成后屏幕显示的状态 |
|---|---|---|---|---|---|---|---|---|
| | 显示器的设置 | | | B 超主机的设置 | | | | |
| | 聚焦(若适用) | 亮度 | 对比度 | 声频率设置(若适用) | 声输出功率 | 波束聚焦位置 | (总)增益 | TGC(或 STC) | |
| 盲区 | 清晰 | 中等 | 中等 | 置探头标称频率 | 可调者置最大 | 置最浅区段 | 低 | 与总增益配合 | 在靠近声窗的 10~20 mm 区段内,隐没背景散射光点,并保持靶线图像清晰可见 |
| 探测深度 | 清晰 | 高,但不出现光晕散焦 | 高端 | 置探头标称频率 | 可调者置最大 | 置最浅区段 | 最大 | 总增益为最大时,该调节不起作用 | 在深度方向获得最大范围图像,看到最多靶线,囊性仿病灶清晰且无充人现象 |

续表

| 性能指标 | 调节因素 | | | | | | | |
|---|---|---|---|---|---|---|---|---|
| | 显示器的设置 | | | B超主机的设置 | | | | 试验设置完成后屏幕显示的状态 |
| | 聚焦（若适用） | 亮度 | 对比度 | 声频率设置（若适用） | 声输出功率 | 波束聚焦位置 | （总）增益 | TGC（或STC） | |
| 轴向分辨力 | 清晰 | 中等 | 中等 | 置探头标称频率 | 可调者置最大 | 靶群所在区段 | 低或中等 | 与总增益配合 | 隐没背景散射光点，并保持靶线图像清晰可见 |
| 侧向分辨力 | 清晰 | 中等 | 中等 | 置探头标称频率 | 可调者置最大 | 靶群所在区段 | 低或中等 | 与总增益配合 | 隐没背景散射光点，并保持靶线图像清晰可见 |
| 切片厚度 | 清晰 | 中等 | 中等 | 置探头标称频率 | 可调者置最大 | $d/3$ $d/2$ $2d/3$ | 中等 | 与总增益配合 | 可见深度范围内背景呈现光点均匀的画面 |
| 纵向几何位置精度 | 清晰 | 中等 | 中等 | 置探头标称频率 | 可调者置最大 | 全程或最多区段 | 中等 | 与总增益配合 | 可见深度范围内呈现光点均匀、靶线图像清晰的画面 |
| 横向几何位置精度 | 清晰 | 中等 | 中等 | 置探头标称频率 | 可调者置最大 | 靶群所在区段 | 中等 | 与总增益配合 | 靶群所在深度附近区段内呈现光点均匀、靶线图像清晰的画面 |
| 周长和面积测量误差 | 清晰 | 中等 | 中等 | 置探头标称频率 | 可调者置最大 | 靶群所在区段 | 中等 | 与总增益配合 | 靶线所在深度区段内呈现光点均匀、靶线图像清晰的画面 |
| 三维重建体积计算偏差 | 清晰 | 中等 | 中等 | 置探头标称频率 | 可调者置最大 | 卵形块所在区段 | 中等 | 与总增益配合 | 卵形块及其周围呈现光点均匀、边界清晰的画面 |

**四、图像质量技术指标**

**1. 探测深度**

B型超声诊断设备在图像正常显示允许的最大灵敏度和亮度条件下所观测到回波目标的最大深度即为探测深度。该值越大，越能在生物体的更大范围内进行检查。影响性能的因素有以下几个原因：

（1）换能器灵敏度

换能器在发射和接收超声波过程中，实现了电-声、声-电转换效能。灵敏度越高，探测深度越大。灵敏度主要取决于晶片的机电性能和换能器声、电匹配层的匹配情况。

（2）发射功率

加大换能器辐射的声功率可提高 B 型超声诊断设备的探测深度，但是加大声功率要增大电路的发射电压，这给整机设计带来一定的困难，因为必须限制声功率在安全阈值内。

（3）接收放大器增益

提高接收放大器增益可提高探测深度。但是随着放大器增益的提高，在放大回波弱信号的同时，也放大了系统内的噪声信号，从而使有用信号被淹没在噪声中，故增益不能太大，必须要适中。

（4）工作频率

生物体内组织的声衰减系数和频率成直线关系。降低工作频率将有助于提高探测深度。但是，这样必然降低分辨力。为此，有些新型号 B 超采用了动态频率扫描和动态滤波技术，以使近、中场的分辨力和较大的探测深度能得到兼顾。通常，频率越高，则波长越短，分辨力越高，穿透能力越弱；反之，频率越低，则波长越长，分辨力越低，穿透能力越强。因此检查浅表器官如甲状腺、乳腺等，多采用高频探头，如线阵 7.5 MHz 探头，而对心脏、腹部等深部脏器，则采用低频探头，如凸阵 3.5 MHz 探头，以增加其穿透性。

必须指出，根据 IEC 和各国 B 超质量管理文件规定，探测深度是在真实人体或质检用标准超声体模中最远回波目标的实测深度，而有些的产品介绍中所指的探测深度是根据扫描线数、帧频，按媒质声速为 1 540 m/s 从理论上算出声线长度，两者有根本的区别。

探测深度检测：开启被测设备，将探头经耦合剂置于超声体模声窗表面上，对准其中的纵向靶群，调节被测设备的增益、TGC（或 STC、DGC，或近、远场增益）、动态范围（或对比度）、亮度以无光晕、无散焦为限，聚焦（可调者）置远场或全程，在屏幕上显示最大深度范围的声像画面，读取纵向靶群总可见最大深度线靶的所在深度，即为探测深度。

**2. 轴向分辨力（纵向分辨力）**

沿声束轴线方向，图像显示中能够分辨两个回波的最小距离即为轴向分辨力（纵向分辨力）。该值越小，声像图上纵向界面的层理越清晰。对于连续超声波，可达到的理论分辨力等于半个波长。因此，频率越高，分辨力越好。由于生物组织界面并不是完全相同的靶点，所以实际中不可能达到理论分辨力的数值，而是相当于 2～3 个波长数值。在超声脉冲回波系统中，轴向分辨力与超声脉冲的有效脉宽（持续时间）有关；脉冲越窄，轴向分辨力越好，为了提高这一特性，目前换能器普遍采用多层最佳阻抗匹配技术，同时在改善这一特性中，为了保证脉冲前沿陡峭，在接收放大器中都采用了最好的动态跟踪滤波器。

**3. 侧向分辨力（横向分辨力）**

在超声束的扫查平面内，垂直于声束轴线的方向上能够区分两个回波目标的最小距离即为侧向分辨力（横向分辨力）。该值越小，声像图横向界面的层理越清晰。其影响因素包括：

（1）声束宽度

声束越窄，侧向分辨力越好，而声束宽度与晶片直径和工作频率有关，然而换能器尺寸不可能做得很大，频率也不能无限提高。因此设计者采取了透镜、可变孔径技术，在设计中应用了分段动态聚焦和连续动态聚焦，从而提高了侧向分辨力。

（2）系统动态范围

在声束即换能器产生的有方向性声场内，声压（或声强）并不是均匀分布的。远场的普遍规律:在扫描平面内与声轴垂直的直线上,与声轴焦点处声压最高,随离开声轴的距离向两侧单调降低。在显示系统的 30 dB 动态范围内,声束宽度必须随增益的升降而相应的变宽和变窄,而目标回波声像的横向尺寸也会相应地拉长和缩短。这就是在超声体模上,即可由两条靶线声像的横向间隙,又可由一条靶线声像的横向宽度判读侧向分辨力的原理。

(3)显示器亮度

由于几何分辨力的限制,由光电构成的所有回波图像都有不同程度的模糊,即亮度由中心向四周逐渐降低。在不同亮度条件下,两横向相邻回波目标声像的间隙情况会有不同现象。

(4)媒质中的声衰减

在几乎所有的理论著作中,对声束形状和聚焦效果的讨论都是在假定媒质中没有声衰减的前提下进行的。但是生物体组织中的声衰减是不可忽略的,并且有其特有的规律,即声衰减系数约与频率成直线关系。这样,当作为信息载体的宽带超声脉冲在人体中往返传播时,其中心频率就会不断下移,并导致聚焦声束焦距缩短和焦点后方声束迅速扩展,这就是声束钝化效应(beam-hardening)。由此可见,媒质中的声衰不仅影响探测深度,而且对侧向分辨力也有影响。

侧向(横向)、轴向(纵向)分辨力的检测:开启被测设备,将探头经耦合剂置于超声体模声窗表面上,根据被测设备类型,按要求,对准体模中规定测试深度的侧向或轴向靶群,被测设备的调节要求同上所述,增益、聚焦(可调者)置该靶群所在深度附近,隐没体模材料产生的背向散射光点,保持靶线图象清晰可见,微动探头,读出可分开显示为两个回波信号的两靶线之间的最小距离。

应根据设备的档次及频率,按所划分的相应要求对规定深度内的靶群全部进行实验,当规定深度内各靶群的分辨力均达到相应要求时,则认为分辨力检验合格。

**4. 盲区**

B超可以识别的最近回波目标深度即为盲区。盲区越小则有利于检查出接近体表的病灶,这个性能主要取决于放大器的特性。此外减小进入放大器的发射脉冲幅度和调节放大器时间常数,也会影响盲区的大小。但是,对于有水囊的换能器测试,盲区无意义。

盲区检测:开启被测设备,将探头经耦合剂置于体模声窗表面上,对准其中的盲区靶群,观察距探头表面最近且其后图象都能被分辨的那根靶线,测试该靶线与探头表面的距离,则盲区为小于该距离。实验时如果探头不能对靶群中所有靶同时成像,也可平移探头分段或逐一显示。

**5. 声束切片厚度**

平面线阵、凸阵和相控阵探头在垂直于扫描平面方向的厚度即为声束切片厚度。声束越薄,图像越清晰。反之,会导致图像压缩,将产生片厚伪像。

切片厚度大小取决于晶片短轴方向的尺寸和工作频率。为了使之变薄,现代 B 型超声诊断设备探头普遍装有硅橡胶制作的聚焦声透镜。必须指出,切片厚度既然是声束的横向尺寸,必然与侧向分辨力一样,会受到众多因素的影响,不再赘述。

B 型超声诊断设备图像上能够检测出的回波幅度的最小差别即对比度分辨力。对比度分辨力越好,图像的层次感越强,信息显示越充分。对比度分辨力主要取决于声信号的频带宽度和仪器的灰度设置,声信息最终是由显示器变成画面。为了将灰阶尽可能的体现出来,必须采用具有较大动态范围的扫描转换管。

切片厚度检测：开启被测 B 超，将探头经耦合剂置于体模声窗表面上，对准散射靶薄层，扫描平面垂直于超声体模窗口，扫描平面与体模窗口的交线平行于散射靶薄层，如图 9-15 所示。在规定的设置条件下，调整扫描平面和散射靶薄层的交线使之定位于特定深度，以电子游标测量散射靶薄层成像的厚度，并计算该深度处的切片厚度 $t$。

针对配备的探头，若其探测深度为 $d$，则在 $d/3$、$d/2$、$2d/3$ 深度处分别进行切片厚度的测量，取特定深度处散射靶薄层切片厚度的最大值作为该探头的切片厚度。

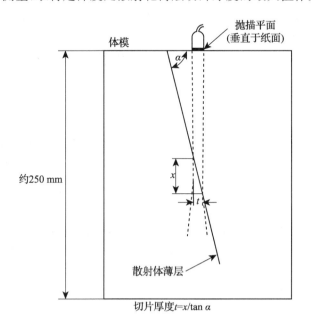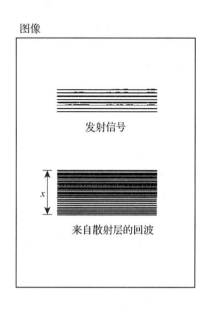

图 9-15　切片厚度的测量和计算

### 6. 几何位置精度

包括横向几何位置精度和纵向几何位置精度两部分。

开启被测设备，将探头经耦合剂置于超声体模声窗表面上，对准其中的纵向或横向线形靶群，在规定的设置条件下，保持靶群图像清晰可见。利用设备的测距功能或屏幕标尺，在全屏幕分别按纵向和横向每 20 mm 测量一次距离，再按式（9-9）计算出每 20 mm 的误差（％），取最大值作为纵向和横向几何位置精度。

$$几何位置精度（\%）= \left| \frac{测量值 - 实际距离}{实际距离} \right| \times 100\% \tag{9-9}$$

探头的纵向视野不大于 40 mm，则在全屏幕范围内按照纵向每 10 mm 测量一次距离，再按式（9-8）计算每 10 mm 的误差（％），取最大值作为几何位置精度。

### 7. 周长和面积测量偏差试验

开启被测 B 超，将探头经耦合剂置于体模声窗表面上，扫描横向和纵向线性靶群，在规定的设置条件下，保持靶群图像清晰可见。将靶群中心维持在视场的中央，在显示的中央近似等于 75％ 视场范围的区域内绘制封闭的图形（长方形或圆形），测量周长和面积并计算百分比误差。

### 五、声输出功率的测量

根据标准 YY/T 1084—2007《医用超声诊断设备声输出功率的测量方法》对 0.5～15 MHz 频率范围内医用超声诊断设备声输出功率进行测试,包括辐射力天平法(RFB)和水听器法两种。其中 RFB 法为首选方法,在能够确保测量准确度的前提下,也可采用水听器法。

**1. 辐射力天平法(RFB)**

RFB 系统的基本功能是测量诊断设备发射的超声功率,宜科学设计,仔细操作,确保 RFB 的靶截断被测换能器发射的全部功率。

被测换能器和 RFB 靶两者之间的定位,宜使有效波束横截面积的尺寸小于对应的 RFB 靶尺寸,且波束正对 RFB 靶的中心。

依据所用功率计的靶面朝向及有无薄膜声窗,采用相应的耦合方式使超声波束传播到靶上。为了提高测量的准确度,可将多次测量值平均以获得更准确的结果。此外,在一组测量之后,应将被测换能器与天平脱离耦合,然后重新耦合,重新调节,并进行另一系列的测量。建议每次重新耦合之间的测量次数($N_1$)应为 5 或更大;重新耦合的次数($N_2$)应为 3 或更大。应求取每一组 $N_1$ 读数的平均值和标准偏差,还应求取 $N_2$ 次平均的标准偏差,公布的超声功率应是 $N_2$ 组的平均功率。

在测量聚焦换钝器时,由于水媒质的饱和效应,必要时宜进行检查非线性响应的试验。对于超声诊断系统通常以脉冲形式发射的超声,无论是否为脉冲形式,由于 RFB 测量系统对所测的辐射力进行时间平均,故给出的数值均为超声功率。

在波束大于靶的时候,建议采用水听器法。

**2. 水听器法**

以公布声输出为目的时,可以采用水听器法代替辐射力天平测量超声功率 W。一般说来,水听器法的准确度和精确度不如辐射力天平法高,但在相对较低水平的超声功率上,较高的不确定度是可接受的。

在采用水听器测量声功率时,换能器至水听器间的水径长度宜格外仔细选择,以使质点速度和声压同相。对具备停扫设置的波束,应采用水听器测量其声功率。对于被测换能器的超声功率测量计算,其平面扫描公式的推导与针对水听器校准的公式推导是相同的。

# 9.5  B 型超声诊断设备的审评

原则上频率范围在 2～7.5 MHz 以内,主要采用 B 型成像方式(可以同时包含 M 模式)的黑白超声诊断设备,可以按第二类医疗器械管理。基于多普勒效应的超声彩色血流成像设备(可以同时包含二维灰阶成像部分),按第三类医疗器械管理。对《医疗器械分类目录》中类别代号为 06-07 的第二类 B 型超声诊断设备进行技术审评,需理解和掌握 B 超的原理/机理、结构、性能和预期用途等内容,把握技术审评工作基本要求和尺度,对产品安全性、有效性作出系统评价。

### 一、产品名称的要求

B 型超声诊断设备产品的命名应采用《医疗器械分类目录》或国家标准、行业标准中的通用名称,或以产品结构和应用范围为依据命名。B 型超声诊断仪是指频率范围在 2～7.5 MHz 以内,主要采用 B 型成像方式,用于医学临床诊断的通用设备。

产品名称应为 B 型超声诊断设备,但在实际应用中常采用的名称有:B 型超声诊断仪、机械扇扫 B 型超声诊断仪、数字化 B 型超声诊断仪、线阵扫描 B 型超声诊断仪、凸阵扫描 B 型超声诊断仪、相控阵扫描 B 型超声诊断仪等。建议规范名称为×××型(系列)＋B 型超声诊断仪。若采用数字化波束成形技术的数字化设备,其规范名称为××× mm 型(系列)＋数字化 B 型超声诊断仪。采用数字化波束成形技术的设备,产品名称可以冠以"数字化"字样。仅为 PC 平台的 B 型超声诊断仪,产品名称不得冠以"数字化"字样。

### 二、产品的结构和组成

B 型超声诊断仪主要由探头和主机两部分组成。超声波的发射与接收均由探头来完成。主机供给一定频率、一定激励电压的电信号作用于探头,探头产生一定频率的超声波。B 型超声诊断仪的结构形式可为便携式、台车式,主要由主机(含软件)、显示器、探头和附件(如图像记录仪、图像存储器、彩色打印机、穿刺架等)组成。探头主要由阵列换能器、传输线、连接器(可以含有控制器)等组成。探头应明示基元数(如 64、80、96、128)、频率、阵列长度或曲率半径。

### 三、产品适用的相关标准

包括引用标准的齐全性和适宜性两部分。在编写注册产品标准时与产品相关的国家、行业标准是否进行了引用,以及引用是否准确。可以通过对注册产品标准中"规范性引用文件"是否引用了相关标准,以及所引用的标准是否适宜来进行审查。B 超适用的国家行业标准见本书 9.4.1 小节。应注意标准编号、标准名称是否完整规范,年代号是否有效。如有新版强制性国家标准、行业标准发布实施,产品性能指标等要求应执行最新版本的国家标准、行业标准。

对引用标准的采纳情况进行审查时,查看对所引用的标准中的条款要求是否在注册产品标准中进行了实质性的条款引用。这种引用通常采用两种方式,文字表述繁多、内容复杂的可以直接引用标准及条文号,比较简单的也可以直接引述具体要求。

注意"规范性应用文件"和编制说明的区别,通常不宜直接引用或全面引用的标准不纳入规范性引用文件,而仅仅以参考文件在编制说明中出现。

### 四、产品的预期用途

产品具体适用范围应与申报产品性能、配置等一致,声称有特殊适用范围如心功能评价等应提供相应的临床试验资料。

常见的 B 超预期用举例:配 3.5 MHz 线阵或凸阵探头,主要供人体腹部脏器超声诊查用。若有 M 型辉度调制显示功能并有临床试验资料支持,还可用于心功能参数的测量;如配 7.5 MHz 高频线阵探头,可用于人体浅表器官如甲状腺、乳腺的超声诊查;如配6.5 MHz

R13 凸阵探头,可用于经阴道腔内女性生殖器官的超声诊查。

### 五、产品的主要风险

B 型超声诊断仪的风险管理报告应符合 YY/T 0316《医疗器械 风险管理对医疗器械的应用》的有关要求,判断与产品有关的危害,估计和评价相关风险,控制这些风险并监视控制的有效性。主要的审查要点包括:

1. 与产品有关的安全性特征判定,可参考 YY/T 0316 的附录 C,附录 C 的清单是不详尽的,确定产品安全性特征应具有创造性,应当仔细考虑"会在哪儿出错";

2. 危害、可预见的事件序列和危害处境判断,可参考 YY/T 0316 附录 E、I;

3. 风险控制的方案与实施、综合剩余风险的可接受性评价及生产和生产后监视相关方法,可参考 YY/T 0316 附录 F、G、J。

B 型超声诊断仪的初始可预见性危害主要存在于产品设计、生产和使用环节。如产品设计方面的初始可预见危害主要有超声能量不恰当输出、电能危害、热能危害(探头表面温度)、生物不相容性(如探头材料等)等等;生产方面的初始可预见危害主要有不合格材料,部件的非预期使用(采购或供方控制不充分),部件焊接、黏合和连接的不完整(制造过程控制不充分)等等;使用的初始可预见危害有未限制非预期使用,未限制使用环境及人员,未告知正确使用、维护、保养设备的方法等导致设备不能正常使用、误诊等。

### 六、产品的主要技术指标

产品标准的审查是产品主要技术性能指标审查中最重要的环节之一,可以分解为技术性能要求和安全要求两部分。其中有些技术性能要求和安全要求又是相关联的。

#### 1. 安全要求

安全要求应符合 GB 9706.1—2007 和 GB 9706.9—2008 标准规定。若为医用电气系统,则还应符合 GB 9706.15—2008 的要求。

声输出参数公布要求:设备的声输出参数必须按 GB/T 16846—2008 的规定检验,若声输出参数不能满足免于公布条件,应以技术手册、使用说明书、背景资料的形式予以公布。免于公布的声输出参数的数据必须经国家食品药品监督管理局认可的检验机构的认可。

#### 2. 环境试验要求

设备的环境试验应按 GB/T 14710—2009 的规定,明确所属气候环境试验组别和机械环境试验组别,明确试验时间、恢复时间及检测项目,并在产品标准、使用说明书中说明。

#### 3. 整机性能指标

对设备主机和与之配套的(含选配探头)每一个探头必须给出下列参数:探头标称频率(MHz)、探测深度(mm)、侧向(横向)和轴向(纵向)分辨力(mm)、横向和纵向几何位置精度(%)、盲区(mm)。具体参数技术要求见 9.4.3 小节。

#### 4. 外观和结构要求

由制造商在注册产品标准中明确。如:B 超表面应光洁、色泽均匀、无伤斑、划痕、裂纹等缺陷,面板上文字和标志应清晰;控制和调节机构应灵活、可靠,紧固部位应无松动。

#### 5. 探头的生物相容性要求

预期与体表及粘膜表面进行 24 小时内接触时,按 GB/T 16886.1—2011 给出的指导原则进行评估,提供相关资料证明细胞毒性试验、过敏试验和皮内刺激试验符合相关标准要求。

**6. 使用功能要求(包括软件功能)**

主要包括主机工作频率切换、探头自动识别、电影回放、增益调节范围、图像放大倍率、焦点选择、灰阶分级、工作模式选择、边缘增强级数选择、动态范围级数、体标组和体标选择、字符和标志显示、测量和计算、管理功能、图像处理或打印功能等。

**7. M 型辉度调制显示功能(若适用)**

应按 YY/T 0108—2008 要求,增加 M 模式下相关技术指标,主要有距离显示误差、时间显示误差并在制造商随机文件中公布。

### 七、产品的检测要求

产品的检测包括出厂检验和型式检验。

出厂检验前至少应逐台检测第八部分产品主要技术指标中的:外观和结构要求、整机性能指标(探头标称频率,探测深度、侧向或横向、轴向或纵向分辨力、横向、纵向几何位置精度,盲区)、软件功能、电气安全要求中的接地阻抗、漏电流、电介质强度;其他应检测项目(如附件穿刺架要求)。若有 M 型辉度调制显示功能,还应检测距离显示误差和时间显示误差。

型式检验为产品标准全性能检验。产品如分基本配置和选配配置,均应要求申报单位送检独立注册单元中包括基本配置(如标配探头)和选配配置(如选配探头)在内的,完整的典型产品。

### 八、产品的临床要求

符合《医疗器械注册管理办法》规定,执行国家标准、行业标准的 B 型超声诊断仪,国内市场上有同类型产品,不要求提供临床试验资料。不符合上述规定的,应提供相应的临床试验资料,临床试验资料的提供应符合国家有关规定。

### 九、产品说明书、标签和包装标识

产品说明书一般包括使用说明书和技术说明书,两者可合并。说明书、标签和包装标识应符合《医疗器械说明书、标签和包装标识管理规定》及相关标准(特别是 GB 9706.1、GB 9706.9、GB 10152、GB/T16846 和 YY0505)的规定。

医疗器械说明书、标签和包装标识的内容应当真实、完整、准确、科学,并与产品特性相一致。医疗器械标签、包装标识的内容应当与说明书有关内容相符合。医疗器械说明书、标签和包装标识文字内容必须使用中文,可以附加其他文种。中文的使用应当符合国家通用的语言文字规范。医疗器械说明书、标签和包装标识的文字、符号、图形、表格、数字、照片、图片等应当准确、清晰、规范。

**1. 说明书的内容**

使用说明书内容一般应包括产品名称、商品名称(若有)、型号、规格、主要结构及性能、预期用途、安装和调试、工作条件、使用方法、警示、注意事项、保养和维护、储存、故障排除、标签和包装标识、出厂日期、生产许可证号、注册证号、执行标准、生产企业名称、地址和联系方式、售后服务单位等。

技术说明书内容一般包括概述、组成、原理、技术参数、规格型号、图示标记说明、系统配置、外形图、结构图、控制面板图、必要的电气原理图及表等。

**2. 使用说明书审查一般关注点**

（1）产品名称、型号、规格、主要性能、结构与组成应与注册产品标准内容一致；产品的适用范围应与注册申请表、注册产品标准及临床试验资料（若有）一致。

（2）生产企业名称、注册地址、生产地址、联系方式及售后服务单位应真实并与《医疗器械生产企业许可证》《企业法人营业执照》一致；《医疗器械生产企业许可证》编号、医疗器械注册证书编号、产品标准编号位置应预留。

**3. 使用说明书中有关注意事项、警示以及提示性内容**

（1）提醒注意由于电气安装不合适而造成的危险。

（2）设备是否能与心脏除颤器及高频手术设备一起使用的声明；若可与心脏除颤器及高频手术设备一起使用，安全使用的方法与条件。

（3）设备可否直接应用于心脏的声明。

（4）多台设备互连时引起漏电流累积而可能造成的危险；必要时列出可与设备相连并安全使用的设备的要求。

（5）可靠工作所必须的程序。

（6）若有附加电源，且其不能自动地保持在完全可用的状态，应提出警告，规定应对该附加电池进行定期检查和更换。应说明电池规格和正常工作的小时数；电池长期不用应取出说明；可充电电池的安全使用和保养说明。

（7）与患者接触的探头正确使用、消毒和防护的详细方法；预防性检查和保养的方法与周期。必要时规定合适的消毒剂，并列出这些设备部件可承受的温度、压力、湿度和时间的限值。正常使用或性能评估时，对探头部件可浸入水中或其他液体中部位的说明。

（8）对设备所用的图形、符号、缩写等内容的解释，如：所有的电击防护分类、警告性说明和警告性符号的解释。

（9）该设备与其他装置之间的潜在的电磁干扰或其他干扰资料，以及有关避免这些干扰的建议。

（10）如果使用别的部件或材料会降低最低安全度，应在使用说明书中对被认可的附件、可更换的部件和材料加以说明。

（11）指明有关废弃物、残渣等以及设备和附件在其使用寿命末期时的处理的任何风险；提供把这些风险降低至最小的建议。

（12）熔断器和其他部件的更换的警示。

（13）多用途超声设备的超声输出水平的能力远大于超声设备特定应用下的典型值时，应给出关于避免不需要声输出控制设置和水平的指令。

（14）应警示"探头禁止扫描眼部"、"在合理的范围内，应使用尽可能低的输出功率。检查身体的时间不宜过长，仅以能作出诊断所必需的时间为限。延长使用时间会损害人体的健康"。由于超声部分能量可转化为热能，热能对胎儿有潜在危害，因此还应警示"在具有临床指征需要时，仪器的使用者必须对声输出有足够的了解或能获得相关的热指数值。在空气中即可觉察出其自热的超声探头，不可用于经阴道探查；应特别注意减少对胚胎或胎儿的辐照声输出功率和辐照时间。"

### 4. 医疗器械标签、包装标识的一般内容

(1) 产品名称、型号、规格。

(2) 生产企业名称、注册地址、生产地址、联系方式。

(3) 医疗器械注册证书编号、产品标准编号。

(4) 产品生产日期或者批(编)号。

(5) 电源连接条件、输入功率。

(6) 限期使用的产品,应当标明有效期限。

(7) 依据产品特性应当标注的图形、符号以及其他相关内容。

### 5. 关于声输出资料公布

申报者应按 GB 16846—2008 要求在说明书中对声输出参数是否应公布做出说明。

若不符合声输出资料免于公布的条件,则在说明书中至少应公布下列 15 个参数:最大时间平均声功率输出(最大功率)、峰值负声压、输出波束强度、空间峰值时间平均导出声强、超声设备主机的设置(系统设置)、换能器输出端面至最大脉冲声压平方积分点(对连续波系统,为最大平均平方声压)之间的距离(LP)、−6dB 脉冲波束宽度(Wpb6)、脉冲重复频率(prr)、输出波束尺寸、算术平均声工作频率(fawf)、声开机系数、开机模式、声初始系数、初始模式、声输出冻结。建议公布下列 2 个参数:换能器输出端面距离(若适用)和换能器投射距离典型值。

若符合免于声输出资料公布条件的,则应在说明书中声明峰值负声压、输出波束强度、空间峰值时间平均导出声强符合免于公布要求的数值并注明其标称频率。

## 十、同一注册单元划分

同一注册单元应按产品风险与技术指标的覆盖性来选择典型产品。典型产品应是同一注册单元内能够代表本单元内其他产品安全性和有效性的产品,应优先考虑结构最复杂、功能最全、风险最高、技术指标最全的型号。同一注册单元中,若主要技术指标不能互相覆盖,则典型产品应为多个型号。

1. 按工作原理不同可分为模拟设备和数字化设备(采用数字化波束成形技术的设备),模拟设备和数字化设备应按不同注册单元单独注册。

2. 按设备主要性能指标和配置可划分为:

(1) 单接口单探头设备(凸阵);

(2) 单接口单探头设备(线阵);

(3) 单接口多探头或多接口多探头设备(凸阵、线阵、相控阵等),(3)可覆盖(1)、(2);

(4) 宽频单接口单探头设备(线阵);

(5) 宽频单接口单探头设备(凸阵);

(6) 宽频单接口多探头或多接口多探头设备(线阵、凸阵、相控阵等),(6)可覆盖(4)、(5);

同一工作原理的以上六个注册单元中,若生产企业同时生产(1)、(2)和(3),则允许将上述三个型号归入同一注册单元。若同时生产(4)、(5)和(6),则允许将上述三个型号归入同一注册单元。原则上宽频设备与非宽频设备不得归入同一注册单元。

**思考题**

1. 简述 B 型超声诊断设备的基本工作原理和扫查方式及其特点。

2. B 型超声诊断设备的分档原则是什么？每档的特点及信号处理有什么不同？

3. B 型超声诊断设备的性能指标和电气安全检测要求是什么？

# 第 10 章
## 高频手术设备

## 10.1 概　述

手术器械是最早出现的医疗器械。随着科学技术的发展,现代手术器械不再局限于利用机械应力发挥功效的刀、剪、钳、镊等传统手术设备。高频手术设备是随着生物医学工程发展而出现的新兴电外科手术设备,利用高密度的高频电流对局部生物组织的集中热效应,使组织或组织成分汽化或爆裂,从而达到凝固或切割等外科手术目的。高频手术设备的主要作用是切割、止血和电灼等。应用不同模式(波形)、不同功率,配上合适的附件,高频手术设备可应用于普通外科、神经外科、显微外科、胸外科、骨科、妇科、泌尿科、五官科、整形外科等各种外科手术和内窥镜手术。

高频手术设备作为一种在临床上得到广泛应用的电外科手术器械,具有切割速度快、止血效果好、操作简单、安全方便等特点。与传统采用机械手术刀相比,在临床上采用高频手术设备可大大缩短手术时间,减少患者失血量及输血量,从而降低并发症及手术费用。与其他电外科手术器(如激光刀、微波刀、超声刀、水刀、半导体热凝刀等)相比,高频手术设备具有适应手术范围广,容易进入手术部位,操作简便,性能价格比合理等优越性。

高频手术设备经历了火花塞放电、大功率电子管、大功率晶体管和大功率 MOS 管四代的变更。早在 20 世纪 20 年代,采用火花隙/真空管电路的电外科装置就已应用于临床。70年代初期,采用固态电路的电外科装置问世,这类装置一般都置有微处理机系统,执行各种控制和诊疗功能,这种体积趋于小型化的装置目前已得到广泛的应用。20 世纪 90 年代初,又增添了氩气增强凝血系统,从而进一步提高了电外科装置的功效。

从装置本身来看,已采用响应速度快,稳压效果佳的大功率晶体管或 MOS 开关电源取代可控硅高压电源,采用高效率、高可靠性的 MOS 全桥开关式功放电路取代大功率晶体管推挽式高频功放电路,用多道隔离、调谐、平衡输出回路取代简单的高频高压输出回路,控制部分用 CPU 取代一般数字模拟集成电路,并向模块化方向发展。

高频手术设备作为一种产品,已向专用化方向发展,一是分机制造具有一定功能模式的装置,二是按临床需求分科制造,如妇科电刀,五官科电刀及内镜电刀等。目前,较为先进的高频手术设备的功能模式都已相当完善,例如,单极切有纯切、止血度可调的普通混合切,单极凝有除湿、点凝、面凝、软凝、氩气凝等。此外,专用适配件也日益增多,这类装置已可满足各类手术、不同病员甚至不同操作者的临床使用要求。

但是,高频手术设备是一种具有潜在危险的医疗仪器,近年来对其安全问题不断地进行研究,在氩气保护技术,极板接触面积检测技术,高低频泄露限制技术,自检技术以及双极技术等方面都取得了很大进展。较为先进的高频电刀一般都具有病人接触监护系统、能量控制、时间控制、遥控功率控制和自动凝血控制等多项功能,以保证切割和止血效果良好。

氩气高频电刀(简称氩气刀)是在临床应用的新一代电刀。氩气是种性能稳定、对人体无害的惰性气体,在高频高压下电离成具有良好导电性的氩气离子,可连续传递电流。氩气的惰性可以降低创面温度,减少损伤组织的氧化和碳化。

# 10.2 高频手术设备

随着医疗技术的发展和临床需要,以高频手术器为主的复合型高频电外科设备有了相应发展,形成一个门类,包括高频电刀、高频氩气刀、高频超声手术系统、高频电切内窥镜治疗系统和高频旋切去脂机等设备。根据高频手术设备的功能及用途,大致可分为以下类型:

1. 多功能高频手术设备:纯切、混切、单极电凝、电灼、双极电凝;
2. 单极高频手术设备:纯切、混切、单极电凝、电灼;
3. 双极电凝器:双极电凝;
4. 电灼器:单极电灼;
5. 内窥镜专用高频发生器:纯切、混切、单极电凝;
6. 高频氩气刀:具有氩气保护切割、氩弧喷射凝血;
7. 多功能高频美容仪:具有点凝、点灼、超高频电灼。

## 10.2.1 高频电刀

高频电刀是一种取代机械手术刀进行组织切割的电外科器械。其主机为一个大功率的信号发生器,基准信号由函数发生器生成,经射频调制 3 kHz～5 MHz 后,再经功率放大器放大输出到电极。在进行高频切割时,通常使用针形或刃形电极,有效面积很小,而电极下面的电流密度却很大,因而可以在一瞬间产生大量的热量,把电极下面的快速汽化,分裂成一个不出血、窄而平坦的切口,而且还可以使血管中的血液凝固到一定的深度,同时将切断的细血管凝固,达到切割和凝固的外科手术作用。

### 一、高频电刀的基本组成

高频电刀由主机、手术电极、双极电极、中性极板以及各种刀头、脚踏开关、电源线等附件组成,其基本配置如图 10-1 所示。

### 二、高频手术设备的工作原理

简单地说,高频电刀就是一个变频变压器,它将 220 V/50 Hz 的低频低压电流经变频变压、功率放大转换为频率为 300～750 kHz、电压为几千甚至上万伏的高频电流。这样的高频电流可以在人体组织

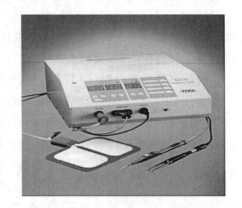

图 10-1 高频电刀

上残生切割和凝血的作用。

**1. 高频手术设备的原理框图**

高频电刀由主电路和控制电路两部分组成,包含直接与患者相连接的应用部分,由控制电路、指示电路及高频功放电路构成的中间电路及与应用部分和中间电路相隔离的网电源(包括高压开关电源)部分。其某高频电刀基本原理框图如图 10-2 所示。

其中,控制电路包括主控电路 CPU 板 $A_1$ 和开关电路及高频功放的驱动电路 $A_5$ 板,其余主电源、开关电源、高频功放及输出回路各自构成一块印板($A_2$、$A_3$、$A_4$、$A_6$)。

AC 为交流市电输入(220 V,50 Hz,3.5 A),经主电源电路缓冲整流滤波为直流 $E_0$,供开关电源($A_3$)使用。在主控电路($A_1$)与开关电源驱动电路($A_5$ 板,驱动信号 $\phi_1$,$\phi_2$)控制下开关电源产生可调的直流高压 E,供高频功放($A_4$)使用。在主控电路($A_1$)与高频功放驱动电路($A_5$,驱动信号 $\phi_3 \sim \phi_6$)控制下,高频功放电路产生高频功率信号 PWM,经输出电路($A_6$)调谐、平衡后送应用附件(极板 P,手控刀 $A_H$,脚控刀 $A_F$ 或双极镊子 B),功放工作电压、电流及输出高频电压、电流的采样信号($e_1$,$i_1$,$e_2$,$i_2$)与设定按键选择的模式、功率和电压设定信号相比较,对实际输出的功率、电压、电流按要求进行控制。极板阻抗经隔离变换($A_6$ 板上)后产生极板信号 $R_p$ 送 CPU($A_1$)板,对其状态进行判别,以决定是否允许电刀(单极)启动,手控刀启动信号经隔离变换($A_6$ 板上)后产生手控切/凝启动信号($H_T$,$H_G$),脚踏开关(单极 $F_M$,双极 $F_B$)的开关信号送 CPU 产生脚控切/凝启动信号($F_T$,$F_G$,$F_B$)。此外 CPU($A_1$)板还送出单、双极转换继电器控制信号 $Q_B$ 和手控、脚控输出继电器控制信号 $Q_F$(脚控输出)、$Q_H$(手控输出)以及报警、工作、模式、功率等指示/警示信号(包括声和光)。

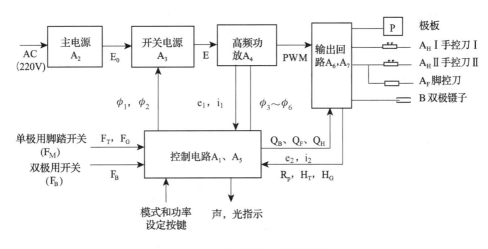

图 10-2 某高频电刀原理框图

以上是高频电刀功能框图的原理介绍,实际电路随各种产品有所区别,其功能原理大致相同。其中,电源电路有可控硅 SCR 调压电源、VMOS 管调整稳压电源和高频开关电源等形式,高频功放电路多采用推挽功放电路或桥式功放电路。

**2. 高频电流的物理效应**

电流通过人体会产生热效应和神经效应。热效应引起组织切开、凝固、坏死,神经效应引起肌肉收缩,影响心肌,发生心室颤动,严重时会造成死亡。

当高频电流通过人体软组织时,由于每一振荡电流的脉冲时间极短,离子很难引起迁移,只在富有黏滞性的体液中振荡,由于摩擦而产生大量热能,高频电刀就是利用高频高密度电流通过机体的这种热效应而工作的。

机体组织细胞由于电介质的存在而具有导电性,电流可使组织细胞膜去极化,神经肌肉组织则表现为组织兴奋状态。当频率在 100 kHz 以下的电流作用人体,电流的快速交流变化可引起肌肉痉挛、疼痛、心室纤维颤动等;当电流频率达到 100 kHz 以上时,神经效应明显减少;而当电流频率达到 300 kHz 以上时,电流对神经肌肉刺激可以忽略不计。这是因为当电流反复刺激组织时,随着相邻两次刺激间隔时间的长短不同,组织兴奋反应也不一样。若第二次刺激落在反应期,则与首次同样强度的刺激可引起组织兴奋,缩短刺激间隔周期。当第二次刺激落在相对不应期,第二次刺激的强度必须超过前一次,才能引起组织兴奋。若再提高刺激频率,第二次刺激落在绝对不应期内,不论强度多大,都不引起组织兴奋。高频电刀就是利用 300 kHz 以上的高频电流在组织内产生热效应,有选择地破坏某些组织并避免其他效应的产生,以实现切割和凝血的功能。利用高频交流电技术可以达到只产生热效应而减弱神经效应,从而实现手术的目的。目前,一般采用的电刀频率约为 300～750 kHz,功率在 400 W 以下。

由于生物组织是导电体,高频电流流经人体时存在"集肤效应"现象。所谓"集肤效应"是指交流电通过导体时,各部分的电流密度不均匀,导体内部电流密度小,导体表面电流密度大。产生集肤效应的原因是由于感抗的作用,导体内部比表面具有更大的电感,因此对交流电的阻碍作用大,使得电流密集于导体表面。交流电的频率越高,集肤效应越显著,频率高到一定程度,可以认为电流完全从导体表面流过。高频手术设备利用集肤效应使高频电流只沿着人体皮肤表面流动,而不会流过人体内脏器官,患者基本上没有明显不适感。

现代高频手术设备一般设计为输出全悬浮,与地隔离的输出系统使得高频电刀的电流不再需要和病人、大地之间的辅助通道,从而减少了可能和接地物相接触的体部被灼烧的危险性。而采用以地为基准的系统,灼伤的危险性要比绝缘输出系统大。

**3. 主要工作模式**

高频手术设备有两种主要的工作模式:单极和双极。

(1) 单极模式

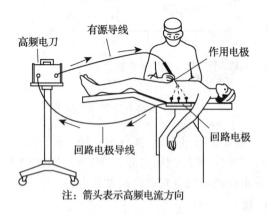

注:箭头表示高频电流方向

图 10-3  高频电刀的正确使用

高频电刀在单极状态时,它是由高频信号发生器、输出手柄线、刀头、病人极板及连线组成。工作时,高频电流的流经路线是高频信号发生器→手术电极刀→患者组织→病人电极板→返回高频信号发生器,形成一个闭合回路。刀头是产生预期手术治疗效果的电极,称为有效电极。由于刀头接触人体面积小,接触处电流密度大,产生了较强的热效应。刀头将高电流密度的高频电流聚集起来,直接摧毁处于与有效电极尖端相接触一点下的组织,达到对组织的切割和凝固作用。而流过人体其他部位的高频电流,由于电流密度小,对人体刺激小,产生热效应也小。这种精确的外科效果是由波形、电压、电流、组织的类型和电极的形状及大小来决定的。为了适应不同手术需要,有效电极形状除刀片电极外,还包括在神经外科或整容手术中用于小组织凝结的针形电极,用于息肉切除或病理组织标本提取的环形电极,球形电极等。

为避免在电流离开病人返回高频电刀时继续对组织加热以致灼伤病人,单极装置中的病人极板必须具有相对大的和病人相接触的面积,以提供低阻抗和低电流密度的通道,防止热效应的产生,这就是高频电刀单极状态的工作原理。手术中,启动电弧放电起切割和凝血功能的电极称为手术电极、有效电极或作用电极;安全分散电流,确保在该接触部位免除烧伤的电路极板称为中性电极。中性电极又称为分散电极、回路电极或无关电极。某些用于医生诊所的高频电刀电流较小、密度较低,可不用中性电极,但大多数通用型高频电刀所用的电流较大,因而需用中性电极。

（2）双极模式

在双极模式中,双极镊子的两个尖端都是有效电极。双极镊子是由两个相互绝缘的金属构成,除镊子外,其他暴露的金属部分涂以聚四氟乙烯绝缘材料。高频发生器通过两根电缆分别与双极镊子的两个尖端电气相连,电流通过尖端和被治疗组织构成闭合回路。

双极电凝是通过双极镊子的两个尖端向机体组织提供高频电能,使双极镊子两端之间的血管脱水而凝固,达到止血的目的,它的作用范围只限于镊子两端之间,对机体组织的损伤程度和影响范围远比单极方式要小得多,适用于对小血管和输卵管的封闭。故双极电凝多用于脑外科、显微外科、五官科、妇产科以及手外科等较为精细的手术中。双极电凝的安全性正在逐渐被人们所认识,其使用范围也在逐渐扩大。

**4. 输出模式**

高频电刀能输出各种不同波形的高频电流,如图 10-4 所示。当高频电流波形发生改变时,电流对组织的切割效果也会发生变化,如图 10-5 所示。

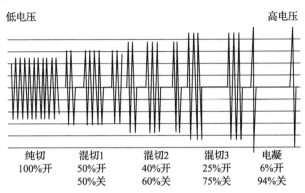

图 10-4　高频电刀输出电流示意图

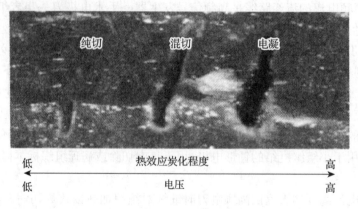

图 10-5　高频电刀切割效果示意图

当选择电切模式时,切割电流的波形为一个连续的高频电流波形,细胞加热膨胀直至爆裂、汽化。当选择电凝模式时,电凝电流则呈现为一个间断的开关波形,细胞可以在停止输出期间冷却,这样细胞被干化而非汽化。当选择混合切割模式时,高频电流对人体组织的热效应介于"电切"和"电凝"之间。

（1）电切

电切目的是切开或拆除组织。由于电刀作用电极的边缘相当于手术刀口,表面积较小,接触组织时,电流以极高的密度流向组织。组织呈电阻性,在电极边缘有限范围内的组织的温度迅速而强烈地上升,微观上细胞内的液体温度迅速超过 100 ℃,水分爆炸性地蒸发,从而破坏细胞膜,积聚的大量细胞被破坏,宏观上组织被快速地切开。

为了产生最大的热量集中,临床上通常并不使手术电极与人体组织接触,而是紧紧靠近人体组织,这样手术电极与皮肤的接触面积最小,电流最为集中,在瞬时产生的热量也最大,巨大的热量使人体组织汽化,从而产生切割效果。

（2）电凝

电凝的目的是减少手术中出血或杀死病变组织。当电流作用于组织而使组织温度较慢速(相对于电切)而有效地升高至 100 ℃ 左右时,细胞内外的液体逐步蒸发,从而使组织收缩并凝固。在切割过程中被切断的小血管口,在电流的热作用下血管壁凝固收缩封闭,从而达到止血的效果。电刀快速有效的电凝作用,很大程度上取代了复杂的血管结扎,可以大大节省手术时间,简化手术操作。电刀有效的凝血可以减少价格相对较高的凝血胶的使用,有效地降低手术成本。利用电凝使细胞凝固、蛋白质变性和组织失活的效果,可对增生的肿瘤组织实行电凝,达到治疗破坏的目的。

① 喷射电凝

能够在比较广阔的手术区域产生电凝效果。由于其波形的间歇比达 94%,其单位时间产生的热量相当少,因此不能使组织汽化,只产生电凝。为了克服电刀手术电极与人体组织之间巨大的电阻,电凝的输出电压要比电切大得多。这就意味着,在微创外科手术中,必须使用电压很高的电凝电流。

② 接触电凝

接触电凝经常使用电切波形,因为使用这种波形比电凝更加有效。当电刀手术电极与人体组织直接接触时,手术电极与人体的接触面积增大,电流的集中减少,单位时间产生的热量也相对减少,这时的热效应不能使组织汽化和消失,而仅仅使组织干化,从而形成电凝效果。

### 三、高频手术设备的安全使用

一般来说,高频电刀本身应具有可靠的安全保障体系,在正确使用的条件下,安全性好的高频电刀不会出现安全事故。但高频电流的特性决定了高频电刀的使用有若干的禁忌和限制,要求使用者和维护者严格注意和掌握。

**1. 高频电刀使用注意事项**

(1) 电气安全

作为医用电气设备,高频电刀应具有良好的绝缘性能和合乎要求的漏电流指标,其高频高压输出部分对地和电源应严格隔离。高频电刀各输出电极对地和电源,不仅绝缘电阻要很大,而且在接上应用部分之后对地分布电容要足够小,还要能承受合乎试验要求的耐压试验考验。电刀的金属外壳应可靠接地,以防机壳和保护接地悬空而带电,增加电击危险和机内对外界的高频辐射。高频电刀还应具有防潮防漏性能,否则一旦受潮必然引起电刀绝缘性能下降或误动作。机器内部应进行防潮处理,机壳应能防止液体倒翻时浸入机内。手控开关和脚控开关最好为密封型,防止水、血或消毒液进入开关而使电刀误动作灼伤有关人员。

(2) 高频电刀的输出

高频电刀的主载频率应严格限制在 $0.3 \sim 5$ MHz 之间,全悬浮式电刀一般在 $0.4 \sim 0.8$ MHz 之间。主载频率过低会产生低频刺激,过高则高频辐射严重。由于手术电极与组织之间电弧的整流效应,其直流和低频分量可能引起神经肌肉刺激。使用合适量值的串联电容和分流电阻,可有效限制这种刺激。输出回路应串入不小于 5 000 pF 的高压电容,输出电极直流阻抗应远大于 2 MΩ,以防低频输出。高频电刀的输出波形应严格稳定,且基波是相对纯净的正弦波,否则易引起输出功率不稳甚至增大高频漏电流或产生低频工作电流。

一般来说,高频电刀的输出功率在单极时不得超出 400 W,双极时不得超出 50 W,并且应尽可能稳定,即在电源电压波动和负载变化时,电刀输出功率应能保持在规定范围内,否则时而出现切凝效果不佳,时而又焦粘组织,甚至严重灼伤病员。输出功率应随设定的增加而增加,随设定的下降而下降,防止调节设定时产生不希望的功率变化而造成危险。切、凝同时启动时应禁止功率输出或只输出功率较小的模式,防止误操作引起过大功率送到患者身上。切、凝启动时应有清晰的声光提示,以提醒操作者注意。电刀在任何设定下可长时间开路启动,并可多次短路而不影响机器的性能和安全。电源复通或启动复通时,任何设定下的输出不得增大 20% 以上,防止过大功率突然加到患者身上。额定负载下的输出应与设定位置对应,功率偏差应 ≤20%,不同负载下的全功率和半功率曲线与规定值偏差也应 ≤20%。高频电刀用于手术中的任何危险均随功率的增大而增加,不要随意增大输出功率的限定值,以刚好保证手术效果为限。

(3) 防火防爆

高频电刀在使用中会产生火花、弧光,遇易燃,易爆物质会发生燃烧或爆炸。使用电刀时,室内环境不得有易燃,易爆麻醉剂,手术切口处消毒酒精必须擦干。在平常保养时,机壳表面应保持清洁,干净。

**2. 高频电刀的灼伤及预防**

高频电刀的灼伤可分为两类,一类发生在极板处,称之为极板灼伤;另一类灼伤不是发生在极板处的灼伤,而是由于高频电刀的外系统,即极板、刀头及其连接电缆和病人肌体构成的系统发生的灼伤,统称为非极板灼伤。

(1) 极板灼伤的原因及预防

极板灼伤的原因是因为极板处的电流密度过大。在安全保障体系里规定了极板处电流密度须小于 $0.02$ A/cm$^2$,按最大极限功率和在额定负载下工作时可计算出最小极板面积为 $100$ cm$^2$,这是极板面积的最低限值,当极板与病员的实际接触面积小于此值时,极板灼伤的危险就会出现。防止极板灼伤的方法很简单,即保证极板与病人接触良好、充分就可以了。如中性点极的整个面积应可靠地紧贴患者的身体,且要尽可能地靠近手术区域,如图 10-3 所示。极板应置于光洁、干燥、无疤痕、肌肉丰富且无骨骼突出的部位,极板上可涂抹新鲜润滑的导电膏来增加接触面积和导电性能。

(2) 非极板灼伤的原因及预防

极板、刀头及其连接电缆和病员肌体构成了电刀外系统,当电刀外系统使用不当时,即使手术中极板安放很好,病员仍有灼伤的危险。出现非极板灼伤的原因,主要有以下三种情况:接地分流、高频辐射和火花低频。

① 接地分流

高频电刀在手术时,刀头输出作用于病员肌体上的高频高压电峰值可达数千伏至上万伏。此时,病员肌体分布了无数个不同电位点,特别是在手术电流通道区域上,电位差特别大的两点或多点一旦发生短接,就会形成高频电流的异常通道,即出现所谓"接地分流"现象,此时病员肌体小的接地点就可能发生灼伤。高频接地不仅可通过小电阻实现,还可以通过大电容来实现。为避免"接地分流"现象的发生,应注意病员不仅不能接触直接接地的金属物件和设备,也不能过分接近这种金属和设备(如金属手术床、支架等),由于分布电容的存在,同样可流通较大的高频电流,为此建议使用抗静电板。手术过程中,医护人员一定要配戴绝缘良好的橡胶手套。在必须使用监护电极或其他测量探头时,这些探极最好用非金属制造,并远离手术部位,以减弱与地的联系。使用体外血液循环泵时,必须使血液通路悬浮,不得过分靠近接地金属,因为导电良好的血液会通过电容使病员高频接地。

② 高频辐射

手术病员身体携带或接触金属体时,虽然这些金属体并未接地,不会产生高频接地分流现象,但是对于高频电刀输出的高频高压来说,这种金属体无异于一个"发射天线",向外辐射能量。若辐射能量较大,接触点较小,则高密度的高频电流就会在接触点处产生灼伤。

在对同一患者同时使用高频手术设备和生理监护仪时,所有监护电极应尽可能放在远离手术电极的地方。不推荐使用针状监护电极,推荐使用具有高频电流限制器的监护系统。手术电极电缆应放置得避免与患者或其他导线接触。暂时不用的手术电极应和患者隔开安放。手术过程中高频电流可能流过肢体横截面较小的部位,为避免不必要的凝结,最好使用双极技术。

③ 火花低频

低频电流危害比高频电流大得多。高频电刀一般对低频漏电流做了严格限制,机器本身也不输出低频电流,但是对于外部产生的低频电流却无能为力,常见的是当刀头电缆断线时打火产生的低频电流。因此手术前和手术中应严格检查极板和刀头接插件和连接电缆的完好性。另外电刀的启动和点向组织也不能过于频繁,因为这种火花也含有一定的低频成分。

应避免皮肤对皮肤的接触(例如:患者手臂和身体间),如衬垫一块干纱布。如果对胸或头部进行外科手术,应该避免使用易燃性麻醉剂、笑气及氧气,除非将麻醉气体抽掉或使用防麻醉剂设备。进行高频手术前,应该将易燃的清洁剂或黏结剂的溶剂蒸发掉。在使用设备前必须擦掉存在于患者身下或人体凹处(如脐部)和人体腔中(阴道内)的易燃性液体积液。必须对内含气体着火的危险引起注意。某些材料,如充满了氧气的脱脂棉、纱布在正常使用中,可能被设备正常使用产生的火花引起着火。

### 10.2.2 高频氩气刀

氩气刀,全称"氩气束凝血综合电刀装置",是一种将氩气束凝血器与高频电刀相结合而构成的新型电刀系统。一般由氩气束凝血器、负极板监测系统和单极、双极高频电刀等组成。在使用电脑高频氩气刀手术时,氩气在刀头四周形成了一束氩气流柱,使刀头与出血创面间充满了氩气。由于氩气的作用,受术者几秒即可止血,很少烟雾异味,这不仅有利手术者的康复,对医生来说,也可以缩短手术时间,提高工作效率。这种手术刀适用于各科,对出血量大的肝、胆等手术尤为理想。

#### 一、氩气电凝的物理学原理

氩气是一种性能稳定、无毒无味、对人体无害的惰性气体,它在高频高压作用下,被电离成氩气离子,这种氩气离子具有极好的导电性,可连续传递电流。而氩气本身的惰性可在手术中可降低创面温度,减少损伤组织的氧化、碳化(冒烟、焦痂)。

和其他气体比较而言,氩气特别适合于作电凝。因为氩气易于在高频电场下电离,产生一个稳定的等离子体。氩气属于惰性气体,不易和别的元素和物质形成化合物。和其他惰性气体相比,氩气价格相对便宜。

氩气电凝最特别的优势是组织不会汽化。它有一个最主要的优点即凝血深度能自动地表面组织层脱水而形成的薄的电绝缘层所限制。这一优点在胃肠管道等的电凝手术中发挥相当大的作用,它可以防止肠壁穿孔等副作用。

在氩气电凝中,热凝所需的高频电流通过电离的导电的氩气束(氩等离子体)作用于目标组织,电极和组织之间并不接触。氩气在电极和组织之间的高频电场中被电离。因此,用于电离的电场强度必须足够大。电场强度 $E$ 与电极和组织之间的电压 $U_{HF}$ 成正比,与两者之间的距离 $d$ 成反比。

#### 二、氩气刀的优点

由于氩气等离子电凝的原理,使这种电凝技术具有其他传统电凝设备所没有的优点:

1. 由于氩气等离子电凝是非接触式电凝,所以没有组织黏连等问题。同时具有很好的可视性。

2. 凝血深度有限,可以避免凝血过程中其他传统电凝设备引起的穿孔问题。因产生的焦痂很薄,所以即使在大血管壁上使用也不会烧破血管,对高阻抗组织(骨质、软骨、韧带筋膜等)也可以进行有效的电凝。

3. 凝血面积大,凝血效果一致性好,凝血速度快,手术过程中不会产生烟雾和其他难闻气体,有利于保护环境和医务人员的身体健康。

4. 干燥组织。由于氩气的化学惰性,使得组织既不被碳化也不被汽化。

### 三、氩气保护下的高频电刀切割

氩气刀的高频高压输出电极输出切割电流时,氩气从电极根部的喷孔喷出,在电极四周形成氩气隔离层,将电板四周的氧气与电极隔离开来,从而减少了工作时和四周氧气的接触以及氧化反应,降低了大量产热的程度。由于氧化反应及产热的减少,电极的温度较低,所以在切割时冒烟少,组织烫伤坏死层浅。另外,由于氧化反应少,电能转换成无效热能的量减少,使电极输出的高频电能集中于切割,提高了切割的速度,增强了对高阻抗组织(如脂肪、肌腱等)的切割效果,从而形成了氩气覆盖的高频电切割。

### 四、氩气电弧束喷射凝血

当氩气刀的高频高压输出电极输出凝血电流时,氩气从电极根部的喷孔喷出,在电极和出血剖面之间形成氩气流体,在高频高压电的作用下,产生大量的氩气离子。这些氩气离子,可以将电极输出的凝血电流持续传递到出血创面。由于电极相出血创面之间布满氩离子,所以凝血因子以电弧的形式大量传递到出血创面,产生很好的止血效果。而单纯高频电刀的凝血由于电极和出血剖面之间布满成分较杂的空气,电离比较困难,因此电极和出血创面之间空气离子浓度较低,导电性差,凝血电流以电弧形式传递到出血刨面的凝血电弧数量较少,凝血效果较差。氩束凝血电弧数量成倍增加,所以无论对点状出血或大面积出血,氩气刀都具有非常好的止血效果。

### 五、氩气增强系统

氩气增强系统是单极高频电刀的附加装置,它可对毛细血管之类的大面积出血表面做快速、均匀的凝血。在氩气增强凝血中,高频电刀的电流在氩气流中形成离子通道,氩气流从极端流到组织表面。氩气释放系统通常都具有在线气体过滤器组件,该系统一般装在独立的活动车架上,或组装在高频电刀发生器的罩壳中,氩气增强系统要求有专用手持电极和连接导线,连接导线包括氩气管道和高额电流导线。设有喷口组件,以对通过极端的氩束气流导向准确。手持电极通常要远离有关组织1 cm。

氩气增强系统提供一系列连续、稳定和易于控制的圆柱形的电流通道。氩气流还能清除血液、其他液体和手术部位的碎片,使外科医生手术视野宽广,以便更好地完成手术。

## 10.3　高频手术设备的检测

高频电刀是利用高频电流的集中热效应实现对组织切割或凝固目的的手术设备,属于Ⅲ类医疗器械,管理编号为01-03,其手术电极属于Ⅱ类医疗器械。

高频手术设备是医院常用的一种高频电外科设备。由于诸多原因,高频手术设备在临床应用中存在着许多安全隐患:主要为高频漏电流超标,工作数据准确性漂移,容易引起燃爆事故等。为确保高频手术设备在临床使用中的安全,加强技术检测管理,对高频手术设备进行安全性能检测是完全必要的。依据GB 9706.1《医用电气设备 第一部分:安全通用要求》(以下简称《通用要求》)和 GB 9706.4《医用电气设备 第二部分:高频手术设备安全专用要求》(以下简称《专用要求》)中对高频手术设备的要求,应对其主要技术性能指标进行定期检测,标定技术数据,从技术性能上使高频手术设备得到安全保障。标准中某些要求不适用于额定功率未超过 50 W 的设备(如:用于微凝血或齿科、眼科的设备),对这些不适用部分,将在有关要求中说明。而对于电磁兼容性,高频电刀已通电而输出开关尚未启动时,必须符合 GB 4824《工业、科学和医疗(ISM)射频设备电磁骚扰特性的测量方法和限值》的要求。

### 10.3.1 与高频手术设备相关的标准

与高频手术设备相关的国家行业标准主要包括GB 9706.4《高频手术设备安全专用要求》、YY 91057《医用脚踏开关通用技术条件》、YY 0709《医用电气设备和医用电气系统中报警系统的测试和指南》等。带有内窥镜功能的高频手术设备相关标准有 GB 9706.19《医用电气设备 第 2 部分:内窥镜设备安全专用要求》和 GB 11244《医用内窥镜及附件通用要求》。

GB 9706.4《高频手术设备安全专用要求》适用于预期利用高频电流进行外科手术,如对生物组织切(割)或凝(固),包括相关附件在内的高频手术设备。额定输出功率不超过 50 W 的高频手术设备(如微型电凝器,或者用于牙科或眼科的设备)被排除于专用标准的某些要求之外。

### 10.3.2 对试验的通用要求

《专用要求》中的要求优先于《通用要求》中相应要求。《专用要求》补充了四种单一故障:中性电极电路的中断,输出开关电路造成过量低频患者电流时的故障、造成输出电路激励的任何故障和引起输出功率比设定值明显增大的故障。除《通用要求》适用外,对高频电刀的检测还应做到以下要求:

1. 试验顺序:必须先做除颤器放电效应的防护试验,然后再做漏电流和电解质强度试验。

2. 例行试验:产品制造过程中的试验应包括

(1) 分别测量手术电极和中性电极端之间或双极电极两端之间的直流阻抗;

(2) 所有监视电路的功能试验;

(3) 额定输出功率的测量;

(4) 防麻醉剂设备的试验。

3. 外部标记:如果表示防电击类型的符号还必须表示已具有对除颤放电效应的防护。

4. 输出:高频手术设备应用部分应具有 F 型浮动输出,一般设计成 BF 型或 CF 型。如具有不止一个输出回路的设备,且额定输出功率也不一样,则必须有标记指明其相应的用途。

(1) 额定输出功率(W)及可得到该功率的负载电阻值。

（2）工作频率或频率（基频或频率额定值）（MHz 或 kHz）。

（3）在输出端附近，按对应部分作识别的标记，如图 10-6 所示。左边为以地位基准的患者电路符号，右边为高频绝缘的患者电路符号。

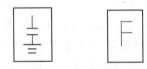

图 10-6　输出端标记

5. 控制器的标志：因输入到负载上功率与负载大小有关，所以考虑用相对强度的刻度，如输出显示是实际输出功率，必须在整个负载阻抗范围内要一致。否则输送到病人的功率不同于指示值，可对安全造成危险。假如显示"0"，使用者可认为在这控制位置无输出。因此要求：

（1）输出控制器必须具有刻度尺和（或）合适的指示器，表示高频输出的相对强度。指示数不得用 W 来表示，指示的功率符合技术说明书的输出功率曲线，所有负载阻抗内的误差不超过±20%。

（2）不得使用"0"字，除非在该位置功率输出不超过 10 mW。

6. 指示灯和按钮：指示灯颜色标准化被认为是一种安全特性。规定的颜色和含意已列于《通用标准》中。考虑到有些指示灯颜色制作有困难，允许在有颜色底板上使用白色灯。特定功能由带颜色灯指示（除白色外）。指示灯颜色中绿色表示电源已接通，黄色表示切割输出电路已激励，蓝色表示凝血输出电路已激励，红色表示患者电路发生故障，但黄灯和蓝灯不得同时应用于"混切"模式中。

7. 随机文件：

（1）使用说明书

要说明可适用的电缆、附件、手术电极和中性电极，以防止不适当和不安全地使用。

对于附属设备和手术附件包括单独提供的它们的零部件，要给出额定的附件电压。对于高频手术设备，每一种高频手术模式的最大输出电压和关于额定附件电压的说明如下：

① 在最大输出电压（$U_{max}$）≤1 600 V 情况下，应给出说明，附属设备和手术附件宜选用的额定附件电压≥最大输出电压。

② 在最大输出电压（$U_{max}$）＞1 600 V 情况下，用公式计算变量 $Y = \dfrac{U_{max} - 400}{600}$，取变量 $Y$ 或 6 中较小者。如果计算结果 $Y$≤该高频手术模式的峰值系数，应给出说明，附属设备和手术附件宜选用的额定附件电压≥最大输出电压。

③ 在最大输出电压（$U_{max}$）＞1 600 V 情况下，且峰值系数＜上面计算的变量 $Y$，要给予警告：在这种模式或设定下使用的任何附属设备和手术附件，其额定容量必须能够耐受实际电压和峰值系数的组合应力。如果最大输出电压随输出设定而变，则应以图形给出作为输出设定函数的电压值资料。

打算施加患者电流的高频手术设备和高频附件，如预计电流超过 500 mA、持续时间超过 2 min，持续率＞50%，则应附上一些关于正确使用中性电极的说明、警告和提醒。

（2）技术说明书

给出单极输出、双极输出下的功率输出数据和电压输出数据，即输出控制器位于全设定和半设定时在负载电阻为 $50\sim2\,000\,\Omega$ 范围内的功率输出曲线图，包括切割、凝血和混用（如适用）。其中，所有可调"混用"控制器，都设定在最大位置。

### 10.3.3 对防护电击危险的试验

在电源接通而没有高频输出的情况下，高频电刀可能存在低频漏电流。一般来说，对患者的低频漏电流必须小于 $10\,\mu A$。除了低频漏电流，高频电刀在正常工作时还可能产生高频漏电流。高频漏电流是电刀两输出电极对地的辐射电流，它对手术毫无作用而可造成病员的灼伤和环境污染。高频漏电流必须低于 $150\,mA$。

由于高频电刀是利用高频电流对患者实施手术的，因此除了存在一般医用电气设备的漏电流外，主要考虑的是高频漏电流。《通用要求》中的漏电流要求是对电击危险提供防护，在《专用要求》内还给出高频漏电流的一些要求是为了避免不希望的灼伤危险。高频漏电流是非功能电流，即在手术电极和中性电极之间或在双极电极之间的预期电流回路中流动的电流是功能电流，在其他回路中流动的高频电流就属于高频漏电流。

早期的高频电刀中性电极利用一些元件（如电容）使其在高频时以地为基准。高频电流通过地形成回路，当高频电刀用于电外科手术时，如果患者身体有其他的接地点，从而产生分流，形成高频漏电流，并容易引起灼伤。现代的高频电刀中性电极在高频时与地形成隔离，以提高安全性。对于隔离的应用部分，设备产生的高频电流是以高频电刀为参考的，理论上高频电流会忽略中性电极以外可能和患者接触的任何接地物体，仅在预期回路流动，但由于设备在高频时一些分布参数的影响，高频电流仍然会在地之间形成回路，从而产生分流，形成高频漏电流。

标准提供了两种漏电流测试方法，它们的区别仅仅是测试点不同而已。第一种方法测试时带手术电极等应用部分，测得高频漏电流不得超出 $150\,mA$。第二种方法直接从高频设备输出端口采用最短连接线直接连接测试设备，测试引线尽可能短，测得高频漏电流应不大于 $100\,mA$。

**一、高频漏电流**

高频漏电流测试方法主要是模拟实际使用中的可能状况及最不利状况。在测试高频漏电流时，针对中性电极在高频时是否以地为基准予以分别考虑。在高频漏电流所有试验中，设备电源线折成捆的长度不超过 $40\,cm$。应用部分必须符合下列有关的要求。

图 10-7—图 10-10 和图 10-12、图 10-13 符号说明如下：

①供电电网；②用绝缘材料制的桌子；③高频手术设备；④手术电极；⑤中性电极，金属的或与同样大小的金属箔相接触；⑥ $200\,\Omega$ 负载电阻；⑦ $200\,\Omega$ 测量电阻；⑧高频电流计；⑨与地连接的平面板；⑩双极电极；⑪高频功率测试仪所要求的负载阻抗。

**1. 中性电极在高频时以地为基准**

应用部分对地隔离，但中性电极在高频时通过符合 BF 型设备要求的元件（如电容器）以地为基准。按下述要求试验时，自中性电极流经 $200\,\Omega$ 无感电阻到地的高频漏电流不得超过 $150\,mA$。测试时分两种情况：

（1）测试方法 1

中性电极在高频时，以地为基准的设备由于与地之间可形成回路，在手术中手术电极与组织接触时产生的高频漏电流最大。为模拟这种情况，手术电极及中性电极均和人体接触且加载，且存在其他非预期与地形成回路的情况。从中性电极回流的高频电流为功能电流，从 200 Ω 无感电阻回流的即为高频漏电流。

设备的每一输出都进行试验。试验时，设备按图 10-7 所示来轮流布置电极电缆和电极。电极电缆之间间隔 0.5 m，放在离地面或任何导体平面 1 m 的绝缘表面上，输出端加 200 Ω 的无感负载电阻，设备在每一工作模式的最大输出设定时运转。测出自中性电极流经 200 Ω 无感电阻到地的高频漏电流。

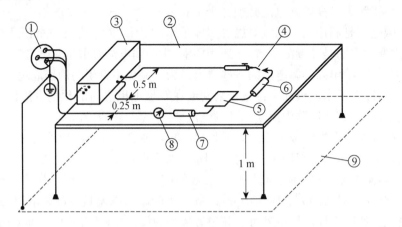

图 10-7　在电极之间加载，测量以地为基准的高频漏电流

（2）测试方法 2

模拟手术电极与地加载时的情况，这时高频电流直接在手术电极与地之间形成回路。而此时高频漏电流测量电路及中性电极电路就并联在高频接地回路上，在此回路中流动的电流即为高频漏电流。如测试方法 1 那样放置设备，但 200 Ω 无感电阻连接在手术电极与设备的保护接地端子之间，如图 10-8 所示，测量来自中性电极的高频漏电流。

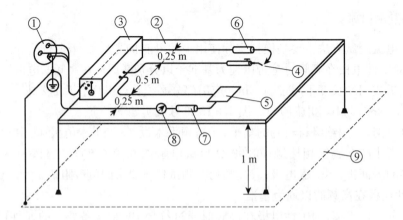

图 10-8　在手术电极与地之间加载，测量以地为基准的高频漏电流

试验时,实验的布置要按照标准的要求布置,中性电极的连接电缆不能盘绕,由于盘绕后的电缆感抗增大,进行试验 1 时会造成测量的结果偏大,而进行试验 2 时又会造成测量结果偏小。测量时,接地一定要按照试验要求进行,若为了方便直接在测量位置与地相连,会改变高频时的分布参数,造成测量结果与实际值的偏差。

**2. 中性电极在高频时与地隔离**

中性电极在高频时与地隔离的设备,在开路激励时产生的高频漏电流最大。为模拟这种状况及其他可能情况,试验要求在手术电极激励时从手术电极和中性电极与地之间分别测量高频漏电流,这两种情况都是极端的最不利情况。在手术电极与地之间测量高频漏电流时,高频电流由手术电极通过地及高频隔离形成回路。在中性电极与地之间测高频漏电流时,高频电流由手术电极,通过空间分布参数耦合到地,在通过高频漏电流测量电路及中性电极连线形成回路。应用部分在高频和低频是都与地隔离,而且必须隔离到按下面要求进行试验时,从每个电极流经 200 Ω 无感电阻到地的高频漏电流不超过 150 mA。

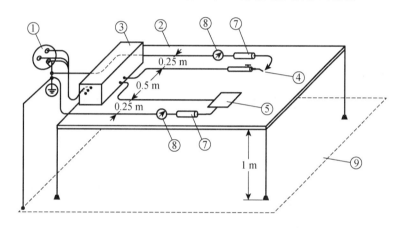

图 10-9　测量在高频时设备与地隔离的高频漏电流

测试时,如上述试验 1 那样放置设备,输出端不加载或加额定负载。Ⅱ类设备和带内部电源设备的所有金属外壳必须接地。有绝缘外壳的设备必须放在面积至少等于设备底面积接地的金属板上,如图 10-9 所示。设备以每一种工作模式的最大输出设定运转,依次从每一个电极中测出高频漏电流。

**3. 双极电极的应用**

任何为双极使用而特别设计的应用部分,在高频和低频时,都必须与地及与其他应用部分隔离。在测试中,所有输出控制器设置在最大位置,高频电流由电极经地及设备的高频隔离形成回路。通过双极输出的每一个电极流经 200 Ω 无感电阻到地的高频漏电流,在该电阻上产生的功率不得超过最大双极额定输出功率的 1%。

测试中,Ⅱ类设备和带内部电源设备的所有金属外壳必须接地。具有绝缘外壳设备必须放在面积至少等于设备面积接的金属板上。设备按图 10-10 放置,仅用双极电极的一个电极或按制造商要求。输出端先不加载然后再加额定负载重复试验。测得的电流平方乘上 200 Ω 应不超出上面的要求。最后再对双极输出的另一电极端重复以上试验。

以上 1、2 和 3 的要求适用 BF 型和 CF 型设备,高频外壳漏电流要求正在考虑中。

第二种测试方法是直接从设备输出端测量高频漏电流。测试方法同上,只是不用电极电缆或使用尽可能短的电缆连接负载电阻、测量电阻和电流,测量装置接至设备输出端。在此情况下,由于连线的影响未被包括,故检测出的高频漏电流限定值为 100 mA。

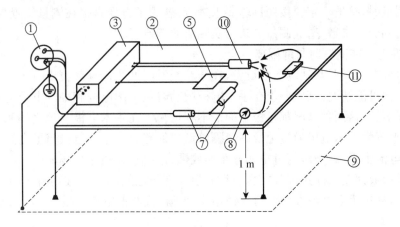

图 10-10　测量双极电极的高频漏电流

### 二、高频附件的电介质强度

高频电刀的电介质强度测试,除必须符合《通用要求》外,主要是考虑其附件的电介质强度。

#### 1. 应用部分

对于高频手术设备和附属设备,B-d 和 B-e 的隔离不需试验。在应用部分与包括信号输入和输出部分在内的外壳之间,以及不同患者电路之间,其爬电距离和电气间隙应至少为 3 mm/kV 或 4 mm,取其较大值。基准电压应是最大峰值电压。

当检查 B-e 的绝缘时,可在一个大于 960 hPa 的标准大气压力下进行试验,这可以使大气绝缘性能固定。对于应用部分的试验电压,基准电压(U)应通过测量峰值高频电压来确定,计算出具有相同峰值电压的网电源频率下的正弦波有效值,用这个计算值作为《通用要求》表 5 中的基准电压(U)。但是,基准电压(U)最小应为 250 V。

在试验 B-a 项时,如果上述电气间隙上经大气产生击穿或闪弧,可插入一绝缘层来防止这种击穿,因此经保护的绝缘就能试验了。如在上述爬电距离上出现击穿或闪弧,那么应对为 B-a 提供绝缘的那些元件如变压器、继电器、光耦合器或印板上的爬电距离等进行试验。

#### 2. 手术附件

手术附件及手术附件的电缆应有足够的绝缘,以减轻正常使用时对患者和操作者非预期热灼伤风险。

除手术手柄和手术连接器之外的所有手术附件绝缘部分,应浸入 0.9% 盐水中至少 12 h 但不超过 24 h 进行预处理。在试验制备中剥露的工作导体以及手术附件的电缆端部 100 mm 范围内的绝缘应防止接触盐水,一旦完成这个预处理程序,应用抖、甩的方法或用干纱布揩擦,将表面和孔腔中过多的盐水去除。在盐水预处理后立即按顺序进行高频泄漏、高频介电强度和工频介电强度试验。

（1）高频泄露电流

单极使用的手术附件电缆绝缘应能使绝缘外表面上流通的高频漏电流 $I_{单漏}$ 限定:

$$I_{单漏} = 9.0 \times 10^{-7} \times d \times L \times f_{试} \times U_p (\text{mA}) \qquad (10-1)$$

双极电极电缆的高频漏电流 $I_{双漏}$ 限制为：

$$f_{双漏} = 1.8 \times 10^{-6} \times d \times L \times f_{试} \times U_p (\text{mA}) \qquad (10-2)$$

式中　$d$ 为绝缘的最小外经，mm；$f_{试}$ 为高频试验电压频率，kHz；$L$ 为流通高频漏电流的样品绝缘长度，mm；$U_p$ 为峰值高频试验电压，V。

除了离两端剥露导体各 10 mm 绝缘之外，试样绝缘的全部长度（不超过 300 mm）应浸入 0.9％盐溶液中或者包扎于浸过盐溶液的透水布中，所有工作内导体一起连接于一个高频电压源的一个极上，该电压源具有频率为 300 kHz 到 1 000 kHz 的近似正弦波形。高频电压源的另一极接到一个导电电极上，该电极浸于盐溶液中或者接到包扎于浸过盐溶液的透水布中段的金属箔上，用合适仪表串接在高频电压源输出中，监测高频漏电流 $k$。在高频电压源两输出极上监测高频试验电压 $U_p$。

提升高频试验电压 $U_p$ 直到峰值电压等于额定附件电压和 400 V 两个值中的较小值，测得的高频漏电流 $I_{漏}$ 不应超过规定限值。

（2）高频电解质强度

手术附件所用绝缘应能承受 1.2 倍额定附件电压的高频电压。

应在与额定附件电压相关联的一个电压下进行试验，该试验电压如以下试验方法中所详述。对于手术附件和手术电极电缆，经盐水预处理过的绝缘部分，在不损坏试样外表情况下，用一段直径为 0.4 mm（±10％）裸导线以节距至少为 3 mm，在电缆绝缘上绕最多 5 圈。如有必要防止意外弧光放电，该裸导线与手术电极工作导体部分之间的爬电距离可用绝缘来增加到 10 mm。附加绝缘的厚度不应超过 1 mm，并且覆盖到手术电极绝缘上的附加绝缘不应超过 2 mm。高频试验电压源的一个极应连接到试验用裸导线上，另一个极应连接到被试样品的所有工作导体上。

手术电极手柄连同任何可拆卸电缆和可拆卸手术电极，按规定组合在一起，用在 0.9％盐溶液中浸泡过的透水布包起来，整个手柄外表面应包复，包布应延伸到电缆表面至少150 mm，延伸到手术电极绝缘至少 5 mm。如果必要，包布和裸露的工作导体部分之间的爬电距离可如前面一样被绝缘起来。浸盐水布上包复金属箔并连接到高频试验电压源的一个电极上，所有被试样品的工作导体包括手术电极工作（刀）头应同时连接到另一个极上。

测试布置一切都完成后，将高频电压源调制输出一个（400±100）kHz 的调制波形，或者是模拟正弦波，模拟正弦波在实际操作中有时候比较难达到一个高电压，峰值达到手术附件制造商规定的额定电压的 1.2 倍，时间为 30 s。绝缘部分不应被击穿，测试过程中出现电弧、高频时一般在裸导线与绝缘之间会明显出现蜂鸣声和蓝色的电晕，这不属于击穿。

（3）工频电介质强度

用于手术附件的绝缘，包括高频试验过的绝缘部分，应能承受比高频手术附件制造商规定的额定附件电压高 1 000 V 的直流或工频峰值电压。

试验电压源应能产生一个直流或工频信号，对于手术手柄和手术连接器，试验持续时间应为 30 s；对于手术附件电缆，试验持续时间应为 5 min。虽然可能出现电晕放电，但不应出现绝缘击穿或闪弧。该电介质强度试验后立即操作所装指揿开关 10 次,用欧姆表检查开关结构应能如预期的那样动作,以保证当其连接到高频手术设备上去的时候,指揿开关的释放可使输出失励。

手术连接器上的离裸露的工作导体 10 mm 以上爬电距离的绝缘部分,包上浸过 0.9% 盐水的透水布,再在布的中间缠上金属箔,试验电压就加在该金属箔和手术连接器所有工作接头上。

手术附件电缆绝缘的整个长度,包括前面已经过高频试验的那部分(但不包括端部 100 mm),应浸入 0.9% 盐浴中,在一个浸于盐浴的导电体与被试电缆所有导线之间施加试验电压。

接好可拆卸电极的手术手柄,用高频电解质强度所述同样方法进行试验准备和连接到试验电压源上。试验所用的透水布和金属箔可保留在原位来进行了本试验,不过要注意:保留的透水布应仍然是足够潮湿的。

### 三、中性电极及其监测电路

除了只打算与一个双极电极连接的任何患者电路之外,额定输出功率超过 50 W 的高频手术设备应当配备一个中性电极、一个中性电极连续性监测器和/或一个接触质量监测器,使得当中性电极回路或它的连接器发生故障时能使输出停激并发出可闻报警。

#### 1. 中性电极连续性监测和接触质量监测试验

监测电路应由一个与网电源部分和地相隔离的且电压不超过 12 V 的电源供电,提供一个由红色指示灯构成的附加可见报警。

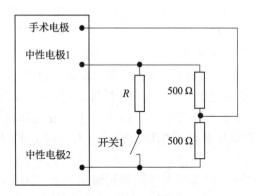

图 10-11　中性电极连续性监测和接触质量监测试验的电路

图 10-11 为中性电极连续性监测和接触质量监测试验的电路。其中 R 为极板电阻,对单片极板,R 取 0 Ω;对于分裂极板,R 由制造商这样来规定:它刚好使设备在开关闭合时保持启动。分裂成两部分以上的中性电极也要进行相应试验。

将高频手术设备接入图 10-11 所示电路,在各种工作模式最大输出控制设定下运行,来检验中性电极连续性监测器是否符合要求。图中开关闭合和打开各 5 次,开关每次打开时,高频输出应被禁止且发出报警声响。

接触质量监测器符合性试验:接通高频手术设备的网电源,并设置其控制器于单极工作模式,但不启动。然后将一个合适的可监测中性电极连接到接触质量监测器的中性电极连接器上。再按使用说明书所述方法放置中性电极,使之完全同人体目标或合适代用品表面接触,接触质量监测器如说明书规定进行设置,然后启动高频手术设备的一个单极高频手术模式,此时应无报警声,且有高频输出;让高频手术设备起动着,逐渐减少中性电极和人体目标或合适代用品表面之间的接触面积直到出现报警。记下剩余的接触面积(报警面积)$A_a$,以便接下来按本小节第 4 条进行温升试验,并且当尝试启动时应无高频输出产生。

用至少三只合适的可监测中性电极样品在两个轴向上重复这个试验。

**2. 中性电极与电缆间的电气连续性试验**

中性电极应与其电缆牢固连接,除了可监测中性电极以外,用于电极电缆及其连接器的电气连续性监测的电流应流过电极的截面。

使用至少 1 A,但不大于 5 A 且开路电压不大于 6 V 的直流或工频电流来进行电气连续性试验,电气连续性电阻应≤1 Ω。

**3. 绝缘与隔离要求**

(1)电缆连接器的隔离

用于中性电极电缆与可拆卸中性电极连接的电气接头应设计成:在与中性电极意外分离事件中,接头的导电部分应不能接触到患者人体。让中性电极电缆拆离中性电极,用标准试验指检查电缆连接器的导电部分不能被触及。

(2)中性电极电缆的绝缘

中性电极板也有电缆线,因此电缆线也要满足高频漏电流和电介质强度测试。中性电极电缆的绝缘应足以防止对患者和操作者产生灼伤危险。需要注意的是,高频漏电流的限值按照双极电缆线的限值去计算,以 400 V 峰值电压进行高频漏电流试验;高频耐压用500 V电压测试;工频耐压用 2 100 V 峰值电压测试。

**4. 热灼伤防护试验**

(1)温升测试

对于患者皮肤接触部位不能出现过热,以免灼伤患者皮肤。试验电流 $I_{试}$ 的测试限值,如表 10-1 所示。有的中性电极是标有患者重量的标记,如未标记就按最严酷的限值测试。在中性电极中施加规定的电流 $I_{试}$ 60 s 后立刻进行测量,与患者的任何 $1\ cm^2$ 面积或 $1\ cm$ 范围内,最大温升不应超过 6 ℃。

施加在中性电极上的试验电流 $I_{试}$ 应是近似的高频正弦波,并且必须在试验 5 s 内施加电流,电流在 $100\%\sim110\%$ 的 $I_{试}$ 范围内。测试时需要至少 4 个完全一样的样品对人体对象重复试验,若用替代品或试验装置测试,应为至少 10 个中心电极样品。

用代用品或试验装置时,中性电极和试验表面的初始温度应为$(23\pm2)$ ℃,试验表面的基准温度应在中性电极加到试验表面上之前即时记录。除了接触面积为 $A_a$ 之外,应根据提供的便用说明书将中性电极加到试验表面上。在施加试验电流之前中性电极应在一个稳定温度环境下静置于试验表面 30 min。如果使用电热等效代用品或试验装置,一旦达到热平衡就可开始试验。试验表面的第二次温度检查,应在试验电流终止后 15 s 之内完成。

**表 10-1　按体重范围使用的试验电流**

| 患者体重范围 | I/mA |
|---|---|
| <5 kg | 350 |
| 5 kg～15 kg | 500 |
| >15 kg 或未标记 | 700 |

（2）电气接触阻抗

为防止流通高频手术电流时产生欧姆热引起灼伤患者的风险，对于中性电极使用表面和电缆连接器之间的阻抗要足够小，在 200 kHz～5 MHz 的频率范围内，阻抗应该不超过 50 Ω，电容性中性电极电容不应低于 4 nF。至少 10 个样品进行测试。

将中性电极的贴面全部贴在 20 cm×30 cm 的金属平板上，用一个真有效值响应的交流电压表（输入阻抗>2 kΩ，精度>5%）接在金属平板和中性电极电缆导体之间。在金属平板和中性电极电缆导体之间通入试验频率在 200～5 000 kHz 范围内 200 mA 的模拟正弦波试验电流 $I_{试}$，通过一个真有效值响应的交流电流表监视。

测试记录为 200 kHz，500 kHz，1 000 kHz，2 000 kHz 和 5 000 kHz 时的电压和电流，通过下式计算得到接触阻抗 $Z_c$ 和接触电容 $C_c$。

$$Z_c = \frac{U_{试}}{I_{试}} \tag{10-3}$$

$$C_c[nF] = \frac{I_{试} \times 10^6}{2\pi \times f_{试} \times U_{试}} \tag{10-4}$$

其中，$I_{试}$ 为有效值高频试验电流（A）；$U_{试}$ 为有效值高频试验电压（V）；$f_{试}$ 为高频试验电压频率（kHz）。

### 10.3.4　工作数据的准确性和危险输出的防止

**一、工作数据的准确性**

高频电刀输出数据必须准确可靠。试验时，测出高频电刀的输出与其特性曲线比较，看其是否合乎要求。由于电刀一路输出开关的通或断，在输出功率中的显著变化，会对另一输出电路构成危险，因此对于具有独立控制输出和独立开关输出可同时触发的设备，在任意组合的工作模式下，这些输出必须在规定输出功率的±20%精度内。用功能试验、功率测试和"技术说明书"要求曲线相比较来验证是否符合要求。实际使用中，主要的负载阻抗范围内，输出设定的降低决不允许使输出功率增加。

**1. 功率强度特性曲线**

检测在切割、凝血、混用模式下，负载电阻为 10～2 000 Ω 范围内的规定负载电阻值与输出控制器件设定位置的关系曲线，测试分单极电极和双极电极两种情况。

（1）单极电极设备

对于单极电极设备，必须有一装置（输出控制器），使输出功率减小到不大于额定输出功率的 5% 或 10 W，取其较小者。无感负载电阻在 100～2 000 Ω 时，输出功率必须随输出控制设定的增大而增加。如图 10-12 所示,在负载电阻包括 100 Ω,200 Ω,500 Ω,1 000 Ω,2 000 Ω和额定负载等至少为 5 个特定负载电阻值上,测量作为输出控制设定函数的输出功率。应使用与高频手术设备一起提供的手术附件和中性电极,或者使用 3 m 长绝缘导线来连接负载电阻。

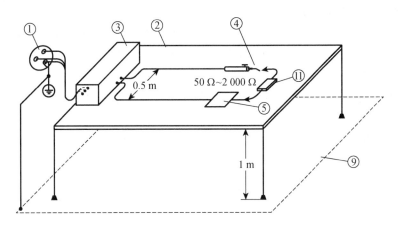

图 10-12    测量单极输出的额定输出功率

（2）双极电极设备

对于双极电极设备,必须装有一装置(输出控制器),使输出功率减小到不大于额定输出功率的 5% 或 10 W,取其较小者。负载电阻在 10～1 000 Ω 时,输出功率必须随输出控制设定的增大而增加。如图 10-13 所示,在负载电阻为 10～1 000 Ω 的五个值(如 10 Ω、50 Ω、200 Ω、500 Ω 和 1 000 Ω)测量输出功率为输出控制设定的函数。试验时,应使用与高频手术设备一起提供的双极电极电缆,或者使用额定电压≥600 V 的 3 m 长双导体绝缘电缆来连接负载电阻。如果需要,指揿开关的操作可用不长于 100 mm 的绝缘跨接线来进行模拟启动。

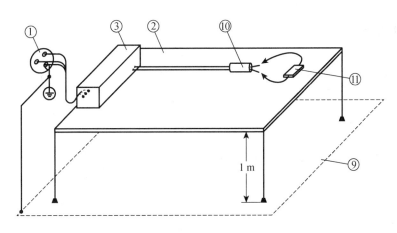

图 10-13    测量双极输出的额定输出功率

## 2. 控制器件和仪表的准确度

在输出功率超过额定输出功率 10% 的情况下,以负载电阻和输出控制设定值为函数的实际功率与技术说明书规定的曲线示值间的偏差不得大于±20%。试验方法与功率强度特性曲线测试方法相同。

## 二、对危险输出的防止

### 1. 有关安全参数的指示

任何高频手术模式,包括各个独立输出(如可用)被同时启动时,每一个输出端接入额定负载的总输出功率,在任何一秒时间内平均,不应超过 400 W。

### 2. 不正确的输出

额定输出功率大于 50 W 的高频手术设备和所有双极高频手术发生器都应配备一个报警和/或连锁系统,来指示和/或防止输出功率相对于输出设定的明显增加。

在单一故障状态下,最大允许的输出功率应对每一个患者电路和工作模式分别计算。单一故障状态下允许的最大输出功率规定如表 10-2 所示:

表 10-2　单一故障状态下最大输出功率

| 设定(额定输出功率的百分比范围 $P$) | 单一故障状态下允许的最大输出功率<br>(不得大于 400 W) |
| --- | --- |
| $P<10\%$ | 额定输出功率的 20% |
| $10\%\leqslant P\leqslant 25\%$ | 设定值×2 |
| $25\%<P\leqslant 80\%$ | 设定值＋额定输出功率的 25% |
| $80\%<P\leqslant 100\%$ | 设定值＋额定输出功率的 30% |

### 3. 电源中断

测量 1s 内的平均功率,当高频手术设备电源关断再接通,或者网电源中断再恢复时,输出控制器一个给定设定下的输出功率不应增加 20% 以上,除了不产生功率输出的待机状态之外,原来选择的高频手术模式不应改变。

### 4. 多路输出启动

对于可同时启动多于一个以上患者电路的高频手术设备,当这些患者电路在任何可用的高频手术模式组合下同时启动时,其释放的输出功率不应超过"控制器件和仪表的准确度"规定的偏差 20%。

### 5. 神经肌肉刺激

由于为使神经肌肉刺激尽可能小,手术电极输出电路或双极电极一端的输出电路必须有效地串入一个电容。这电容在单极设备中不超过 5 000 pF,在双极设备中不超过 50 μF。手术电极和中性电极端或双极两端之间的输出电路之间的直流电阻必须不小于 2 MΩ,并必须通过电路布局的检查和输出端子之间的直流电阻的测量来验证是否符合要求。

### 6. 人为差错

为了避免人为差错,高频电刀在设计和使用还得注意以下问题:

(1)用双脚踏开关来选择切割和凝血输出模式时,从操作者方向看去,"切割"踏板必须在左边,"凝血"踏板必须在右边。

(2)当手术电极手柄上装有两个指撇开关时,靠近电极的应为激励切割用,远离电极的应为激励凝血用。

（3）不得同时激励一个以上手术电极。除非该手术电极有单独控制设定和开关。为此，双极电极被视为一个手术电极。

（4）手术电极和中性电极的连接器不能互换。

（5）一个输出开关就能激励一种以上的功能，必须提供一个指示器，在输出激励前，显示所选择的功能。

# 10.4　高频手术设备的审评

高频手术设备是指"包括相关附件在内的医用电气设备，预期利用高频电流进行外科手术，如对生物组织切（割）或凝（固）"，属于《医疗器械分类目录》中医用高频仪器设备，在技术审评时，注意以下关注点：

## 一、注册单元划分与检验产品的典型性

同一注册单元内可同时包含高频手术发生器、脚踏开关、手术附件、中性电极、附属设备等，即以整体高频手术系统的形式体现，也可仅包含高频手术设备或高频发生器。

同一注册单元内可包含多个型号的高频手术设备，其中应有一个结构最复杂、输出模式最多且额定输出功率最大、功能最全面的型号（或者两个或几个型号设备组合作为最全面型号）。每种型号的高频手术设备应当具有相同的电气结构和安全特征，只是依据输出模式和功能的不同在最全面型号的基础上进行删减。

不同型号的高频手术设备可以具有不同的输出模式，且针对同一输出模式可以具有不同的额定功率，但不应具有不同的输出频率。适用范围不同的高频手术设备不能划分为同一注册单元。

高频手术设备所涉及的注册检验主要包括输出特性、电气安全、电磁兼容等方面，因此进行注册检验时至少应选取本注册单元中结构最复杂、功能最全面、输出模式最多且额定输出功率最大的型号（或几个型号的组合）进行，同时考虑结构、功能、模式的删减对于电磁兼容性能的影响，来确定是否需增加相应的其他型号一并作为典型型号。对于缺少必要的理论和/或试验数据作为依据的情况，电磁兼容检验应当涵盖申报单元中的全部型号。

## 二、注册申报资料要求

### 1. 综述资料

1）产品名称

高频手术设备的产品名称应为通用名称，建议使用"高频手术设备"作为产品名称。对于具有特殊功能的，可适当增加前缀修饰词，但不应使用未体现任何技术特点、存在歧义或误导性、商业性的描述内容。

2）产品描述

（1）产品结构及组成

应当明确申报产品的组成部分，包括高频发生器、脚踏开关、附属设备及全部高频附件。

高频发生器应明确其主要关键部件,通常包括:电源、频率发生器、功率放大装置、控制模块等(如采用集成器件,应说明该器件所集合的关键部件组成部分)。产品组成中的所有部分均应列明各自的型号及规格,发生器的关键部件应注明型号规格或主要参数。

（2）设备描述

应当描述设备的基本特征,如输出参数、模式、使用方式和临床用途等方面,针对设备自身特点给出详细的描述。应描述设备所具有全部输出模式和功能,说明每种输出模式的工作方式是单极还是双极,单极模式还应说明是否需配合中性电极使用。除基本的高频输出外,其他设备功能应分别说明其用途、原理和实现方式。

应当描述设备各主要组成模块及其结构分布,应给出各主要模块的结构、原理和工作方式,说明其所使用的关键元器件和核心工艺,给出设备整体的硬件结构图和元件图。应当给出设备的整体及前、后面板的图示及详细说明,明确体现面板上各按键、显示、插口及标识符号的位置和名称,同时提供上述各项内容的说明列表。

（3）系统描述

对于申报产品组成为整体高频手术系统的,还应当给出系统内高频附件的基本描述及图示,如构成医用电气系统的还应给出系统构成和连接方式。对于仅申报手术设备的,考虑到高频手术设备的通用性基本原则,无需明确产品配合使用附件的情况。

高频附件及附属设备应依据其自身特点给出产品相应的描述。氩气控制装置应说明其预期的工作形式和控制方式,是否作为高频能量的输出通路,以及如何与高频手术设备进行同步。脚踏开关应说明其工作原理(电动、气动)、结构功能(单踏板、双踏板、多踏板及其用途)和防进液特征。手术附件和中性电极应依据自身材质和结构特征给出相应描述,并附图示及说明。

3）规格型号

对于注册单元内存在多种型号设备的申报项目,应描述不同型号设备在输出模式、输出功率和功能上的差异,提供相应的对比表和说明。对于注册单元内仅有一种型号设备的,仅需提供输出参数表中的内容。对于注册单元内同时包含高频附件及附属设备的产品,应同时提供型号列表,描述中应详细列明每个高频附件及附属设备的参数和基本特点。

4）适用范围

高频手术设备通常预期应用于医疗机构的手术室环境中,某些特殊设备如牙科电刀等可用于普通诊所,申请人应按照产品实际情况来描述其临床使用环境。

具体到高频手术设备的每一种不同的输出模式,其临床应用情况可能有所差异,基于模式独立原则,申请人应当给出所有模式可能的临床应用情况说明,并说明该模式的特点及其更适合用于此种临床应用的原因。

高频手术设备临床应用广泛,较为成熟,实际临床使用环境相对固定,且临床医生会根据手术需要选择相应的模式及参数,因此产品的适用范围中可不必对预期使用环境及适用人群等给出明确的规定,也不必对不同模式分别给出更细化的临床适用范围。建议高频手术设备的适用范围描述为"在临床手术中对人体软组织进行切割凝固"。

对于特殊使用方式的设备,可依据实际情况对其适用范围加以限定或修改。如专用于某些科室或病症的设备可增加相应内容,等离子手术设备应增加"在生理盐水或……环境下使用"的描述,大血管闭合设备还应明确其能够闭合血管的最大直径。

对于进口高频手术设备,其适用范围描述不应超出原产国上市时所批准的范围,但可依据上述内容对其进行适当的调整。

高频手术设备属于手术类产品,其禁忌情况与所实施的电外科手术术式有关,设备自身并没有绝对的禁忌症。对于装有植入式心脏起搏器或其他金属植入物的患者应慎重,避免高频电流通路流经植入物附近。

5)参考产品

如有申报产品的同类产品和/或前代产品,申请人应说明相关的背景情况,提供同类产品和/或前代产品的上市情况。

对于高频手术设备而言,新的产品通常都是在前代产品的基础上改进而来,因此其部分输出模式和功能可能在已有产品中体现,或与已有产品的模式和功能非常类似。基于高频手术设备的模式独立原则,对于存在这种情况的设备,如其前代产品已在中国批准上市,则对于相同或相似的模式及功能,其所需提交的研究与评价资料较全新的模式及功能有所区别。因此,申请人应当详细说明申报产品与前代产品的异同点,具体到每一种模式的参数和每一种功能,如有必要应随附相关的技术资料和证明资料。

**2. 研究资料**

1)产品性能研究

应提供产品每种输出模式的输出波形图及输出曲线图。

输出波形图应为该模式在其额定工作负载下所显示的图形,并能够识别该模式的频率、幅值、占空比和峰值系数等数据。上述图形均应当在设备的典型输出水平下,通过示波器或其他仪器在输出端口直接测得。对于非周期性输出模式,还应提供其输出波形随时间增加而变化的趋势图。

输出曲线图应包含能够反映该模式下整个预期负载范围内输出功率(全功率及半功率)、输出电压随负载变化的图形、以及整个功率设定范围内输出功率随设定值变化的图形,同时提供图中各主要标记点所对应的数据。上述图形均应当在利用功率计或其他仪器通过实际测试所获得试验数据的基础上绘制,而非仅依据理论计算。

2)组织热损伤研究

对于每一种输出模式,应提供其在离体组织上进行的热损伤试验,以体现其临床作用效果。试验时应选择组织特征与人体相近的动物的新鲜软组织来进行,以模拟与实际临床手术时相似的效果。

热损伤试验应针对各输出模式的临床应用情况,选取相应种类的软组织(如:肌肉、脂肪、肝脏等),分别在该模式的最大和最典型输出设定水平下进行。试验应当记录每种情况下对软组织所造成热损伤的程度,包括损伤区域的尺寸、深度,分析并建立组织损伤程度与输出能量及作用时间的量效关系。应提供相应的实验数据列表,同时提供相应的照片记录。如必要,可提供试验组织的切片及病理分析记录。

不同输出模式在进行试验时应选择与该输出模式所匹配的一种或几种最典型手术附件,并记录每种附件的规格型号及特征参数。手术附件的选择应与该输出模式所针对的临床应用情况相对应。考虑到正常临床使用中每种输出模式可配合的手术附件相对较为固定,因此热损伤试验无需针对全部可配合手术附件进行。

3)软件研究

除某些特殊情况外,高频手术设备通常都含有嵌入式的软件组件。对于设备的软件,应按照《医疗器械软件注册技术审查指导原则》的要求,提供一份产品软件的描述文档。

高频手术设备作为对人体直接进行热损伤的治疗类设备,其软件通常用于控制设备的高频能量输出,若失效可能会对患者造成较严重的伤害,因此其安全性级别通常应判定为 B级或以上。

高频手术设备的软件作为嵌入式的软件组件,不具备独立实现软件功能的条件,其功能和风险都是包含在设备整体中,因此对于需求规格、风险管理及验证确认等部分,可单独提供针对软件组件的相关技术资料,也可提供整机的相关技术资料。

高频手术设备的软件通常用于控制高频能量输出,属于控制类软件,因此除某些涉及实时反馈的特殊模式外,软件通常不涉及与临床应用相关的算法,因此无需提供算法相关内容。

需要注意的是,除个别特殊情况外(如独立的显示模块软件),设备的软件更新通常都涉及到输出模式或输出参数的变化,这些变化都会影响到设备实际使用的安全有效性,因此对于高频手术设备软件而言,通常不存在轻微软件更新的情形,软件更新通常都涉及发布版本的改变,需申请注册变更。

**3. 产品技术要求**

1) 术语定义

医疗器械产品技术要求中应采用规范、通用的术语,应当符合工程技术、临床医学等方面的专业标准及规范。对于高频手术设备而言,相关术语主要沿用 GB 9706.1—2007《医用电气设备 第 1 部分:安全通用要求》及 GB 9706.4—2009《医用电气设备 第 2-2 部分:高频手术设备安全专用要求》中的术语及定义,对于标准中已经列明的术语原则上不应修改或另行制定,对于标准中未列明的术语应当在产品技术要求第 4 部分列明并释义。

高频手术设备一些常见的术语包括:纯切、混切、喷凝、强凝、宏双极等,多为一些具有特定效果的输出模式名称。

2) 产品型号/规格及其划分说明

应当列明申报产品的规格型号以及其命名规则和划分说明,应参照综述资料中规格型号部分的要求。对于含有软件组件的高频手术设备,应当列明软件组件的名称、版本号命名规则以及发布版本号。

3) 性能指标及检验方法

产品性能指标及检验方法是产品注册检验的依据,应能够全面反映产品的客观情况。对于高频手术设备,产品性能指标通常包括高频输出参数、设备功能、电气安全以及相关附件的性能,不包括外观、可用性等主观评价因素,也不包括设计、工艺等过程控制因素。

(1) 高频输出参数

应当明确每一种输出模式的工作频率、调制频率、额定功率、额定负载、最大输出电压以及峰值系数,上述参数均应给出标称值及允差范围。

① 工作频率。工作频率也称为基础频率,是高频手术设备的基本输出频率。对于固定工作频率的设备而言,其额定频率应为确定的标称数值,允差范围不应大于±10%。对于可变工作频率的设备而言,其额定频率应在某一固定范围之内,允差范围应不超出标称范围下限的−10%和上限的10%。

② 调制频率。调制频率是某些输出模式特有的参数,如该模式是在基础频率输出情况下进行调制得到的输出,则申请人应当明确其调制频率。调制频率可以是固定值,也可以是范围,其数值及允差范围要求与基础频率的要求一致。以基础频率连续输出的模式(如纯切等)并不具有调制频率,因此该参数不是必须的。

③ 额定功率及额定负载。在额定负载下,每个输出模式的额定功率不应超过其标称值的±20%。若申请人所宣称的额定负载为一段范围,则该范围内容对于额定功率的要求均适用,试验时应注意覆盖全部额定负载范围。对于非周期性输出模式或其他无法通过功率计进行测量的模式,申请人应自行制定合理的试验方法对其所宣称的功率数值进行验证,但其任意一秒内的平均功率不应超过标准规定的 400 W。

④ 输出电压。申请人应明确各模式最大输出电压的标称值,设备在任何情况下其输出电压均不得超过此数值。对于未加额外限制的自然输出情况,设备的最大输出电压通常出现在开路状态下;对于通过软件或其他方式对输出参数进行调整的情况下,设备的最大输出电压可能出现在某个所需要的负载下。申请人应在综述及研究资料中对上述情况加以说明,结合实际情况来合理确定试验方法。

⑤ 峰值系数。其物理意义体现的是峰值功率与平均功率的比例,其临床意义体现的是凝固效果的大小。对于不同的模式而言,峰值系数有可能是固定值,也有可能是变化的。峰值系数在一定程度上能够反映输出模式的临床效果,同时也是区分其他相似模式的主要参数。

需要注意的是,对于具有相同峰值系数的不同设备的不同模式,其实现方式可能有所差异,有可能是通过幅度调制的方式实现,也可能是通过周期调制的方式实现。申请人应在综述及研究资料中对上述内容加以说明,并制订与之相适应的试验方法。

(2) 设备功能

高频手术设备除具备各输出模式之外,还可能具有某些特定的安全或辅助功能。安全专用标准中所规定的相关功能要求无需在本部分重复列明。可能具有的功能如:温度或阻抗监测、器械识别等。申请人可依据设备自身特点制订相应的要求及试验方法。

(3) 脚踏开关

脚踏开关作为高频手术发生器的主要配件,除通用和专用安全标准中相关条款的规定外,其性能还应符合行业标准的要求,即 YY 91057—1999《医用脚踏开关通用技术条件》中各项性能。

(4) 高频附件

手术附件及中性电极应参照相应的指导原则,同时结合自身特点制订相关性能要求。

(5) 附属设备

高频手术设备常见的附属设备是氩气控制装置(氩气控制器)。对于氩气控制装置而言,其主要性能指标包括:①气源压力显示的准确性;②氩气流流速的调节范围的控制精度;③过压保护和欠压提醒功能。如具有其他参数及功能,申请人应依据设备自身的特点自行制订。

(6) 电气安全

应分别列明申报产品组成中各部分所应符合的安全标准,按照标准所规定的试验方法进行检验。

高频手术设备及附件都应当满足 GB 9706.1—2007 及 GB 9706.4—2009 标准的要求，若为内窥镜附件则还应当满足 GB 9706.19—2000《医用电气设备 第 2 部分:内窥镜设备安全要求》的要求。用于高频能量通路的附属设备(如氩气控制装置)也应当考虑 GB 9706.4—2009 标准的要求。若构成医用电气系统，系统整体还应当满足 GB 9706.15—2008《医用电气设备 第 1-1 部分:安全通用要求 并列标准:医用电气系统安全要求》的要求。

高频手术设备具有部分连锁及提示的功能，虽然在专用安全标准中使用了"报警"字样的描述，但其实质并不属于真正的"报警"范畴，因此通常并不适用于 YY 0709—2009《医用电气设备 第 1-8 部分:安全通用要求 并列标准 医用电气设备和医用电气系统中报警系统的测试和指南》。不排除某些特殊的高频手术设备因其自身需要而设计具有报警的功能，这种设备应当满足 YY 0709—2009 标准的要求。申请人应当依据设备自身的特点来考虑该并列安全标准的适用性。

高频手术设备的电磁兼容性能应满足 YY 0505—2012《医用电气设备 第 1-2 部分 安全通用要求并列标准 电磁兼容 要求和试验》及 GB 9706.4—2009 标准第 36 章的要求。对于运行模式的选择，虽然高频手术设备的输出模式多种多样，但并不是所有输出模式都需要进行试验。射频发射试验依据专用安全标准的要求，仅在待机模式下进行，且应符合 1 组的限制要求;抗扰度试验应在待机模式和输出模式下进行，输出模式应依据设备实际情况，从全部输出模式中选取适当的模式进行，至少应涵盖单极和双极的切、凝模式，分别选取可能受到影响的最不利模式进行，设备的基本性能至少应包含输出功率的准确性，即 GB 9706.4 标准第 50.2 部分。若申报产品组成为整体高频手术系统，则系统内全部组成部分均应在试验中涉及。

(7) 环境试验

设备的环境试验应按照 GB/T 14710—2009《医用电器环境要求及试验方法》所规定的项目进行。

申请人应依据设备预期的运输贮存和工作条件，自行确定环境试验的气候环境和机械环境分组。对于在特定环境中使用的设备，或申请人对于其工作环境有特殊要求的设备，其环境分组条件可考虑适当修改，但不应低于标准表 1 中气候环境 1 组、机械环境 I 组条件。

环境试验的测试项目应当依据设备的功能和特点来考虑，其中初始及最终检测项目应为全性能，中间检测项目至少应包含各输出模式下额定功率的准确性。

4) 附录

应列明产品的基本安全特征。其中:防进液程度应针对发生器及脚踏开关分别说明;运行模式通常为"间歇加载连续运行"并标明持续率;绝缘图及绝缘列表中应用部分单双极输出应分别列明，基准电压应依据设备所有模式中的最大输出电压来计算。

对于高频手术设备而言，除通用安全要求的各项特征外，还应增加以下内容:高频隔离方式、中性电极监测电路种类。

**4. 临床评价资料**

高频手术设备的临床应用历史较长且非常广泛，虽然存在一定程度的使用风险，但设备相对比较成熟，安全有效性通常可以得到保证。

申请人应当依据所申报产品的组成、参数、结构特征和预期用途等，按照《医疗器械临床评价指导原则》的要求,提供相应的临床评价资料。进口产品还应提供境外政府医疗器械主管部门批准该产品上市时的临床评价资料。

高频手术设备可能既包含常规的模式和功能,又包含了特殊的模式和功能。基于模式独立原则,高频手术设备的临床评价应按照不同的输出模式分别开展。设备的常规输出模式可作为免于进行临床试验的医疗器械目录产品的部分,按照列入目录产品的方式开展评价;而特殊输出模式则不属于目录产品的部分,应按照其他方式开展评价。

1) 免于进行临床试验目录

依据《免于进行临床试验的第三类医疗器械目录》(国家食品药品监督管理总局通告 2014 年第 13 号)及《免于进行临床试验的第二类医疗器械目录》(国家食品药品监督管理总局通告 2014 年第 12 号),常规的高频手术设备及其产品各组成部分均属于免于进行临床试验的医疗器械目录中的产品,通常情况都可通过与目录对比的形式来进行临床评价。

申请人应详细描述申报产品组成、作用原理、各模式的输出频率、预期用途和使用环境等内容,并与目录中所列产品信息进行对比,以确认其并未超出目录产品所描述的范围。

如所申报高频手术设备产品的相关信息与目录中所列产品的情况有差异,则应当按照《医疗器械临床评价技术指导原则》中其他评价途径开展。可能包括(但不限于)以下几种类型的申报产品:①工作频率超出目录中所述频率范围 200 kHz～5 MHz;②临床应用对象不属于常规的软组织,而用于如神经、骨膜、脏器等;③特殊临床应用或使用方式,如等离子手术设备、大血管闭合设备等。对于上述不属于目录中的申报产品,应当按照通过同品种医疗器械临床试验或临床使用获得的数据进行分析评价的要求来开展评价工作,或进行临床试验。

2) 通过同品种产品临床数据进行评价

对于通过同品种产品临床数据来进行评价的设备,申请人应依据其特点来选取拟进行比对的境内已上市同品种产品,比对项目应重点考虑设备的适用范围、使用方法、高频输出参数、软件核心算法等。

申报产品的适用范围和使用方法应与同品种产品一致。高频手术设备的适用范围通常不涉及适用人群、接触方式、使用环境等内容,主要考虑内容为适用部位。高频手术常规的使用方法为直接接触人体进行切割凝固,某些特殊模式可在不接触人体的情况进行(如电灼、氩气喷凝等),某些特殊模式需利用导电介质进行(如水下、等离子模式)。若适用部位、使用方法不同,则设备所涉及的临床应用也会不同,其临床效果的评价无法在同一基础上进行。因此,对于适用部位、使用方法不同的产品通常认为存在显著性差异。

申报产品的高频输出参数应与同品种产品一致,高频输出参数所包含的内容可参考研究资料及产品技术要求中相应部分。对于高频输出参数完全一致的两个设备,其预期的临床效果基本可以认为是相当的。对于输出参数存在差异的情形,可能导致临床效果的较大改变,而这种差异的影响是很难从理论和数据上去判定的。因此,对于高频输出参数不同的产品通常认为存在显著性差异。

申报产品的软件核心功能(算法)应与同品种产品一致。本指导原则在软件研究资料部分对于高频手术设备的算法已做了相关说明,对于仅用于计算和控制高频能量输出的软件,通常不要求申请人提供其算法,但是对于含有组织参数监测及实时反馈的软件,应考虑相应的核心算法。这类算法通常都是申请人在自身研发过程中通过不断调整及验证而得出的,是最有利于发挥临床效果的结果,核心算法的差异可能会导致实际临床效果的差异性。因此,对于软件核心算法不同的产品通常认为存在显著性差异。

申报产品如与同品种产品存在差异性的,应依据《医疗器械临床评价技术指导原则》中相关要求,提供差异性不会对安全有效性产生不利影响的支持性资料。对于上述几项需重点考虑因素,如存在显著性差异的情况,考虑到各项内容与临床使用的相关性,难以通过非临床验证的方式来证明二者的等同性,因此需提供申报产品自身的临床数据作为支持性资料。对于其他比对项目,如申报产品与同品种产品存在差异性的,应针对其差异性提供申报产品自身的临床/非临床数据作为支持性资料。

所提交支持性资料如能够证明申报产品的差异不会对安全有效性产生不利影响,则可认为二者是同品种产品。申请人应收集同品种医疗器械临床试验或临床使用获得的数据并进行分析评价,以确认申报产品在正常使用条件下可达到预期性能,与预期受益相比较,产品的风险是否可接受。

3)临床试验

如申报产品需在中国境内开展临床试验的,应在取得资质的临床试验机构内,按照医疗器械临床试验质量管理规范的要求开展。

**5. 产品说明书及标签样稿**

高频手术设备的产品说明书及标签样稿应符合《医疗器械说明书和标签管理规定》(国家食品药品监督管理总局令第 6 号)以及相关国家标准、行业标准的规定。除上述内容外,产品说明书及标签样稿至少还应包括以下内容。

1)产品说明书

(1)设备的注意事项及警告信息。包括但不限于 GB 9706.4—2009 标准中 6.8.2 相关内容。

(2)设备各输出模式的相关参数。应给出设备所有输出模式的基本描述和输出参数,分别描述各输出模式所适合的临床应用,以及各输出模式相应的注意事项。同时应给出设备各模式的功率输出数据和电压输出数据,应与研究资料及产品技术要求中的相关数据一致。

(3)设备的功能说明。应给出设备特殊功能的说明,如开关检测器的非连续或阻抗检测启动方式等。

(4)设备电磁兼容的相关信息。应给出设备电磁兼容信息的相关说明及工作环境。其中辐射发射性能建议描述"设备为了完成其预期功能必须发射电磁能,附近的电子设备可能受影响。依据 GB 9706.4—2009 第 36.201.1 项,当设备电源接通而高频输出不激励,并且接上所有电极电缆时,符合第 1 组的限值要求"。此外,还应给出设备可配用线缆(包括电源线、高频线缆、信号线等)的相关信息和参数,至少应说明其长度以及是否屏蔽。

(5)使用期限。

2)产品标签样稿

(1)设备的基本安全特征。至少应列明设备的安全分类、输入电源、运行模式和持续率。

(2)设备的高频输出参数。至少应列明单极和双极模式的工作频率、额定输出功率及额定负载。如空间允许,建议列出全部模式。对于频率有差异的单极或双极模式,建议分别列明。

**思考题**

1. 简述高频手术设备的基本原理、分类。

2. 简述高频手术设备及附件对高频漏电流的防护要求和检测方法。

3. 简述对高频手术设备注册申报资料的要求。

# 第 11 章

# 血液透析设备

## 11.1 概　述

广义上的血液透析设备可以指血液透析中所用到的各种设备,包括透析机、透析器、透析用水处理及供应系统及其他辅助性设备。本章所讨论的设备指血液透析、血液透析滤过和(或)血液滤过设备,以下统称血液透析设备。

血液透析设备是一种比较复杂的机电一体化设备,用于救治急、慢性肾功能衰竭、多器官衰竭、重度药物和毒物中毒的治疗,它由体外循环通路、透析液通路及基于微型计算机技术的测控电路组成。血液透析治疗的发展归功于两大要素的发展:血液透析设备和透析器。血液透析器是由半通透性生物膜〔半透膜〕组成的中空纤维膜。19 世纪中叶,苏格兰化学家Thomas Graham 发现晶体和尿素隔着半透膜在水中可从胶体中析出,创造了"透析"(dialysis)这个名词。血液和透析液在透析膜两侧呈反方向流动,借助膜两侧的溶质梯度、渗透梯度和水压梯度,通过弥散(diffusion)、对流(convection)、吸附(adsorption)清除毒素,其弥散与渗透理论已成为血液透析的理论基础,并沿用至今。弥散是指溶质隔着半透膜从浓度高的一侧向浓度低的一侧运动的过程,浓度越高速度越快。溶质的转运要靠膜两侧净压力差(静水压和渗透压)形成,促使血液内水分向透析液侧单向渗透,以清除病人体内多余的水分。通过在透析液一侧增加负压,加大透析膜间的压力差(跨膜压,Transmembrane pressure,TMP),则可以显著增加水分的超滤排出。

1913 年美国人 John Jacob Abel 用具有半透膜性能的火棉胶制成管子,浸在生理盐水中,作动物试验,因无抗凝剂而失败。1928 年德国人 George Haas 用肝素抗凝,用上述方法为 4 例病人做了 30~60 min 的"透析"治疗。1930 荷兰人 John Kolff 创建了转鼓式人工肾,1945 年 9 月,Kolff 治疗了一例急性胆囊炎伴急性肾衰竭的昏迷患者,在 11.5 h 的透析治疗后,患者神智改善,一周后开始利尿,并康复出院,这是历史上第一例由人工肾成功救活的急性肾衰竭患者。1947 年出现蠕管型和平行型透析器。1960 年挪威人 Frederik Kiil 创建了铜仿膜透析器,第一个透析病人存活了 11 年。1965 年空心纤维透析器问世。此后膜材料的依次发展:由铜仿膜—血仿膜—纤维素膜—改良纤维素膜发展到合成膜,生物相容性得到不断提高。目前常用的透析器膜材料有:聚砜膜(PS)、聚丙烯腈膜(PAN)、聚酰氮膜(PA)、聚碳酸酯膜(PB)、聚甲基丙烯酸甲脂膜(PMMA)、三醋酸纤维素膜(CA)、血仿膜(HE)、铜仿膜(CU)等。

血液透析机于 20 世纪 60 年代应用于临床,已有五十多年的历史。早期为醋酸氢盐透析机。1963 年产生了中央水处理系统,1964 年出现家庭血液透析,1966 年动静脉内瘘应用于临床,20 世纪 80 年代碳酸氢盐透析迅速替代醋酸盐透析。从此血液透析(hemodialysis,HD)就围绕改善透析质量、提高病人长期生存率开展研究工作,同时也带动了其他血液净化疗法的发展:血液滤过(hemofiltration,HF)、血液透析滤过(hemodiafiltration,HDF)、血浆置换(plasma exchange,plasmaphoresis,PE)、血液灌流(Hemoperfusion)、单纯超滤(Isolated ultrafiltration,IUF)、免疫吸附(Immunoadsorption)、持续性肾脏替代治疗(CRRT)、持续性血液净化治疗(CBP)、持续性血浆滤过吸附、持续性白蛋白吸附等。相应的设备有:血液透析机、单纯血液滤过机、血液透析滤过机、血液灌流机、CRRT 机等,这些统称为血液净化设备。另外还有持续性血浆滤过吸附仪、持续性白蛋白吸附仪等,这些被称为非生物型人工肝支持系统,在此基础上串联生物反应器,为生物型人工肝支持系统。

从广义的角度讲,透析器的膜材料决定了透析疗效,血液透析设备决定治疗过程中安全性和稳定性,当然血流量、透析液流量及跨膜压等同样会影响透析疗效。50 多年来血液透析设备处于一个不断人性化发展的完善过程。其核心组件在早期为负压超滤,即通过调节负压决定超滤量多少,其不能精确控制超滤量,临床危险性极高。德国费森尤施机 1990 年的平衡腔专利,改负压超滤为容量超滤,使治疗过程中能精确控制超滤量,但由于其比例配制透析液设计中,各成分必须按固定比例配制,致使透析液流速固定,仅有三档供选择。随着可实现准确容量控制的超滤型透析器的出现和透析膜的血液相容性的提高,透析器正向具备高渗透性和高超滤能力的高流量透析器方面发展,这种透析器明显提高了透析效率和减少了治疗时间,特别适合于尿毒症并发急性肺水肿、高度水肿的患者。另外,用于结合某些特异性物质,达到临床特殊治疗目的的更强吸附性和更高通透性透析膜已经出现。如果说透析器是透析型人工肾的关键,那么透析膜就可以说是关键之关键,患者治疗效果的好坏很大程度上取决于透析膜。对于人工肾用的透析膜有以下一些基本要求:

——容易透过需要清除的分子量较低的和中等分子量的溶质,不允许透过蛋白质;

——具有适宜的超滤渗水性;

——有足够的湿态强度与耐压性;

——具有好的血液相容性,不引起血液凝固、溶血现象发生;

——对人体是安全无害的;

——灭菌处理后,膜性能不改变。

20 世纪 80 年代,血液透析设备的脱水主要是根据透析器的超滤系数或经验设定跨膜压来进行压力超滤,之后出现了容量控制超滤,开始依靠容量、重量控制,缺点是不太准确,随着平衡室、复式泵、流量计等系统的出现,超滤误差可控制在 100 ml 左右。随着电子学和控制科学的发展,一些反馈和智能系统在血液透析设备上逐步得到应用,从而提高了透析质量、大大降低了血液透析设备的应用风险,保证了患者的安全。例如,为了防止透析中发生低血压,机器内增设了钠曲线模型、超滤模型、透析液温度监控、容量监控、光电和超声检测反馈系统、血液再循环检测以及连续尿素测定等,并可通过数学模型计算出透析剂量。近年来出现了在线血液透析滤过,具有快速高效的特点。日本在 20 世纪 70 年代中后期研制出了便携型人工肾和夹克式人工肾,但是受制于抗凝药、能源和代谢物排泄或再生问题而未见真正的临床应用。2014 年,一个来自加利福尼亚大学洛杉矶分校的研究团队,研制出一款便于患者携带的可穿戴式人工肾,并正在展开临床实验,有望很快通过 FDA(美国食品药物管理局)的审查认证。这个团队早在 2008 年就已展开可穿戴式人工肾研究,这款设备命名为 WLK,被称为可穿戴人工肾再贴切不过,相对于目前只能在医院和家中摆放的庞大到一个文件柜大小的血液透析机,WLK 简单的只需要系在患者的腰间,重量仅 10 磅(约 4.5 公斤),并且有一台血液透析机完整的治疗功能。这项新技术真正的创新之处在于解放了患者的肢体,可以让患者活动自如,第二个重要创新就是该装置能一直不停地非间歇性工作,使治疗效果能更有效。可穿戴人工肾 WLK,最大的优势是可移植性和便携性。能够允许正在接受治疗的病患能去正常上学或者上班。由此,患者会缓减病情和存活更久。研究团队也在不断地对 WLK 的物理单元进行精简,不让佩戴这款设备的患者看上去像半个机械人,以让病患能更体面的去佩戴这款可穿戴式人工肾。这种以吸附剂为基础的装置能再生使用过的透析液中的水和蛋白质成分(AqC 和 PrC),形成了一种新型的自体蛋白透析。再生的水具有和商业用腹膜透析液几乎一样的成分,但含有碳酸氢钠而不是乳酸,生理 pH 值也较高。再生的蛋白质成分则能循环回腹腔,减轻或消除蛋白质的损失。在连续的透析液再生和循环的条件下,就可获得稳定的蛋白质浓度。PrC 还能实现充分的过滤和间接去除与蛋白结合的毒素。

WLK 已经在英国和意大利通过了临床人体实验,第三次临床实验将在美国西进行。这次临床实验如果顺利,将能很快的通过 FDA 的认证。

除了可穿戴式血液透析设备的最新发展方向外,血液透析设备还将在以下三个方面得到大力发展:

**一、家庭透析**

家庭透析展现出更好的临床效果,患者血压更稳定,所需的促红素等药物更少,生活质量更高。特别为日常家庭血透设计的血液透析设备已经得到上市许可和应用,它们具有操作简单,便于自我护理,远程联网,方便诊断处理等特点。

**二、在线生物反馈功能**

各血液透析设备厂商纷纷开发监测体温、血容量的变化、血压变化、血氧饱和度、尿素清除率系统来在线反馈生理参数和透析效果,有效清除毒素和多余的水分,纠正电解质、酸碱平衡,同时避免透析并发症的发生,帮助患者安全平稳地达到干体重。

**三、个体化的透析设计**

通过更多的在线监测功能,能够发现患者个体对于透析治疗的个体差异,因而需要透析处方的个体化。个体化参数例如透析时间、超滤量(超滤模型)、钠浓度(曲线)、透析器型号、抗凝药等记录在每位患者携带的透析处方卡中,从而使众多个体化的透析参数的设定可以在较短时间内自动实现,不仅使患者得到最大的透析舒适度,而且便于计算机自动管理减轻了操作人员的负担。目前市场上出现了可根据在线监测数据调整透析参数的血液透析设备软件。

## 11.2 血液透析设备的基本工作原理

血液透析设备是用来对患肾功能衰竭或其他一些严重疾病的患者进行透析治疗的医用电气

设备,用来代替肾脏的部分功能,清除血液中的尿素、肌酐等代谢废物和毒性物质,纠正水、电解质和酸碱平衡的紊乱等,血液和透析液之间的这样的物质转运是通过半透膜来实现的。

## 11.2.1 血液透析的原理

### 一、血液透析的基本原理

在半透膜两侧存在某种溶质的浓度梯度,血液透析就是依靠半透膜的作用,使该溶质由高浓度一侧向低浓度一侧扩散,从而选择性清除血液内的代谢产物,最终达到动态平衡的过程。通过血液透析,患者血液中的代谢废物和过多的电解质向透析液移动,透析液中的钙离子等向血液中移动,实现清除代谢废物和毒物,纠正电解质、水和酸碱平衡的紊乱的目的。半透膜对不同粒子的通过具有选择性,是一种只允许离子和小分子自由通过的薄膜结构,生物大分子不能自由通过半透膜,其原因是因为半透膜的孔隙的大小比离子和小分子大但比生物大分子如大蛋白质分子小。透析器透析膜就是半透膜。半透膜是性能良好的筛网,仅小于筛孔的物质可以自由通过,如图 11-1 所示。

图 11-1　半透膜

### 二、血液透析方式

血液透析方式包括弥散、超滤、渗透和吸附等。

### 1. 弥散

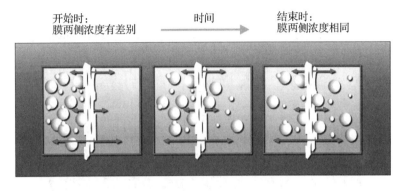

图 11-2　弥散

溶质溶于溶剂是一个溶质均匀分布到溶剂中的过程。只要溶质在溶剂中的浓度分布不均衡,存在浓度梯度,溶质分子与溶剂分子的相互运动会使溶质分子在溶剂中分布趋于均匀。这种分子运动产生的物质从高浓度一侧向低浓度一侧的迁移现象称为弥散,如图 11-2 所示。弥散对清除分子量小于 5 000 的小分子效果最好。

## 2. 超滤

超滤是指液体在压力梯度作用下通过半透膜的转运过程。在压力差的作用下,溶质伴随含有该溶质的溶剂一起通过半透膜的移动,也称对流。利用对流清除溶质的效果主要由超滤率和膜对此溶质筛选系数决定。血液滤过就是应用对流的原理,血液和滤过液被滤过膜分开,膜两侧有一定压力差,血液中的水分在压力作用下由血液侧流到滤过液侧,血液中小于滤过膜孔的物质也随着水分的牵引下从血液进入到滤过液,如图 11-3 所示。超滤能更好地清除中分子量的溶质。血液滤过技术就是应用了超滤原理。血液透析和血液滤过相结合就是血液透析滤过,它结合由弥散产生的小分子物质的高清除率和由对流产生的中大分子物质的高清除率两种方式的优点。

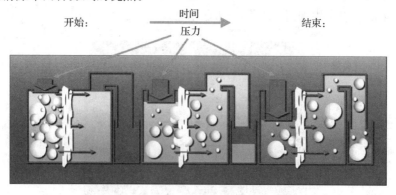

图 11-3 超滤

## 3. 渗透

与弥散作用相反,当溶质不能通过膜孔时发生的水由溶质密度小的一侧渗透到溶质密度大的一侧的情况而使两侧密度趋于相同的情况叫做水的渗透作用。半透膜只允许水通过,而阻止溶解固形物(盐)的通过,浓溶液随着水的流入而不断被稀释,当水向浓溶液流动而产生的压力 $P$ 足够用来阻止水继续流入时,渗透处于平衡状态,平衡时水通过半透膜流动是相等的,即处于动态平衡状态,如图 11-4 所示,而此时的压力 $P$ 称为溶液的渗透压。

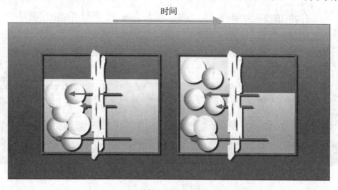

图 11-4 渗透

#### 4. 反渗透

类似于超滤靠压力作用于膜的一侧，在浓溶液上加外力以克服自然渗透压，且该外力大于渗透压时，水分子自然渗透的流动方向就会逆转，使得浓溶液的浓度更大，这一过程称为反渗透，它是渗透的相反过程，如图 11-5 所示。反渗是生产透析用的纯净水的重要方法。

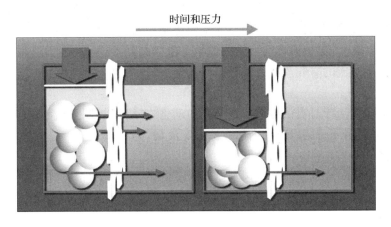

图 11-5　反渗透

#### 5. 吸附

由于膜材料的分子化学结构和极化作用，使很多透析膜（特别是合成膜）表面带有不同基团，在正负电荷的相互作用或范德华力作用下和透析膜表面的亲水性基团选择性吸附某些蛋白质、毒物及药物（如 b2-M、补体、炎症介质、内毒素等），这就是吸附，如图 11-6 所示。通过吸附除去内源性和外源性致病因子，净化血液，从而达到治疗的目的，这就是免疫吸附。单纯应用吸附原理进行的治疗称为血液灌流。

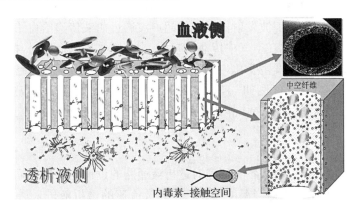

图 11-6　吸附

### 11.2.2　血液透析设备

血液透析设备的工作原理是利用透析液通过血液透析器，与患者血液进行溶质弥散、渗透和超滤作用，作用后的血液返回患者体内，同时透析后的液体作为废液排出，血液透析设备主要由血路、水路和电路三部分组成。血路和与血路相关的电路部分组成血液监控系统包括血泵、抗凝泵、动静脉压监测和空气监测等；水路和与水路相关电路部分组成透析液供给系统包括温度控制系统、配液系统、除气系统、电导率监测系统、超滤系统和漏血监测等。

## 一、体外循环血液管路

体外循环血液管路是血液净化时，血液在体外循环的管路，包括与管路连接的一些支路，如测压管、输液管、肝素管等，它的目的是使患者的血液可以安全地引出体外、进入透析器，并返回患者体内。体外循环血液管路的主要包括血泵、抗凝泵、压力监测系统、由空气探测器和静脉夹等组成的空气监测系统等部件系统。

### 1. 血泵

是在血液净化治疗时提供血液体外循环的动力，并可以控制血流量的一种装置。一般采用蠕动泵，通过挤压管路以驱动内部血液稳定流动。

### 2. 抗凝泵

抗凝泵是可定时定量注射抗凝剂到血液管道的泵，多为注射泵。抗凝剂有使体外血液循环抗凝的作用。

### 3. 压力监测系统

压力监测包括动静脉压监测和跨膜压（压力值计算得出的值），压力测量一般采用压力传感器来实现。压力大小主要取决于血液流速、血液通路各处阻力及透析器，与患者本身的血压基本无关。当血路情况发生变化时，如血管通路不畅、透析器凝血、血路管折叠、通路中接头脱落，会引起通路内压力的异常变化。通过监测压力，可以及时发出警报、并采取措施，以保证患者安全。

### 4. 空气监测系统及静脉夹

空气监测系统及静脉夹是防止气体顺静脉回血通路进入患者体内的装置。静脉壶（气泡捕捉器）超声波空气探测器（SAD）用于探测静脉壶血液中的气泡。SAD由超声波发射器及接受器组成。工作时，超声波发射器发射的超声波通过血液传递给血路管对侧的接受器。超声波在液体中传播衰减比在空气中传播衰减少，当有空气进入血液时，接受器接收到的超声波强度降低，输出电信号发生变化，并为透析机内置CPU测知，在一定的血流速度内，当监测到的空气体积达到限值（例如0.3 ml）时系统触发空气报警和相应控制动作（血泵停止、抗凝泵停止、关闭静脉管夹夹住静脉管路、驱动电磁阀使透析液旁路）。

## 二、透析液通路

不同于体外血液循环管路，各个厂家对透析液通路的设计差异较大，下面给出的是一般流程框图。透析液通路使得适当温度、浓度、压力及流速的透析液进入透析器，与患者血液在透析器内发生弥散、对流、超滤等透析基本过程，并以适当的速度移除患者体内多余的水分，如图11-7所示。

现代的透析液供给依赖于预先配置的浓缩液及透析用水处理装置，透析液是由浓缩液和透析用水在透析过程中由机器的配比装置，自动按一定比例混合而成（不同的厂家所生产的透析机其比例可能不相同），并立即用于透析。现代的透析液供给装置可分为两类：一类是单机独立的供液系统，透析液配比系统集成在每台血液透析机内；另一类是多机共享的集中供液系统，透析液配比系统与血液透析机分离，并为多台机器共享，其缺点是：一个透析液处方,不利于个体化透析;另外对配比系统的可靠性及安全性要求高。

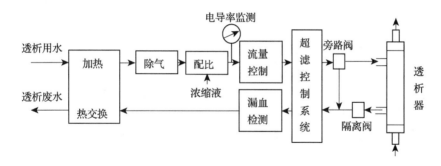

图 11-7　透析液通路

较多的厂家使用陶瓷比例泵作为配比装置,陶瓷比例泵的活塞及外套由精密陶瓷制作,由步进电机驱动,耐磨而排量精确可调,可以准确地控制混合比例,也有少数厂家使用工业上通用的计量泵或硅油泵作为比例泵。

### 三、微计算机监测控制系统

微机控制监测系统是血透机的"大脑",它负责接受操作人员通过操作面板输入的指令,处理来自水路及血路上所有传感器的信号,按照预先编制的程序进行控制,由执行机构如泵、电磁阀、电热线圈控制透析参数。为确保透析的安全,越来越多的生产厂家倾向于采用两套完全独立的微机系统,分别负责控制功能和监测功能,并在透析过程中不断复核两套系统所测得的透析参数,提高了安全性。较为先进的血液透析设备的监控系统有三个 CPU。顶层控制器采用 PC 硬件和多任务的实时操作系统,只用于和用户进行通信和处理低层控制器的过程参数以及其他高级功能如超滤/置换液平衡;低层控制器的微处理器系统用于电机和阀的控制和监控功能;低层另一个 CPU 处于监测板上,一般采用微控制器(MCU),主要的功能是传感器信号的处理和与安全有关的参数的监控。监控系统的各个模块之间通过总线进行通信。

微机监测的主要透析参数包括透析液参数、血液参数和其他参数,透析液参数如流量、温度、压力、浓度(电导率)等,透析液参数如流量、温度、压力、浓度(电导率)等,其他参数如漏血量、超滤量及超滤率、跨膜压(计算值)等。

**1. 透析液参数监测装置**

(1)透析液浓度:一般是通过对透析液的电导率的监测来获得。电导率代表了被测物的导电能力,表征了透析液中各种离子的总量。为消除温度对同一离子浓度下的液体导电能力的影响,确实反应透析液的离子浓度情况,电导率的测量均有温度补偿。

(2)透析液流量监测:透析液流量测量一般有两种方式。一种是采用流量传感器直接测量,另一种是采取间接的方式,如平衡腔换向的时间长短来测量。最大透析液流量不应小于 600 ml/min。

(3)透析液温度:一般采用热敏电阻为探头。为安全可靠起见,水银温度计开关或热继电器也可作为后备温度监测装置。

(4)透析液压力:一般采用压力传感器。

**2. 血液通路方面的控制与监测**

（1）血流速：血流速在透析机上实际没有测量装置，其流速显示实际上是用血泵转速换算而来的。

（2）动静脉压力监测：用于监测体外循环管路是否处于正常状态。其压力大小主要取决于血液流速、血液通路各处的阻力及透析器大小，与患者本身的血压基本无关。当管路接头脱落、弯折、透析器凝血等情况发生时可导致压力变化，在临床上需要观察压力值的相对变化。一旦压力变化达到报警限就会触发透析机报警，并停止血泵，等待操作人员处理。

（3）静脉气泡监测及静脉管夹：静脉气泡监测装置可以防止气泡随静脉管路的血液回流进入患者体内。有两种监测方式，一种通过监测静脉壶液面高度来防止气泡进入患者体内，装置在静脉壶上；另一种则直接监测静脉管路是否有气泡经过，装置在静脉管路上。前一种因对血液中混合气体的情况监测能力较差，已基本不使用。当发现管路中有气泡经过时，静脉管夹动作，夹住下游静脉管路，血泵停转，发出报警，等待处理。

**3. 其他监测装置**

（1）漏血报警：一般采用光电传感器测量透析液中有无血中有形物质的存在。在规定的最大透析液流量下，每分钟漏血大于 0.5 ml 时，漏血报警器应发出声光报警，同时关断血泵，并阻止透析液进入透析器。

（2）跨膜压：跨膜压是通过计算血液侧与透析液侧的压力差得来的。血液侧的压力计算各厂家的设备有所不同，因此不同机型在同样情况下跨膜压可能不同。一般最大跨膜压报警限不超过 450 mmHg。

（3）超滤量：超滤量的报警上限可由操作者设定，以防患者除水速度过快，下限位 0。

**4. 透析机超滤控制方式**

现代的血液透析机都装备了先进的超滤控制系统，操作人员只要输入透析时间、超滤总量，控制系统即可自动控制超滤的速率，在透析结束时达到超滤总量。超滤控制的方式有多种，但典型的超滤控制系统有平衡腔系统及流量计系统。

（1）平衡腔

平衡腔是一种能保持液体平衡的系统，在透析过程中保证透析液的进出平衡，再通过超滤泵来完成超滤量设定目标。

（2）流量计系统

采用流量计的系统主要是通过监测透析器进出透析液的流量从而计算出超滤率，并与设计的超滤率比较，再调节透析液压力，通过控制跨膜压来调节超滤率，最终实现对超滤量的控制。

实际监测计算的超滤率＝透析液流出量－透析液流入量
设计的超滤率＝跨膜压×超滤系数＝（血液侧压力－透析液压力）×超滤系数

出于可靠性考虑，现在很多厂家的设备对同一重要参数有两套传感器来同时进行测量，并在控制器中进行比较以监测异常状况，保证它们出于良好的工作状态。

**5. 透析中报警装置**

当透析机的监测装置发现透析参数发生异常，应及时发出报警，并作出相应的动作保证治疗安全。报警一般通过声光信号引起操作人员关注，然后通过进一步的灯光或文字提示，帮助操作人员进一步确定具体的问题。

报警可分为三类：

（1）操作报警

操作顺序不当，或操作不到位、操作错误致相关参数错误，机器将予黄灯警告，示意操作人员改正。

（2）透析参数报警

透析过程中透析参数异常报警，机器将予黄灯警告或红灯警告，需请操作人员注意或干预。

（3）机器故障报警

机器出现故障，红灯警告，需请维修人员解决。

# 11.3  血液透析设备的检测

## 11.3.1  概述

血液透析设备是清除血液中代谢产物、异常血浆成分以及蓄积体内的药物或毒物等，纠正体内电解质与维持酸碱平衡的一组体外循环装置。由于血液透析设备直接与病人动（静）脉相连接，其电导率、压力等各项性能指标的准确性直接影响病人的生命安全和治疗效果，因此，如何对血液透析设备进行计量校准，以确保其为临床提供科学、准确、可靠的数据，并符合相关要求非常重要。YY 0054—2010《血液透析设备》是现行的国家医药行业标准，该标准对血液透析设备的生产质量标准进行了规定。JJF 1353—2012《血液透析装置校准规范》确立了可量值溯源的校准设备、装置的计量特性和装置的校准方法，满足了社会需求和国家相关技术标准的要求，为血液透析设备的量值统一提供了法律和技术支撑，完善了国家血液透析设备各量值的量值溯源传递体系，同时也充实了我国医学计量安全监管体系，提升了政府的监管能力。

我国现行的单人用血液透析、血液透析滤过和血液滤过设备的专用标准 GB 9706.2—2003《医用电气设备 第 2-16 部分：血液透析、血液透析滤过和血液滤过设备的安全专用要求》等同采用 IEC 60601-2-16：1998、GB 9706.2—2003 应与 GB 9706.1—1995（idt IEC 60601-1：1988）《医用电气设备第一部分：安全通用要求》配合使用，GB 9706.2—2003 的要求优先适用于 GB 9706.1—1995 的相应要求。但是，IEC 于 2008 年 4 月发布了 IEC 60601-2-16 的第三版：IEC 60601-2-16—2008 医用电气设备 第 2-16 部分：血液透析、血液透析滤过和血液滤过设备的基本安全和基本性能的特殊要求（Medical electrical equipment  Part 2-16：Particular requirements for basic safety and essential performance of haemodialysis, haemodiafiltration and haemofiltration equipment），IEC 60601-2-16 的第三版与 IEC 60601-1 的第三版配合使用，IEC 60601-2-16 的第三版的内容应优先适用。专用标准所规定的最低安全专用要求，可看作是对血液透析、血液透析滤过和血液滤过设备的操作规定了安全的实际程度。IEC 60601-2-16—2008 里对应于 IEC 60601-1：2005 里的条款号是在通用标准条款号前加 201，例如，其中 201.7ME 设备的标识、标记和文件对应于通用标准的 7ME 设备的标识、标记和文件(201.7 增加了不少要求,限于篇幅,这里不展开讨论),除了 201 外,专业标准还增加了对应于几个并列标准的 202(对应于 IEC 60601-1-2:2007),203(对应 IEC 60601-1-3:2008,但不适用),206(对应 IEC 60601-1-6:2006),208(对应于 IEC 60601-1-8:2006),209(对应于 IEC 60601-1-9:2007)和 210(对应于 IEC 60601-1-10:2007)条,因此血液透析设备涉及的安全要求很多,限于篇幅,本章主要关注自动配液的血液透析设备的基本安全和基本性能参数的检测及要求,其他血液净化装置的检测及要求请参考相关的标准。

## 11.3.2 血液透析设备的基本性能要求

通用标准的第 4 条是通用要求,专用标准对应的是 201.4,除 201.4.3 和 201.4.7 条有相对通用标准的内容有增加外,通用标准内容都适用。201.4.7 ME 设备的单一故障状态下增加"防护系统失效是单一故障状态例子";201.4.3 基本性能下增加如下内容:

### 一、201.4.3.101 增加的基本性能要求

如果适用,血液透析设备的基本性能包括但不限于表 11-1 专用标准表 201.101 中列出的功能,这些功能必须在由制造商明确规定的范围内。

表 11-1　专用标准表 201.101-基本性能要求

| 要求 | 子条款 |
| --- | --- |
| 血流量 | 201.4.3.102 |
| 透析液流量 | 201.4.3.103 |
| 净液去除量 | 201.4.3.104 |
| 置换液流量 | 201.4.3.105 |
| 透析时间 | 201.4.3.106 |
| 透析液成分 | 201.4.3.107 |
| 透析液温度 | 201.4.3.108 |
| 置换液温度 | 201.4.3.109 |
| 注:在表 11-1 专用标准表 201.101 里列出的一些基本性能依赖于一次性使用特性(例如,血流量是取决于旋转的蠕动泵泵段内径) | |

### 二、201.4.3.102 血流量

血液透析设备的血流量必须由制造商明确规定。

注 1:只有血流量低于设定值被认为对治疗是负面的,因此试验的目的是要找出最大的负血流量误差。

对典型的蠕动泵,在下列试验条件下检查血流量的符合性。

——使用血液透析设备的泵部分并且让它运行至少 30 min。

——在体外管路中使用温度为 37 ℃的一种液体(例如水)。

——设定血液透析设备的血流量为 400 ml/min 或者——如果不可能,就设置到可能的

最大血流量。

——设定动脉压到－200 mmHg。

——测量血流量。

测得的血流量值必须在由制造商在使用说明书中明确规定的误差范围内。

注 2：泵部分疲劳可以降低血流量。

注 3：蠕动泵里的血流量受负输入压力影响。

### 三、201.4.3.103 透析液流量

透析设备的透析液流量必须由制造商明确规定。

注：仅透析液流量低于设定值被认为对治疗是负面的。

在下列试验条件下检查是否符合要求：

——把血液透析设备设置到由制造商指定的血液透析模式。

——设置血液透析设备到最大透析液流量。

——在 30 min 期间测量透析液流量。

——设置血液透析设备到最小透析液流量。

——在 30 min 期间测量透析液流量。

透析液流量值必须在由制造商在使用说明书中明确规定的误差范围内。

### 四、201.4.3.104 净液去除量

净液去除量必须由制造商明确规定。

在下列试验条件下检查是否符合要求。

仅用于血液透析设备的平衡部分的试验 1。

——设定血液透析设备为血液透析模式，如果适用，使用根据制造商推荐的透析器。

——在体外管路使用液体（例如水）。

——如果适用，设定透析液流量为最高值。

——如果适用，设定透析液温度为 37 ℃。

——设定净液去除率为 0 ml/h 或者最低的可调值。

——创造低于最高规定压力 50 mmHg 的血液出口压力。

——在一个适当的时间间隔测量净液去除量。

接着做试验 2：

——设定净液去除率为最大值。

——在一个适当的时间间隔测量净液去除量。

接着做试验 3：

——创造高于最低规定压力 20 mmHg 的血液出口压力。

——在一个适当的时间间隔测量净液去除量。

测得的净液去除量值必须在由制造商在使用说明书中明确规定的误差范围内。

### 五、201.4.3.105 置换液流量

置换液流量仅对血液滤过和血液透析滤过设备适用：

血液透析设备的置换液流量必须由制造商明确规定。

注：仅置换液流量低于设定值被认为对治疗是负面的。

在下列试验条件下检查是否符合要求：

试验1：用于血液透析设备和治疗相关的置换液流量的平衡部分：

——设定血液透析设备到血液透析滤过 HDF 模式或者血液滤过 HF 模式，带根据制造商的推荐的透析器。

——在体外管路使用液体（例如水）。

——设定净液去除流量为 0 ml/h，如果不可能，就设定为最小。

——设定置换液流量值为最大。

——如果适用，设定置换液的温度为 37 ℃。

——测量置换液流量和净液去除量。

接着做试验2：

——设定置换液流量为最小。

——测量置换液流量和净液去除量。

置换液流量和净液去除量的测量值必须在由制造商在使用说明书中明确规定的误差范围内。

## 六、201.4.3.106 透析时间

制造商必须明确规定血液透析设备的透析时间的准确度。

通过相关的功能测量来检查制造商规定的透析时间的定义是否符合要求。

## 七、201.4.3.107 透析液成分

试验方法由制造商规定。

## 八、201.4.3.108 透析液温度

血液透析设备透析液温度必须由制造商明确规定。

注：这项试验仅适用于有透析液加热器的血液透析设备。

在下列试验条件下检查是否符合要求：

——使血液透析设备运行到处于热稳定状态。

——环境温度必须在 20 ℃到 25 ℃。

——如果适用，设定透析液温度为 37 ℃。

——设置透析液流量为最高。

——测量透析器入口的温度。

——在 30 min 内记录温度。

——设定走最低的透析液流量。

——设置透析液流量为最低。

——测量透析器入口的温度。

——在 30 min 内记录温度。

透析液温度值必须在由制造商在使用说明书中明确规定的误差范围内。

### 九、201.4.3.109 置换液温度

血液透析设备的置换液温度的容许误差必须由制造商明确规定。

注:这项试验仅适用于有置换液加热器的血液透析设备。

在下列试验条件下来检查是否符合要求:

——使血液透析设备运行到处于热稳定状态。

——环境温度必须在 20 ℃ 到 25 ℃。

——如果适用,设定透析液温度为 37 ℃。

——设置置换液流量为最高。

——测量置换液管线和血管线连接点的置换液温度。

——在 30 min 的时间点记录温度。

——设定走最低的透析液流量。

——设置置换液流量为最低。

——测量置换液管线和血管线连接点的置换液温度。

——在 30 min 的时间点记录温度。

置换液温度值必须在制造商在使用说明书中规定的容许范围内。

## 11.3.3 血液透析设备的电气基本安全要求

专用标准里与电气安全有关的内容很广,但主要内容是血液透析设备的电击危险防护要求。

在通用标准里,第 8 条是 ME 设备对电击危险的防护,因此专用标准对应的是 201.8ME 设备对电击危险的防护。

201.8 条规定除以下以外,IEC 60601-1:2005 的第 8 条适用,即专用标准在通用标准的基础上增加某些子条款的要求,以下列出专用标准增加的内容:

### 一、201.8.3 应用部分的分类

增加的内容:

由于使用了中心静脉导管,血液透析设备的漏电流符合 CF 型应用部分要求被认为是合适的。如果血液透析设备具有一个不是 CF 型应用部分的应用部分,预期用于放置了中心静脉导管的患者的治疗,下列要求应适用:

1. 在正常状态下,患者漏电流和接触电流必须在 CF 型应用部分的容许值以下。

如果 ME 设备在正常状态下符合这些特殊的漏电流容许值要求,但是在单一故障状态(例如断开保护接地线)下不符合,可以使用一根外部电位均衡电缆来降低漏电流到必要的较低水平。必须保护外部电位均衡电缆防止其意外断开(意外拔掉插头),不使用工具有意断开插头是可能的。

2. 在单一故障状态下,患者漏电流、接触电流和对地漏电流必须在 CF 型应用部分的容许值之下。

如果血液透析设备不符合 2),通过制造商的风险管理过程提供合理的外部方法来使单一故障状态下的患者漏电流限制在 CF 型应用部分的容许值之下。

通过检查来检验是否满足要求。

### 二、201.8.7.4.7 患者漏电流测量

增加的内容：

测量装置必须在两根体外血液管路连接患者处连接。测试期间，电导率为最大选择值的试验溶液，在基准温度 25 ℃并且在应用中最高可选的透析液温度下，必须流过透析液管路和体外管路。血液透析设备必须在具有最高可能的血液流速的典型治疗模式下运行并且没有警报发生。

注释 101：处于实际原因，测量装置可能被连于透析液接头处。

注释 102：对具有 B 型应用部分的血液透析设备，以上所述的患者漏电流的测量不包括根据通用标准 8.7.4.7b)(电压施加到应用部分)的测量。

注释 3：最大可能的血液流速导致静脉滴注室里空气间隙的电阻最小。

### 三、201.8.11.2 多孔插座

增加的内容：

如果有多孔插座并且血液透析设备的其他多孔插座互换或者交换可能形成危险状况，这种多孔插座必须是防止这样的互换的类型。

通过检查和功能试验来检验是否满足要求。

## 11.3.4 血液透析设备的安全防护系统要求

血液透析设备对患者的治疗是在有创的方式下进行的，当安全防护系统出现故障时就可能会引起生命危险，这就要求有完全独立于控制系统的安全防护系统。安全防护主要包括两个方面，即参数超限报警和不正确输出的防止，通用标准的第 12 条规定了通用要求，对应的专用标准条款是 201.12 控制器和仪表的准确性和危险输出的防止，201.12 条下增加了 201.12.101 概述，201.12.3 报警系统下增加了一些子条款，201.12.4.4 不正确输出下也增加了一些子条款。这些增加的要求涉及透析液成分、透析液和置换液超温防护、透析液和置换液超温防护、超滤防护、血压报警、空气报警、漏血防护等内容。下面逐一列出这些增加的要求。

### 一、201.12.101 概述

下述子条款中的试验步骤给出了确认血液透析设备的最低要求的概述，不包括每一个试验步骤的所有细节，基于具体的血液透析设备和制造商风险管理过程解决这些细节是检测实验室义不容辞的责任。

### 二、201.12.3 报警系统

201.12.3.101 视觉(光)和声音报警信号

除非专用标准另外规定，报警信号必须以光和声音形式同时激活。视觉报警必须在整个报警状态周期维持激活，然而允许声音报警在 201.12.3.102.c)中规定的时间内静音。

201.12.3.102 声音报警信号

声音报警信号必须符合下列要求：

a) 在制造商最初设置中，血液透析设备必须在 1 m 的距离产生至少 65 dB(A) 的声压级；

通过测量 A 级声压级来检验是否符合要求，所用仪表必须符合 IEC 61672-1 规定的对 1 级测量仪表的要求及在 ISO 3744 中规定的对自由场条件的要求。

b) 如果血液透析设备可以使操作者能够设定声音报警音量到更低值，那么必须定义最小音量值。这个最小音量值只可能由责任方改变。如果责任方可以降低报警音量值到零，那么在单一故障状态下应有一个替代方法来通知操作者。

c) 如果声音报警信号静音是可能的，那么报警静音周期不可以超过 3 min。

例外：对 201.12.4.4.101（透析液成分）中描述的报警信号，静音周期不可以超过 10 min。

d) 如果在一个报警静音周期里另一个报警产生需要操作者立即响应以防止危险，那么静音周期应被中断。

通过功能试验来检查是否符合。

### 三、201.12.4.4 不正确输出

201.12.4.4.101 透析液成分

a) 血液透析设备必须具有独立于任何配液控制系统之外的防护系统，在因透析液的组成成分不当而产生安全方面的危险时阻止透析液流向透析器。

防止透析液的危害成分的防护系统的设计必须考虑透析液配制的任何阶段的潜在故障。

防护系统的运行必须实现下列安全条件：

——触发声和光的警报信号。如果声警报信号消音是可能的，除透析液成分声音警报静音周期不可以超过 10 min 外，静音周期不可以超过 3 min。

——阻止透析液流向透析器。

——在线 HDF 或者在线 HF 模式，阻止置换液流向体外循环管路。

b) 电导率简介和生理闭环控制器

如果透析液成分预先设定随时间改变或者如果由测量患者相关的生理参数来反馈控制透析液成分，血液透析设备必须包含独立于控制系统的防护系统，以防止在控制系统中可能导致危害的任何意外改变。

防护系统的运行必须实现下列安全条件：

——触发声光警报信号。

——由制造商的风险管理过程确定的其他措施。

c) 如果血液透析设备配备了浓缩液剂量管理功能，血液透析设备必须包含独立于控制系统的防护系统，以防止浓缩液剂量管理功能对患者产生危害。

防护系统的运行必须实现下列安全条件：

——触发声光警报信号。

——中断浓缩液剂量管理。

由功能试验和下列试验来检查是否符合要求：

试验1:测定警报限值

——分别设置试验装置的透析液成分到不产生警报的最低和最高值。

——缓慢地改变透析液成分直到防护系统触发警报。

——在透析器入口在正常状态下取样和在报警后立即取样。

——测定取样样本在正常状态和报警后的透析液成分差(例如用火焰光度法)。

试验2:及时报警反应

——把被试验装置的透析液流量设置到尽可能高。

——模拟全部的每一个透析液浓缩液供应的中断,一次一个。

——在透析器入口在正常状态下取样和在报警后立即取样。

——测定取样样本在正常状态和报警后的透析液成分差(例如用火焰光度法)。

试验3:可预见的误用

——交换透析液浓缩液,如果可能。

——测定报警触发。

201.12.4.4.102 透析液和置换液温度

a) 透析液和置换液温度的设定范围必须在 33 ℃到 42 ℃之间,除非由制造商的风险管理过程合理确定。

b) 血液透析设备必须包含一个独立于任何的温度控制系统的防护系统,以防止当血液透析设备透析液出口和/或置换液出口的温度低于 33 ℃或者高于 42 ℃时透析液流向透析器和置换液流向体外循环回路。

c) 温度短时间达到 46 ℃和低于 33 ℃是可以接受的,但是时间和温度值必须由制造商的风险管理过程合理确定。

d) 防护系统的运行必须实现下列安全条件:

——触发声光报警。

——停止透析液流向透析器和/或停止置换液流向体外循环回路。

由功能试验和下列试验来检查是否符合要求:

试验1:透析液流量

——设定被试验装置到最高的透析液流量,如果设置是可能的话。

——设定最高的透析液温度。

——等待透析器入口的温度稳定。

——缓慢地增加透析液的温度直到防护系统触发警报。

——在透析器入口连续测量温度并确定最大值。

试验2:置换液流量

——设定被试验装置到最高的置换液流量,如果设置是可能的话。

——设定最高的透析液温度。

——等待体外循环回路入口的温度稳定。

——缓慢地增加置换液的温度直到防护系统触发警报。

——在体外循环回路入口连续测量置换液温度并确定最大值。

201.12.4.4.103 净液去除量

a) 血液透析设备必须包含独立于任何超滤控制系统的防护系统,以防止血液透析设备的净液去除量从控制参数的设定值改变而可能导致危害。

如果 HDF 和 HF 血液透析设备必须包含独立于任何置换液控制系统的防护系统,以防止可能导致危害的置换液的不正确管理。

防护系统的运行必须实现下列安全条件:

——触发声光报警。

——防止液体平衡错误持续。

b）超滤简介和生理闭环控制器:

如果超滤量预先设定随时间改变或者如果由测量患者相关的生理参数来反馈控制超滤,血液透析设备必须包含独立于这个控制系统的防护系统,以防止在控制系统中可能导致危害的任何意外改变。

防护系统的运行必须实现下列安全条件:

——触发声光报警。

——其他措施,如果由制造商的风险管理过程合理确定了的话。

c）如果血液透析设备配备了液体剂量管理功能,血液透析设备必须包含独立于控制系统的防护系统,以防止液体剂量管理功能对患者产生危害。

防护系统的运行必须实现下列安全条件:

——触发声光警报信号。

——中断液体剂量管理。

由功能试验和包含下列试验的故障模拟来检查是否符合要求:

试验:净液去除率偏差

——把被试验装置的透析液流量设置到最高。

——把置换液流量设置道最高,如果这是可调整的话。

——设置透析液温度道 37℃,如果适用。

——设定超滤流量为最高和最低(一次设定一个)。

——在每一个泵控制系统模拟一个低流量故障和一个高流量故障(一次设定一个),这会影响净液去除率直到防护系统触发报警。

——确定相对于理论量的偏差。

201.12.4.4.104 体外失血

201.12.4.4.104.1 体外失血到外界

a）血液透析设备必须包含一个防止患者体外失血到外界而可能导致危害的防护系统。

如果一个防护系统利用静脉血压的测量,那么使用者应该至少有可能把较低报警限值手动调整到尽可能接近当前测量值。单针治疗模式需要额外的措施。报警需要操作者立即响应。这是检测失血到外界环境已知最好的系统。

b）血液透析设备必须包含一个防护系统来防止由于过压引起的体外循环回路的破裂或者分离而导致患者体外失血到外界环境,除非有固有的安全设计来防止。这个潜在的过压可能是由泵产生,可能导致体外循环管路破裂或者接头脱离。

c）防护系统的运行必须实现下列安全条件:

——触发声光报警。

——停止由血液透析设备引起的血液流向外界环境,即使在单一故障状态下。

315

——对血液滤过或者血液透析滤过,停止置换液流动。

由功能试验和下列试验来检查是否符合要求:

试验:利用静脉血压测量的防护系统

——设置被试验装置到中等血液流量。

——调整静脉血压到中等值。

——降低静脉血压直到触发报警。

——确定报警值和参考值之差。

**201.12.4.4.104.2 漏血到透析液**

a) 血液透析设备必须包含一个防护系统来防止可能导致危害的患者漏血。

b) 防护系统的运行必须实现下列安全条件:

——触发声光报警。

——防止进一步失血到透析液。

由功能试验和下列试验来检查是否符合要求:

试验:确定报警限值:

——创建流经漏血检测器的最大流量(最高的透析液流量,最高的超滤流量,如果相关,也创建最高的置换液流量)。

——向透析液加入牛血(Hct 32%)以便流经漏血检测器表示由制造商规定的漏血报警限值。

**201.12.4.4.104.3 血液凝结引起的体外失血**

a) 血液透析设备必须包含一个防护系统来防止由于血液凝结而致血流中断可能导致危害的患者失血。

注:符合本要求的一个可取的方法,例如,如果血泵有意或者无意停止较长一段时间,防护系统运行。

b) 防护系统必须触发声光报警。

c) 可能导致因血液凝结而失血的其他影响,例如,任何抗凝泵的停止或者错误启动,或者如果后稀释 HDF 模式下的过量置换液,必须在制造商的风险管理过程里被处理。

通过功能试验和故障模拟来检查是否符合要求。

**201.12.4.4.105 空气进入**

a) 血液透析设备必须包含一个防护系统来防止可能导致危害的空气进入患者。

注1:符合本要求的一个可取的方法,例如,利用能够检测未溶解空气的空气检测器(例如超声波的)的防护系统。

b) 防护系统的运行必须实现下列安全条件:

——触发声光报警。

——防止通过动脉和静脉血液管路更多的空气进入,即使在单一故障状态下。

注2:防止更多的空气进入的典型实现是通过停止血泵和夹住静脉血管路来完成的。

通过功能试验和下列试验来检查是否符合要求。

注3:作为一个工作原理问题,有两个方法用于监测空气注入:

a) 在空气陷阱(例如在静脉滴注室)处,此处浮力对气泡起作用以便阻止气泡从正确设置液位的空气陷阱逸出;这里使用的空气监测方法是监测液位的方法。

b)直接在血液管路(气泡随血液流动而移动)处,此处空气量可以通过流速来确定。

有两个不同的试验程序独立于上述空气监测方法。

持续空气进入试验:

——血液透析设备安装表面积在 1~1.5 m² 间的标准空心纤维透析器、推荐使用的体外循环管路以及规格为 16gauge 的穿刺针。

——在启动预冲后夹紧或关闭透析液管路。

注:这是最不利的情况。因透析器的透析液室注入的是经过除气的透析液,体外循环管路内的气体会被透析液室内流动的透析液去除。

——使用注入了肝素以及 hct 在 0.25~0.35 间的血液(人体血液、牛血、猪血)或者一种适当的试验液体充满体外循环管路。

适当的试验液体在 37 ℃ 的黏度为 3.5 mPa·s 以及含有能致气泡散裂的表面活性剂。

——在(100±20)cm 的高处,放置一个试验液存储容器。

——在(100±20)cm 的高处,放置一个试验液回收容器,或者让试验液回流到存储容器内。

——直接在患者接头和回收容器之间的静脉通道上的患者静脉接头处,至少安装一根垂直放置的试管,该试管直径 8 mm,长度约 2.0 m,其和第二根直径较小的试管连成一直线(图 11-8 专用标准图 201.101)。

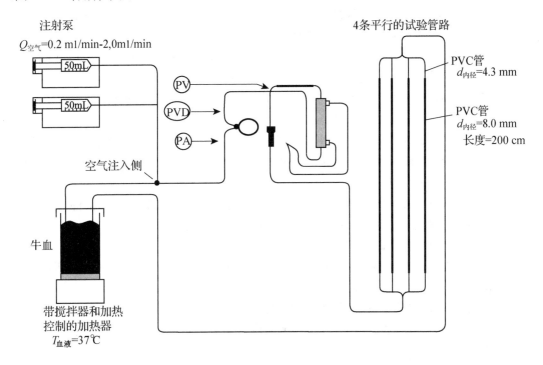

图 11-8　专用标准图 201.101 持续空气注入试验装置

——在靠近动脉(采血)穿刺针连接处的负压部分处,将规格为 22gauge 的穿刺针插入动脉通道,并将其与在负压条件下能够控制气体注入的注射泵相连。

注:一个可行的方法就是使用一个可逆的小蠕动泵。此泵从一开始就通过抽吸方式使

22gauge 穿刺针与该泵之间的管路充满试验液,以免当血泵启动时空气失控注入体外循环管路中。推荐在抽吸泵的进液管路上安装一个止回阀。

——调节血泵的转速,使泵前负压在 26.7～33.3 kPa(－200～250 mmHg)之间。

——按照制造商的规定以缓慢增加速度的方式注入空气,直到空气探测器报警。

注:此测试的原理是基于一个假设:当透析液管路关闭时,空气不能从体外循环管路逸出,并将最终以与被泵入时,同样的流速被泵到试验液回收容器中。

——在空气探测器报警后立即夹紧试验管路的两端。

——当空气堆积聚集在小直径试验管路顶部 15 min 后,进行测量。

——通过血液流速、试管容量和测得的空气体积计算空气流速。

如果血液透析设备允许血液通过透析器向上流动或者向下流动的操作模式,应分别对这两个血流方向做独立的测试。

如果风险分析指定了在血泵后的一个点注入空气的路径(例如,通过一个液位调节泵),在这个点必须重复进行以规定的速度将空气泵入体外循环管路的试验。

大体积空气注入试验:

——为设备安装表面积在 1～1.5 m² 间的标准空心纤维透析器、推荐使用的体外循环管路以及规格为 16gauge 的穿刺针。

——在启动预冲后夹紧或关闭透析液管路。

注:这是最不利的情况。因透析器的透析液室注入的是经过除气的透析液,体外循环管路内的气体会被透析液室内流动的透析液去除。

——使用注入了肝素以及 hct 在 0.25～0.35 间的血液(人体血液、牛血、猪血)或者一种适当的试验液体充满体外循环管路。

适当的试验液体在 37 ℃的黏度为 3.5 mPa·s 以及含有能致气泡散裂的表面活性剂。

——在(100±20)cm 高处,放置一个试验液存储容器。

——在(100±20)cm 高处,放置一个试验液回收容器,或者让试验液回流到存储容器内。

——安装前面的试验案例中使用的带刻度的量筒或者同样的试验管路,收集可能被泵入返回(静脉)通道的空气。

——在血液管路和动脉(采血)通道之间插入一个带有鲁尔接头的 T 形部件。

——用鲁尔接头将一条 5 cm 长的管路与 T 形部件连接起来。

——预冲体外循环管路和 5 cm 的管路,夹紧 5 cm 管路。

——调节血泵速度,使得泵前的负压在－33.3～0 kPa(－250～0 mmHg)之间,松开夹子时应保证不出现压力报警。

——松开 5 cm 管路上的夹子,直到空气探测器激活报警信号。

——检查在带刻度的量筒内或在试验管路内收集到的空气体积,结果必须小于规定的大体积限值。

如果血液透析设备允许使用血液通过透析器向上流动或者向下流动的操作模式,应分别对这两个血流方向做独立的测试。

如果风险分析指定了在血泵后的一个点注入空气的路径(例如,通过一个液位调节泵),在这个点必须重复进行以最快速度将空气泵入体外循环管路的试验。

201.12.4.4.106 报警覆盖模式

a) 在整个的治疗过程中防护系统必须是运行的。

注 1：例外情况急见下述的 b)项。

注 2：在这里，当患者的血液通过体外循环回路返回患者时被认为治疗已经开始，当断开静脉针时被认为治疗结束。

b) 在透析液和血液在透析器里第一次接触之前，透析液成分和温度的防护系统必须是运行的。

c) 在报警状态期间，暂时的覆盖模式可能单独应用于利用漏血监测的防护系统。

d) 覆盖时间不能超过 3 min，但是在某种临床条件下，没有限制时间完全或者部分停用漏血检测器可能是必需的。

e) 覆盖模式的运行必须保持防护系统正处于覆盖状态的视觉指示。

f) 覆盖一个特定的防护系统[见 b)项]不能影响任何其他的随后的报警状态。随后的报警状态必须实现规定的安全条件。剩余的报警状态在覆盖时间过后必须重新实现规定的安全条件。

注 3：在这里，覆盖是允许血液透析设备在报警状态下发挥功能的特别装置，如果操作者有意选择暂时停用防护系统。如果不导致危害，延时启动不作为血液透析设备的一种覆盖。

由随机文献检验和功能试验来检查是否符合要求。

201.12.4.4.107 防护系统

在下列限制内，201.12.4.4 中要求的防护系统的故障必须对操作者是明显的：

a) 对所有的防护系统除 201.12.4.4.105(空气进入)以外：

——每天至少一次，或者，如果不可能，由制造商的风险管理过程决定。

注：符合本条要求的可接受的方法如例：

由操作者启动和控制的防护系统的定期功能检查；

由操作者启动并由血液透析设备控制的防护系统的定期功能检查；

由具有自检功能的血液透析设备的防护系统冗余；

由血液透析设备启动并由血液透析设备控制的防护系统的定期功能检查。防护系统的控制功能必须设计成不可能和防护系统同时因单一故障而失效。

b) 对由 12.4.4.105(空气进入)要求的防护系统：

——如果累积空气进入患者可导致危害，作为空气探测器的第一个故障的结果，计算这个故障的最大探测时间作为故障容许时间：

在空气探测器和静脉管道之间的体外循环管路的容积除以最高血液流量。

——在所有其他 a)适用的情形下。

通过功能试验和故障模拟来检查是否符合要求。

201.12.4.4.108 防化学污染

a) 当血液透析设备处于清洗、消毒或灭菌模式时绝对不能用于治疗患者。通用标准的 4.7 和 11.8 子条款适用。

b) 化学品(如水，透析液，消毒剂或者透析液浓缩物)禁止由血液透析设备流向任何配液管路，即使在单一故障状态下也应如此。

通过功能试验和故障模拟来检查是否符合要求。

201.12.4.4.109 血液泵和/或置换液泵反转

必须包含一种方法,防止血泵和(或)置换液泵在治疗期间发生可导致危害的意外反向运转。

必须由制造商风险管理过程来决定适用的危害(例如,通过动脉管道的空气进入)。不仅要考虑技术故障,而且还要考虑人为错误。

通过检验和功能试验来检查是否符合要求。

201.12.4.4.110 运行模式的选择和改变

必须防止运行模式的意外选择和改变。不仅要考虑技术故障,而且还要考虑人为错误。

通过检验和功能试验来检查是否符合要求。

201.12.4.4.111 在线 HDF 和在线 HF

如果血液透析设备预期用于在线血液滤过(在线 HF)或在线血液透析滤过(在线 HDF),制造商必须确保血液透析设备一定能够配制符合预期用于大量静脉注射用的符合溶液要求(例如,微生物指标)的置换液,制造商同时要附说明书。在单一故障状态下这个要求也必须遵守。

通过检验和功能试验来检查是否符合要求。

### 11.3.5 血液透析设备的透析器件技术要求

血液透析设备的关键器件是血液透析器件(血液透析器、血液透析滤过器、血液滤过器),血液透析器件的技术要求应符合 YY0053—2008《心血管植入物和人工器官 血液透析器、血液透析滤过器、血液滤过器和血液浓缩器》的规定,YY0053—2008 于 2008 年 4 月 25 日发布,2009 年 12 月 1 日实施。

YY0053—2008 修改采用 ISO 8637:2004《心血管植入物和人工器官 血液透析器、血液透析滤过器、血液滤过器和血液浓缩器》,该标准规定了在人体上使用的血液透析器、血液透析滤过器、血液滤过器和血液浓缩器的技术要求,标准的全部技术内容为强制性。YY0053—2008 包括范围、规范性引用文件、要求、试验方法、标志等 5 条,YY0053—2008 包含两个附录,其中附录 A 是 YY0053—2008 与 ISO 8637:2004 的技术差异及其原因,附录 B 为文献目录。

### 11.3.6 血液透析设备的校准

血液透析设备的校准是指:

1. 在规定的条件下,用一个可参考的标准,对血液透析设备的特性赋值,并确定其示值误差。

2. 将血液透析设备所指示或代表的量值,按照校准链,将其溯源到计量标准所复现的量值。

校准血液透析设备的目的是:

——确定示值误差,并可确定是否在预期的允差范围之内。

——得出标称值偏差的报告值,可调整血液透析设备或对示值加以修正。

——给任何标尺标记赋值或确定其他特性值,给参考物质特性赋值。

——确保血液透析设备给出的量值准确,实现溯源性。

——用来确定已知输入值和输出值之间的关系。

血液透析设备的校准应依据 JJF 1353—2012《血液透析装置校准规范》进行。该标准规定了血液透析设备的计量特性、标准条件、标准方法,适用于新制造、使用中及修理后的血液透析设备的计量性能校准。

JJF 1353—2012 的内容包括范围、引用文件、术语和定义、概述、计量特性、校准条件、校准项目和校准方法、校准结果表达、复校时间间隔等 9 条,其中校准项目和校准方法包括外观及工作正常性检查、校准前准备、透析液电导率示值误差、透析液温度示值误差和起温报警误差、静(动)脉压监控示值误差和静(动)脉压监控报警误差、透析液压力监控示值误差和透析液压力监控报警误差、透析液流量监控示值误差、抗凝泵注入流量监控示值误差、透析液 pH 监控示值误差、称量计示值误差、脱水量示值误差等内容,JJF 1353—2012 还包含三个附录:附录 A 血液透析装置标准原始记录格式,附录 B 血液透析装置校准证书(内页)格式,附录 C 血液透析装置流量监控示值误差的测量不确定度评定。

仅在血液透析设备达到工作温度后进行校准。

**思考题**

1. 简述人工肾用的透析膜的基本要求。

2. 简述血液透析的作用、原理。

3. 血液透析设备的基本性能包括哪些?

4. 防止空气进入血液的防护系统的运行必须实现哪两个安全条件? 怎样来检查是否符合要求?

5. 体外失血有哪几种情形? 其各自的防护系统的运行必须实现哪些安全条件? 怎样来检查是否符合要求?

# 参 考 文 献

［1］严红剑. 有源医疗器械检测技术［M］. 北京：科学出版社，2007.

［2］黄嘉华. 医疗器械注册与管理［M］. 北京：科学出版社，2007.

［3］郭勇. 医学计量（上册）［M］. 北京：中国计量出版社，2002.

［4］陈凌峰. 电气产品安全原理与认证［M］. 北京：人民邮电出版社，2008.

［5］国家质量监督检验检疫总局，中国国家标准化管理委员会. GB 9706. 1—2007 医用电气设备 第 1 部分：通用安全要求［S］. 北京：中国标准出版社，2008.

［6］International Electrotechnical Commission. IEC 60601 - 1 Medical electrical equipment-Part 1：General requirements for basic safety and essential performance，third edition［S］. Switzerland，2005.

［7］International Electrotechnical Commission. IEC 60601 - 1 Medical electrical equipment-Part 1：General requirements for basic safety and essential performance，Edition 3. 1［S］. Switzerland，2012.

［8］武文君. 多参数监护仪质量控制检测技术［M］. 北京：中国计量出版社，2010.

［9］刘学军. 血液透析实用技术手册［M］. 北京：中国协和医科大学出版社，2010.

［10］王质刚. 血液净化学［M］. 2 版. 北京：北京科学技术出版社，2003.

［11］陈宇恩. 医用电气设备的安全防护［M］. 广州：羊城晚报出版社，2011.